Cradle to Cradle im Holzfertigbau

Analyse der Umsetzbarkeit des Cradle-to-Cradle-Prinzips bei Einfamilienhäusern in Holzfertigbauweise

von Sara Lindner

Fraunhofer IRB | Verlag

Bibliografische Information der Deutschen Nationalbibliothek:
Die Deutsche Nationalbibliothek verzeichnet diese Publikation in der Deutschen Nationalbibliografie; detaillierte bibliografische Daten sind im Internet über www.dnb.de abrufbar.

ISBN (Print): 978-3-7388-0789-9
ISBN (E-Book): 978-3-7388-0790-5

Text und Inhalt: Sara Lindner
Umschlaggestaltung: Sara Lindner
Druck: BoD – Books on Demand, Norderstedt

Zgl.: Dissertation, Leuphana Universität, Lüneburg, 2022

Fraunhofer-Informationszentrum Raum und Bau IRB
Nobelstraße 12, 70569 Stuttgart
Telefon +49 711 970-2500
Telefax +49 711 970-2508
irb@irb.fraunhofer.de
www.baufachinformation.de

Cradle to Cradle im Holzfertigbau

Analyse der Umsetzbarkeit des Cradle to Cradle Prinzips bei Einfamilienhäusern in Holzfertigbauweise

Von der Fakultät Nachhaltigkeit der Leuphana Universität Lüneburg
zur Erlangung des Grades Doktorin der Philosophie (Dr. phil.)
genehmigte Dissertation von Sara Lindner
geboren am 26.04.1986 in Erding

Eingereicht am: 18.06.2021
Mündliche Verteidigung (Disputation) am: 30.03.2022

Erstbetreuer und Erstgutachter: Prof. Dr. Michael Braungart
Zweitgutachter: Prof. Peter Luscuere
Drittgutachterin: Prof. Dr. Natalie Eßig

Erschienen unter dem Titel: Cradle to Cradle in Holzfertigbau – Analyse der Umsetzbarkeit des Cradle-to-Cradle-Prinzips bei Einfamilienhäusern in Holzfertigbauweise

Druckjahr: 2023
im Verlag: Fraunhofer IRB Verlag

Zusammenfassung

Ein- und Zweifamilienhäuser sind in Deutschland die meistgefragte Wohnform und werden gemäß Prognosen auch in naher Zukunft fester Bestandteil der Neubautätigkeit bleiben. Gleichzeitig mahnen Ökologen und Stadtplaner seit längerem die Schwachpunkte der Typologie an und kritisieren beispielsweise die Zerschneidung der Landschaft, den hohen Flächenbedarf und die damit einhergehende Bodenversiegelung. Entgegen dieser Kritikpunkte zeigen andere Studien jedoch auch ökologisches Potenzial von Ein- und Zweifamilienhäusern auf. Beispielsweise können Hausgärten bei entsprechender Gestaltung zum Erhalt der Biodiversität beitragen und die Konnektivität von Habitaten verbessern. Vor diesem Hintergrund analysiert die vorliegende Arbeit die Potenziale der Typologie Ein- und Zweifamilienhaus auf Basis des Cradle to Cradle (C2C) Prinzips. Ziel der Arbeit ist es, die Umsetzbarkeit eines positiven Fußabdrucks nach C2C zu untersuchen.

Als Betrachtungsgegenstand werden Ein- und Zweifamilienhäuser in Holzfertigbauweise gewählt, da sich durch die vertragsrechtliche Sonderstellung des Fertighausherstellers als Generalunternehmer und deren interne Entwicklungsabteilungen die Möglichkeit zur ganzheitlichen Umsetzung eines positiven Fußabdrucks ergibt. Zudem nahm der Anteil von Fertighäusern unter den genehmigten Ein- und Zweifamilienhäusern in den letzten Jahren stetig zu und betrug im Jahr 2019 circa 21 Prozent. Davon entfällt der weitaus größte Teil auf Holzbauweisen.

Darüber hinaus wird in der vorliegenden Arbeit untersucht, ob durch die Anhebung der Ziele des nachhaltigen Bauens C2C Gebäude geschaffen werden können. In Verbindung damit wird diskutiert, ob gesetzliche Anreize zur Änderung des Bewusstseins aller Baubeteiligten – weg von der Minimierung negativer Auswirkungen im Sinne der Ökoeffizienz hin zu einem positiven Fußabdruck im Sinne der Ökoeffektivität – führen können.

Die Untersuchung des Zusammenhangs zwischen nachhaltigem Bauen und C2C im Bauwesen erfolgt anhand eines Vergleichs verschiedener C2C Leitfäden und der C2C Produktzertifizierung mit Nachhaltigkeitsbewertungssystemen für kleine Wohngebäude. Wie auch bei der Frage nach dem positiven Fußabdruck, stehen dabei die Themen kreislauffähige Materialien, Rückbaupotenziale, Innenraumluftqualität, Wasserkreisläufe, Nutzung erneuerbarer Energien und Förderung von Biodiversität im Vordergrund. Die Umsetzbarkeit eines positiven Fußabdrucks wird anhand verschiedener Fallstudien untersucht. Diese umfassen C2C inspirierte Einfamilienhäuser sowie Ein- und Zweifamilienhäuser in Holzfertigbauweise, die nach dem Bewertungssystem Nachhaltiger Kleinwohnhausbau (BNK) zertifiziert wurden. Für eine vertiefte Analyse der Themen kreislauffähige Materialien und Rückbaupotenziale werden der Rückbau eines Einfamilienhauses in Holzfertigbauweise und die Versetzung eines Zweifamilienhauses in Holzfertigbauweise begleitet und ausgewertet. Die Untersuchung wird durch die Zerlegung eines Außenwandelements in Holztafelbauweise und die Bewertung dessen Trennbarkeit und Verwertbarkeit ergänzt.

Abstract

Single- and two-family homes represent the most popular housing type in Germany. According to prognoses, they will also remain an integral part of new construction activity in future. At the same time, ecologists and urban planners criticize the weak point of this typology including fragmentation of the landscape and high land use along with land sealing. However, other studies also show the potential of single- and two-family homes. For example, home gardens can contribute to the maintenance of biodiversity and improve habitat connectivity if designed appropriately. Based on the Cradle to Cradle (C2C) principle, this thesis analyses the potential of single- and two-family homes. The aim is to analyse the feasibility of a positive footprint according to C2C.

Single- and two-family homes in prefabricated timber construction are chosen as object of reflection. The contractual position of the prefabricated house manufacturers as general contractor and their internal development departments provide an ideal basis for the realisation of a holistic positive footprint. Additionally, the share of prefabricated homes among permitted single- and two-family homes steadily increased during the last years and amounted to 21 per cent in 2019. The largest part thereof is allocated to wooden constructions.

Furthermore, the thesis examines if the elevation of the goals of sustainable construction can lead to C2C buildings. In addition, the thesis discusses if legal incentives can lead to a change of consciousness of the involved stakeholders – away from the minimization of negative effects in the sense of eco-efficiency towards a positive footprint in the sense of eco-effectiveness.

The analysis of the connection between sustainable construction and C2C in the built environment is based on a comparison of different C2C guidelines and the C2C product certification and sustainability assessment methods for small residential buildings. As with the question of a positive footprint the focus lies on the topics of recyclable materials, deconstruction potential, indoor air quality, water cycles, use of renewable energies and promotion of biodiversity. The feasibility of a positive footprint is analysed with the help of case studies. These include C2C inspired single-family homes as well as single- and two-family homes certified according to the Sustainable Evaluation System for small residential buildings (BNK). For an in-depth analysis of the material related topics (recyclable materials and deconstruction potential), the dismantling of a single-family home in prefabricated timber construction as well as the relocation of a two-family home in prefabricated timber construction are accompanied and evaluated. The analysis is completed by the disassembly of an exterior wall element in timber panel construction.

Danksagung

Die vorliegende Dissertation „Cradle to Cradle im Holzfertigbau“ entstand während meiner Tätigkeit als wissenschaftliche Mitarbeiterin am Fachgebiet Baukonstruktion und Bauklimatik an der Fakultät Architektur der Hochschule München. Die Arbeit wurde von 2016 bis 2019 durch ein Promotionsstipendium der Landeskonferenz der Frauen- und Gleichstellungsbeauftragten an bayerischen Hochschulen gefördert, bei der ich mich an dieser Stelle recht herzlich bedanken möchte. Darüber hinaus sind Teile der Dissertation im Rahmen des Forschungsprojektes Rural Mining entstanden, das von 2018 bis 2022 durch das Bundeministerium für Bildung und Forschung gefördert wurde (FKZ: 13FH222PX6). Dafür möchte ich mich ebenfalls bedanken. Zudem gilt mein Dank gilt all den Personen, die mich beim Verfassen dieser Dissertation fachlich, organisatorisch und moralisch unterstützt haben.

Zuerst möchte ich mich bei meinen Betreuern und meiner Betreuerin bedanken. Mein Dank gilt Prof. Dr. Natalie Essig, die meine Arbeit seitens der Hochschule München betreut hat und im Promotionsverfahren den Posten der dritten Gutachterin übernommen hat. Sie stand mir stets beratend zur Seite und gab mir wertvolle Denkanstöße. Herzlich bedanken möchte ich mich auch bei meinem Doktorvater Prof. Dr. Michael Braungart, der trotz der räumlichen Distanz die Betreuung an der Leuphana Universität Lüneburg übernommen hat. Der Austausch zum Thema Cradle to Cradle war für meine Arbeit sehr bereichernd. Mein Dank geht auch an meinen zweiten Gutachter Prof. Peter Luscuere von der TU Delft, der es mir ermöglicht hat, während meiner Promotion für ein halbes Jahr an der TU Delft zu forschen. Der rege Austausch und neue Sichtweisen haben sehr zum Gelingen meiner Arbeit beigetragen.

Darüber hinaus möchte ich meinen ehemaligen KollegInnen an der Hochschule München, der Leuphana Universität Lüneburg und der TU Delft, die mir stets mit Rat und Tat zur Seite standen, meinen Dank aussprechen. Ein besonderes Dankeschön geht an Simone Magdolen und Franziska Pichlmeier. Die Diskussionen bei unseren freitäglichen Promotionsrunden haben mir neue Denkanstöße gegeben und mich immer wieder aufs Neue motiviert.

Bedanken möchte ich mich auch bei der Firma SchwörerHaus KG, die meine Arbeit sowohl finanziell im Rahmen eines Forschungsprojektes als auch durch die Bereitstellung von Gebäudedaten unterstützt hat. Besonderer Dank gilt Herrn Sauter für die fachliche Unterstützung, der jederzeit für Fragen und Diskussionen rund um den Holzfertigbau zu erreichen war. Außerdem danke ich dem Bundesverband Deutscher Fertigbau e.V., insbesondere Georg Lange, der die Arbeit fachlich und organisatorisch unterstützt hat. Weiter gilt mein Dank den BDF Mitgliedsunternehmen, die Gebäudedaten aus der BNK-Zertifizierung zur Auswertung im Rahmen der Dissertation zur Verfügung gestellt haben.

Nicht genug danken kann ich meinen FreundInnen und meiner Familie, die mir während der Dissertation den nötigen Halt gegeben haben. Ein großes Dankeschön geht an meine Partnerin Carola für ihre Geduld und ihre alltägliche Unterstützung während dieser arbeitsamen Zeit. Danken möchte ich an dieser Stelle auch meinem Bruder Fabian und meiner Büropartnerin Kristiane, die als Korrekturleser und Korrekturleserin eine große Hilfe waren.

München, im November 2022, Sara Lindner

Inhaltsverzeichnis

Abkürzungsverzeichnis

Große lateinische Buchstaben

AltholzV	Altholzverordnung
AIR	Ausschuss für Innenraumrichtwerte
BAMB	Buildings as Material Banks
BauGB	Baugesetzbuch
BauPVO	Bauproduktenverordnung
BBSR	Bundesinstitut für Bau-, Stadt- und Raumforschung
BDF	Bundesverband Deutscher Fertigbau e.V.
BfR	Bundesinstitut für Risikobewertung
BGBL.	Bundesgesetzblatt
BGF	Bruttogrundfläche
BiRN	Bau-Institut für Ressourceneffizientes und Nachhaltiges Bauen GmbH
BMF	Bundesverband Montagebau und Fertighäuser BMF
	Bundesgütegemeinschaft Montagebau und Fertighäuser
BMI	Bundesministerium des Innern, für Bau und Heimat
BMUB	Bundesministerium für Umwelt, Naturschutz, Bau und Reaktorsicherheit
BMVBS	Bundesministerium für Verkehr, Bau- und Wohnungswesen
BMWi	Bundesministerium für Wirtschaft und Energie
BMZ	Bundesministerium für wirtschaftliche Zusammenarbeit und Entwicklung
BNB	Bewertungssystem Nachhaltiges Bauen
BNK	Bewertungssystem Nachhaltiger Kleinwohnhausbau
BRE	Building Research Establishment
BREEAM	Building Research Establishment's Environmental Assessment Method
BUND	Bund für Umwelt und Naturschutz Deutschland
C2C	Cradle to Cradle
CO_2	Kohlenstoffdioxid
DG	Dachgeschoss
DGNB	Deutsches Gütesiegel Nachhaltiges Bauen
	Deutsche Gesellschaft für Nachhaltiges Bauen
DHV	Deutscher Holzfertigbau-Verband e.V.
DIN	Deutsches Institut für Normung
EEG	Erneuerbare Energien-Gesetz
EEWärmeG	Erneuerbare Energien-Wärmegesetz
EG	Erdgeschoss
EnEG	Energieeinsparungsgesetz
EnEV	Energieeinsparverordnung
EPS	Expandiertes Polystyrol
Ex	Exergie
EU	Europäische Union

FSC	Forest Stewardship Council
FT	Fügeteil
FTP	Fügeteilpaar
GDF	Gütegemeinschaft Deutscher Fertigbau
GEG	Gebäudeenergiegesetz
HBCD	Hexabromcyclodecan
HQM	Home Quality Mark
ISIE	International Society for Industrial Ecology
ISO	Internationale Organisation für Normung
KfW	Kreditanstalt für Wiederaufbau
KG	Kellergeschoss
KrWG	Kreislaufwirtschaftsgesetz
KVH	Konstruktionsvollholz
LEED	Leadership in Energy & Environmental Design
M.%	Masseprozent
NaWoh	Nachhaltiger Wohnungsbau
NGF	Nettogrundfläche
PCP	Pentachlorphenol
PE	Polyethylen
$Pe_{n.e.ges.}$	Primärenergiebedarf nicht erneuerbar gesamt
$Pe_{n.e.jährl.}$	Jährlicher Primärenergiebedarf nicht erneuerbar
PEFC	Programme fort he Endorsement of Forest Certification Schemes
PP	Polypropylen
PV	Photovoltaik
PVC	Polyvinylchlorid
QDF	Qualitätsgemeinschaft Deutscher Fertigbau
Q_s	Fühlbare Wärme
RD	Regenerative Design
RW	Richtwert
$Stufe_T$	Stufe Trennbarkeit
$Stufe_{VW}$	Stufe Verwertbarkeit
ØM. $Stufe_T$	Massengewichtete Stufe der Trennbarkeit des Gesamtbauteils
ØM. $Stufe_{VW}$	Massengewichtete Stufe der Verwertbarkeit des Gesamtbauteils
T	Temperatur
T_0	Temperatur der Referenzumgebung
TrinkwV	Trinkwasserverordnung
TVOC	Total volatile organic compounds
UBA	Umweltbundesamt
USGBC	U.S. Green Building Council
UNFCCC	United Nations Framework Convention on Climate Change
UNGA	United Nations General Assembly
VOCs	Volatile Organic Compunds
WBCSD	World Business Council for Sustainable Development
WCED	World Commission on Environment and Development
Wfl	Wohnfläche

WärmeSchV	Wärmeschutzverordnung
WBCSD	World Business Council for Sustainable Development
WHO	World Health Organization (Weltgesundheitsorganisation)
WTO	World Trade Organisation
ZERI	Zero Emissions Research and Initiatives

Kleine lateinische Buchstaben/Einheiten

a	Jahr
Bq/m^3	Becquerel pro Kubikmeter
c_p	Isobare Wärmekapazität
J	Joule
K	Kelvin
kg	Kilogramm
km	Kilometer
kWh	Kilowattstunden
$kWh/m^2.a$	Kilowattstunden pro Quadratmeter und Jahr
m	Masse
m^2	Quadratmeter
m^3	Kubikmeter
mg/kg	Milligramm pro Kilogramm
mg/l	Milligramm pro Liter
mg/m^3	Milligramm pro Kubikmeter
$\mu g/m^3$	Mikrogramm pro Kubikmeter
TWy	Terrawattjahre
TWy/y	Terrawattjahre pro Jahr
Wp	Watt Peak
y	Jahr

Abbildungsverzeichnis

Tabellenverzeichnis

1 Einführung

Der Bau von Ein- und Zweifamilienhäusern ist in den letzten Jahren zunehmend in die Kritik geraten. Im Jahr 2016 betitelte die Zeitschrift Stern das Einfamilienhaus als Umweltsünde (Grimm, 2016) und machte auf die negativen ökologischen Folgen aufmerksam, die mit dem Bau von Ein- und Zweifamilienhäusern einhergehen. Kritikpunkte waren die Zerschneidung der Landschaft, der hohe Flächenbedarf, die einhergehende Bodenversiegelung und das daraus resultierende, erhöhte Risiko für Überschwemmungen. Aufklärungsversuche von Ökologen und Stadtplanern zu den Problemen der Gebäudetypologie Einfamilienhaus scheitern meist daran, dass sich der Traum vom Einfamilienhaus nicht mit rationalen Argumenten erklären lässt (Schittich, 2005, S. 9). Das eigene Haus versinnbildlicht *„das Dach über dem Kopf, den Wunsch nach Privatheit, nach dem eigenen Stück Land. Gleichzeitig ist es ein Statussymbol und Ausdruck persönlicher Freiheit und Individualität."* (Schittich, 2005, S. 9)

An dieser Stelle knüpft die vorliegende Dissertationsschrift an und fokussiert sich auf die Potenziale der Gebäudetypologie Einfamilienhaus anstatt auf die negativen Charakteristika. Den Ausgangspunkt für diese Betrachtung stellt das Cradle to Cradle (C2C) Prinzip dar. Es beruht auf den drei Grundsätzen „Nährstoff bleibt Nährstoff", „Nutzung erneuerbarer Energien" und „Unterstützung von Diversität"[1] und zielt darauf ab, anstatt die negativen Auswirkungen auf das Ökosystem zu minimieren, einen gänzlich positiven Fußabdruck zu hinterlassen (Cradle to Cradle NGO, 2021b, 2021a).

Hieraus lässt sich das Ziel der Arbeit ableiten, nämlich die Umsetzbarkeit eines positiven Fußabdrucks nach C2C anhand von Ein- und Zweifamilienhäusern in Holzfertigbauweise zu untersuchen. Bereits heute weist der Fertigbau bei steigender Tendenz einen Marktanteil von 20,8 Prozent am Neubauvolumen der Ein- und Zweifamilienhäuser auf (Bundesverband Deutscher Fertigbau e.V [BDF], 2020). Circa 90 Prozent davon entfallen auf den Holzfertigbau (G. Lange, Persönliche Mitteilung, 5. Februar 2021). Zudem verfügen viele Fertighaushersteller über eine sehr gute Infrastruktur mit hauseigenen Entwicklungsabteilungen, die eine marktnahe Umsetzung von Innovationen ermöglicht.

Nach Analyse verschiedener C2C Leitfäden und der C2C Produktzertifizierung werden aus den Anforderungen die Themen Kreislauffähigkeit von Materialien, Rückbau- und Recyclingpotenziale, Innenraumlufthygiene, Wasserkreisläufe, Einsatz regenerativer Energie sowie Biodiversität als Schwerpunkte der Betrachtung ausgewählt. In die Untersuchung der Umsetzbarkeit eines positiven Fußabdrucks anhand von Fallstudien werden gebaute C2C inspirierte Einfamilienhäuser sowie Einfamilienhäuser in Holzfertigbauweise, die nach dem Bewertungssystem Nachhaltiger Kleinwohnhausbau (BNK) zertifiziert wurden, einbezogen. Zur Analyse der Umsetzbarkeit der Aspekte Kreislauffähigkeit von Materialien sowie Rückbau- und Recyclingpotenziale werden

[1] In früheren C2C Werken werden für die drei C2C Prinzipien teilweise andere Bezeichnungen, beispielsweise „Waste equals food" (Abfall ist Nahrung), „Use current solar income" (Erneuerbare Energien nutzen) und Celebrate diversity (Vielfalt feiern) verwendet. In der Dissertationsschrift werden durchgehend die Bezeichnungen „Nährstoff bleibt Nährstoff", „Nutzung erneuerbarer Energien" und „Unterstützung von Diversität" angewendet.

zusätzlich der Rückbau eines Einfamilienhauses in Holzfertigbauweise und die Versetzung eines Zweifamilienhauses in Holzfertigbauweise begleitet sowie ein Außenwandbauteil im Labor demontiert. Eine Gegenüberstellung der Anforderungen an C2C Gebäude und an nachhaltige kleine Wohngebäude ergänzt die Analyse. Im Zentrum steht dabei die Frage, ob eine Anhebung der Ziele des nachhaltigen Bauens zu C2C Gebäuden führt. Zuletzt wird in der Arbeit diskutiert, ob gesetzliche Anreize als Katalysator für eine Änderung des Bewusstseins aller Baubeteiligten – weg von der Minimierung negativer Auswirkungen hin zu einem positiven Fußabdruck – dienen können.

1.1 Begriffsklärung: Cradle to Cradle Ein- und Zweifamilienhäuser in Holzfertigbauweise

Die verschiedenen Bestandteile des Forschungsgegenstandes C2C Ein- und Zweifamilienhäuser in Holzfertigbauweise werden im Folgenden getrennt definiert und anschließend in einer Gesamtdefinition zusammengeführt.

Ein- und Zweifamilienhäuser in Holzfertigbauweise
Für das vorgefertigte Wohnhaus haben sich über die letzten Jahrzehnte verschiedene Bezeichnungen entwickelt, die von *„Fertighaus [über] Montagehaus, Standardhaus, Normhaus, Serienhaus, Typenhaus, Modulhaus, industrielles Haus, mobiles Haus [...] [bis hin zu] Markenhaus reichen"* (Simon, 2005, S. 12). Im gängigen Sprachgebrauch und in der Fachliteratur wird meist die Bezeichnung Fertighaus verwendet. Diese Bezeichnung trifft nur eine Aussage über die Bauweise, jedoch nicht über die Gebäudegröße. Deshalb wird in der Promotionsschrift die präzise Bezeichnung Ein- und Zweifamilienhaus in Holzfertigbauweise verwendet.

Ein- und Zweifamilienhaus
Die Begriffe Einfamilienhaus und Zweifamilienhaus sind nicht offiziell definiert. Dem Wortursprung nach bezeichnen sie Gebäude, die für eine oder zwei Familien gebaut sind bzw. im erweiterten Sinne für einen oder zwei Haushalte Platz bieten. Folglich verfügen Ein- und Zweifamilienhäuser über eine oder zwei Nutzungseinheiten. Der Duden ergänzt diese Definition um die Erweiterung, dass es sich bei Ein- und Zweifamilienhäusern um Einzel-, Doppel- oder Reihenhäuser handeln kann (Duden, 2020a, 2020b). Im baurechtlichen Sinne fallen Ein- und Zweifamilienhäuser nach der gültigen Musterbauordnung (MBO) meist in die Gebäudeklasse 1 oder 2, die *„Gebäude mit einer Höhe bis zu 7m und nicht mehr als zwei Nutzungseinheiten von insgesamt nicht mehr als 400 m^2 [Bruttogrundfläche]"* umfassen (§2 (3) MBO). In der Promotionsschrift wird diese Definition von Ein- und Zweifamilienhäusern herangezogen und um den Zusatz erweitert, dass mindestens eine der beiden Nutzungseinheiten zu Wohnzwecken dient. Demnach werden Ein- und Zweifamilienhäuser folgendermaßen definiert:

„Gebäude mit einer Höhe bis zu 7m und nicht mehr als zwei Nutzungseinheiten von insgesamt nicht mehr als 400 m^2 Bruttogrundfläche, wobei mindestens eine Nutzungseinheit zu Wohnzwecken dient."

Holzfertigbauweise
Der Begriff Holzfertigbauweise gliedert sich in die Teile Holz und Fertigbauweise. Zur Klärung der einzelnen Bestandteile wird die Definition von Meyer (2001, S. 19) aus dem Sammelwerk Moderner Holzhausbau in Fertigbauweise des Bundesverbands Deutscher Fertigbau e.V. (BDF) herangezogen. Gebäude in Holzfertigbauweise bestehen folglich aus dem Material Holz und werden in Fertigbauweise erstellt.

Material Holz

Zur Differenzierung verschiedener Bauarten und Bauweisen werden gemäß Meyer (2001, S. 19) in der Regel die Außenwände betrachtet. Bei Gebäuden in Holzbauweise besteht demnach die tragende Grundkonstruktion der Außenwände aus dem Material Holz. Meist trifft dies auch für Decken-, Dach- und Innenwandkonstruktionen zu, obwohl ebenso Mischkonstruktionen existieren, bei denen beispielsweise die Innenwände aus Leichtmetall oder Decken aus Stahlbeton bestehen. Für die Promotionsschrift werden Gebäude betrachtet, deren Wand-, Decken- und Dachtafeln in der Tragkonstruktion aus dem Baustoff Holz bestehen.

Herstellung in Fertigbauweise

Dem Begriff Fertigbauweise nähert sich Meyer (2001, S. 19) über den traditionellen Fertighausbau der 70er und 80er Jahre, der drei grundsätzliche Eigenschaften aufweist:

- Weitgehend fertige Planung der Häuser, Auswahl durch den Bauherrn aus vorgegebenen Haustypen mit geringfügigen Änderungsoptionen
- Weite Vorfertigung der Außenwand-, Innenwand-, Decken- und Dachtafeln im Werk
- Planung, Vorfertigung, Montage und Ausbau durch den Fertighauhersteller als Generalunternehmer

Die genannten Merkmale haben sich gemäß Meyer (2001, S. 19) inzwischen grundlegend geändert. So lässt der moderne Fertighausbau den Bauherren bei Gestaltung und Ausstattung in hohem Maße freie Wahl und Haustypen dienen lediglich der Orientierung. Zudem nahm der Grad der Vorfertigung bei Holzfertighäusern aus den 70er/80er Jahren bis zum Jahr 2001 ab, was sich hauptsächlich in der Tendenz zum Ausbau- und Mitbauhaus begründete. Aktuell werden Ein- und Zweifamilienhäuser in der Regel wieder schlüsselfertig erstellt und Ausbauhäuser nehmen nur einen Anteil von circa 11 Prozent ein (G. Lange, Persönliche Mitteilung, 5. Februar 2021). Die Stellung des Fertighausherstellers als Generalunternehmer besteht zumindest unter vertragsrechtlicher Perspektive bis heute (Meyer, 2001, S. 19). Trotz den genannten Entwicklungen sind die oben genannten Merkmale des Fertigbaus immer noch zur Definition des Begriffs Fertigbauweise tauglich. Den bisher beschriebenen Merkmalen folgend, wird der Begriff Holzfertigbauweise als Bauweise definiert, bei der *„Wand-, Decken- und Dachtafeln in ihrer Tragkonstruktion aus dem Baustoff Holz bestehen. Wand-, Decken- und ggf. auch Dachtafeln werden werkseitig mindestens einseitig geschlossen vorgefertigt. Der Haushersteller fungiert vertragsrechtlich als Generalunternehmer.“* (Meyer, 2001, S. 20)

Unter Zusammenfügung der einzelnen Bestandteile definieren sich Ein- und Zweifamilienhäuser in Holzfertigbauweise wie folgt:

„Gebäude mit einer Höhe bis zu 7m und nicht mehr als zwei Nutzungseinheiten von insgesamt nicht mehr als 400 m² Bruttogrundfläche, wobei mindestens eine Nutzungseinheit zu Wohnzwecken dient. Die Wand-, Decken- und Dachtafeln des Gebäudes bestehen in ihrer Tragkonstruktion aus dem Baustoff Holz. Die Wand-, Decken- und ggf. auch Dachtafeln werden werkseitig mindestens einseitig geschlossen vorgefertigt. Der Haushersteller fungiert beim Bau des Gebäudes vertragsrechtlich als Generalunternehmer.“

Cradle to Cradle

Zur Definition des Begriffs C2C im Gebäudebereich wurden die „Hannover Principles" (McDonough & Braungart, 2003a), der Leitfaden „Cradle to Cradle Criteria for the built environment" (Mulhall & Braungart, 2010), die Planungshilfe „Creating Buildings With Positive Impacts" (Mulhall et al., 2019), der C2C Leitfaden für den Wohngebäudebereich (Salfner et al., 2017) sowie die Kriterien der C2C Produktzertifizierung (Cradle to Cradle Products Innovation Institute, 2016) ausgewertet. Die Analyse ergab eine Liste von 26 Kriterien aus den Bereichen „Nährstoff bleibt Nährstoff", „Nutzung erneuerbarer Energien" und „Unterstützung von Diversität" für C2C Gebäude (s. Kapitel 3.1.8). Demnach wird ein C2C Gebäude als ein Gebäude definiert,

- das einen Mehrwert für die Nutzer bietet und deren Wohlbefinden steigert.
- das alle C2C Eigenschaften aus den Bereichen „Nährstoff bleibt Nährstoff", „Nutzung erneuerbarer Energien" und „Unterstützung von Diversität" über den gesamten Planungs-, Bau-, Nutzungs- und Rückbauprozess berücksichtigt (s. Tabelle 1).

Kategorie	Ein Gebäude, ...
Nährstoff bleibt Nährstoff	▪ das aus definierten Materialien errichtet ist, die dauerhaft in der Bio- oder Technosphäre gehalten werden und für Mensch und Umwelt gesund sind.
	▪ das bei veränderten Nutzeranforderungen einfach umgebaut und am Ende der Nutzungszeit sortenrein rückgebaut werden kann.
	▪ das positive Auswirkungen auf die Umwelt hat.
	▪ das biologische Nährstoffe recycelt, so dass nach dem Bau mehr Biomasse, Boden und sauberes Wasser vorhanden sind als vor dem Bau.
	▪ das im Gebäudebetrieb und im Außenraum freiwerdendes CO_2 aktiv für biologische und chemische Prozesse nutzt.
	▪ das die Innenraumluftqualität verbessert, so dass die Luft das Gebäude sauberer verlässt als sie ins Gebäude kommt und den Bewohnern ein behagliches Klima bietet.
	▪ das zur Verbesserung der Außenluftqualität beiträgt, indem die Luft das Gebäude sauberer verlässt als sie ins Gebäude kommt.
	▪ das aktiv zu Verbesserung der Wasserqualität beiträgt, so dass das Wasser das Gebäude sauberer verlässt als es ins Gebäude kommt.
	▪ das den Boden möglichst wenig versiegelt und Ausgleichmaßnahmen schafft, so dass nach dem Bau des Gebäudes weniger oder gleich viel Fläche versiegelt ist als vorher.
	▪ bei dessen Planung neben den ökonomischen Kosten auch ökologische Kosten einbezogen werden.
	▪ in dem innovative Systeme eingesetzt werden, die einen Mehrwert für die Nutzer schaffen.
Nutzung erneuerbarer Energien	▪ das mehr regenerative Energie produziert als es inklusive grauer Energie verbraucht und den erzeugten Stromüberschuss ins öffentliche Netz einspeist
	▪ das mit flexibler Gebäudetechnik ausgestattet ist, die eine Anpassung an verschiedene Bewohner- und Nutzungsanforderungen erlaubt.
	▪ das elektrische und thermische Energiespeicher einsetzt, um regenerativ erzeugte Energie zu speichern und den Autarkiegrad bei der Energieversorgung zu steigern.
	▪ das durch eine optimale Kombination von Aktiv- und Passivmaßnahmen für eine möglichst hohe Behaglichkeit der Gebäudenutzer sorgt.
	▪ in dem für Energiesysteme definierte Materialien verwendet werden, die dauerhaft in der Bio- oder Technosphäre gehalten werden können und für Mensch und Umwelt gesund sind.
	▪ dessen Nutzer Verkehrsmittel nutzen, die mit erneuerbarer Energie betrieben werden.

Unterstützung von Diversität	▪ das die Biodiversität fördert, so dass nach dem Bau des Gebäudes mehr Arten (Flora und Fauna) vorhanden sind als vor dem Bau.
	▪ das eine hohe konzeptionelle Diversität bietet: ▪ das über eine hohe Aufenthaltsqualität und Außenbezug verfügt. ▪ das im Innen- und Außenraum über vielfältige Rückzugsorte verfügt. ▪ das sich an die Nutzerbedürfnisse anpasst.
	▪ das eine hohe kulturelle Diversität bietet: ▪ das an die örtlichen Gegebenheiten angepasst ist. ▪ das aus nachhaltigen und lokalen Materialien errichtet ist. ▪ das sich durch hohe Funktionalität und gute Gestaltung auszeichnet. ▪ das barrierefrei zugänglich ist. ▪ das eine hohe Nutzerakzeptanz aufweist.
	▪ das eine hohe technologische Vielfalt (passive und aktive Maßnahmen) bietet und durch ein flexibles Haustechniksystem eine flexible Grundrissgestaltung erlaubt.
	▪ das eine möglichst hohe Behaglichkeit für die Gebäudenutzer schafft.
	▪ das mit einem Haustechniksystem ausgestattet ist, das die Bewohner für einen nachhaltigen Umgang mit den eingesetzten Ressourcen sensibilisiert.
	▪ an dessen Errichtung nur Unternehmen beteiligt waren, die soziale Verpflichtung übernehmen.

Tabelle 1: Eigenschaften eines Cradle to Cradle Gebäudes (Cradle to Cradle Products Innovation Institute, 2016; McDonough & Braungart, 2003a; Mulhall et al., 2019; Mulhall & Braungart, 2010; Salfner et al., 2017) (eigene Darstellung)

Zusammenfassend lässt sich der Begriff C2C Ein- und Zweifamilienhäuser in Holzfertigbauweise wie folgt definieren:

„Gebäude mit einer Höhe bis zu 7m und nicht mehr als zwei Nutzungseinheiten von insgesamt nicht mehr als 400 m² Bruttogrundfläche, wobei mindestens eine Nutzungseinheit zu Wohnzwecken dient. Die Wand-, Decken- und Dachtafeln des Gebäudes bestehen in ihrer Tragkonstruktion aus dem Baustoff Holz. Wand-, Decken- und ggf. auch Dachtafeln werden werkseitig mindestens einseitig geschlossen vorgefertigt. Der Hausherstellerfungiert beim Bau des Gebäudes vertragsrechtlich als Generalunternehmer. Das Gebäude bietet einen Mehrwert für alle Stakeholder und steigert das Wohlbefinden der Nutzer. Zudem berücksichtigt das Gebäude alle C2C Eigenschaften aus den Bereichen „Nährstoff bleibt Nährstoff", „Nutzung erneuerbarer Energien" und „Unterstützung von Diversität" über den gesamten Planungs-, Bau-, Nutzungs- und Rückbauprozess (s. Tabelle 1)."

1.2 Zielsetzung der Arbeit

Das Ziel der Arbeit ist es, zu analysieren, ob Ein- und Zweifamilienhäuser in Holzfertigbauweise nach dem C2C Prinzip geplant und realisiert werden können. Im Vordergrund steht die Frage, wie ökologische Probleme, die momentan mit dem Bau von Ein- und Zweifamilienhäusern einhergehen, als Potenzial für einen positiven Fußabdruck im Sinne des C2C Prinzips genutzt werden können. Des Weiteren wird untersucht, inwieweit nachhaltige Ein- und Zweifamilienhäuser in Holzfertigbauweise bereits C2C inspirierte Elemente enthalten und welche Schritte nötig sind, um von nachhaltigen zu C2C Ein- und Zweifamilienhäusern zu gelangen. Zuletzt wird in der Arbeit diskutiert, ob gesetzliche Anreize zu einer Änderung des Bewusstseins der Baubeteiligten – weg von der Minimierung negativer Auswirkungen hin zu einem positiven Fußabdruck – führen können.

Den Untersuchungsgegenstand der Arbeit bilden Ein- und Zweifamilienhäuser in Holzfertigbauweise. Im Rahmen der Arbeit wird untersucht, welche Kriterien für C2C Einfamilienhäuser in Holzfertigbauweise sich aus den C2C Leitsätzen „Nährstoff bleibt Nährstoff“, „Nutzung erneuerbarer Energien“ und „Unterstützung von Diversität“ ergeben. Dazu werden die „Hannover Principles“, der Leitfaden „Cradle to Cradle criteria for the built environment“, der Leitfäden „Creating buildings with positive impacts“, der C2C Leitfaden für den Wohnungsbau und die C2C Produktzertifizierung untersucht (s. Kapitel 3.1.8). Zudem werden die Nachhaltigkeitsbewertungssysteme DGNB Zertifikat, Neubau kleine Wohngebäude, BNK, Home Quality Mark (HQM), LEED for Homes und Minergie in Kombination mit Minergie-Eco analysiert und deren Anforderungen an kleine Wohngebäude identifiziert (s. Kapitel 3.2.6). Die abgeleiteten Anforderungen für nachhaltige kleine Wohngebäude und C2C Gebäude werden miteinander verglichen (s. Kapitel 3.3). Dies dient der Beantwortung der Frage, welche Schritte nötig sind, um von einem nachhaltigen zu einem C2C Einfamilienhaus zu gelangen. Der Schwerpunkt der Untersuchung liegt auf den Vertiefungskriterien, die in Tabelle 2 dargestellt sind.

Nährstoff bleibt Nährstoff	Nutzung erneuerbarer Energien
1.1 Verwendung kreislauffähiger Materialien	1.13 Einsatz erneuerbarer Energie
1.3 Rückbau- und Recyclingpotenziale	
1.7 Verbesserung der Innenraumluftqualität	**Unterstützung von Diversität**
1.9 Wassereinsatz und Wasserkreisläufe	1.20 Förderung von Biodiversität

Tabelle 2: Cradle to Cradle Kriterien, die in der Dissertationsschrift vertieft betrachtet werden (Vertiefungskriterien) (eigene Darstellung)

Die Umsetzbarkeit eines positiven Fußabdrucks nach C2C im Hinblick auf die Kriterien aus Tabelle 2 wird anhand von Fallstudien untersucht. Diese umfassen gebaute C2C inspirierte Einfamilienhäuser (Fallstudie 1, Kapitel 4.1) sowie Ein- und Zweifamilienhäuser in Holzfertigbauweise, die nach dem BNK-Standard zertifiziert wurden (Fallstudie 2, Kapitel 4.2). Eine vertiefte Untersuchung der materialrelevanten Kriterien 1.1 Verwendung kreislauffähiger Materialien, 1.3

Rückbau- und Recyclingpotenziale und 1.7 Verbesserung der Innenraumluftqualität erfolgt anhand der Begleitung des Rückbaus eines Einfamilienhauses in Holzfertigbauweise (Fallstudie 3, Kapitel 4.3) und der Versetzung eines Zweifamilienhauses in Holzfertigbauweise (Fallstudie 4, Kapitel 4.4). Die Analyse wird durch die Zerlegung eines Außenwandbauteils im Labor ergänzt (Fallstudie 5, Kapitel 4.5). Zur Beantwortung der Frage, ob gesetzliche Anreize zu einer Änderung des Bewusstseins der Baubeteiligten führen können, wird sowohl auf den Vergleich der Anforderungen aus C2C Leitfäden und Nachhaltigkeitsbewertungssystemen (Kapitel 3.3) als auch auf die Fallstudien (Kapitel 4) zurückgegriffen.

Der zu entwickelnde Ansatz soll dazu beitragen, die Eigenschaften des Typus Ein- und Zweifamilienhaus als Potenzial für einen positiven Fußabdruck im Rahmen des C2C Prinzips zu nutzen. Die Studie soll sowohl zukünftigen Planern, als auch Fertighausunternehmen Möglichkeiten zur Umsetzung des C2C Prinzips im Einfamilienhausbereich aufzeigen.

1.3 Ausgangsbedingungen, Thesen und Fragestellungen

Im folgenden Kapitel werden die Fragestellungen und Thesen, auf denen die Arbeit basiert sowie die Ausgangsbedingungen dargestellt:

Ausgangsbedingungen für die Arbeit

- **Ein- und Zweifamilienhäuser als beliebteste Wohnform in Deutschland**
  Einfamilienhäuser sind in Deutschland die nachgefragteste Wohnform (Bundesstiftung Baukultur, 2016). Gemäß dem Bericht Bautätigkeit und Wohnungen des statistischen Bundesamtes gibt es im Bundesgebiet derzeit 19,2 Millionen Wohngebäude mit 41,1 Millionen Wohnungen und einer Wohnfläche von 3,8 Milliarden Quadratmeter. Hiervon entfallen rund 83 Prozent der Gebäude (15,9 Millionen) und 46 Prozent (19,1 Millionen) der Einheiten auf Ein- und Zweifamilienhäuser (Stand 31.12.2019) (Statistisches Bundesamt [Destatis], 2020c, S. 10). Darüber hinaus sagen Prognosen des Bundesinstituts für Bau-, Stadt- und Raumforschung aus dem Jahr 2015 voraus, dass zum Jahr 2030 in Deutschland insgesamt 2,0 Millionen weitere Wohnungen benötigt werden. Im Jahresdurchschnitt sind dies 204.500 Wohneinheiten, wovon der größte Anteil auf Ein- und Zweifamilienhäuser mit durchschnittlich 117.000 Wohneinheiten pro Jahr entfallen wird (Bundesinstitut für Bau-, Stadt- und Raumforschung [BBSR], 2015). Auch wenn das Bundesbauministerium aufgrund der momentan starken Zuwanderung bis 2030 mit einem Bedarf von mindestens 350.000 neuen Wohnungen pro Jahr rechnet, der verstärkt durch bezahlbare Einheiten in Geschosswohnungsbauten gedeckt werden soll, werden Ein- und Zweifamilienhäuser weiterhin ein wichtiger Bestandteil der Neubautätigkeit sein (Bundesstiftung Baukultur, 2016, S. 38).

- **Zunahme des Anteils von Holzfertigbauten am Neubauvolumen von Ein- und Zweifamilienhäusern**
  Der Anteil von Fertighäusern unter den Baugenehmigungen für Ein- und Zweifamilienhäusern nahm seit den letzten drei Jahrzehnten stark zu. Während der Anteil nach der deutschen Wiedervereinigung (1991) bei 8,1 Prozent lag, wurden im Jahr 2000 13,5 Prozent und im Jahr 2019 20,8 Prozent aller Ein- und Zweifamilienhäuser in Fertigbauweise errichtet (Destatis, 2020b, S. 3). Circa 90 Prozent davon entfallen auf den Holzfertigbau. Die übrigen 10 Prozent verteilen sich andere Bauweisen wie Beton- oder Stahlfertigbau (G. Lange, Persönliche Mitteilung, 5. Februar 2021). Insgesamt wird damit heute mehr als jedes fünfte neu genehmigte Ein- und Zweifamilienhaus in Deutschland in Fertigbauweise erstellt.

- **Chancen der Gebäudetypologie Ein- und Zweifamilienhaus**
  Mit den vermeintlichen ökologischen Nachteilen der Gebäudetypologie Ein- und Zweifamilienhaus gehen auch Chancen einher, die anhand der folgenden zwei Beispielen aufgezeigt werden. Einerseits haben Ein- und Zweifamilienhäuser aufgrund ihrer geringen Kompaktheit einen großen Hüllflächenanteil, der in einem hohen Energiebedarf für die Konditionierung und einem hohen Bedarf an Baumaterial für die Errichtung resultiert.

Andererseits stellt der hohe Hüllflächenteil aus energetischer Perspektive auch eine Chance dar. Wenn es gelingt, Gebäude zu errichten, die über ihre Hüllfläche mehr regenerative Energie erzeugen als sie unter Einbezug der Betriebsenergie und der grauen Energie verbrauchen, bringen sie einen Nutzen für Umwelt und Gesellschaft (P. G. Luscuere et al., 2016, S. 28). Gemäß P. G. Luscuere et al. (2016) kann die Hüllfläche aus energetischer Perspektive folglich gar nicht groß genug sein. Einerseits trägt der Neubau von Ein- und Zweifamilienhäusern aufgrund geringer Baudichten und großer Gärten in hohem Maße zum Anstieg der Siedlungs- und Verkehrsfläche bei. Andererseits zeigen neuere Studien, dass Hausgärten, entgegen früherer Annahmen aus den 60er Jahren, die Hausgärten mit biologischen Wüsten gleichsetzten (Elton, 1966, S. 78), eine hohe Diversität an Spezies aufweisen und gefährdete Arten beherbergen können (Gaston, Warren et al., 2005, S. 3329).

- **Systeme zur Bewertung der Nachhaltigkeitsqualität von Ein- und Zweifamilienhäusern**
  Auf dem deutschen Markt stehen für die Nachhaltigkeitsbewertung von Ein- und Zweifamilienhäusern momentan das BNK (Hauser et al., 2015) und die Systemvariante Neubau kleine Wohngebäude der DGNB zur Verfügung (Deutsche Gesellschaft für Nachhaltiges Bauen [DGNB e.V.], 2020). Bisher wurden 85 Gebäude nach dem BNK-Standard (Stand Juni 2020) (N. Essig, Persönliche Mitteilung, 7. Juli 2020) und 24 Gebäude nach dem DGNB Standard für kleine Wohngebäude zertifiziert (Stand 19.2.2021) (DGNB e.V., 2021a). Die niedrigen Zahlen belegen, dass die Nachhaltigkeitszertifizierung im Bereich der Ein- und Zweifamilienhäuser bisher nicht in der Baupraxis angekommen ist und sich auf eine kleine Anzahl von Gebäuden, meist Ausstellungs- oder Studienhäuser, beschränkt.

- **Energieeinsparung in der Nutzungsphase und Einsatz erneuerbarer Energien als Fokus**
  Unter den verschiedenen Nachhaltigkeitskriterien stellen die Senkung des Energiebedarfs in der Nutzungsphase und der Einsatz erneuerbarer Energien momentan die am meisten beachteten Aspekte dar. Beide Aspekte sind durch das Gesetz zur Einsparung von Energie und Nutzung erneuerbarer Energien zur Wärme- und Kälteerzeugung in Gebäuden (Gebäudeenergiegesetz – GEG) geregelt. Zudem stehen für den Bau energieeffizienter Gebäude und den Einsatz erneuerbarer Energien derzeit verschiedene Förderprogramme, z.B. der KfW zur Verfügung (Kreditanstalt für Wiederaufbau [KfW], 2020). Der Energieaufwand bei der Herstellung und beim Rückbau von Ein- und Zweifamilienhäusern werden derzeit meist vernachlässigt, obwohl er laut Hauser et al. (2015, S. 58-59) oft beträchtlich ist.

- **C2C inspirierte Ein- und Zweifamilienhäuser als Leuchtturmprojekte**
  Die Umsetzung des C2C Prinzips beim Bau von Ein- und Zweifamilienhäusern erfordert spezielles Wissen und ist gemäß Salfner et al. (2017, S. 191) mit einem erhöhten Planungsaufwand verbunden. Insbesondere beim Bau von Ein- und Zweifamilienhäusern herrscht jedoch oft großer Kostendruck und es wird nur ein geringer Teil des Budgets in Planungsleistungen investiert. So waren im Jahr 2005 beim Bau von mehr als 80 Prozent

aller privaten Wohnhäuser keine Architekten beteiligt (Schittich, 2005, S. 9). Dies spiegelt sich in der geringen Anzahl und der Art der gebauten Beispiele wieder. So gehen die meisten Gebäude auf die Initiative der Bauherren zurück, die sich bereits selbst mit dem C2C Prinzip beschäftigt haben, sind Teil von Forschungsprojekten oder studentischen Arbeiten und können nicht direkt auf den Einfamilienhausmarkt in Deutschland übertragen werden.

Thesen und Fragestellungen

Auf Basis der beschriebenen Ausgangsbedingungen geht die Arbeit von folgenden Thesen aus:

These 1:

Durch die Anwendung des C2C Prinzips können negative ökologische Auswirkungen, die momentan mit dem Bau von Ein- und Zweifamilienhäusern einhergehen, als Potenzial für einen positiven Fußabdruck genutzt werden.

These 2:

Nachhaltige Ein- und Zweifamilienhäuser stellen eine Vorstufe von C2C Ein- und Zweifamilienhäusern dar. Durch die Anhebung der Ziele des nachhaltigen Bauens können C2C Gebäude geschaffen werden.

These 3:

Um von nachhaltigen Ein- und Zweifamilienhäusern in Holzfertigbauweise zu C2C Gebäuden zu gelangen, ist eine Änderung des Bewusstseins aller Baubeteiligten nötig. Anstatt der Minimierung negativer Auswirkungen müssen positive Ziele angestrebt werden. Dafür müssen gesetzliche Anreize gesetzt werden.

Basierend auf den genannten Ausgangsbedingungen sowie den obigen Thesen leiten sich folgende Fragestellungen ab, die im Fokus der Arbeit stehen:

1. *Können Ein- und Zweifamilienhäuser in Holzfertigbauweise bereits heute gesamtheitlich nach C2C geplant und umgesetzt werden?*
2. *Welche C2C Kriterien können beim Bau von Ein- und Zweifamilienhäusern in Holzfertigbauweise bereits heute vollständig umgesetzt werden und welche Kriterien bedürfen in Zukunft einer vertieften Betrachtung?*
3. *Wie können die Eigenschaften von Ein- und Zweifamilienhäusern als Potenzial für einen positiven Fußabdruck genutzt werden?*
4. *Können nachhaltige Ein- und Zweifamilienhäuser in Holzfertigbauweise als Vorstufe von C2C Ein- und Zweifamilienhäusern betrachtet werden?*

5. *Wie können bestehende Bauweisen und Baustoffe im Holzfertigbau so weiterentwickelt werden, dass nach der Nutzungszeit eine sortenreine Demontage und Trennung der Bauteilschichten sowie eine vollständige Rückführung der Materialien möglich ist?*
6. *Wie können Energiekonzepte für Ein-und Zweifamilienhäuser in Holzfertigbauweise realisiert werden, die in Kombination mit innovativen Technologien regenerativ mehr Energie erzeugen als die Gebäude verbrauchen einschließlich grauer Energie?*
7. *Mit welchen Maßnahmen kann die Artenvielfalt am Gebäude und am Grundstück von Ein- und Zweifamilienhäusern in Holzfertigbauweise erhöht werden, sodass die Biodiversität nach dem Bau höher ist als vor dem Bau des Gebäudes?*

1.4 Stand der Forschung

Die Zahl der C2C inspirierten Gebäude ist in den letzten Jahren gestiegen. Im Wohngebäudebereich, insbesondere bei Ein- und Zweifamilienhäusern, existieren jedoch immer noch vergleichsweise wenige Beispiele, obwohl Wohngebäude beispielsweise in Deutschland 87 Prozent des Gebäudebestands ausmachen (EnergieAgentur.NRW GmbH, o.J.). Die meisten der gebauten C2C inspirierten Ein- und Zweifamilienhäuser gingen aus Forschungsprojekten oder Studienarbeiten hervor. Auf Ein- und Zweifamilienhäuser, die von Bauherren in Auftrag gegeben werden, fand das C2C Prinzip bisher kaum Anwendung. Zudem ist über den Erfolg der Umsetzung des C2C Prinzips beim Bau von Ein- und Zweifamilienhäusern nur wenig bekannt, da das Thema bisher kaum wissenschaftlich bearbeitet wurde.

Eine Ausnahme stellt das Forschungsprojekt zur Entwicklung und Bewertung eines C2C inspirierten Plusenergiehauses am Beispiel des Wettbewerbsbeitrages Solar Decathlon dar. Im Projekt wurde anhand des Solar Decathlon Gebäudes abgeleitet, dass das C2C Prinzip bereits heute weitgehend auf Einfamilienhäuser angewendet werden kann (Salfner et al., 2017, S. 189-190). Die Übertragung der Aussage von einem studentischen Projekt auf Ein- und Zweifamilienhäuser aus der Baupraxis bedarf jedoch einer vertieften Betrachtung, die in der vorliegenden Arbeit geleistet wird. Zudem werden an einigen Stellen im Projekt Limitationen deutlich, da beispielsweise nur die Terrassenkonstruktion, nicht aber die Wohnmodule des Solar Decathlon Gebäudes für einen möglichen Rückbau geplant wurden (Salfner et al., 2017, S. 91).

Zudem untersuchte die Verfasserin der Promotionsschrift im Forschungsprojekt C2C SchwörerHaus, das an die Dissertation angegliedert ist, die Anwendung des C2C Prinzips auf Gebäude des Fertighausherstellers SchwörerHaus (Lindner et al., 2019a). Dazu wurde der Kriterienkatalog für C2C inspirierte Gebäude aus Kapitel 3.1.8 im Unternehmen SchwörerHaus vorgestellt. In Folge wurde für jedes Kriterium der Status quo und Potenziale bei Schwörer Häusern ermittelt. In einem anschließenden Ideation Workshop wurden zusammen mit Vertretern der Firma SchwörerHaus Ideen zur Umsetzung des C2C Prinzips gesammelt. Die favorisierten Ideen „Wassermanagement mit biologischer Kläranlage", „Grüne Lunge" und „Smarter Wand-/Modulaufbau" wurden weiter zu Konzepten ausgearbeitet und ihre Machbarkeit überprüft. Im nächsten Schritt soll das Konzept „Smarter Wand-/Modulaufbau" umgesetzt werden. Aufgrund einer Vereinbarung mit der Firma SchwörerHaus können die Ergebnisse des Projekts an dieser Stelle nicht detailliert dargestellt werden.

Die meisten C2C inspirierten Gebäude werden auf Grundlage von Leitfäden und Planungshilfen geplant und umgesetzt. Mc Donough und Braungart veröffentlichten ihre Gedanken zu C2C erstmals 1992 in den „Hannover Principles" (McDonough & Braungart, 2003a).[2] Der Leitfaden erläutert die Gestaltungsprinzipien für die Entwicklung des Geländes der Weltausstellung in Hannover. Obwohl der Begriff C2C darin noch nicht explizit erwähnt wird, basiert der Leitfaden auf denselben Grundprinzipien wie die darauffolgenden C2C Planungshilfen. Im Leitfaden „Cradle

[2] Die Hannover Principles erschienen erstmalig im Jahr 1992. Innerhalb der vorliegenden Arbeit wird die Jubiläumsausgabe aus dem Jahr 2003 zitiert.

to Cradle Criteria for the built environment" fassen Mulhall und Braungart (2010) die Leitkriterien für die gebaute Umwelt zusammen. Der Leitfaden enthält inhaltliche Kriterien, die aus den C2C Prinzipien „Nährstoff bleibt Nährstoff", „Nutzung erneuerbarer Energien" und „Unterstützung von Diversität" hervorgehen sowie Mehrwert- und Anwendungskriterien. In der darauffolgenden Planungshilfe „Guide for Cradle to Cradle in Buildings" gehen Mulhall et al. (2013a) auf die Umsetzung der inhaltlichen Kriterien aus dem zuvor genannten Leitfaden ein. Zur schrittweisen Umsetzung des C2C Prinzips werden Instrumente für die verschiedenen Planungsphasen vorgestellt. Die Planungshilfe „Creating Buildings With Positive Impacts" stellt eine Fortführung des „Guide for Cradle to Cradle in Buildings" dar. Mulhall et al. (2019) vertiefen darin die Schritte und Werkzeuge im zirkulären Planungsprozess auf Basis des C2C Modells. Alle bisher genannten Leitfäden beziehen sich auf Gebäude im Allgemeinen. Für die Gebäudetypologie Wohngebäude veröffentlichten Salfner et al. (2017) einen Kriterienkatalog, der das Ergebnis des Forschungsprojekts zur Entwicklung und Bewertung eines C2C inspirierten Plusenergiehauses am Beispiel des Wettbewerbs Solar Decathlon 2015 darstellt. Neben den beschriebenen Leitfäden für den Bau C2C inspirierter Gebäude steht die C2C Produktzertifizierung für die Bewertung von Produkten auf Basis der Kriterien „umweltsichere und gesunde Inhaltsstoffe", „Kreislauffähigkeit", „Einsatz von regenerativen Energieformen und CO_2-Management", „verantwortungsvoller Umgang mit Wasser" und „soziale Verpflichtung des Unternehmers" zur Verfügung (Cradle to Cradle Products Innovation Institute, 2016).

Im Bereich Kreislauffähigkeit von Materialien und Gebäuden entstanden in den letzten Jahren verschiedene Planungswerkzeuge und Bewertungsmethoden. Im EU-Forschungsprojekt Buildings as Material Banks (BAMB) wurde eine Methodik für Materialpässe, die Datensätze zur Nutzung, Verwertung und Wiederverwendung von Materialien und Komponenten in Produkten und Systemen enthält, entwickelt. Auf dieser Grundlage wurden über 300 Pässe für Produkte und Gebäude erstellt, die auf der Materialpass Plattform hinterlegt sind (L. Luscuere et al., 2019; Mulhall et al., 2017). Durmisevic (2019) entwickelte im BAMB Projekt ein Design-Protokoll, das verschiedene Stakeholder bei der Planung und Umsetzung reversibler Gebäude unterstützt. Dabei informiert das Transformation Capacity Tool die Stakeholder über die Transformationsfähigkeit des Gebäudes. Das Reuse Potential Tool gibt Aufschluss über das Wiederverwendungspotenzial des Gebäudes. Darüber hinaus war es Ziel des Projekts, eine Methodik zur Bewertung der Kreislauffähigkeit von Gebäuden zu erarbeiten und als Prototyp einer BIM kompatiblen Software umzusetzen (BAMB. Buildings as Material Banks, 2018). Das Programm soll die Produkt- und Materialflüsse im Gebäude bewerten und dadurch den Vergleich verschiedener Szenarien ermöglichen. Die entwickelten Werkzeuge und Methoden wurden anhand von sechs Prototypen evaluiert und optimiert (Capelle et al., 2019).

Zudem entwickelten Schwede und Störl (2017) eine Methode zur Analyse der Rezyklierbarkeit von Baukonstruktionen, die anhand einer Beschreibungssystematik Materialelemente und deren Verbindungen abbildet. Bei den Materialelementen erfolgt eine Bewertung bezüglich des Herstellungsaufwandes, der Rezyklierbarkeit sowie der Möglichkeit zur Ablagerung und zur thermischen Verwertung. Die Einordnung der Verbindungen erfolgt auf Basis der Verwertungsverträglichkeit der einzelnen Materialpaare und der Lösbarkeit ihrer Fügung. Anhand des programmierten ILEK RecyclingGraphEditors wurden vier Wandaufbauten modelliert und hinsichtlich der besten Art der Verwertung, der Lösbarkeit und der Verwertungsverträglichkeit miteinander verglichen.

Der Atlas Recycling fasst die Grundlagen für die künftige Planung und Umsetzung von recyclinggerechten Konstruktionen und den Einsatz von Recyclingmaterialien zusammen (Hillebrandt et al., 2018). Hillebrandt und Seggewies (2018) weisen darin für verschiedene Materialien oder Produkte den Material Cycle Status, bestehend aus den Parametern Material Recycling Content, Material-Loop-Potenzial und Material End-of-Life aus. Der Material Recycling Content gibt an, welchen Anteil von Recyclingstoffen ein Material oder Produkt derzeit typischerweise enthält. Das Material-Loop Potenzial zeigt auf, welcher Anteil von Recyclingstoffen im Material bzw. Produkt bei Auslegung auf maximalen Sekundärrohstoffanteil möglich wäre. Das Material End-of-Life stellt dar, wie das Material bzw. das Produkt derzeit am Ende des Lebenszyklus verwertet wird. Rosen (2018) stellt im Recycling Atlas eine Systematik zur quantitativen Ermittlung von Kreislaufpotenzialen von Baukonstruktionen vor. In die Bewertung fließen neben dem Material Cycle Status nach Hillebrandt und Seggewies (2018) der Wert der rückzugewinnenden Stoffe auf Grundlage von Erhebungen bei Entsorgungsunternehmen und der zeitliche und maschinelle Aufwand zum Rückbau ein. In einer Versuchsreihe wurden verschiedene Fassadenkonstruktionen mit Fokus auf lösbare Materialverbindungen konzipiert, erstellt, rückgebaut und bewertet. Der Fokus lag dabei auf den Fassaden- und Dachbekleidungen.

Zudem entwickelten Eßig et al. (2019) in einem Forschungsprojekt die Kriterien Innenraumlufthygiene, Schadstoffemissionen, Rückbau- und Demontagefreundlichkeit aus dem BNK, Version 1.0 weiter und validierten diese in einer Pilotphase. Die genannten Kriterien haben jeweils eine Entsprechung in den beschriebenen Leitfäden für C2C inspirierte Gebäude. Die Themen Innenraumlufthygiene und Schadstoffemissionen von Bauprodukten wurden im BNK in einem Kriterium zusammengefasst. Das Kriterium wird durch die Einordnung der eingesetzten, oberflächennahen Produkte sowie der Außenbauteile, die mit der Umgebung maßgeblich in Wechselwirkung stehen, in verschiedene Qualitätsstufen bewertet. Zudem wird die Durchführung einer Innenraumluftmessung bezüglich VOCs und Formaldehyd sowie die Erstellung und Umsetzung eines Lüftungskonzeptes in verschiedenen Stufen positiv beurteilt. Das Thema Rückbau- und Demontagefreundlichkeit wurde in zwei Kriterien aus der Kategorie Prozessqualität integriert. Im Kriterium Beratungsgespräch und Zielvereinbarung wurden die Rückbau- und Verwertbarkeit als Themenfeld aufgenommen. Im Kriterium Gebäudeakte inkl. Nutzerhandbuch wird die Erstellung eines Recyclingkonzeptes positiv bewertet.

Im EU-Forschungsprojekt RE4 wurden die Aspekte Wiederverwendung und Recycling von Baumaterialien vertieft betrachtet (RE4, 2016). In diesem Rahmen wurden Konzepte für den Rückbau alter Holzgebäude entwickelt mit dem Ziel, einen möglichst großen Holzanteil durch Wiederverwendung oder hochwertiges Recycling im Kreislauf zu halten (Klinge, Roswag-Klinge, Paganoni et al., 2019; Klinge, Roswag-Klinge, Radeljic & Lehmann, 2019). Zudem wurden Konzepte für reversible, vorgefertigte Wohnhäuser aus Recyclingmaterialien sowie für wiederverwendbare Fassadenelemente entwickelt und umgesetzt. Während des Projektverlaufs zeigte sich, dass aufgrund der Bandbreite an Holzkonstruktionen keine allgemein gültige Rückbaustrategie entwickelt werden kann und detaillierte Anleitungen für die verschiedenen Konstruktionstypen nötig sind. Es konnte aber gezeigt werden, dass die Wiederverwendung von konstruktiven Hölzern selbst bei Teilen mit Holzschutzmittelbelastung nach Abtragung der betroffenen Schichten möglich ist. Als größtes Hindernis für eine Wiederverwendung und ein hochwertiges Recycling von Holz wurden im Projekt RE4 fehlende Verfahren zur Detektion von Verunreinigungen mit Holzschutzmitteln vor Ort identifiziert.

Zur Vereinfachung der Detektion von Holzschutzmitteln wurde inzwischen im Forschungsprojekt CaReWood ein Prototyp für ein vor-Ort Messgerät entwickelt, das die Einstufung von Holz in die verschiedenen Altholzklassen erleichtert (Fraunhofer Gesellschaft 2017). Zudem wurde im Projekt ein Vorhersagemodell für das künftige Altholzaufkommen sowie ein Computermodell zur Identifikation der optimalen Standorte für Altholzverarbeitungsanlagen entwickelt (Risse & Richter, 2018). In einem weiteren Schritt wurde ein technischer Aufarbeitungsprozess für massives Altholz zu Brettschichtholzprodukten entwickelt und ökologisch sowie ökonomisch bewertet. Anhand einer Exergie-Analyse wurde gezeigt, dass die Kaskadenführung von Holz gegenüber dem Einsatz von Frischholz einen niedrigeren Ressourcenverbrauch und eine höhere Ressourceneffizienz aufweist.

1.5 Methodik und Vorgehensweise

Die Arbeit schließt verschiedene Methoden des wissenschaftlichen Arbeitens ein. Dem theoretischen Grundlagenteil in Kapitel 2 „Status Quo: Cradle to Cradle inspirierte Ein- und Zweifamilienhäuser in Holzfertigbauweise" liegt eine Literaturanalyse zu Grunde. Der empirische Teil basiert auf den Analysen des Kapitels 3 „Instrumente zur Umsetzung von Cradle to Cradle Ein- und Zweifamilienhäusern und Nachhaltigkeitsbewertungssysteme" und des Kapitels 4 „Fallstudien: Cradle to Cradle inspirierte und nachhaltige Ein- und Zweifamilienhäuser". Im Schlussteil in Kapitel 5 „Umsetzbarkeit des Cradle to Cradle Prinzips bei Ein- und Zweifamilienhäusern in Holzfertigbauweise" werden der theoretische Teil (Kapitel 2) und der empirische Teil (Kapitel 3 und 4) inhaltlich zusammengefasst und ausgewertet sowie die Thesen der Arbeit abgeleitet und die Forschungsfragen beantwortet.

Theoretischer Grundlagenteil: Literaturanalyse

Der theoretische Grundlagenteil in Kapitel 2 beruht auf einer Literaturanalyse. In diesem Zuge werden verschiedene Datenbaken (staatliche, universitäre und virtuelle Bibliotheken, Journal- und Aufsatzdatenbanken, Datenbank mit C2C inspirierten Masterarbeiten etc.) ausgewertet und Recherchen im Internet durchgeführt. Darüber hinaus führten der Austausch und Treffen mit verschiedenen Experten (Forschenden, Architekten, Fertighausunternehmen, Bundesverband Deutscher Fertigbau e.V. etc.) zu Hinweisen auf Literatur und aktuelle wissenschaftliche Untersuchungen. Ziel des theoretischen Grundlagenteils ist es, den Status Quo im Bereich C2C Ein- und Zweifamilienhäuser in Holzfertigbauweise abzubilden und die Arbeit im aktuellen Diskurs um nachhaltiges Bauen im Einfamilienhausbereich zu verorten.

Empirischer Teil: Analysen und Fallstudien

Die Fragestellung der Arbeit wird durch die Analysen in Kapitel 3 und die Fallstudien in Kapitel 4 untersucht und ausgewertet. Am Ende der beiden Kapitel werden die Teilergebnisse zusammengefasst und erste Schlussfolgerungen gezogen. Die Methodik der Kapitel 3 und 4 ist in Abbildung 1 dargestellt und wird im Folgenden erläutert.

Kapitel 3: Im Rahmen der Kapitel 3.1.1 bis 3.1.7 werden Leitfäden für die Planung von C2C Gebäuden sowie die C2C Produktzertifizierung analysiert. Aus den Leitfäden und dem Zertifizierungsstandard werden Anforderungen an C2C Ein- und Zweifamilienhäuser identifiziert (Kapitel 3.1.8). Darüber hinaus beschäftigen sich die Kapitel 3.2.1 bis 3.2.5 mit Nachhaltigkeitsbewertungsmethoden für kleine Wohngebäude. Aus den verschiedenen Bewertungsstandards wird ein Katalog von Anforderungen an nachhaltige kleine Wohngebäude abgeleitet (Kapitel 3.2.6). Im Kapitel 3.3 werden die identifizierten Kriterien für nachhaltige kleine Wohngebäude den Kriterien für C2C Ein- und Zweifamilienhäuser gegenübergestellt. Der Schwerpunkt liegt dabei auf den C2C Vertiefungskriterien 1.1 Verwendung kreislauffähiger Materialien, 1.3 Rückbau- und Recyclingpotenziale, 1.7 Verbesserung der Innenraumluftqualität, 1.9 Wassereinsatz und Wasserkreisläufe, 1.13 Einsatz erneuerbarer Energie und 1.20 Förderung von Biodiversität. Die Untersuchungen in Kapitel 3 dienen der Beantwortung der Frage, ob durch die Anhebung der Ziele des nachhaltigen Bauens C2C Gebäude geschaffen werden können (Ableitung These 2).

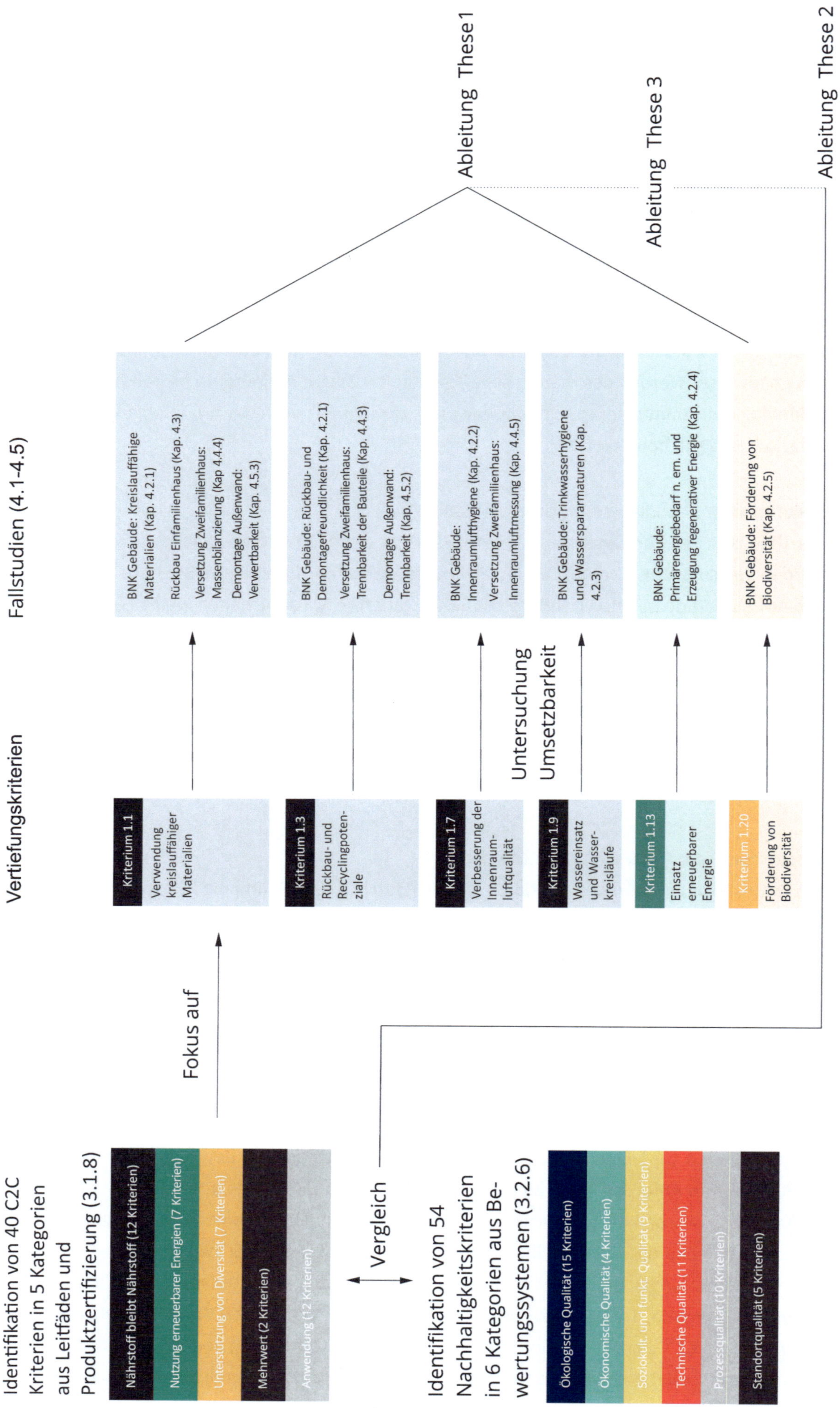

Abbildung 1: Methodik der Arbeit (eigene Darstellung)

Kapitel 4: In Kapitel 4 werden verschiedene Fallstudienanalysen durchgeführt, anhand derer die Umsetzbarkeit eines positiven Fußabdrucks nach C2C bei Ein- und Zweifamilienhäusern in Holzfertigbauweise untersucht wird (Ableitung These 1). Auch dabei liegt der Fokus auf den oben genannten Vertiefungskriterien.

Zu Beginn werden in Kapitel 4.1 anhand von Fallstudie 1 Beispiele C2C inspirierter Einfamilienhäuser untersucht, um einen Überblick über die derzeitige Anwendung C2C inspirierter Elemente zu gewinnen. Die Analyse erfolgt über Auswertungen von Fachliteratur und Konzepten.

Fallstudie 2 adressiert die Umsetzbarkeit aller sechs C2C Vertiefungskriterien. Dazu werden in Kapitel 4.2 18 Ein- und Zweifamilienhäuser in Holzfertigbauweise untersucht, die nach dem BNK Standard zertifiziert wurden. Für vier der C2C Vertiefungskriterium existieren im BNK korrespondierende Kriterien, deren Dokumentation zur Auswertung herangezogen wird. Für die übrigen beiden Vertiefungskriterien wird die allgemeine Gebäudedokumentation ausgewertet bzw. ein alternatives Kriterium aus dem BNK herangezogen. Die Dokumentationen wurden im Rahmen der Zertifizierung durch BNK-Auditoren erstellt. Für Projekte, die in der Pilotphase zur Entwicklung des BNK zertifiziert wurden, lagen die Informationen aus dem Endbericht des zugehörigen Forschungsprojekts vor (Hauser et al., 2015). Die Verfasserin der Dissertationsschrift war am Projekt als wissenschaftliche Mitarbeiterin beteiligt. Für die übrigen Projekte wurden die Dokumentationen nach Erteilung des Einverständnisses durch die Fertighausunternehmen von der Zertifizierungsstelle des Bau-Instituts für Ressourceneffizientes und Nachhaltiges Bauen GmbH (BiRN) zur Verfügung gestellt.

Fallstudie 3 beschäftigt sich mit der Umsetzbarkeit des Vertiefungskriteriums 1.1 Verwendung kreislauffähiger Materialien. Dafür wird in Kapitel 4.3 der Rückbau eines Einfamilienhauses in Holzfertigbauweise begleitet. In diesem Rahmen werden Primärerhebungen vor Ort durchgeführt und die Entsorgung der Materialien mit Massen und Verwertungsweg anhand von Aufstellungen der zuständigen Rückbaufirma dokumentiert und ausgewertet.

Fallstudie 4 adressiert die Umsetzbarkeit der Vertiefungskriterien 1.1 Verwendung kreislauffähiger Materialien, 1.3 Rückbau- und Recyclingpotenziale und 1.7 Verbesserung der Innenraumluftqualität. Dazu wird in Kapitel 4.4 die Versetzung eines Zweifamilienhauses in Holzfertigbauweise begleitet. Neben der Auswertung der Gebäudedokumentation werden Primärerhebungen vor Ort durchgeführt. In diesem Rahmen wird die Trennbarkeit der ausgebauten Materialschichten auf Grund einer entwickelten Matrix beurteilt sowie eine Aufstellung der Materialien im Gebäude mit Massen und Wiederverwendungsanteil nach der Versetzung erarbeitet. Zusätzlich wird vor und nach der Versetzung eine Innenraumluftmessung durchgeführt und ausgewertet.

Fallstudie 5 untersucht die Umsetzbarkeit der Kriterien 1.1 Verwendung kreislauffähiger Materialien und 1.3 Rückbau- und Recyclingpotenziale. Hierfür wird in Kapitel 4.5 ein Außenwandbauteil in Holzfertigbauweise demontiert sowie die Trennbarkeit und die Verwertbarkeit des Bauteils (Status quo und bestmöglich nach Stand der Technik) beurteilt. Sowohl die Begleitung der Versetzung des Zweifamilienhauses in Holzfertigbauweise als auch die Demontage des Bauteils erfolgten im Rahmen des Forschungsprojektes Rural Mining (FKZ: 13FH222PX6), das durch das Bundesministerium für Bildung und Forschung gefördert wird. Die Verfasserin der Promotionsschrift ist im Forschungsprojekt als Projektleiterin tätig. Die Daten im Projekt wurden unter Mitwirkung von Karl Pirker, Florian Parhofer und Franziska Pichlmeier erhoben.

Die detaillierten Methoden zur Untersuchung der Umsetzbarkeit der verschiedenen Vertiefungskriterien sind in Abbildung 2 zusammengefasst.

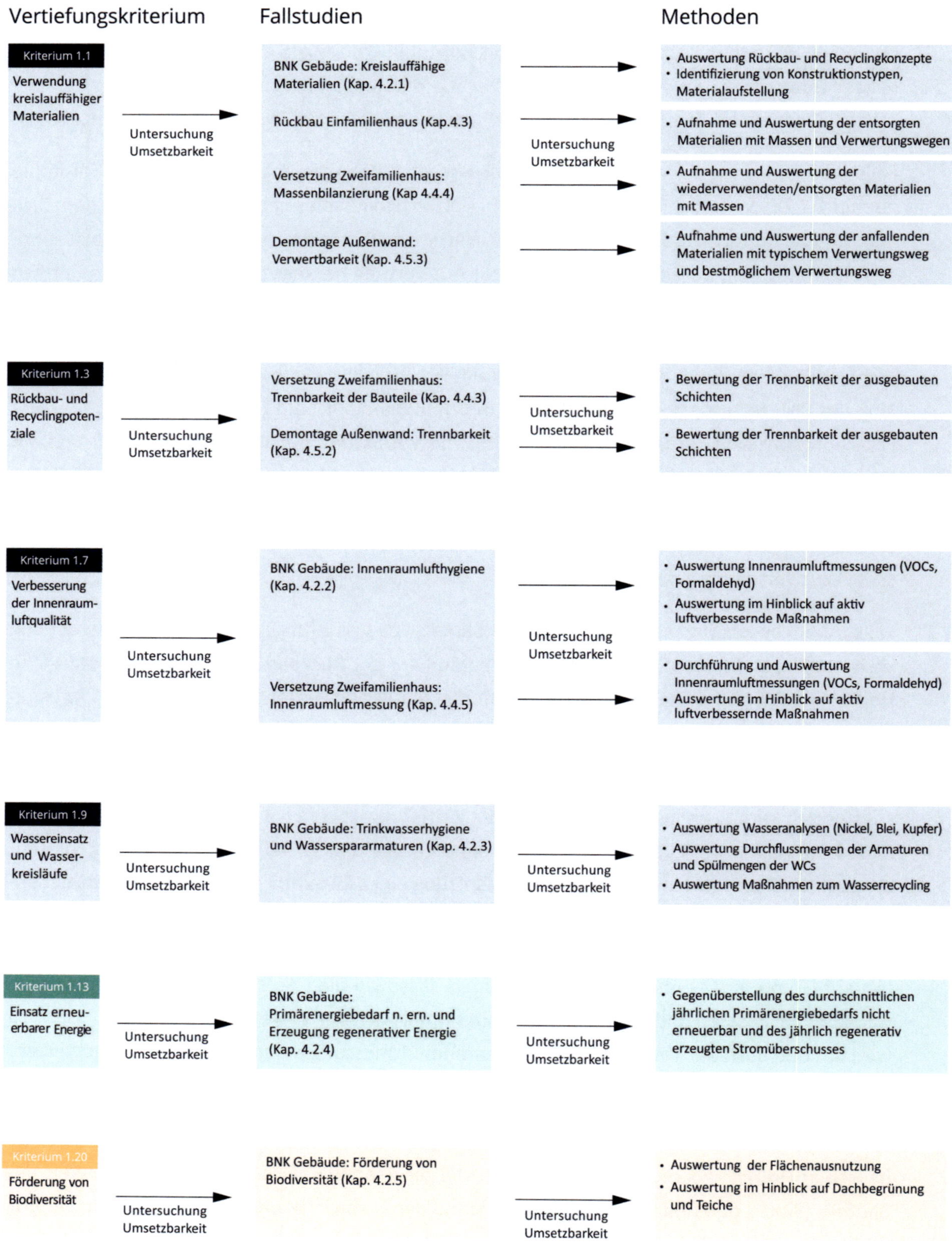

Abbildung 2: Methoden zur Untersuchung der Umsetzbarkeit der Cradle to Cradle Vertiefungskriterien (eigene Darstellung)

Für die Ableitung der These 3 wird sowohl auf den Vergleich der Kriterien für C2C Ein- und Zweifamilienhäuser und nachhaltige kleine Wohngebäude in Kapitel 3 als auch auf die Fallstudien in Kapitel 4 zurückgegriffen.

Ergebnisteil: Zusammenfassung der Erkenntnisse

Das Kapitel 5 „Umsetzbarkeit des Cradle to Cradle Prinzips bei Ein- und Zweifamilienhäusern in Holzfertigbauweise“ fasst die in den Kapiteln 3 und 4 gewonnen Erkenntnisse inhaltlich zusammen und es wird abgeleitet, ob die Umsetzung von Ein- und Zweifamilienhäusern nach dem C2C Prinzip derzeit möglich ist. Darüber hinaus werden die Fragestellungen der Arbeit beantwortet und die Thesen resümiert.

Für die Bearbeitung der Fragestellungen wurden darüber hinaus die Erfahrungen von Experten aus den Bereichen nachhaltige Architektur, C2C inspirierte Architektur und Fertighausbau miteinbezogen. Zudem wurden weiterführende Informationen durch die Teilnahme an Kongressen und die Mitarbeit in einem Arbeitskreis gewonnen, die im Folgenden aufgelistet sind:

- SBE 16 Hamburg (7.3.-11.3.2016): Sustainable Built Environment Conference: Strategies, Stakeholders, Success factors
- C2C Kongress 2016 Lüneburg (23.9.-24.9.2016)
- C2C Kongress 2017 Lüneburg (20.10.-21.10.2017)
- BauHouw5 Event TU Delft (11.6.-12.6.2018): Approaches to Circularity
- C2C Kongress 2018 Lüneburg (14.9.-15.9.2018)
- Detail Kongress Recycling 2018 Essen (16.10.2018): No Waste! Ressource Bau
- SBE 19 Brüssel, Belgien (6.2.-7.2.2019): Sustainable Built Environment Conference: Buildings as material banks, a pathway for a circular future
- INUAS Conference 2019 Wien (4.11.-6.11.2019): Housing Under Pressure. Dynamics Between Centers and Peripheries 2019
- C2C Kongress 2020 Berlin (31.1.-1.2.2020)
- Arbeitskreissitzungen Fachgruppe Qualitätsausschreibungen der re!source Stiftung e.V.
- Beratung des Fertighausunternehmens SchwörerHaus hinsichtlich der Umsetzung des C2C Prinzips bei Fertighäusern (09/2018 – 08/2019)

1.6 Aufbau der Arbeit

Die vorliegende Arbeit gliedert sich in fünf Blöcke (s. Abbildung 3): Einleitung, Rahmenbedingungen, Untersuchungsrahmen, Ergebnis und Ausblick.

Das erste Kapitel schafft einen Überblick über den Gegenstand der Forschung. Dazu wird der Begriff C2C Ein- und Zweifamilienhäuser in Holzfertigbauweise definiert (Kapitel 1.1). Im Anschluss werden die Zielsetzung der Arbeit (Kapitel 1.2), die Ausgangsbedingungen, daraus folgende Thesen und Fragestellungen (Kapitel 1.3) sowie der Stand der Forschung (Kapitel 1.4) erläutert. In Kapitel 1.5 werden die Forschungsmethodik und die Vorgehensweise der Arbeit dargestellt.

Im zweiten Kapitel werden die Rahmenbedingungen der Promotion wiedergegeben. Hierzu wird die Thematik „Status Quo: Cradle to Cradle Ein- und Zweifamilienhäuser in Holzfertigbauweise" erläutert. Dabei werden die Themenfelder Nachhaltiges Bauen (Kapitel 2.1), Kreislaufwirtschaft (Kapitel 2.2) sowie das C2C Prinzip (Kapitel 2.3) und weitere Systemtheorien im Vergleich zum C2C Prinzip (Kapitel 2.4) diskutiert. Darüber hinaus werden die Eigenschaften und Potenziale der Gebäudetypologie Ein- und Zweifamilienhäuser (Kapitel 2.5) und die Geschichte und Entwicklung des Holzfertigbaus in Deutschland (Kapitel 2.6) beschrieben.

Der darauffolgende Untersuchungsrahmen in Kapitel 3 und 4 baut auf den Rahmenbedingungen auf. Den ersten Bestandteil dieses Bereichs stellt die empirische Analyse von Instrumenten zur Umsetzung von C2C Ein- und Zweifamilienhäusern (C2C Leitfäden, C2C Produktzertifizierung) sowie von Nachhaltigkeitsbewertungssystemen für kleine Wohngebäude dar (Kapitel 3). Am Ende des Kapitels werden die Instrumente zur Umsetzung von C2C Ein- und Zweifamilienhäusern und die Nachhaltigkeitsbewertungssysteme für kleine Wohngebäude miteinander verglichen. Den zweiten Bestandteil dieses Bereichs stellen die Fallstudien dar (Kapitel 4). Diese umfassen die Untersuchung C2C inspirierter und nachhaltiger Ein- und Zweifamilienhäuser (Kapitel 4.1 und 4.2). Zudem werden der Rückbau eines Einfamilienhauses in Holzfertigbauweise und die Versetzung eines Zweifamilienhauses in Holzfertigbauweise in Fallstudien begleitet und untersucht (Kapitel 4.3 und 4.4). Die Fallstudien werden durch die Demontage eines Außenwandbauteils in Holzfertigbauweise ergänzt (Kapitel 4.5).

In Kapitel 5 werden auf Basis des Vergleichs der Kriterien für C2C Ein- und Zweifamilienhäuser und nachhaltige kleine Wohngebäude und der Fallstudien die Ergebnisse zusammengefasst. Dafür werden die Thesen abgeleitet und die Forschungsfragen beantwortet. Im Mittelpunkt steht dabei die Frage nach der Umsetzbarkeit des C2C Prinzips bei Ein- und Zweifamilienhäusern in Holzfertigbauweise.

In Kapitel 6 wird das Fazit gezogen und der weiterführende Forschungsbedarf dargestellt.

Einleitung

1 Einführung
1.1 Begriffsklärung: Cradle to Cradle Ein- und Zweifamilienhäuser in Holzfertigbauweise
1.2 Zielsetzung der Arbeit
1.3 Ausgangsbedingungen, Thesen und Fragestellungen
1.4 Stand der Forschung
1.5 Methodik und Vorgehensweise
1.6 Aufbau der Arbeit

Rahmenbedingungen

2 Status Quo: Cradle to Cradle Ein- und Zweifamilienhäuser in Holzfertigbauweise
2.1 Nachhaltiges Bauen
2.2 Kreislaufwirtschaft
2.3 Cradle to Cradle Prinzip
2.4 Weitere Systemtheorien
2.5 Gebäudetypologie Ein- und Zweifamilienhäuser
2.6 Geschichte und Entwicklung des Holzfertigbaus in Deutschland
2.7 Kurzzusammenfassung

Untersuchungsrahmen

3 Instrumente zur Umsetzung von Cradle to Cradle Ein- und Zweifamilienhäusern und Nachhaltigkeitsbewertungssysteme
3.1 Instrumente zur Umsetzung von Cradle to Cradle Ein- und Zweifamilienhäusern
3.2 Nachhaltigkeitsbewertungssysteme
3.3 Vergleich der Instrumente zur Umsetzung von Cradle to Cradle Ein- und Zweifamilienhäusern und Nachhaltigkeitsbewertungssystemen
3.4 Kurzzusammenfassung

4 Fallstudien: Cradle to Cradle inspirierte und nachhaltige Ein- und Zweifamilienhäuser
4.1 Fallstudie 1: Cradle to Cradle inspirierte Ein- und Zweifamilienhäuser
4.2 Fallstudie 2: Nachhaltige Ein- und Zweifamilienhäuser in Holzfertigbauweise mit BNK-Zertifikat
4.3 Fallstudie 3: Rückbau eines Einfamilienhauses in Holzfertigbauweise
4.4 Fallstudie 4: Versetzung eines Zweifamilienhauses in Holzfertigbauweise
4.5 Fallstudie 5: Demontage eines Außenwandbauteils in Holzfertigbauweise
4.6 Kurzzusammenfassung

Ergebnis

5 Umsetzbarkeit des Cradle to Cradle Prinzips bei Ein- und Zweifamilienhäusern in Holzfertigbauweise
5.1 Positiver Fußabdruck statt negativer ökologischer Auswirkungen (Ableitung These 1)
5.2 Perspektivenwechsel statt Anhebung der Ziele (Ableitung These 2)
5.3 Gesetzliche Anreize für einen positiven Fußabdruck (Ableitung These 3)
5.4 Wege zu Cradle to Cradle Ein- und Zweifamilienhäusern in Holzfertigbauweise (Beantwortung der Forschungsfragen)

Ausblick

6 **Ausblick und weiterführender Forschungsbedarf**

Abbildung 3: Schematischer Aufbau der Arbeit (eigene Darstellung)

2 Status Quo: Cradle to Cradle Ein- und Zweifamilienhäuser in Holzfertigbauweise

„Imagine a building like a tree. A building that cleans water and the air, makes oxygen, generates soil and nutrients." (Epea, 2020)

Im derzeitigen Nachhaltigkeitsdiskurs um die gebaute Umwelt stehen oftmals negative Aspekte wie der hohe Energie- und Ressourcenverbrauch des Bausektors oder das hohe Abfallaufkommen und geringe Recyclingraten im Vordergrund. Konventionelle Nachhaltigkeitsstrategien zielen als Folge darauf ab, die negativen Auswirkungen des Bausektors zu minimieren. Das C2C Prinzip hingegen bietet die Chance, die gebaute Umwelt als positiv anzusehen und sie so zu gestalten, dass sie zum Wohl von Mensch und Umwelt beiträgt. Ein ideales Gebäude reinigt beispielsweise Luft sowie Wasser und produziert Sauerstoff, Boden und Nährstoffe (Epea, 2020).

Das Kapitel 2 erläutert die Rahmenbedingungen, die der Doktorarbeit zu Grunde liegen. Im ersten Teil werden die Themen nachhaltiges Bauen, Kreislaufwirtschaft und C2C beleuchtet und zueinander in Bezug gesetzt. Zudem werden weitere Systemtheorien untersucht und mit dem C2C Prinzip verglichen. Im weiteren Verlauf des Kapitels wird tiefer auf die Gebäudetypologie Ein- und Zweifamilienhaus sowie die Entwicklung des Holzfertigbaus in Deutschland eingegangen. Ziel des Kapitels 2 ist es, das Thema C2C Ein- und Zweifamilienhäuser in Holzfertigbauweise im aktuellen Diskurs um nachhaltiges Bauen im Einfamilienhausbereich einzuordnen.

2.1 Nachhaltiges Bauen

2.1.1 Entwicklung des Begriffs Nachhaltigkeit

Der Begriff „Nachhaltigkeit" stammt ursprünglich aus der Forstwirtschaft. Der sächsische Oberberghauptmann Hans Carl von Carlowitz verwendete den Begriff 1713 erstmals und definierte Nachhaltigkeit als Bewirtschaftungsmethode der Wälder, bei der dem Wald nicht mehr Holz entnommen wird als nachwachsen kann.

Im Jahr 1972 verfassten Meadows et al. den Bericht „Die Grenzen des Wachstums", der als eine der ersten Studien zur nachhaltigen Entwicklung gilt. Durch Computersimulation wurden unter Berücksichtigung der Wechselwirkungen zwischen Bevölkerungsdichte, Nahrungsmittelressourcen, Rohstoffverbrauch, Energie, Kapital etc. verschiedene Zukunftsszenarien entwickelt und die Grenzen des Wachstums in den genannten Bereichen untersucht. Bei Fortführung gegenwärtiger Trends stießen alle entwickelten Szenarien innerhalb von 50 bis 100 Jahren an die Grenzen und hatten einen starken Rückgang in der Weltbevölkerung und des Lebensstandards zur Folge. Meadows et al. (1972) stellten damit die vorherrschende Wachstumsgläubigkeit und den Lebensstil der Industrienationen in Frage und gaben Empfehlungen, um eine Kollision mit diesen

Grenzen zu vermeiden. Aus der Aussage *„We are searching for a model output that represents a world system that is: 1. sustainable without sudden and uncontrollable collapse; and 2. capable of satisfying the basic material requirements of all of its people“* (Meadows et al., 1972, S. 158) wird deutlich, dass „sustainable“ mit einem Zustand des globalen Gleichgewichts gleichgesetzt wird.

Der Begriff „Sustainable Development“ wurde im Jahr 1987 wesentlich durch den Abschlussbericht „Our common future“ der World Commission on Environment and Development (WCED) der Vereinten Nationen geprägt, der auch als Brundtland-Bericht bekannt wurde. Im Bericht wurde der Begriff Sustainable Development erstmals umfassend dargestellt und definiert: *„Sustainable development is development that meets the needs of the present without compromising the ability of future generations to meet their own needs“* (UN General Assembly [UNGA], Report of the World Commission on Environment and Development, 42nd Sess., Annex, U.N. Doc. A/42/427 (1987)). Bis heute wird diese Definition im Nachhaltigkeitsdiskurs verwendet und nachhaltige Entwicklung als eine Entwicklung bezeichnet, die den Bedürfnissen der heutigen Generation entspricht, ohne die Möglichkeiten künftiger Generationen zu gefährden, ihre eigenen Bedürfnisse zu befriedigen und ihren Lebensstil zu wählen.

Als Meilenstein für die Integration von Nachhaltigkeitsthemen in den politischen Diskurs auf globaler Ebene gilt die Konferenz der Vereinten Nationen über Umwelt und Entwicklung im Jahr 1992 in Rio de Janeiro, die auch als Rio-Konferenz bekannt wurde. In der abschließenden Deklaration von Rio über Umwelt und Entwicklung wurde das Recht auf nachhaltige Entwicklung auf Basis von 27 Grundsätzen erstmals weltweit festgesetzt (UNGA, Report of the United Nations Conference on Environment and Development (Rio de Janeiro, 3-14 June 1992), Annex, U.N. Doc. A/CONF.151/26 (Vol. I) (1992)). Neben der Agenda 21, die einen Aktionsplan für nachhaltige Entwicklung im 21. Jahrhundert darstellt, wurden Konventionen zum Klimaschutz und zur Artenvielfalt und eine Waldgrundsatzerklärung herausgebracht. Insgesamt traten 154 Länder der Klimarahmenkonvention bei, wobei die sich die OPEC Staaten ausschlossen (Kopatz, 2006, S. 12).

Darauf aufbauend wurden auf der Klima-Konferenz in Kyoto im Jahr 1997 erstmals verbindliche Grenzwerte für den Ausstoß von Treibhausgasen von Industrieländern, Zeitpläne und Mechanismen beschlossen (Kopatz, 2006, S. 12). Die Ergebnisse wurden im Protokoll von Kyoto zum Rahmenübereinkommen der Vereinten Nationen über Klimaänderungen festgehalten (UN Framework Convention on Climate Change [UNFCCC], Kyoto Protocol to the United Nations Framework Convention on Climate Change, 3rd Sess., U.N. Doc. FCCC/CP/1997/L.7/Add. 1 (1998)).

Die Ergebnisse der Umsetzung der zuvor festgelegten Ziele wurden auf der Konferenz der Vereinten Nationen über nachhaltige Entwicklung 2002 in Johannesburg vorgestellt und diskutiert. Im Vergleich zur euphorischen Stimmung auf der Konferenz von Rio de Janeiro 1992 war die Stimmung beim Weltgipfel in Johannesburg deutlich gedämpfter (Kopatz, 2006, S. 15). Die Beendigung des kalten Krieges, die eine neue Form der internationalen Zusammenarbeit ermöglichte, lag bereits 10 Jahre zurücklag und seit dem 11. September war der Optimismus der Angst vor Terrorismus gewichen. Darüber hinaus fasste eine kritische Bilanz, die die Heinrich-Böll-Stiftung im Vorfeld der Konferenz herausbrachte, zusammen, dass der globale Norden die Vereinbarungen von Rio nicht ausreichend verfolgt habe und der globale Süden nach wie vor ein geringes Interesse an ökologischen Problemen an den Tag legte (Sachs et al., 2002, S. 81). Zudem würden die Staaten den Regeln der Welthandelsorganisation (WTO) eine höhere Bedeutung zukommen lassen als den Vereinbarungen der Rio-Konferenz und man habe bei der Rio-Konferenz versäumt, sich von „Entwicklung als Wachstum" abzuwenden.

Wie im Aktionsplan von Bali, dem Ergebnis der Klimakonferenz auf Bali im Jahr 2007, vorgesehen, sollten auf der Klimakonferenz 2009 in Kopenhagen konkrete Reduktionsziele in einem Nachfolge-Vertrag des Kyoto-Protokolls festgelegt werden. Obwohl die Konferenz von 2009 in Kopenhagen als *„eines der größten Treffen der Diplomatiegeschichte"* gilt, war es auch *„eines der am wenigsten erfolgreichen"* (Krause, 2010, S. 106). In der Kopenhagen Vereinbarung wurde zwar bereits das Ziel festgelegt, die Erderwärmung auf weniger als 2 Grad im Vergleich zum vorindustriellen Niveau zu begrenzen (UNFCCC, Report of the Conference of the Parties on ist fifteenth session, held in Copenhagen from 7 to 19 December 2009, 15th Sess., U.N. Doc. FCCC/CP/2009/11/Add. 1 (2010)), jedoch ist das Dokument nicht rechtlich bindend (Deutsche Gesellschaft für die Vereinten Nationen e.V., 2016, S. 3).

Im darauffolgenden Jahr wurden bei der Klimakonferenz in Cancún die Ziele der Kopenhagen Vereinbarung formalisiert und damit der völkerrechtlich bindende Beschluss festgelegt, die Erderwärmung auf höchstens 2 Grad im Vergleich zum vorindustriellen Niveau zu begrenzen (UNFCCC, Report of the Conference of the Parties on ist sixteenth session, held in Cancun from 29 November to 10 December 2010, 16th Sess., U.N. Doc. FCCC/CP/2010/7/Add. 1 (2011)). Auch eine Senkung der 2-Grad-Grenze auf 1,5 Grad wurde während der Konferenz diskutiert. Zudem wurde ein Klimafonds, der Green Climate Fund (GCF) eingerichtet, um von der Erderwärmung stark betroffene Regionen, insbesondere Entwicklungsländer, zu unterstützen. Zum Schutz der Wälder wurde das REDD+ Programm beschlossen (Bundesministerium für Umwelt, Naturschutz und nukleare Sicherheit [BMU], 2019).

Anlässlich des 20. Jahrestages der Rio-Konferenz wurde die UN-Konferenz über nachhaltige Entwicklung im Jahr 2012 erneut in Rio de Janeiro abgehalten (Bundesministerium für wirtschaftliche Zusammenarbeit und Entwicklung [BMZ], 2021). Im Rahmen der Abschlusserklärung mit dem Titel „The future we want" bekannte sich die Staatengemeinschaft erstmals zum Konzept der Green Economy (UNGA, Resolution adopted by the General Assembly on 27th July 2012, 66/288. The future we want, 66th Sess., U.N. Doc. A/RES/66/288 (2012)). Zudem wurde mit der Erklärung der Beschluss gefasst, universell gültige Nachhaltigkeitsziele auszuarbeiten. Jedoch enthielt die Abschlusserklärung keine bindenden Vereinbarungen für die Implementierung der beschlossenen Ziele und wurde deswegen insbesondere von Umwelt- und Entwicklungsorganisationen kritisiert (Beisheim et al., 2012, S. 2).

Die 17 ausgearbeiteten Nachhaltigkeitsziele (Sustainable Development Goals) wurden 2015 beim Weltgipfel für nachhaltige Entwicklung im Rahmen der 2030-Agenda für Nachhaltige Entwicklung verabschiedet und gelten für alle UN-Mitgliedsstaaten. Neben sozialen Themen wie Gesundheit und Wohlergehen und ökonomischen Themen wie menschenwürdige Arbeit und Wirtschaftswachstum umfasst die Agenda im Bereich Ökologie beispielsweise Maßnahmen zum Klimaschutz (UNGA, Resolution adopted by the General Assembly on 25th September 2015, 70/1. Transforming our world: the 2030 Agenda for Sustainable Development, 17th Sess., U.N. Doc. A/RES/70/1 (2015)) (s. Abbildung 4).

Abbildung 4: Sustainable Development Goals (Quelle: United Nations)

Darüber hinaus konnte 2015 ein weiterer geschichtsträchtiger Erfolg beim Klimagipfel in Paris erzielt werden. Im Pariser Abkommen wurde die Begrenzung der Erderwärmung auf unter 2 Grad und möglichst unter 1,5 Grad erstmals als bindend für alle Staaten festgelegt (UNFCCC, Report of the Conference of the Parties on its twenty-first session, held in Paris from 30 November to 13 December 2015, 21st Sess., U.N. Doc. FCCC/CP/2015/10/Add. 1 (2016)). Die nationalen Klimaschutzbeiträge zur Erreichung der Ziele sind von den einzelnen Ländern selbst festzulegen und alle fünf Jahre erneut vorzulegen. In den vorhergehenden Abkommen wie dem Kyoto Protokoll waren nur einige Industriestaaten in die Verpflichtung genommen, klimaschädliche Emissionen zu reduzieren (BMU, 2019).

2.1.2 Nachhaltigkeitsmodelle

Zur Darstellung des Leitbilds der Nachhaltigkeit wurden inzwischen viele verschiedene Modelle entwickelt. Das Drei-Säulen Modell, das die Dimensionen Ökologie, Ökonomie und Soziales gleichberechtigt behandelt, ist als Kern der nachhaltigen Entwicklung weitgehend anerkannt (Lang, 2003, S. 60). Die Enquete-Kommission „Schutz der Menschen und der Umwelt" des deutschen Bundestages übernahm das Drei-Säulen-Modell und ihr Abschlussbericht beruht auf den Grundzügen des Modells (BT-Drucks. 13/11200). Damit wurden die drei Dimensionen erstmals gleichwertig behandelt und die Zusammenhänge der verschiedenen Dimensionen und Abhängigkeiten erläutert. Auf den drei Säulen der Nachhaltigkeit basiert auch das Nachhaltigkeitsdreieck (s. Abbildung 5). In der Unternehmenswelt ist das Drei-Säulen Modell auch als Triple-Bottom-Line Ansatz bekannt, der wesentlich durch Elkington (1997) geprägt wurde.

Die Schutz- und Gestaltungsziele der ökologischen, ökonomischen und sozialen Dimension beschrieb die Enquete Kommission „Schutz der Menschen und der Umwelt" bereits im Jahr 1994 in einem Zwischenbericht. Die übergeordneten ökologischen Ziele umfassen die Gesundheit der Menschen, den Erhalt der Struktur und der Funktionen von Ökosystemen sowie die Ressourcenschonung (BT-Drucks. 12/8260, S. 212) Im Bereich Ökonomie werden sowohl Ziele auf individueller Ebene, beispielsweise Entfaltungschancen und soziale Sicherheit des Einzelnen, als auch auf höherer Ebene gelistet. Diese umfassen wirtschaftliche Stabilität, Erhalt und Weiterentwicklung der marktwirtschaftlichen Strukturen sowie der marktwirtschaftlichen Funktionsfähigkeit (BT-Drucks. 12/8260, S. 229). Auf der sozialen Ebene umfassen die übergeordneten Ziele die Sicherung der Gesundheit, die Sicherung der sozialen Stabilität sowie die Sicherung der Entwicklungs- und Funktionsfähigkeit einer Gesellschaft (BT-Drucks. 12/8260, S. 234)

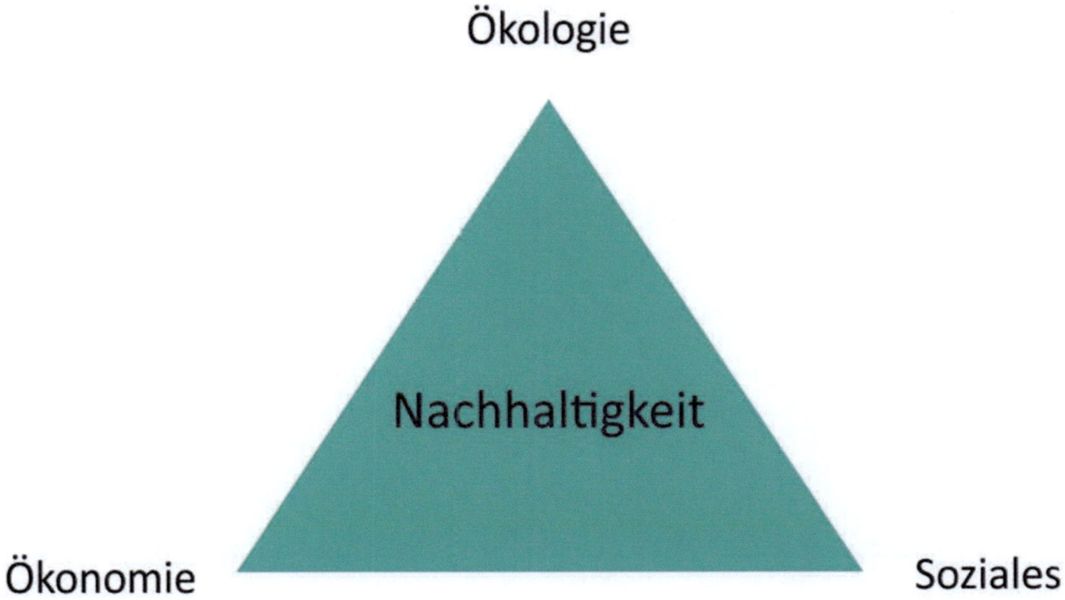

Abbildung 5: Nachhaltigkeitsdreieck (Darstellung nach BT-Drucks. 13/11200)

Mc Donough und Braungart (2002) entwickelten den Triple-Bottom-Line Ansatz von Elkington (1997), der einen Ausgleich zwischen ökonomischen, ökologischen und sozialen Interessen anstrebt, um dauerhaft eine Balance herzustellen, weiter. Sie kennen den Triple-Bottom-Line Ansatz zwar als nützliches Werkzeug an, um das Thema der Nachhaltigkeit in Unternehmen zu verankern. Bei ausschließlicher Fokussierung auf den Triple-Bottom-Line Ansatz drohen jedoch Innovationsmöglichkeiten verloren zu gehen. Als neuen Designansatz führen Mc Donough und Braungart (2002) den Triple-Top-Line Ansatz ein, der anstatt zwischen ökonomischen, ökologischen und sozialen Interessen abzuwägen, auf ein dynamisches und bereicherndes Wechselspiel zwischen den Interessen abzielt. Zur Anwendung des Triple-Top-Line Ansatzes im Designprozess entwickelten Mc Donough und Braungart das klassische Nachhaltigkeitsdreieck zum fraktalen Dreieck weiter (s. Abbildung 6). Während des Design-Prozesses werden anhand des fraktalen Dreiecks die verschiedenen Sektoren, z. B. Ökologie-Ökologie oder Ökologie-Ökonomie, im Hinblick auf die Fragestellung, wie positive Effekte generiert werden können, betrachtet.

Zur Umsetzung einer nachhaltigen Entwicklung werden vorwiegend die drei Strategien Suffizienz, Effizienz und Konsistenz verfolgt. Während die Suffizienz-Strategie vorwiegend eine Verhaltensänderung erfordert, bauen die Effizienz-Strategie und die Konsistenz-Strategie hauptsächlich auf technischen Innovationen auf (Kropp, 2019, S. 23). Die Suffizienz-Strategie setzt auf eine Lebensstilveränderung hin zum Verzicht. Durch Einschränkung des Verbrauchs bzw. Konsums soll der Ressourcenverbrauch gesenkt werden (Kropp, 2019, S. 24-25). Beispiele aus dem Bauwesen stellen materialminimiertes Bauen oder die Absenkung der Innenraumtemperatur dar.

Die Effizienz-Strategie zielt darauf ab, mit Hilfe technischer Innovationen ein optimales Verhältnis von Input und Output und in Folge einen geringeren Energie- und Ressourceneinsatz zu ermöglichen (Kropp, 2019, S. 23). Oftmals wird im Rahmen nachhaltiger Entwicklung auch von Ökoeffizienz gesprochen. Maßnahmen aus dem Bauwesen umfassen beispielsweise die Dämmung von Außenbauteilen oder den Einbau einer Lüftungsanlage mit Wärmerückgewinnung zur Senkung der Lüftungswärmeverluste. Die Konsistenz-Strategie zielt auf den Einsatz von Technologien ab, die sich an geschlossenen Stoff- und Energieströme aus der Natur orientieren (Kropp, 2019, S. 24). In diesem Kontext wird meist auch das C2C Modell genannt, auf dem die Dissertationsschrift aufbaut (s. Kapitel 2.3). Zur Abgrenzung von der Effizienz-Strategie wird das C2C Modell auch unter dem Begriff Ökoeffektivität verortet (Braungart et al., 2007). Beispiele aus dem Bauwesen stellen der Einsatz von Baustoffen, die in die Bio- oder Technosphäre rückgeführt werden können oder der Einsatz von Solarstrom dar.

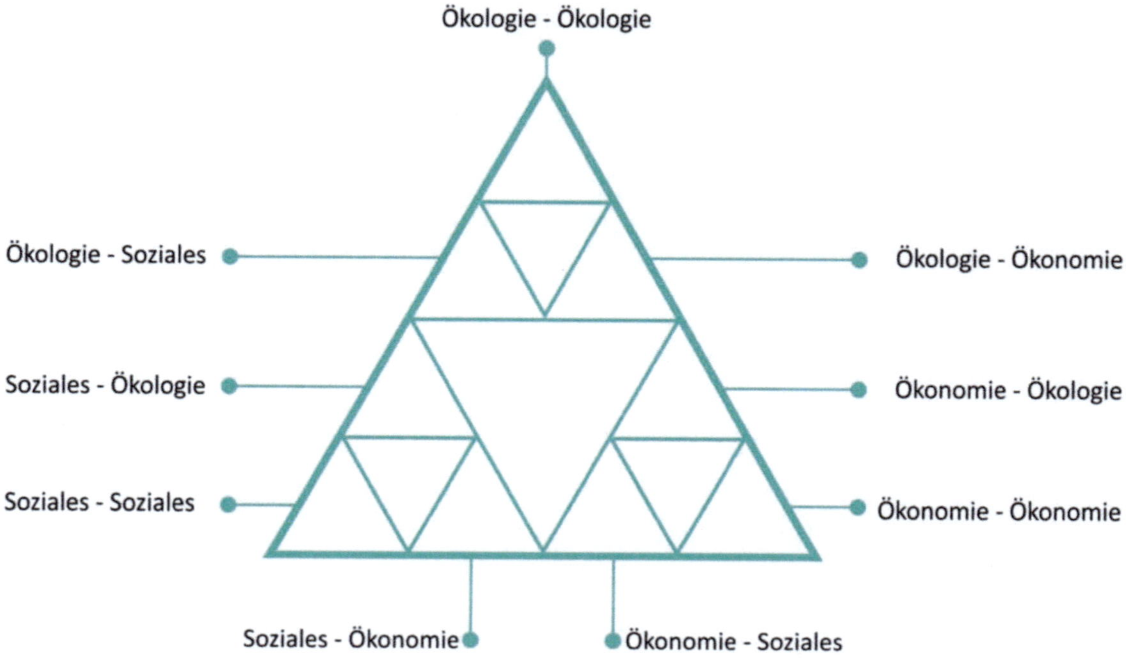

Abbildung 6: Fraktales Dreieck[3]

2.1.3 Energieeffizienz und Nachhaltigkeit im Baubereich

Der nachhaltigen Entwicklung im Baubereich ging das energieeffiziente Bauen voraus. Im Jahr 1952 wurde erstmals der Begriff „Mindestwärmeschutz" in der DIN 4108: Wärmeschutz im Hochbau (heute Wärmeschutz und Energie-Einsparung in Gebäuden) verankert und damit der Wärmedurchlasswiderstand flächiger Bauteile geregelt (DIN 4108: 1952-07). Ziel der Norm war die Sicherstellung eines gesunden und behaglichen Klimas in Innenräumen sowie die Einsparung von Bewirtschaftungs- und Herstellungskosten. Erst mit der Einführung der Verordnung über einen energiesparenden Wärmeschutz bei Gebäuden (Wärmeschutzverordnung - WärmeschutzV) im Jahr 1977 als Reaktion auf die Energiekrise stand der Aspekt der Energieeinsparung

[3] Diese Abbildung wurde veröffentlicht in Corporate Environmental Strategy 9(3), Mc Donough, W. & Braungart M., Design for the Triple Top Line: New Tools for Sustainable Commerce, S. 251–258, Copyright Elsevier Science Inc. (2002).

im Vordergrund (Gertis & Holm, 2017, S. 368). Die erste Fassung der WärmeschutzV begrenzte die Wärmeverluste durch die Gebäudehülle auf Grundlage des mittleren Wärmedurchgangskoeffizienten der Hüllflächenbauteile. Zudem wurden die Wärmeverluste durch Undichtheiten anhand von Fugendurchlasskoeffizienten für Fenster und Fenstertüren beschränkt (WärmeschutzV vom 11. August 1977, BGBl. I 1977, S. 1554-1564). Mit der Anpassung der WärmeschutzV im Jahr 1982 wurden erstmals auch maximale Wärmedurchgangskoeffizienten für Bauteile bei baulichen Veränderungen an Gebäuden vorgegeben. Die Fassung trat 1984 in Kraft (WärmeschutzV vom 24. Februar 1982, BGBl. I 1982, S. 209-219). In der dritten Fassung der WärmeschutzV, die 1995 in Kraft trat, wurden erstmals Forderungen an den maximalen Jahresheizwärmebedarf von neu zu errichtenden Gebäuden sowie bei Erweiterungen an bestehenden Gebäuden vorgegeben. Neben den Transmissionswärmeverlusten über die Gebäudehülle wurden in der Berechnung Lüftungswärmeverluste sowie solare und interne Wärmegewinne berücksichtigt (WärmeschutzV vom 16. August 1994, BGBl. I 1994, S. 2121-2132). Mit der Einführung der Verordnung über energiesparenden Wärmeschutz und energiesparende Anlagentechnik (Energieeinsparverordnung - EnEV) im Jahr 2002 wurden die WärmeschutzV und die Heizungsanlagen-Verordnung (HeizAnlV) zusammengefasst (BBSR, 2013a). Die Zusammenführung ermöglichte eine ganzheitliche Bilanzierung der Wärmeverluste und Wärmegewinne der Gebäudehülle sowie der Anlagentechnik (EnEV vom 16. November 2001, BGBl. I 2001, S. 3085-3102). Zudem wurde im Jahr 2002 die EU-Richtlinie über die Gesamteffizienz von Gebäuden eingeführt, die auf eine europaweite Steigerung der Energieeffizienz von Gebäuden abzielt (Richtlinie 2002/91/EG des europäischen Parlaments und Rates vom 16. Dezember 2002 über die Gesamtenergieeffizienz von Gebäuden, ABl. EG 2003 L 1/65). Während die meisten Vorgaben der Richtlinie bereits in der EnEV 2002 berücksichtigt waren, wurden einige Anforderungen erst mit der Novellierung im Jahr 2007 umgesetzt (BBSR, 2013b). Die Vorgaben für die Energieeffizienz von Gebäuden wurden mit der EnEV 2007 nicht angehoben (EnEV vom 24. Juli 2007, BGBl. I 2007, S. 1519-1563). Verschärfungen der Anforderungen erfolgten erst mit den Novellierungen in den Jahren 2009 und 2014 (Verordnung zur Änderung der Energieeinsparverordnung vom 29. April 2009, BGBl. I 2009, S. 954-989, Zweite Verordnung zur Änderung der Energieeinsparverordnung vom 18. November 2013, BGBl. I 2013, S. 3951-3990). Im Jahr 2020 wurden das Energieeinsparungsgesetz (EnEG), die EnEV und das 2009 in Kraft getretene Erneuerbare Energien-Wärmegesetz (EEWärmeG) im GEG zusammengefasst (Bundesministerium des Innern, für Bau und Heimat [BMI], 2020b).

Während das energetische Anforderungsniveau für Neubau und Sanierung im GEG nicht verschärft wurde (BMI, 2020b), wurde beispielsweise die Nutzung von gebäudenah erzeugtem Strom aus erneuerbaren Energien gestärkt (§ 23 GEG). Für neu zu errichtende Wohngebäude sind im GEG Grenzwerte für den Jahres-Primärenergiebedarf und den Höchstwert des spezifischen, auf die wärmeübertragende Umfassungsfläche bezogenen Transmissionswärmeverlusts in Bezug auf ein Referenzgebäude vorgegeben (§15, §16 GEG). Das Referenzgebäude weist die gleiche Geometrie, Gebäudenutzfläche, Ausrichtung und technische Referenzausführung wie das zu bewertende Gebäude auf (§15 GEG). Zudem müssen der Wärme- und Kälteenergiebedarf anteilig durch den Einsatz regenerativer Energien gedeckt werden (§34-45 GEG). Werden bei Bestandsgebäuden Außenbauteile erneuert oder ersetzt, dürfen die vorgegebenen Wärmedurchgangskoeffizienten nicht überschritten werden (§48 GEG).

Seit Einführung der WärmeschutzV ist das energetische Anforderungsniveau an neu zu errichtende Gebäude kontinuierlich angestiegen. In Abbildung 7 ist die Entwicklung der gesetzlichen Anforderungen an den Jahres-Primärenergiebedarf (Heizung) dargestellt.

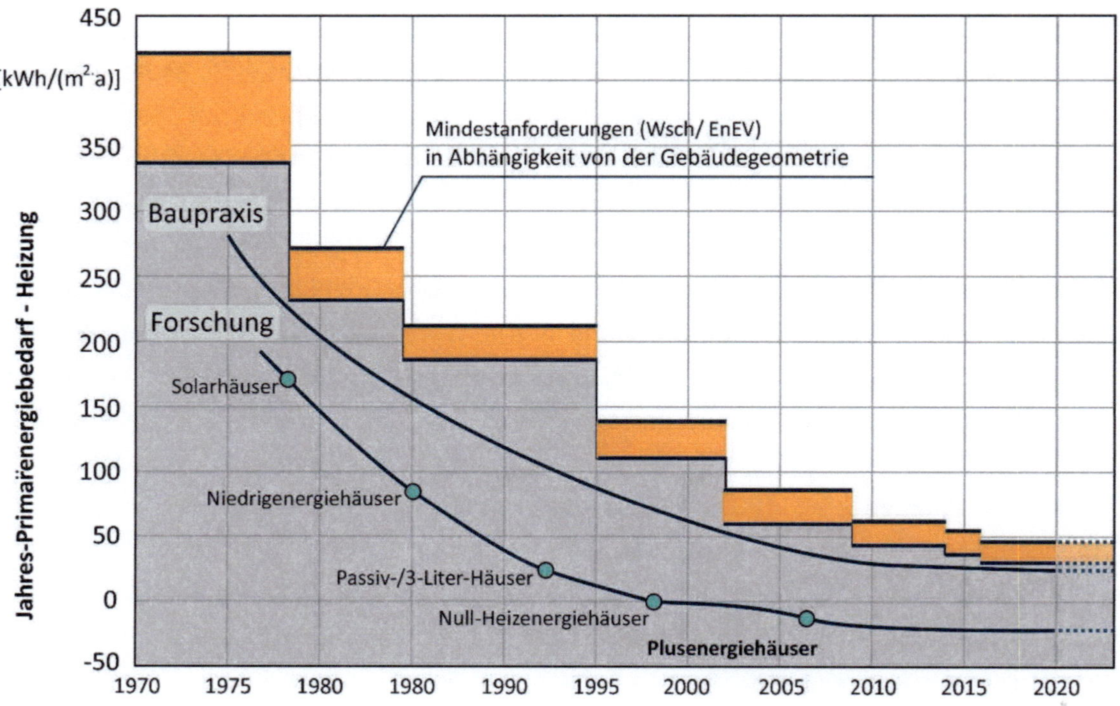

Abbildung 7: Entwicklung des Jahres-Primärenergiebedarfs (Heizung) (Darstellung nach Hauser, 2014, S. 2)

Zudem spielt das Gesetz für den Vorrang Erneuerbarer Energien (Erneuerbare-Energien-Gesetz - EEG) eine wichtige Rolle für den Gebäudebereich. Bereits 1990 wurde in Deutschland mit dem Gesetz über die Einspeisung von Strom aus erneuerbaren Energien in das öffentliche Netz (Stromeinspeisungsgesetz - StromEinspG) das weltweit erste Ökostrom-Einspeisegesetz erlassen (Lüdeke-Freund & Opel, 2014, S. 439). Das Gesetz verpflichtet Elektrizitätsversorgungsunternehmen, regenerativ erzeugten Strom von Dritten abzunehmen und zu vergüten (StromEinspG vom 7. Dezember 1990, BGBl. I 1990, S. 2633-2634). Im Jahr 2000 wurde das Gesetz vom EEG abgelöst (EEG vom 29. März 2000, BGBl. I 2000, S. 305-308). Das Gesetz formulierte das Ziel, eine Verdopplung des Anteils erneuerbarer Energien am Stromverbrauch in Deutschland bis 2010 zu erreichen. Zudem wurde erstmals die Vorrangigkeit erneuerbar erzeugten Stroms gegenüber konventionell erzeugtem Strom festgelegt und Mindestvergütungen für eingespeisten Strom vorgegeben. Das EEG wurde inzwischen mehrere Male novelliert. Momentan gilt die Fassung aus dem Jahr 2020. In Folge des Erlasses des StromEinspG und des EEG nahm der Bau von Photovoltaikanlagen in Deutschland stark zu (s. Abbildung 8). Im Jahr 2013 ging der jährliche Zubau an Photovoltaik-Leistung gegenüber den Vorjahren stark zurück. Trotz weiter sinkender Vergütungen nimmt der jährliche Zubau von PV-Anlagen aber seit 2015 wieder zu (s. Abbildung 8 und Abbildung 9). Im Jahr 2020 wurden insgesamt 184.000 neue Photovoltaikanlagen mit einer Leistung von knapp fünf Gigawatt installiert (Bundesverband Solarwirtschaft e.V., 2021). Unter den Eigenheimbesitzern nahm der Zubau von Photovoltaikanlagen im Jahr 2020 im Vergleich zum Vorjahr um 99 Prozent zu. Bei sinkenden Preisen für Photovoltaikanlagen und gleichzeitigem Anstieg des Strompreises ist in den letzten Jahren der Eigenverbrauch zunehmend attraktiv geworden. Gemäß Lettner und Auer (2013, S. 16-17) wurde die Netzparität für private Endverbraucher in Deutschland im Jahr 2012 erreicht. Aus Endverbrauchersicht stellt die die Netzparität den Punkt dar, ab dem selbst produzierter Ökostrom zu einer kosteneffizienteren Alternative als gekaufter Strom wird. Insgesamt wurde im Jahr 2020 46 Prozent des verbrauchten Stroms durch erneuerbare Energien gedeckt (Bundesministerium für Wirtschaft und Energie [BMWi], 2021).

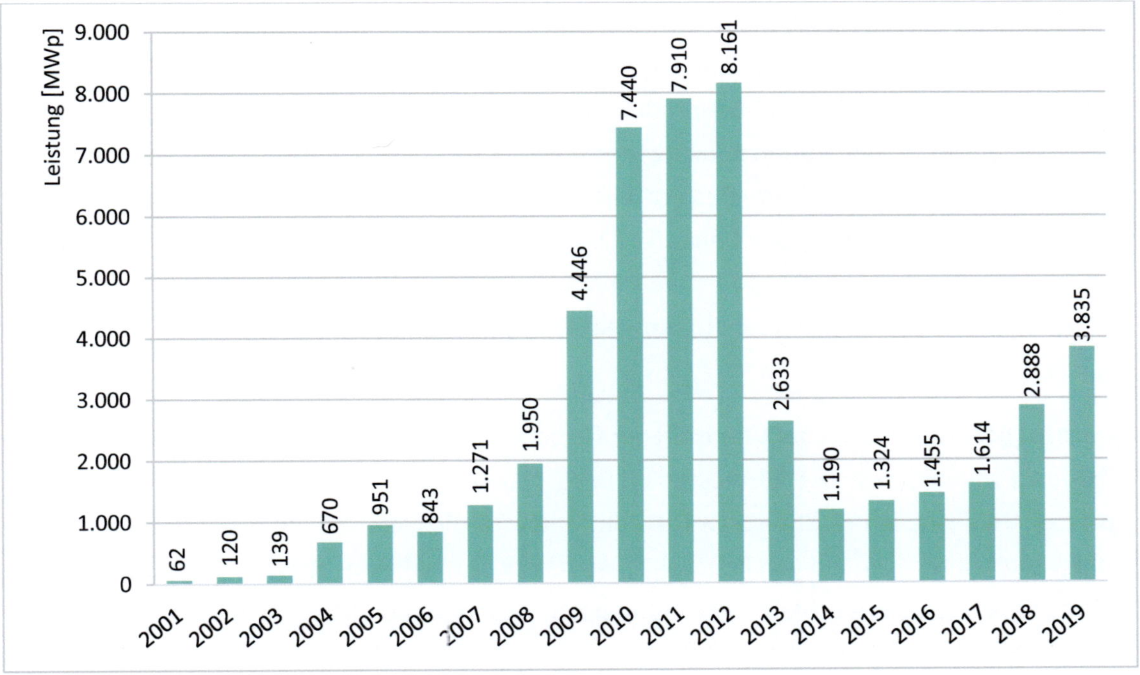

Abbildung 8: Jährlicher Zuwachs installierter Leistung der Photovoltaikanlagen in Deutschland (eigene Darstellung) (Datenquelle: Arbeitsgruppe Erneuerbare Energien - Statistik, 2020)

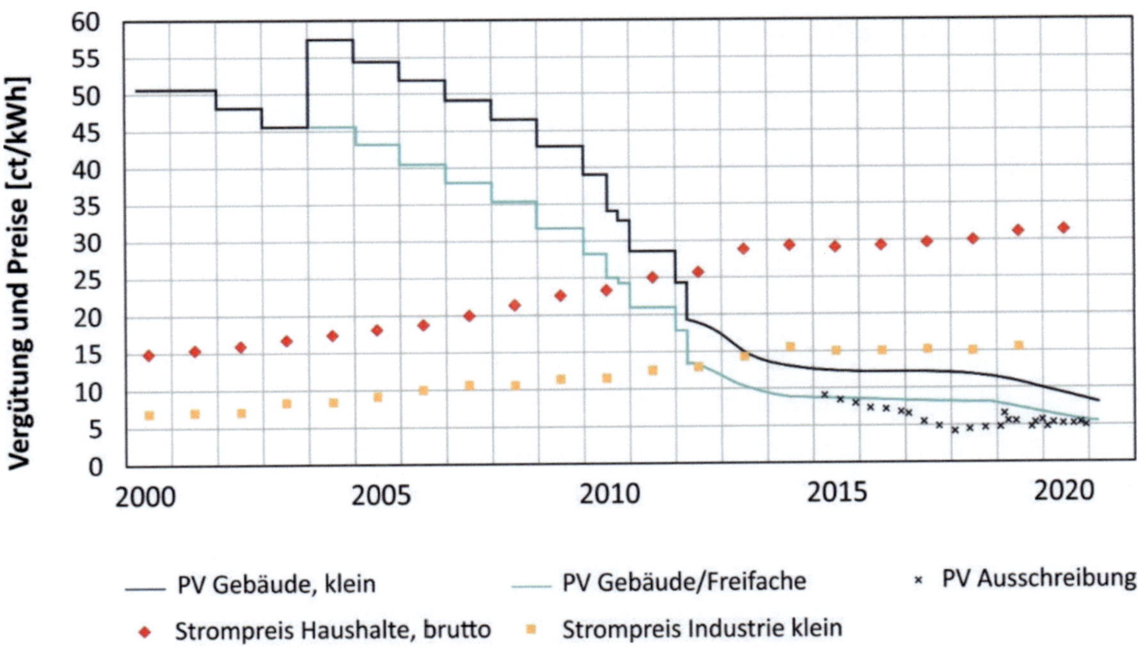

Abbildung 9: EEG Vergütung für PV-Strom nach dem Datum der Inbetriebnahme des Kraftwerks, mittlere Vergütung in den Ausschreibungen der Bundesnetzagentur, Strompreise (Quelle: Fraunhofer ISE, 2021, S. 11)

Die Entwicklung des nachhaltigen Bauens setzte erst in den 1990er Jahren ein. Auch hier standen zunächst die energetischen und ökologischen Aspekte im Vordergrund bevor die Aspekte Ökologie, Ökonomie und Soziales gleichberechtigt behandelt wurden (Ebert et al., 2010, S. 26). Um das Leitbild Nachhaltigkeit im Baubereich umzusetzen, lassen sich die allgemeinen Schutz- und Gestaltungsziele der ökologischen, ökonomischen und sozialen Dimension (s. Kapitel 2.1.2) für den Baubereich anpassen und werden im Folgenden dargestellt (BMI, 2019, S. 15):

Im Bereich der ökologischen Dimension der Nachhaltigkeit stellt die Ressourcenschonung gemäß BMI (2019, S. 15) das primäre Schutzziel dar. Ressourcenschonung kann durch optimierten Einsatz von Baumaterialien und Bauprodukten, niedrige Flächeninanspruchnahme, Schutz und Förderung der Artenvielfalt und Senkung des Energie- und Wasserverbrauchs erreicht werden. Gemäß BMI (2019) werden in die Betrachtung alle erforderlichen Energie- und Stoffströme über den gesamten Lebenszyklus des Gebäudes (Herstellung, Betrieb, Instandhaltung, Rückbau, Recycling) sowie deren Auswirkungen auf die globale und lokale Umwelt einbezogen. Folglich zielt die ökologische Dimension darauf ab, Umweltbelastungen auf lokaler und globaler Ebene zu minimieren.

Innerhalb der ökonomischen Dimension der Nachhaltigkeit stehen gemäß BMI (2019, S. 15) die gebäudebezogenen Lebenszykluskosten im Fokus, die neben den Errichtungskosten die Baufolgekosten miteinbeziehen. Zudem werden die Wirtschaftlichkeit und die Wertstabilität des Gebäudes betrachtet. Anhand von Praxisbeispielen lässt sich belegen, dass die Baufolgekosten die Errichtungskosten um ein Mehrfaches übersteigen können. Bereits während der Planung können anhand einer Lebenszykluskostenanalyse Einsparpotenziale identifiziert werden (BMI, 2019, S. 15).

Die soziale und kulturelle Dimension der Nachhaltigkeit umfasst gemäß BMI (2019, S. 15) Schutzziele, die sowohl die soziale und kulturelle Identität als auch das Wertempfinden des Individuums betreffen. Hierbei kommen soziale Bedürfnisse des Einzelnen sowie auch kulturelle Wertvorstellungen eines gesellschaftlichen Systems zum Tragen. Diese umfassen immaterielle Werte wie Gesundheit, Mobilität und Lebensqualität sowie Chancengleichheit, Teilhabe, Bildung und kulturelle Diversität. Damit stehen bei dieser Dimension auf der einen Seite die Funktionalität und die Bedürfnisse der Nutzer, und auf der anderen Seite die kulturelle und ästhetische Rolle des Gebäudes im Vordergrund (BMI, 2019, S. 15).

Nachhaltigkeitsbewertungssysteme machen die genannten Schutzziele des nachhaltigen Bauens anwendbar und bewertbar. Für die Nachhaltigkeitsbewertung von Gebäuden sind die Grundlagen in der ISO Norm 15392: Sustainability in buildings and civil engineering works — General principles geregelt, die einen ganzheitlichen, lebenszyklusbasierten Ansatz auf Grundlage der Dimensionen Ökologie, Ökonomie und Soziales fordern (ISO 15392: 2019). Zudem existiert auf europäischer Ebene DIN EN 15643: Nachhaltigkeit von Bauwerken – Bewertung der Nachhaltigkeit von Gebäuden. Teil 1 der Norm greift die drei Säulen Ökologie, Ökonomie und Soziales auf und erweitert die Perspektive um die Kategorien technische und funktionale Qualität (DIN EN 15643-1: 2010-12). Teil 2 der Norm geht tiefer auf Bewertung der umweltbezogenen Qualität von Gebäuden ein und bezieht sich auf die Umweltauswirkungen auf die lokale, regionale und globale Umwelt, die mit Hilfe einer Ökobilanz und anderen quantifizierbaren Indikatoren dargestellt werden können (DIN EN 15643-2: 2011-05). Teil 3 der Norm betrachtet die Bewertung der sozialen Qualität und gibt die Kategorien Zugänglichkeit, Anpassungsfähigkeit, Gesundheit und

Behaglichkeit, Belastungen für die benachbarten Bereiche, Instandhaltung, Sicherheit/Schutz, Beschaffung von Materialien und Dienstleistungen sowie Einbeziehung der Beteiligten vor. Aus den Kategorien werden verschiedene Teilaspekte für die Bewertung der sozialen Qualität abgeleitet (DIN EN 15643-3: 2012-04). Im Teil 4 der Norm sind die Rahmenbedingungen für die Bewertung der ökonomischen Qualität von Gebäuden beschrieben. Dafür werden die Kosten, die im Verlauf des Lebenszyklus eines Gebäudes entstehen, sowie der Kapitalwert als Indikatoren vorgegeben (DIN EN 15643-4: 2012-04).

Auf Grundlage der verschiedenen Normen wurden bis heute weltweit verschiedene Nachhaltigkeitsbewertungssysteme für Gebäude entwickelt. Zu den bekanntesten Systemen zählen das System LEED des U.S. Green Building Council (USGBC) aus den USA und das System BREEAM des Building Research Establishment (BRE) aus Großbritannien. In Deutschland sind seit dem Jahr 2010 das DGNB Zertifikat der Deutschen Gesellschaft für Nachhaltiges Bauen (DGNB) für private Gebäude und das Bewertungssystem Nachhaltiges Bauen (BNB) für Bundesgebäude verfügbar. Nach einer anfänglichen gemeinsamen Entwicklungsphase und der Aufstellung eines Kriterienkatalogs für Büro- und Verwaltungsgebäude im Jahr 2008 unter dem Namen Deutsches Gütesiegel Nachhaltiges Bauen wurden die beiden Systeme getrennt weiterentwickelt (Ebert et al., 2010, S. 48-49). Beide Systeme umfassen heute viele verschiedene Nutzungsprofile (BMI, 2020a; DGNB e.V., 2020). Darüber hinaus wurde vom Bundesamt für Bauwesen und Raumordnung bereits im Jahr 2001 der Leitfaden Nachhaltiges Bauen herausgegeben. Mit der Neuauflage im Jahr 2011 nahm der Leitfaden direkt Bezug auf die Kriterien des Bewertungssystems Nachhaltiges Bauen und die Regelungen zur Anwendung des Bewertungssystems Nachhaltiges Bauen für Bundesgebäude traten parallel in Kraft (Bundesministerium für Verkehr, Bau und Stadtentwicklung [BMVBS], 2011). Inzwischen steht die dritte Auflage des Leitfadens aus dem Jahr 2019 zur Verfügung (BMI, 2019).

Insgesamt lassen sich Nachhaltigkeitsbewertungssysteme in zwei Typologien einteilen (Essig, Ebert, Hauser, 2010, S. 26, 94): Die Systeme der ersten Generation wurden in den 1990er Jahren als erste Zertifizierungssysteme entwickelt und betrachten vorwiegend ökologische und energetische Aspekte eines Gebäudes („Green-Building-Approach“) (z.B. LEED, BREEAM). Darüber hinaus beziehen Systeme der zweiten Generation auch ökonomische, soziokulturelle und technische Aspekte sowie die Standort- und Prozessqualität in die Bewertung ein und verfolgen damit einen ganzheitlichen Ansatz („Sustainable-Building-Approach“) (z.B. DGNB, BNB). Zudem betrachten die Systeme der zweiten Generation den kompletten Lebenszyklus und beziehen die Phasen Herstellung, Planung, Bau, Betrieb und Abriss in die Bewertung ein.

Für die Bewertung von Ein- und Zweifamilienhäusern, den Betrachtungsgegenstand der Dissertationsschrift, stehen am deutschen Markt heute das BNK (Bau-Institut Ressourceneffizientes und Nachhaltiges Bauen GmbH [BiRN], 2021b) und das DGNB Zertifikat, Neubau Kleine Wohngebäude zur Verfügung (DGNB e.V., 2021b) zur Verfügung. Darüber hinaus existiert in Großbritannien das Label HQM (BRE, 2018c) und in den USA das System LEED for Homes für kleine Wohngebäude (U.S. Green Building Council [USGBC], 2020). In der Schweiz wurde 2006 zusätzlich zum Minergie Standard der Baustein Minergie-Eco zur Bewertung der Nachhaltigkeit von Gebäuden eingeführt, der eine Version für Einfamilienhäuser enthält (Minergie Schweiz, 2020b; Minergie Schweiz & Verein ecobau, 2020c). Die genannten Nachhaltigkeitsbewertungssysteme für Ein- und Zweifamilienhäuser werden im Kapitel 3.2 vertieft betrachtet.

Obwohl in den letzten Jahren beträchtliche Fortschritte erzielt wurden, ist und bleibt nachhaltiges Bauen eine Daueraufgabe (BMI, 2019, S. 4). Der Handlungsbedarf zeigt sich beispielsweise am derzeitigen Ressourcen- und Energieverbrauch im Bausektor sowie am Abfallaufkommen. Im Jahr 2018 trug der Gebäudebereich mit 33 Prozent zum gesamten Endenergieverbrauch in Deutschland bei (BMWi, 2020a, S. 64). Auch beim Verbrauch aller in Deutschland verwendeten mineralischen Rohstoffe steht der Bausektor mit 90 Prozent an erster Stelle (Bundesministerium für Umwelt, Naturschutz, Bau und Reaktorsicherheit [BMUB], 2016, S. 62). Zudem stammten im Jahr 2018 54,7 Prozent aller Abfälle in Deutschland aus dem Baubereich (s. Abbildung 10). Darüber hinaus trägt der Bausektor wesentlich zum Anstieg der Siedlungs- und Verkehrsfläche in Deutschland sowie zur Versiegelung naturnaher Flächen bei.

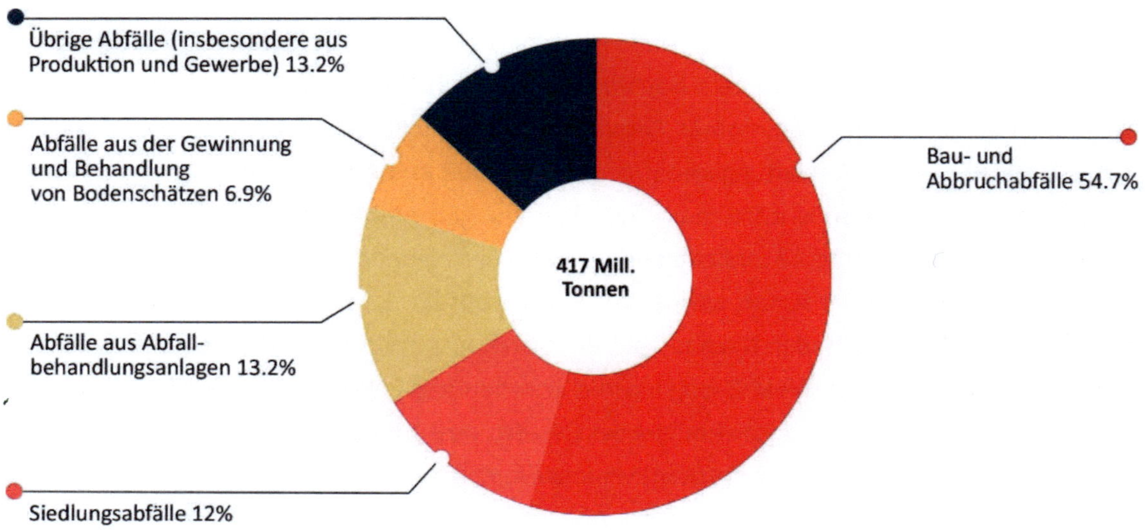

Abbildung 10: Abfallaufkommen in Deutschland 2018 nach Sektoren © Statistisches Bundesamt (Destatis), 2022, eigene Darstellung

Diese Zahlen und Entwicklungen stehen im starken Gegensatz zu nationalen und internationalen Vereinbarungen wie dem Pariser Abkommen, das eine Begrenzung des Temperaturanstiegs auf höchstens zwei Grad durch Senkung der CO_2 Emissionen vorsieht (UNFCCC, Report of the Conference of the Parties on its twenty-first session, held in Paris from 30 November to 13 December 2015, 21st Sess., Annex, FCCC/CP/2015/10/Add. 1 (2016)) oder dem Ziel der Bundesregierung, den Anstieg der Siedlungs- und Verkehrsfläche bis 2030 auf weniger als 30 Hektar pro Tag zu beschränken (Umweltbundesamt [UBA], 2020d).

2.2 Kreislaufwirtschaft

2.2.1 Definition des Begriffs Kreislaufwirtschaft

Von zahlreichen Akteuren, sowohl aus Wissenschaft als auch aus Praxis, wird die Kreislaufwirtschaft (englisch: circular economy) als eine wichtige Strategien zur Umsetzung einer nachhaltigen Entwicklung für Unternehmen angesehen (Ghisellini et al., 2016; Murray et al., 2017). Kirchherr et al. (2017) kamen in ihrer Analyse von 114 Definitionen von circular economy aus peer-reviewed und non-peer-reviewed Artikeln jedoch zu dem Schluss, dass kein Konsens bei der Definition des Begriffs besteht. Insgesamt identifizierten die Wissenschaftler 95 verschiedene Definitionen in den 114 Artikeln. Der Großteil der untersuchten Definitionen nennt mindestens eine der vier Strategien Vermeidung, Wiederverwendung, Recycling und sonstige Verwertung (4 R's: reduce, reuse, recycle, recover) aus der EU-Richtlinie 2008/98/EG über Abfälle und zur Aufhebung bestimmter Richtlinien (Abfallrahmenrichtlinie) zur Umsetzung einer Kreislaufwirtschaft (Richtlinie 2008/98/EG des europäischen Parlaments und des Rates vom 19. November 2008 über Abfälle und zur Aufhebung bestimmter Richtlinien, ABl. EU 2008 L 312/3). Am häufigsten war unter den Definitionen die Kombination aus Vermeidungs-, Wiederverwendung- und Recyclingaktivitäten (3 R's: reduce, reuse, recycle) zu finden. Am Ende des Papers schlagen Kirchherr et al. (2017) eine eigene Definition für den künftigen Diskurs im Bereich circular economy vor:

„[Circular economy is] an economic system that replaces the 'end-of-life' concept with reducing, alternatively reusing, recycling and recovering materials in production/distribution and consumption processes. It operates at the micro level (products, companies, consumers), meso level (eco-industrial parks) and macro level (city, region, nation and beyond), with the aim to accomplish sustainable development, thus simultaneously creating environmental quality, economic prosperity and social equity, to the benefit of current and future generations. It is enabled by novel business models and responsible consumers." (Kirchherr et al., 2017, S. 229)

Anhand der hierarchischen Verwendung der Strategien Vermeidung, Wiederverwendung, Recycling und sonstige Verwertung wird deutlich, dass die meisten Definitionen der Kreislaufwirtschaft weiterhin auf dem traditionellen Abfallmodell beruhen. Demnach gilt es zunächst, Abfälle zu vermeiden. Falls dies nicht möglich ist, sollte wiederverwendet, recycelt oder auf sonstige Weise verwertet werden. Die Beibehaltung des traditionellen Abfallbegriffs birgt jedoch die Gefahr, Produkte zu entwerfen, die nicht auf eine möglichst endlose Kreislaufführung ausgelegt sind und ein lineares Wirtschaftsmodell in Kreisläufen zu führen (Epea & Kienbaum, o.J.). Gemäß Braungart (2018, S. 57) begreift die traditionelle Kreislaufwirtschaft Kreisläufe so, dass die Abfälle nochmal in irgendeiner Weise genutzt werden können. Dies führe unweigerlich zum Downcycling.

In einer C2C basierten Kreislaufwirtschaft hingegen existiert der traditionelle Abfallbegriff nicht mehr, da alle Materialien als Nährstoffe begriffen und dauerhaft in der Bio- oder Technosphäre gehalten werden können (Braungart, 2018, S. 57). Die C2C Denkschule zielt auf Upcycling anstatt von Downcycling ab (Braungart, 2011, S. 21) und strebt einen positiven Fußabdruck an (Cradle to Cradle NGO, 2021b). Folglich beruht eine konsequente Kreislaufwirtschaft auf der C2C Denkschule. Die Ellen MacArthur Foundation geht bereits einen Schritt in diese Richtung, indem sie C2C und weitere Denkschulen („Performance Economy", „Biomimicry", „Industrial Ecology", „Natural Capitalism", „Blue Economy" und „Regenerative Design") als Grundlage für die Kreislaufwirtschaft nennt (Ellen MacArthur Foundation, 2017). Im Kapitel 2.3 werden die C2C Denkschule und im Kapitel 2.4 die Denkschulen „Performance Economy", „Biomimicry", „Industrial Ecology", „Natural Capitalism", „Blue Economy" und „Regenerative Design" als Basis der Kreislaufwirtschaft genauer untersucht.

2.2.2 Kreislaufwirtschaft auf EU-Ebene und nationaler Ebene

In der europäischen Union regelt die Verordnung (EU) Nr. 305/2011 des europäischen Parlaments und des Rates zur Festlegung harmonisierter Bedingungen für die Vermarktung von Bauprodukten und zur Aufhebung der Richtlinie 89/106/EWG des Rates (EU-Bauproduktenverordnung - EU-BauPVO) die Grundanforderungen an Bauwerke und die wesentlichen Merkmale von Bauprodukten. Gemäß der Verordnung muss ein Bauwerk *„derart entworfen, errichtet und abgerissen werden, dass die natürlichen Ressourcen nachhaltig genutzt werden."* Demnach müssen *„[d]as Bauwerk, seine Baustoffe und Teile [...] nach dem Abriss wiederverwendet oder recycelt werden können."* Zudem müssen *„für das Bauwerk [...] umweltverträgliche Rohstoffe und Sekundärbaustoffe verwendet werden"* (Anl. 1 EU-BauPVO). Die BauPVO gibt jedoch keine Regelungen für die Qualität oder Quantität des Recyclings vor.

Darüber hinaus regelt die Richtlinie 2008/98/EG des europäischen Parlaments und des Rates über Abfälle und zur Aufhebung bestimmter Richtlinien (Abfallrahmenrichtlinie) wichtige Begriffe des Abfallrechts und legt eine fünfstufige Abfallhierarchie fest. Demnach besteht folgende absteigende Priorisierung: Vermeidung, Vorbereitung zur Wiederverwendung, Recycling, sonstige Verwertung (z.B. energetische Verwertung) und Beseitigung (Art. 4 (1) Abfallrahmenrichtlinie) (s. Abbildung 11).

Unter Wiederverwendung ist die erneute Verwendung eines gebrauchten Bauteils oder Produktes für den denselben Zweck, für den es ursprünglich bestimmt war, zu verstehen (Art. 3 Nr. 13 Abfallrahmenrichtlinie). Ein Beispiel für die Wiederverwendung eines Bauteils stellt die erneute Verwendung eines Fensters aus einem Wohnhaus in einem anderen Wohngebäude dar. Der Begriff Recycling fasst gemäß Abfallrahmenrichtlinie sowohl die Wiederverwertung (Recycling) als auch die Weiterverwertung (Downcycling) zusammen (Art. 3 Nr. 17 Abfallrahmenrichtlinie). Gemäß Hillebrandt et al. (2018, S. 219) ist unter Wiederverwertung der erneute Einsatz von Altstoffen und Produktionsrücklaufmaterial in gleichartigen Produktionsprozessen wie bei der ursprünglichen Herstellung unter Auflösung der Gestalt zu verstehen. Dabei entstehen aus den Ausgangsstoffen Werkstoffe auf weitestgehend gleichem Qualitätsniveau. Ein Beispiel für Wiederverwertung stellt das Einschmelzen von Stahlschrott und die anschließende Verarbeitung zu neuen Stahlprofilen dar (Hillebrandt et al., 2018, S. 219). Weiterverwertung erfasst die Verwendung von Altstoffen und Produktionsabfällen in einem zuvor noch nicht durchlaufenen Produktionsprozess. Dabei entstehen Produkte, die eine andere Gestalt und/oder Eigenschaften sowie ein niedrigeres Qualitätsniveau als der ursprüngliche Zweck aufweisen (Hillebrandt et al., 2018, S. 219). Als Beispiel für Recycling durch Weiterverwertung kann der Einsatz von Betonbruch als

Frostschutzschicht im Straßenbau genannt werden. Im weiteren Verlauf der Dissertationsschrift werden anstatt Recycling die detaillierten Begriffe Wiederverwertung und Weiterverwertung verwendet. Die sonstige Verwertung umfasst gemäß Art. 3 (1) Abfallrahmenrichtlinie beispielsweise die energetische Verwertung. Unter energetischer Verwertung ist die Verbrennung von Altstoffen, beispielsweise EPS-Dämmstoffen, zur Energiegewinnung zu verstehen. Die minderwertigste Verwertungsform stellt die Abfallbeseitigung auf Deponien dar (Art. 3 (1) Abfallrahmenrichtlinie). Mit der Novelle der Abfallrahmenrichtlinie im Jahr 2018 wurde für Siedlungsabfälle eine Rate von 65 Prozent für die Vorbereitung zur Wiederverwendung und das Recycling bis 2035 anhand einer Output-basierten Berechnungsmethode festgelegt (Art. 11 (2) Abfallrahmenrichtlinie). Für das Bauwesen werden die Mitgliedsstaaten verpflichtet, mit geeigneten Maßnahmen einen selektiven Abbruch zu fördern und Sortiersysteme für Bau- und Abbruchabfälle einzurichten (Art. 11 (1) Abfallrahmenrichtlinie).

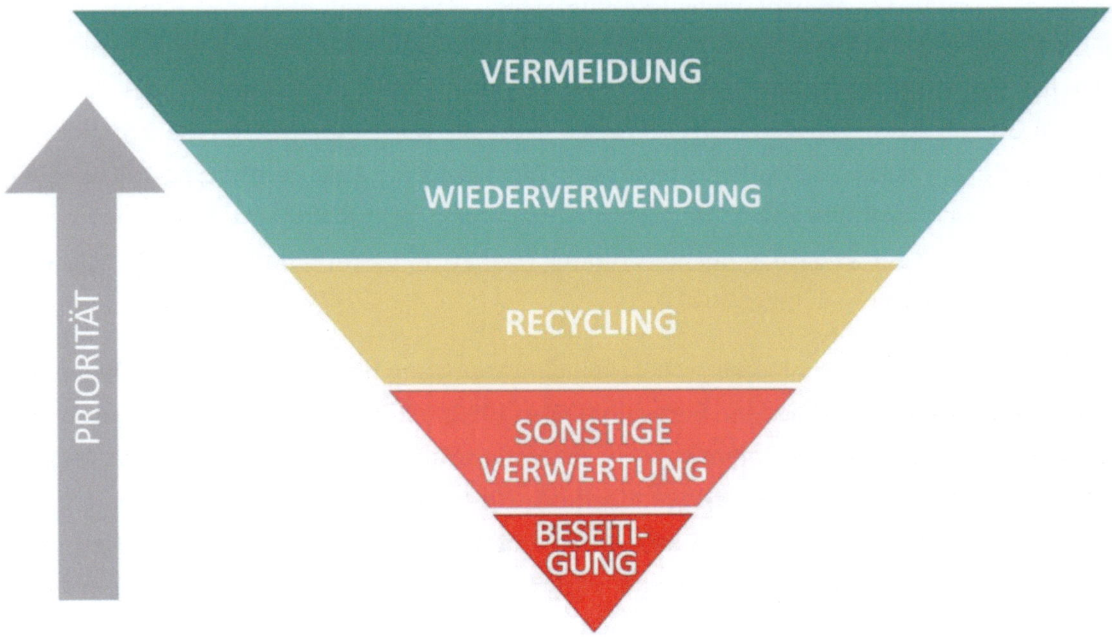

Abbildung 11: Abfallhierarchie gemäß Art. 4 (1) Abfallrahmenrichtlinie (eigene Darstellung)

An der Verwendung der traditionellen Abfallhierarchie in der Abfallrahmenrichtlinie wird deutlich, dass auch die Gesetzgebung noch nicht bei einer konsequenten Kreislaufwirtschaft angekommen ist. Im Gegensatz zur Kreislaufwirtschaft gemäß Abfallrahmenrichtlinie, die die Wiederverwertung und die Weiterverwertung auf dieselbe Prioritätsstufe setzt, strebt eine Kreislaufwirtschaft auf Basis des C2C Prinzips nur die Wiederverwertung an. Dabei werden alle Materialien zu Nährstoffen und der traditionelle Abfallbegriff existiert nicht mehr.

Mit der Novelle des Gesetzes zur Förderung der Kreislaufwirtschaft und Sicherung der umweltverträglichen Bewirtschaftung von Abfällen (Kreislaufwirtschaftsgesetz – KrWG) wurden 2020 die Neuerungen der Abfallrahmenrichtlinie in Deutschland umgesetzt. Obwohl das Gesetz einige Neuerungen enthält, wurde von vielen Seiten Kritik laut. Roth vom Naturschutzbund Deutschland kritisierte beispielsweise, dass der Entwurf *„auf halber Strecke von der linearen zu einer Kreislaufwirtschaft stehen bleibe“* (zitiert nach Deutscher Bundestag, 2020). Die deutsche Umwelthilfe sieht in der Novelle eine vertane Chance und bemängelt, dass die Recyclingquote für

Siedlungsabfälle mit 65 Prozent bis 2035 viel zu niedrig liege (zitiert nach Recycling Magazin, 2020).

Zuletzt veröffentlichte die EU-Kommission 2019 als zentrales Element des Green Deals einen neuen Aktionsplan für die Kreislaufwirtschaft (Mitteilung der Kommission an das europäische Parlament, den Rat, den europäischen Wirtschafts- und Sozialausschuss und den Ausschuss der Regionen. Ein neuer Aktionsplan für die Kreislaufwirtschaft. Für ein sauberes und wettbewerbsfähiges Europa, COM (2020) 98 final vom 11. März 2020). Der Green Deal beschreibt eine neue *„Wachstumsstrategie, mit der die EU zu einer fairen und wohlhabenden Gesellschaft mit einer modernen, ressourceneffizienten und wettbewerbsfähigen Wirtschaft werden soll"* (Mitteilung der Kommission an das europäische Parlament, den europäischen Rat, den Rat, den europäischen Wirtschafts- und Sozialausschuss und den Ausschuss der Regionen. Der europäische Grüne Deal, COM (2019) 640 final vom 11. Dezember 2019). Wichtigste Ziele des Green Deals stellen die Senkung der Netto-Treibhausgasemissionen bis zum Jahr 2050 auf null und die Entkopplung des Wirtschaftswachstums von der Ressourcennutzung dar. Bis 2030 wird eine Reduktion der Treibhausgasemissionen gegenüber 1990 um 55 Prozent angestrebt. Um die Vorgaben aus dem Green Deal verbindlich festzuschreiben, legte die EU-Kommission im März 2020 einen Vorschlag für ein europäisches Klimagesetz vor (Vorschlag für eine Verordnung des europäischen Parlaments und des Rates zur Schaffung des Rahmens für die Verwirklichung der Klimaneutralität und zur Änderung der Verordnung (EU) 2018/1999 (Europäisches Klimagesetz), COM (2020) 80 final vom 4. März 2020).

Der Aktionsplan für die Kreislaufwirtschaft soll die Umsetzung des Green Deals beschleunigen und enthält Pläne für verschiedene Bereiche (COM (2020) 98 final). Um zu nachhaltigeren Produkten zu gelangen, will die Kommission Rechtsvorschriften, beispielsweise für eine längere Haltbarkeit, eine bessere Wiederverwendbarkeit, Nachrüstbarkeit und Reparierbarkeit vorschlagen. Zudem soll die Position von Verbrauchern gestärkt werden, indem zuverlässige Informationen bezüglich Haltbarkeit und Reparierbarkeit von Produkten zur Verfügung gestellt werden. Darüber hinaus sollen Verbraucher künftig ein Recht auf Reparatur haben. Der Schwerpunkt der auszuarbeitenden Maßnahmen für eine verbesserte Kreislauffähigkeit soll auf den ressourcenintensiven Sektoren Elektronik und Informations- und Kommunikationstechnologie, Batterien und Fahrzeuge, Verpackungen, Kunststoffe, Textilien, Bauwirtschaft und Gebäude sowie Lebensmittel, Wasser und Nährstoffe liegen. Als weitere Maßnahmen soll Abfall soweit wie möglich vermieden und stattdessen in Sekundärressourcen umgewandelt werden. Modelle für eine harmonisierte EU-weite getrennte Sammlung von Abfällen sollen geprüft werden.

2.3 Cradle to Cradle Prinzip

Im Bereich C2C wird zwischen der C2C Denkschule, die das Fundament einer konsequenten Kreislaufwirtschaft darstellt (s. Kapitel 2.2.1) und dem C2C Designprinzip unterschieden. Während die Denkschule das gedankliche Grundgerüst formuliert, gibt das Designprinzip die Grundsätze für die Gestaltung von Produkten und Prozessen sowie Gebäuden nach C2C vor. Beide Bestandteile werden im Folgenden dargestellt.

2.3.1 Entwicklung der Cradle to Cradle Denkschule

Aufgrund anthropogener Umweltbelastungen, wie Luftverschmutzung, Wasserverschmutzung und Abholzung von Wäldern wird der Mensch im Nachhaltigkeitsdiskurs zunehmend als Schädling für das Ökosystem gesehen. Als Resultat verbinden viele Menschen ihr Handeln mit negativen Folgen und beschäftigen sich im Zuge des Nachhaltigkeitsdiskurses vorwiegend damit, wie das negative Verhalten reduziert und der ökologische Fußabdruck verkleinert werden kann (Cradle to Cradle NGO, 2021a). Beispiele dafür reichen von Bemühungen, weniger Abfall zu produzieren, über Anstrengungen, weniger Energie zu verbrauchen bis hin zu Bestrebungen, weniger giftige Chemikalien in Produkten einzusetzen (Braungart & Mc Donough, 2013b, S. 23). Zusammengefasst können all diese Anstrengungen als Ökoeffizienz Strategien bezeichnet werden. Der Begriff Ökoeffizienz wurde erstmals im Jahr 1992 durch den World Business Council for Sustainable Development definiert:

„Eco-efficiency is achieved by the delivery of competitively priced goods and services that satisfy human needs and bring quality of life, while progressively reducing environmental impacts and resource intensity throughout the life cycle, to a level at least in line with the earth's carrying capacity" (World Business Council for Sustainable Development [WBCSD], 2006, S. 3).

Obwohl seit dieser ersten Begriffsbestimmung viele weitere Definitionen von Ökoeffizienz im Nachhaltigkeitsdiskurs präsent sind, haben sie alle das Ziel, mehr Output aus weniger Ressourcen zu generieren und die Annahme linearer Cradle to Grave (Von der Wiege zum Grab) Ströme gemeinsam (Braungart et al., 2007, S. 1338).

Die C2C Denkschule (Von der Wiege zur Wiege) hingegen, die in den 1990er Jahren von dem Chemiker Prof. Dr. Michael Braungart und dem Architekten William Mc Donough entwickelt wurde, beruht auf dem Grundsatz, dass der Mensch als Nützling im Einklang mit der Natur anstatt als Schädling agieren kann (Cradle to Cradle NGO, 2021a). *„[N]icht die Menschen an sich, sondern das, was sie in den letzten 5.000 Jahren und insbesondere in den letzten 150 Jahren gefertigt haben"*, wird als Problem angesehen (Braungart & Mc Donough, 2013b, S. 23). Folglich fordert die C2C Denkschule, alte Denkmuster und Wirtschaftsweisen zu verwerfen und zielt auf grundlegend verbesserte Güter, natur- und umweltunterstützende Produkte und Prozesse sowie geschlossene Materialkreisläufe ab. Anstatt den Fußabdruck zu verkleinern, strebt die Denkschule einen positiven Fußabdruck an (Cradle to Cradle NGO, 2021a). Als positives und funktionierendes Beispiel für ein Leben im Einklang mit der Natur dient dabei die Ameisenpopulation (Braungart & Mc Donough, 2013b, S. 45). Obwohl eine einzelne Ameise viel kleiner ist als ein

Mensch, übersteigt ihre gesamte Biomasse die Biomasse der aktuellen menschlichen Bevölkerungszahl um ein Vielfaches. Nichtsdestotrotz stellen sie keine Belastung für die Umwelt dar, da alle Materialien als Nährstoffe dienen und recycelt werden. Die C2C Denkschule steht im Gegensatz zur Ökoeffizienz für Ökoeffektivität. Anstatt effizientere, weniger schlechte Lösungen anzubieten, bietet das Konzept der Ökoeffektivität einen positiven Ansatz für die Entwicklung von guten Lösungen in Form von gesunden und umweltunterstützenden Produkten und Systemen (Braungart et al., 2007) (s. Abbildung 12).

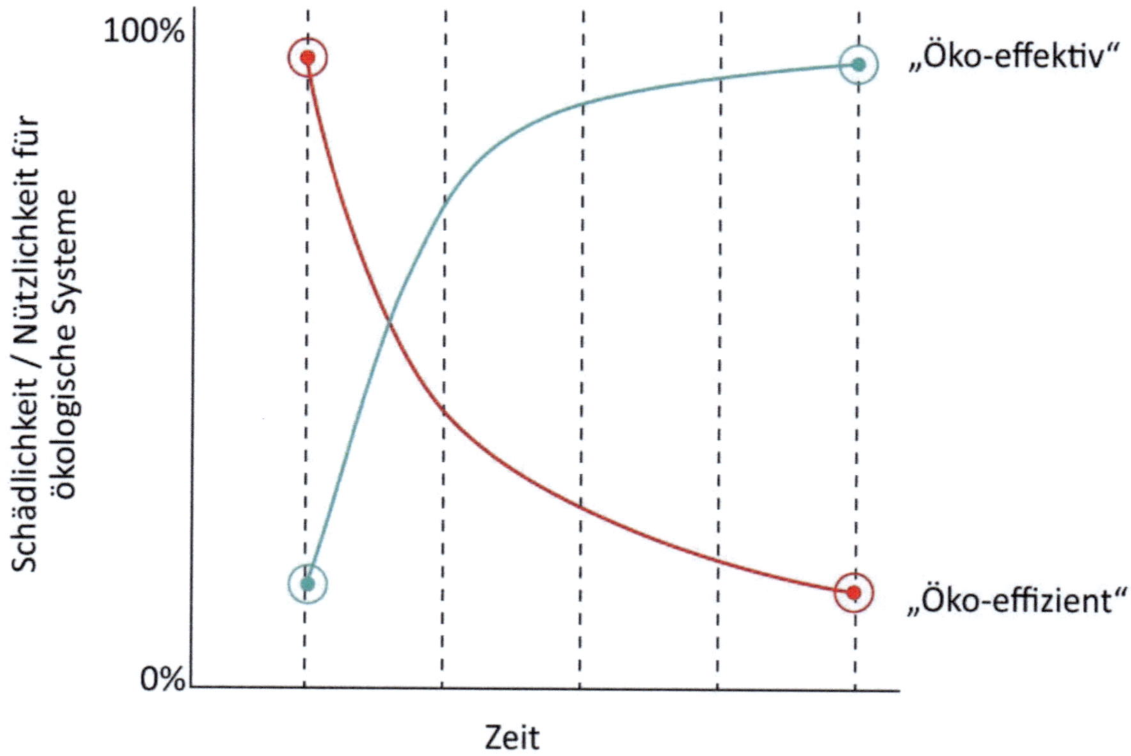

Abbildung 12: Weniger Schaden als Ziel von Ökoeffizienz versus Umweltunterstützung als Ziel von Ökoeffektivität[4]

Das Konzept der Ökoeffizienz nutzt „reduce“ und „recycle“ als Strategien (EPEA GmbH - Part of Drees & Sommer, 2021) (s. Abbildung 13). Während „reduce“ das stufenweise Reduzieren, zum Beispiel des Energie- oder Ressourcenverbrauchs bezeichnet, steht „recycle“ in diesem Kontext hauptsächlich für Downcycling, das mit Weiterverwertung, bei der sich die Qualität mit jedem Zyklus verschlechtert und eine Abwertung erfolgt, gleichzusetzen ist. Für das Konzept der Ökoeffektivität sind „rethink“, „reuse“ und „upcycle“ als Handlungsstrategien zu benennen (s. Abbildung 13). „Rethink“ fordert das Überdenken bestehender Wirtschafts- und Produktionsweisen und Gebrauchsinnovationen, „reuse“ zielt auf die Wiederverwendung und –verwertung von Produkten mit gleichbleibend hoher Qualität ab. Beim „Upcycling“ werden Materialien und ihre Nutzbarkeit durch möglichst unendliche Nutzungszyklen aufrecht erhalten oder sogar gesteigert (Braungart, 2011, S. 21).

[4] Diese Abbildung wurde veröffentlicht in Journal of Cleaner Production 15(13-14), Braungart, M., Mc Donough, W. & Bollinger, A., Cradle-to-cradle design: Creating Healthy Emissions - A Strategy for Eco-Effective Product and System Design, S. 1337–1348, Copyright Elsevier Ltd. (2007).

„Ziel von Upcycling ist eine wunderbar vielfältige, sichere, gesunde und gerechte Welt mit sauberer Luft, sauberem Wasser, sauberem Boden und sauberer Energie – eine Welt, derer wir uns in vielfacher Weise und in grenzenloser Harmonie erfreuen können" (Braungart & Mc Donough, 2013b, S. 26).

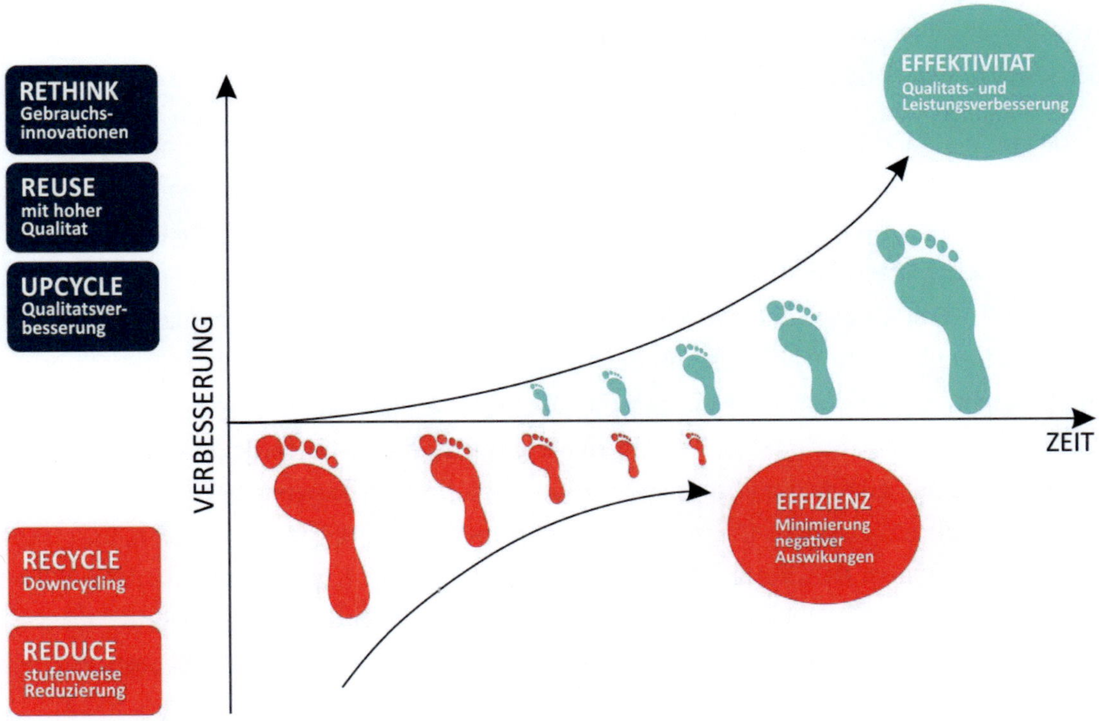

Abbildung 13: Effizienz versus Effektivität (Darstellung nach EPEA GmbH - Part of Drees & Sommer, 2021)

2.3.2 Entwicklung des Cradle to Cradle Designkonzepts

Als zentrale Komponente des Ökoeffektivität-Konzepts bietet das C2C Designkonzept den praktischen Framework für die Gestaltung von umweltunterstützenden und gesundheitsförderlichen Produkten sowie Systemen in Verbindung mit langfristigem ökonomischem Wachstum (Braungart et al., 2007, S. 1337). Das Designkonzept beruht auf drei Prinzipien „Nährstoff bleibt Nährstoff", „Nutzung erneuerbarer Energien" und „Unterstützung von Diversität", die im Folgenden näher beschrieben werden (Cradle to Cradle NGO, 2021b) (s. Abbildung 14).

Abbildung 14: Die drei C2C Prinzipien „Nährstoff bleibt Nährstoff" (links), „Nutzung erneuerbarer Energien" (Mitte) und „Unterstützung von Diversität" (rechts) (Quelle: Cradle to Cradle NGO/Christian Buchner)

2.3.3 Cradle to Cradle Prinzip 1: Nährstoff bleibt Nährstoff

Das erste Prinzip „Nährstoff bleibt Nährstoff" orientiert sich an geschlossenen ökologischen Nährstoffkreisläufen und überträgt diese auf die industrielle Güterproduktion. Dadurch werden Materialien zu Nährstoffen aufgewertet, die dauerhaft in der Biosphäre oder der Technosphäre zirkulieren (Braungart & Mc Donough, 2013a; Cradle to Cradle NGO, 2021b; Mc Donough et al., 2003, S. 436A) (s. Abbildung 15).

Materialien, die darauf ausgelegt sind, in der Biosphäre zu zirkulieren, werden als biologische Nährstoffe bezeichnet (Braungart & Mc Donough, 2013a, S. 137). Gemäß Braungart et al. (2007, S. 1343) umfassen sie alle biologisch abbaubaren Materialien (oder Abbauprodukte aus biologischen Prozessen), die keine direkte oder mögliche Gefahr für Mensch und Umwelt darstellen und sicher als Nährstoffe in die Umwelt rückgeführt werden können. Dies umfasst sowohl natürliche, pflanzenbasierte Materialien als auch Materialien wie Biopolymere und andere synthetische Substanzen, die sicher für Menschen und ökologische Systeme sind. Produkte, die als biologische Nährstoffe konzipiert sind, werden als Verbrauchsgüter bezeichnet und schließen Produkte ein, die einer Abnutzung ausgesetzt sind und während der Nutzung ganz oder teilweise, beispielsweise durch Abrieb, in die Umwelt gelangen. Beispiele dafür stellen Textilien, Bremsbeläge oder Schuhsohlen dar. Verbrauchsgüter können nach ihrer Nutzung unbedenklich biologisch abgebaut werden und dienen so als Nährstoff für Ökosysteme und Ausgangsstoff für weitere Produkte. Beispielsweise kann eine Textilie, die als biologischer Nährstoff gestaltet ist, nach ihrer Nutzung als Bezugsstoff als Mulch verwendet werden (Braungart et al., 2007, S. 1343).

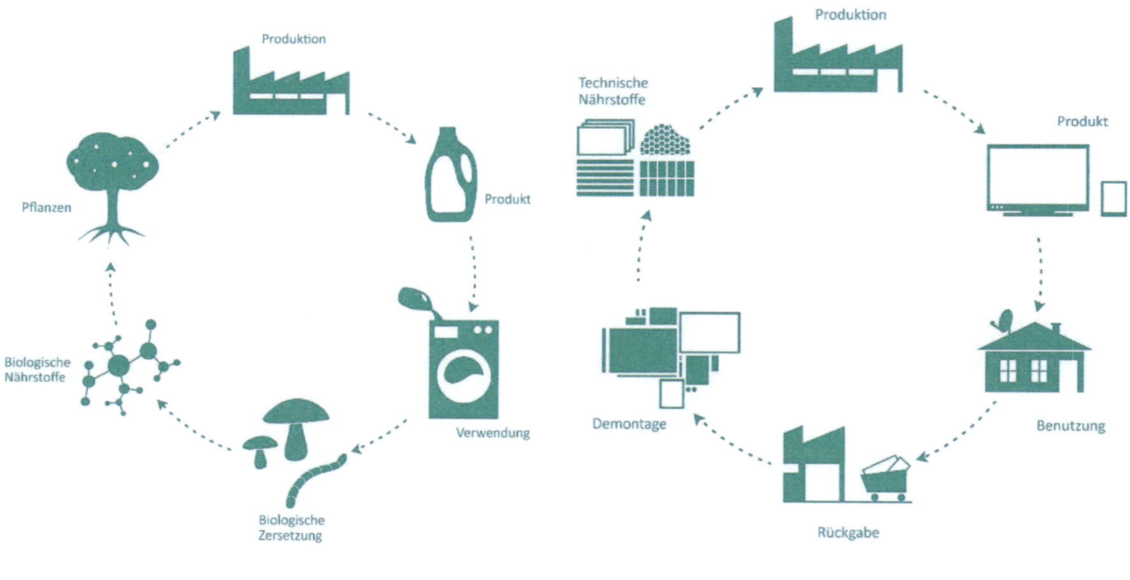

Abbildung 15: Biosphäre (links) und Technosphäre (rechts) nach dem C2C Prinzip (Quelle: Epea Switzerland GmbH)

Materialien, die darauf ausgelegt sind, dauerhaft in der Technosphäre zu zirkulieren, werden als technische Nährstoffe bezeichnet (Braungart & Mc Donough, 2013a, S. 142). Nach Braungart et al. (2007, S. 1343) umfassen sie Materialien, die größtenteils synthetischen oder mineralischen Ursprungs sind und sicher in einem geschlossenen System von Herstellung, Rückgewinnung und Wiederverwendung zirkulieren können mit dem Ziel, über möglichst viele Nutzungszyklen eine hohe Materialqualität zu erhalten. Produkte der Technosphäre werden als Gebrauchsgüter bezeichnet (Cradle to Cradle NGO, 2021c) und werden als Serviceprodukte genutzt (Braungart et al., 2007, S. 1343). Dabei wird das Produkt zwar vom Kunden genutzt, das Eigentum jedoch verbleibt beim Hersteller, der dem Kunden einen Service anbietet. Dies bringt sowohl für den Hersteller, der im Besitz wertvoller Materialien bleibt, als auch für den Kunden, der von der Produktinanspruchnahme profitiert, jedoch keine wesentlichen Verpflichtungen übernehmen muss, Vorteile. Beispiele dafür sind ein Fernseher oder eine Waschmaschine, die dem Kunden für einen definierten Zeitraum überlassen werden und danach an den gleichen oder einen anderen Hersteller zurückgehen, so dass die Materialien zurückgewonnen und in neuen Produkten auf gleichem oder höherem Qualitätsniveau wiederverwendet werden können (Braungart et al., 2007, S. 1343). Gemäß Braungart (2018, S. 55-57) wird der traditionelle Abfallbegriff durch das Zirkulieren von Materialien in der Bio- oder Technosphäre gänzlich aufgehoben und alle Materialien werden zu Nährstoffen. Eine grundlegende Voraussetzung dafür ist die Festlegung von definierten Nutzungszeiten, um die zeitliche Verfügbarkeit von Nährstoffen zu kennen, und von definierten Materialzusammensetzungen, um Produkte für Mensch und Umwelt sicher in der Bio- oder Technosphäre halten zu können. Die Positivdefinition von Materialien löst dabei die momentan vorherrschenden „frei von“ Definitionen ab. Die fortschreitende Digitalisierung bietet dafür große Chancen (Braungart, 2018, S. 55-57).

Neben der fundamentalen Neugestaltung von Produkten erfordert der Übergang von momentan vorherrschenden Produktsystemen zu geschlossenen Nährstoffkreisläufen ein darauf ausgelegtes Nährstoffmanagementsystem. McDonough und Braungart (2003b) schlagen dafür das System des „intelligent materials pooling“ als framework für die Zusammenarbeit von Stakeholdern entlang der Wertschöpfungskette von Produkten der Technosphäre vor. Gemäß Braungart et al. (2007, S. 1347-1348) steht im Zentrum des „intelligent materials pooling“ Systems eine Materialbank, die das Eigentum an technischen Nährstoffen, sowohl Materialien, als auch Chemikalien hält (Braungart et al., 2007, S. 1347-1348). Die Materialbank stellt diese Nährstoffe den teilnehmenden Firmen in einem Leasing-Modell zur Verfügung. Die Firmen verarbeiten die Nährstoffe zu Produkten und bieten sie dem Kunden in einem Service-Modell an. Nach einer definierten Nutzungsphase kehren die Materialien zur Materialbank zurück und Nährstoffe werden zurückgewonnen. Darüber hinaus verwaltet die Materialbank die Produktinformationen und tauscht relevante Informationen zwischen den beteiligten Stakeholdern aus. Dadurch wird über die Zeit relevantes Wissen zu den Materialien gesammelt und das Upcycling der Materialien ermöglicht. „Intelligent materials pooling“ bietet ökonomische Vorteile für alle involvierten Akteure, da qualitativ höherwertige Materialien zu geringeren Kosten eingesetzt werden können, weil sie am Ende der Nutzungsperiode zurückgewonnen werden (Braungart et al., 2007, S. 1347-1348). Momentan machen die Materialkosten im Hochbau circa 20 Prozent des Bruttoproduktionswertes aus (Hauptverband der Deutschen Bauindustrie e.V., 2021) (s. Abbildung 16). Werden die Materialien dauerhaft in der Technosphäre gehalten, geht der Materialwert nicht unwiederbringlich verloren, sondern bleibt erhalten.

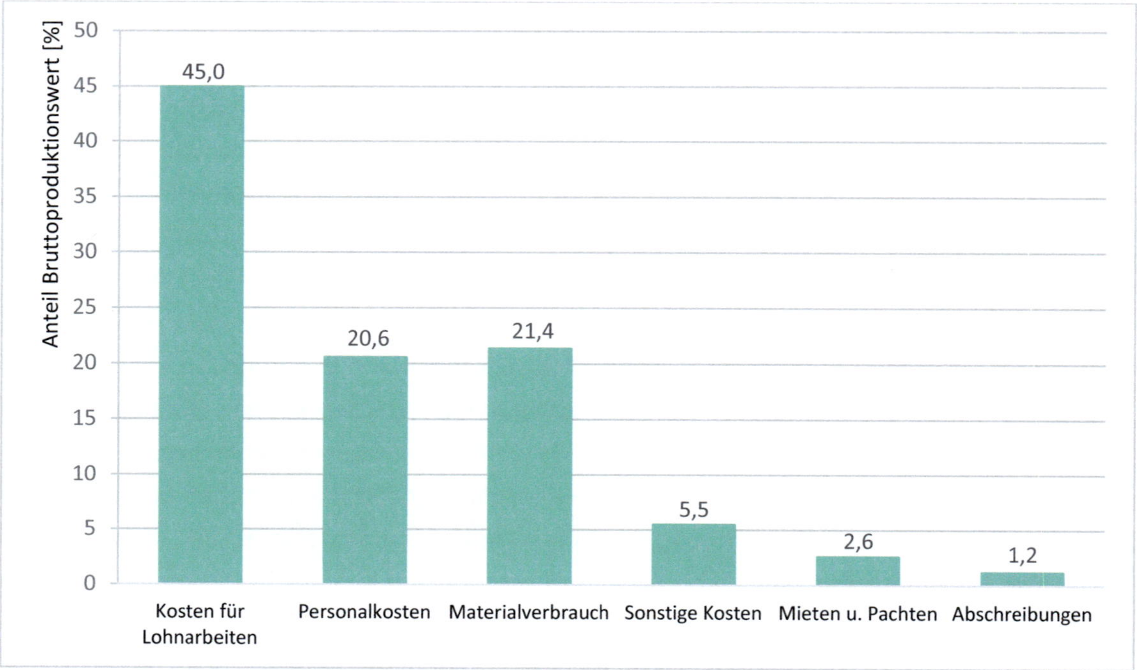

Abbildung 16: Prozentualer Anteil der verschiedenen Kosten am Bruttoproduktionswert im Hochbau 2018[5] (Darstellung nach Hauptverband der Deutschen Bauindustrie e.V., 2021)

2.3.4 Cradle to Cradle Prinzip 2: Nutzung erneuerbarer Energien

Durch das Prinzip „Nährstoff bleibt Nährstoff" verbleiben wertvolle endliche Materialien, beispielswiese Kunststoffe auf fossiler Basis, dauerhaft in der Technosphäre. Um den Kreislauf jedoch vollständig zu schließen, ist es essentiell, auch die benötigte Energie aus erneuerbaren Quellen zu schöpfen, anstatt fossile Energieträger unwiederbringlich zu verschwenden. Das zweite Prinzip „Nutzung erneuerbarer Energien" trägt dieser Tatsache Rechnung (Cradle to Cradle NGO, 2021b; Mc Donough et al., 2003, S. 436A). Im Gegensatz zu fossilen Energieträgeren sind erneuerbare Energien unerschöpflich, von Natur aus lokal und bieten die Möglichkeit, Produktinnovationen voranzubringen (Braungart & Mc Donough, 2013b, S. 101). Erneuerbare Energie ist in Form von Solar- und Windenergie, Wasserkraft, Biomasse (unter der Voraussetzung, dass sie nicht in Konkurrenz zu Nahrungsmittelversorgung steht), Geothermie und Wasserstoffbrennstoffzellen verfügbar.

Perez und Perez (2015) vergleichen den weltweiten Energieverbrauch mit dem Potenzial der bekannten, wirtschaftlich erschließbaren Reserven endlicher fossiler und nuklearer Ressourcen und dem jährlichen Potenzial erneuerbarer Energien (s. Abbildung 17 und Abbildung 18). Während der weltweite Energieverbrauch für das Jahr 2015 auf 18,5 TWy geschätzt wurde, wurde das jährliche Potenzial erneuerbarer Energien auf 23.084 bis 23.156 TWy berechnet, wobei der größte Teil mit 23.000 TWy auf Solarenergie entfiel (s. Abbildung 17). Die Verfügbarkeit der bekannten, wirtschaftlich erschließbaren Reserven endlicher fossiler und nuklearer Ressourcen lag bei 1570 TWy (s. Abbildung 18). Die Zahlen zeigen, dass der weltweite jährliche Energiebedarf

[5] Jahresüberschuss bzw. Defizit +3,6%; 1,0% des Materialverbrauchs entfallen auf Energiekosten

um ein Vielfaches mit erneuerbaren Energien gedeckt werden könnte und dass der Solarenergie bei der künftigen Energieversorgung eine Schlüsselrolle zukommen wird (Perez & Perez, 2015).

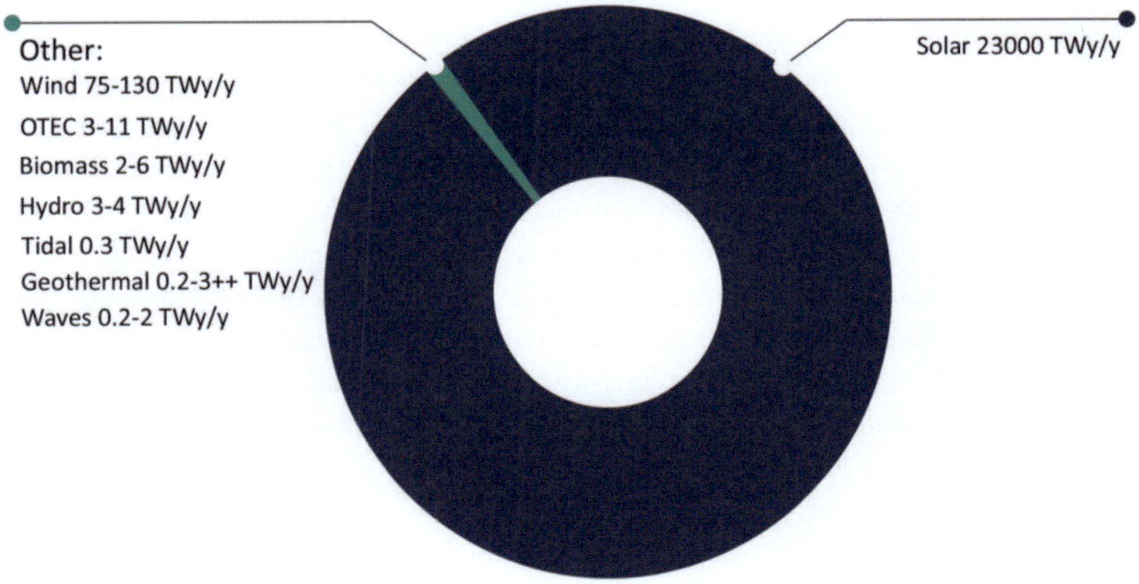

Abbildung 17: Jährliches Potenzial erneuerbarer Energien in Terrawattjahren pro Jahr (Darstellung nach Perez & Perez, 2015)

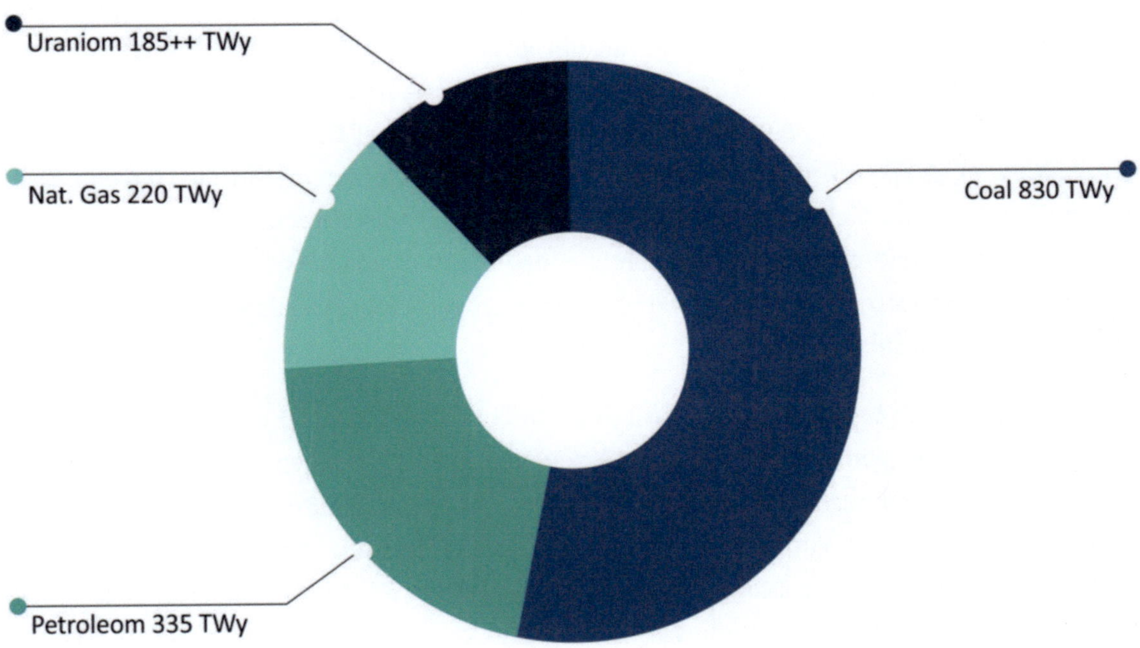

Abbildung 18: Potenzial der bekannten, wirtschaftlich erschließbaren Reserven endlicher fossiler und nuklearer Ressourcen in Terrawattjahren (Darstellung nach Perez & Perez, 2015)

2.3.5 Cradle to Cradle Prinzip 3: Unterstützung von Diversität

Das dritte Prinzip „Unterstützung von Diversität" orientiert sich an der Komplexität und Vielfalt natürlicher ökologischer Systeme. Während vom Menschen entworfene Produkte und Systeme seit der Industrialisierung von Standardisierung und Vereinfachung geprägt sind, bringt die Natur vielfältige Lösungen hervor, die die Ökosysteme widerstandsfähiger und flexibler machen (Cradle to Cradle NGO, 2021b; Mc Donough et al., 2003, S. 436A). Beispielsweise haben sich als Reaktion auf unterschiedliche örtliche Lebensbedingungen fast 10.000 verschiedene Ameisenarten entwickelt, die ideal an den jeweiligen Kontext angepasst sind (Braungart, 2011, S. 38). Das dritte C2C Prinzip fordert, dass auch das menschliche Handeln und Produzieren den vielfältigen Ausgangsbedingungen und Kontexten, beispielsweise lokalen Unterschieden Rechnung tragen sollte, anstatt uniforme Lösungen anzubieten (Mc Donough et al., 2003, S. 436A-437A). Ziel ist es, die positiven Effekte für den lokalen Kontext durch Anpassung des Designs zu maximieren. Neben Biodiversität schließt das Prinzip konzeptionelle Diversität und kulturelle Diversität ein (Mulhall et al., 2013b, S. 4).

2.3.6 Reflexion des Cradle to Cradle Prinzips

Neben vielen positiven Stimmen zum C2C Prinzip gibt es von mancher Seite auch Kritik. Im Folgenden werden drei Kritikpunkte erläutert und diskutiert.

Hinterberger findet, dass Braungart im Detail gute Ansätze verfolgt. Er ist aber auch der Meinung, dass man beides brauche: Dematerialisierung, also das Einsparen, und Rematerialisierung, also das Führen in geschlossenen Kreisläufen (zitiert nach Unfried, 2009). Aus Perspektive der Ökoeffektivität spricht der Anwendung von Effizienzstrategien in der Transformationsphase nichts entgegen. Obwohl die Prinzipien der Ökoeffektivität heute bereits in manchen Bereichen umgesetzt werden können, besteht in der Praxis an einigen Stellen noch Entwicklungsbedarf. Braungart et al. (2007) erkennen das Modell der Ökoeffizienz als ersten Schritt an, um eine Basis zu schaffen. Auf lange Sicht muss laut Braungart et al. (2007) jedoch ein Paradigmenwechsel hin zur Ökoeffektivität stattfinden. Die vorübergehende Akzeptanz von Ökoeffizienz-Strategien darf also nicht das Bestreben nach Ökoeffektivität ersetzen und dient nur als Mittel zum Zweck in der Transformationsphase.

Taghizagedan (2010) befürchtet, dass das Schließen der Kreisläufe auf Grundlage der Prinzipien der Ökoeffektivität planwirtschaftliche Entwicklungen mit sich bringen und große, hochintegrierte Unternehmen begünstigen könnte. Griefahn und Rydzy (2013) stellen klar, dass dieser Kritikpunkt auf der Vorstellung basiert, dass jeder einzelne Hersteller den Kreislauf für sein Produkt selbst schließen müsse. Diese These sei jedoch nicht im Prinzip der Ökoeffektivität impliziert. Es gehe vielmehr darum, technische Erzeugnisse in der Technosphäre zu halten. Die Demontage in Einzelteile und eine anschließende Wiederverwendung oder Wiederverwertung müssen dabei nicht durch den Hersteller selbst erfolgen, sondern sind auch durch Dritte möglich (Griefahn & Rydzy, 2013, S. 293-294). Zudem wird die Kreislaufführung aufgrund der Verknappung von Ressourcen, beispielsweise Seltenerdmetalle, und steigenden Kosten für Primärrohstoffe künftig auch aus marktwirtschaftlicher Perspektive zunehmend attraktiv werden. Um eine

Kreislaufführung von Materialien in der Praxis umzusetzen, ist keine Planwirtschaft nötig, da der Markt auch ohne Regulierung früher oder später zu diesem Ergebnis kommen wird.

Darüber hinaus kritisiert Schmitt-Bleek, dass die Prinzipien der Ökoeffektivität bisher noch nicht im großen Stil umsetzbar sind:

„Ich kann mich auf Michaels Sitzbezügen im Flugzeug sehr wohl fühlen. Ich warte aber noch immer auf den detaillierten Vorschlag, die anderen 99,99 Prozent des Airbusses A380 nach seinen Prinzipien zu gestalten."

„Es scheint mir völlig ausgeschlossen, die Stoffkreisläufe der menschlichen Wirtschaft ohne Massen- und Energieverluste zu schließen – sie vollständig in die stofflichen Umsätze der Natur einzugliedern -, ohne die lebensnotwendigen Dienstleistungen der Natur zu schädigen" (zitiert nach Unfried, 2009).

Griefahn und Rydzy (2013, S. 292-293) weisen darauf hin, dass beide Aussagen Schmidt-Bleeks das Prinzip der Ökoeffektivität zu einem Zeitpunkt kritisierten, als sich das Prinzip noch in der Phase der abstrakten Ausarbeitung befand und die stofflichen Konkretisierung erst begann. Folglich war das Prinzip zu diesem Zeitpunkt noch nicht vollständig umgesetzt. Seit dieser Frühphase konnten viele Erfolge erzielt werden. Inzwischen wurden 620 Einzelprodukte und Produktgruppen nach dem C2C Produktstandard zertifiziert (Stand 17.2.21) (Cradle to Cradle Products Innovation Institute, 2021g). Darüber hinaus werden immer mehr Gebäude nach dem C2C Gedanken geplant und umgesetzt. Zum zweiten Aspekt des Zitats wurde in Kapitel 2.3.4 gezeigt, dass das jährliche Potenzial erneuerbarer Energien den weltweiten jährlichen Energieverbrauch um das 1250-fache übersteigt (Perez & Perez, 2015). Folglich steht regenerative Energie in ausreichendem Maße zur Verfügung und es gilt, sie effektiv zu nutzen. Im Bereich der regenerativen Stromerzeugung wurden bereits große Fortschritte erzielt. So wurden im Jahr 2020 46 Prozent des Stromverbrauchs in Deutschland durch erneuerbare Energien gedeckt (BMWi, 2021). Die vollständige Rückführung von Nährstoffen in die Bio- und die Technosphäre nach C2C funktioniert momentan noch nicht für alle Materialien. Während für Materialien der Biosphäre wie Holz eine Rückführung gänzlich möglich ist, gilt dies in der Technosphäre nur für manche Materialien annähernd. Beispiele für Materialien, die eine annähernd verlustfreie Rückführung in die Technosphäre erlauben, stellen Metalle wie Aluminium und Kupfer dar. Jedoch bestehen auch im Bereich der Metalle durch das Vorhandensein vieler unterschiedlicher Legierungen Herausforderungen. Um über mehrere Zyklen eine annähernd gleichbleibende Qualität zu erreichen, ist vorab eine sortenreine Trennung nötig, da Störstoffe aus der Schmelze oft nur unter hohem, wirtschaftlich nicht vertretbaren Aufwand, entfernt werden können (UBA, 2017b, S. 57-61). Bei anderen Materialien wie Beton existiert bisher keine Methode zur Rückführung in die Technosphäre auf gleicher Qualitätsebene. Momentan ist in der Praxis bestenfalls eine Weiterverwertung in Form von Zerkleinerung des Altbetons und Verwendung als Rezyklat in Frischbeton, jedoch keine Wiederverwertung möglich. Für die Zukunft gilt es, Recyclingprozesse zu entwickeln, um eine annähernd verlustfreie Rückführung von Materialien in die Technosphäre zu ermöglichen. Zudem gilt es, neue Materialien zu entwickeln, die für eine annähernd verlustfreie Rückführung in die Technosphäre geeignet sind. In diesem Rahmen gilt es auch zu diskutieren, ob Materialien der Biosphäre, die regenerativ sind und eine vollständige Rückführung erlauben, besser geeignet sind, um die Ressourcenerschöpfung aufzuhalten, als Materialien der Technosphäre.

2.4 Weitere Systemtheorien

Neben dem C2C Prinzip werden in der Dissertationsschrift weitere Systemtheorien betrachtet, die von der Ellen MacArthur Foundation als Grundlage der Kreislaufwirtschaft angesehen werden (Ellen MacArthur Foundation, 2017) (s. Kapitel 2.2.1). Die Denkschulen „Performance Economy“, „Biomimicry“, „Industrial Ecology“, „Natural Capitalism“, „Blue Economy“ und „Regenerative Design“ werden im Folgenden mit ihren Zielen und Grundprinzipien dargestellt. Darüber hinaus wird das Modell Beyond Sustainability von P. G. Luscuere et al. (2016) in die Analyse einbezogen, da es auf dem C2C Prinzip aufbaut. Die Analyse der Denkschulen und Theorien dient dem Ziel, ein tieferes Verständnis der C2C Denkschule, der zugrundeliegenden Prinzipien und Potenziale zu erlangen. Alle betrachteten Denkschulen und Theorien haben gemein, dass sie durch die Natur und ökologische Kreisläufe inspiriert sind und Grundprinzipen für menschliches Handeln aufweisen.

2.4.1 Theorie „Performance Economy" („Looped Economy")

Stahel und Reday-Mulvey beschrieben 1981 als Ergebnis des Forschungsprojekts „The Potential for Substituting Manpower for Energy“ das Potenzial, Energie durch Arbeit zu ersetzen. Sie kamen zu dem Ergebnis, dass das Potenzial durch regionales Wirtschaften in Kreisläufen (Loops) genutzt werden kann und untersuchten die Auswirkungen auf Themen wie Schaffung von Arbeitsplätzen, Wettbewerbsfähigkeit und Ressourceneffizienz. Den Begriff Looped Economy definierten Börlin und Stahel 1987 wie folgt:

„A cyclic system could potentially create an economy based on spiral loops that minimises material flows, energy flows and environmental deterioration, without restricting economic growth or social and technical progress" (zitiert nach Walker, 2012, S. 153).

In Tabelle 3 sind die vier Schlüsselprinzipien der Looped Economy zusammengefasst, die Walker (2012, S. 153) Stahel und seinen kooperierenden Wissenschaftlern zuordnet:

1. Product design optimized for durability, adaptability, remanufacturing and recycling	3. Business models based around 'product leasing' as opposed to 'product selling', where ownership remains with the manufacturer over the entire product life cycle, thereby encouraging product durability and improved quality approaches to product design, manufacture and maintenance.
2. Remanufacturing that preserves the frame of a product after use, replacing only the worn-out parts.	4. Extended product liability/stewardship/responsibility, encouraging manufacturers to guarantee low-pollution-use and easy-reuse products.

Tabelle 3: Prinzipien der „Looped Economy" (zitiert nach Walker, 2012, S. 153)

Im Jahr 2006 veröffentlichte Stahel das Buch „Performance Economy" und übertrug darin das Konzept der Looped Economy auf die heutige Zeit. Demnach ist die Performance Economy wissensbasiert und entkoppelt Wohlstand vom Ressourcenverbrauch. Stahel (2006, S. 3-4) nennt drei Ansätze für die Umsetzung der Performance Economy:

„1 Exploiting science and knowledge as drivers to uncouple revenue and wealth creation from resource throughput by focusing on smart materials, smart goods and smart solutions.

2 Applying the business models of the Functional Service Economy with an extended performance responsibility of economic actors over the full life cycle of their products to increase wealth and welfare.

3 Creating more jobs locally by shifting the focus of optimisation from the resource throughput of the industrial or 'river economy' to the asset management of the Lake Economy, that is, in-sourcing jobs instead of out-sourcing work." (Stahel, 2006, S. 3-4)

Bereits im Jahr 1982 gründete Stahel das Product Life Institute in Genf, das Strategien dafür entwickelt, die Performance Economy in die Praxis umzusetzen (Stahel, 2013).

2.4.2 Theorie „Biomimicry"

Die Denkschule „Biomimicry" wurde wesentlich von Benyus geprägt, die den Begriff 1997 in ihrem Buch „Biomimicry. Innovation inspired by Nature" wie folgt definierte:

„Biomimicry is a new science that studies nature's models and then imitates or takes inspiration from these designs and processes to solve human problems, e.g. a solar cell inspired by a leaf " (Benyus, 1997).

Die Definition zeigt, dass die Natur als Modell dient, um menschliche Probleme zu lösen (Nature as model). Gleichzeitig wird die Natur als Maßstab genutzt, um die Angemessenheit unserer Innovationen und Lösungen zu beurteilen (Nature as measure). Zudem wird die Natur als Mentor gesehen und wertgeschätzt. Dabei steht die Frage im Mittelpunkt, was wir von der Natur lernen können anstatt welche Ressourcen wir entnehmen können (Nature as mentor) (Benyus, 1997). Darüber hinaus nennt Benyus (1997, S. 7) neun Prinzipien für das Design nach Biomimicry, die in Tabelle 4 dargestellt sind:

1. Nature runs on sunlight	6. Nature banks on diversity
2. Nature uses only the energy it needs	7. Nature demands local expertise
3. Nature fits form to function	8. Nature curbs excesses from within
4. Nature recycles everything	9. Nature taps the power of limits
5. Nature rewards cooperation	

Tabelle 4: Prinzipien des „Biomimicry" (Benyus, 1997, S. 7)

Das Lernen von der Natur als Grundidee des „Biomimicry" hat eine lange Tradition. Bereits Leonardo da Vincis Erfindungen waren durch die Natur inspiriert und er entwickelte beispielsweise Flugmaschinen, die Vögeln nachempfunden waren. Auch heute wird die Denkschule „Biomimicry" in vielen Bereichen des täglichen Lebens, unter anderem der Architektur, angewandt. Ein Beispiel dafür stellt die Übertragung des Klimasystems von Termitenhügeln auf Gebäude dar, die in Folge ihre Temperatur mit einem passiven Kühlungssystem regulieren.

2.4.3 Theorie „Industrial Ecology"

Die Theorie der „Industrial Ecology" wurde erstmals im Jahr 1989 durch Frosch und Gallopoulos beschrieben und beruht auf der Übertragung der Funktionsweise natürlicher Ökosysteme auf industrielle Produktionsprozesse, die als Industrial Ecosystems bezeichnet werden. Einzelne Produktionsprozesse tragen in der Industrial Ecology zum Funktionieren des ganzen Systems bei und sind so gestaltet, dass die Entstehung von nicht-recycelbarem Abfall und der Verbrauch kritischer Materialien und Energieträger minimiert wird. Verbleibende Abfallströme aus einem Prozess dienen als Input-Strom für einen anderen Prozess. Folglich ist ein Prozess, bei dem große Mengen an Abfall entstehen, die in einem anderen Prozess wiederverwendet werden können, einem Prozess vorzuziehen, der zwar nur eine kleine, aber nicht verwertbare Mengen an Abfall hervorbringt. Ayres und Ayres (1996, S. 7-9) nennen drei Prinzipien für die „Industrial Ecology" und ergänzen diese um vier Strategien zur Erhöhung der Ressourcenproduktivität (s. Tabelle 5).

1. Reduce, and eventually eliminate, inherently dissipative uses of non-biodegradable materials, especially toxic ones (like heavy metals)	5. Substitution of a scarce or hazardous material by another material
2. Design products for easier disassembly and re-use, and for reduced environmental impact, known as 'design for environment' or DFE	6. Repair, re-use, remanufacturing and recycling
3. Develop much more efficient technologies for recycling consumption waste materials, so as to eliminate the need to extract 'virgin' materials that only make the problems worse in time	7. Waste mining
4. Dematerialisation	

Tabelle 5: Prinzipien der „Industrial Ecology" (Ayres & Ayres, 1996, S. 7-9)

Die Theorie der Industrial Ecology baut auf einem starken wissenschaftlichen Hintergrund auf. Seit 1997 erscheint das „Journal of Industrial Ecology" und seit 2004 das Journal „Progress in Industrial Ecology" (International Society for Industrial Ecology [ISIE], 2021b). Die International Society for Industrial Ecology (ISIE) wurde im Jahr 2001 gegründet (ISIE, 2021a).

2.4.4 Theorie „Natural Capitalism"

In ihrem Buch „Öko-Kapitalismus. Die industrielle Revolution des 21. Jahrhunderts. Wohlstand im Einklang mit der Natur" beschreiben Hawken et al. (2000) die Vision einer globalen Ökonomie, in der sich ökonomische und ökologische Interessen überschneiden. Während im konventionellen Kapitalismus angesammelter Reichtum wie Investitionen, Fabriken und Maschinen als Kapital begriffen wird, kennt „Natural Capitalism" (Öko-Kapitalismus) vier Arten von Kapital: menschliches Kapital, finanzielles Kapital, hergestelltes Kapital und natürliches Kapital (Hawken et al., 2000, S. 21). Der Name „Natural Capitalism" ist auf die folgende Annahme zurückzuführen:

„This approach is called natural capitalism because it's what capitalism might become if its largest category of capital – the 'natural *capital' of ecosystem services—were properly valued"* (Lovins et al., 1999, S. 146).

Dem „Natural Capitalism" liegen vier Prinzipien zugrunde, die in Tabelle 6 dargestellt sind (Lovins et al., 1999, S. 146-147).

1. Dramatically increase the productivity of natural resources through changes in product design and technology.	3. Move to solutions-based business model (flow of services instead of sale of goods).
2. Shift to biologically inspired production models and eliminate the concept of waste.	4. Reinvest in natural capital to restore, sustain, and expand the planet's ecosystems.

Tabelle 6: Prinzipien des „Natural Capitalism" (Lovins et al., 1999, S. 146-148)

Die vier beschriebenen Prinzipien dienen auch als Hilfe für die stufenweise Umsetzung des „Natural Capitalism" in Unternehmen. Zusammenfassend konstituieren Lovins et al.:

„Although such practices are still evolving, the broad lessons they teach are clear. In almost all climates, soils, and societies, working with nature is more productive than working against it" (Lovins et al., 1999, S. 156).

2.4.5 Theorie „Blue Economy"

Gunter Pauli gründete im Jahr 1994 die „Zero Emissions Research and Initiatives" (ZERI) als globales Netzwerk von Wissenschaftlern und Unternehmen mit dem Ziel, Lösungen auf drängende Weltprobleme zu finden (Zero Emissions Research and Initiatives [ZERI], 2015). Den Begriff "Blue Economy" beschreibt Pauli (2016) wie folgt:

"The Blue Economy is Zeri's philosophy in action. Is where the best for health and the environment is cheapest and the necessities for life are free thanks to a local system of production and consumption that works with what you have" (Pauli, 2016).

Im Rahmen einer Bestandsaufnahme innovativer Projekte nach dem Vorbild natürlicher Systeme analysierte das Zeri Netzwerk 3000 Artikel aus Journals. Die 100 herausragendsten Innovationen sind im Buch „Blue Ecocomy. 10 Jahre. 100 Innovationen. 100 Million Jobs“ zusammengetragen (Pauli, 2010, S. XXIX-XXX). Pauli (2010) argumentiert im Buch, dass mit den 100 im Buch beschriebenen Innovationen insgesamt 100 Millionen neue Jobs geschaffen werden können. Das Folgewerk „The Blue Economy Version 2.0“ beschreibt 200 Projekte mit einem Gesamtinvestment von vier Milliarden US-Dollar, die drei Millionen Jobs geschaffen haben (Pauli, 2017). Für die „Blue Economy“ nennt Pauli (2016) 21 Prinzipien, die in Tabelle 7 dargestellt sind.

1. The Blue Economy respond to basic needs of all with what you have, introducing innovations inspired by nature, generating multiple benefits, including jobs and social capital, offering more with less.	12. Natural systems are non-linear.
2. Solutions are first and foremost based on physics. Deciding factors are Pressure and Temperature as found on site.	13. In Nature everything is biodegradable – it is just a matter of time.
3. Substitute something with Nothing – Question any resource regarding its necessity for production.	14. In natural systems everything is connected and evolving towards symbiosis.
4. Natural systems cascade nutrients, matter and energy – waste does not exist. Any by-product is the source for a new product.	15. In Nature water, air, and soil are the commons, free and abundant.
5. Nature evolved from a few species to a rich biodiversity. Wealth means diversity. Industrial standardization is the contrary.	16. In Nature one process generates multiple benefits.
6. Nature provides room for entrepreneurs who do more with less. Nature is contrary to monopolization.	17. Natural systems share risks. Any risk is a motivator for innovations.
7. Gravity is main source of energy, solar energy is the second renewable fuel.	18. Nature is efficient. So sustainable business maximizes use of available material and energy, which reduces the unit price for the consumer.
8. Water is the primary solvent (no complex, chemical, toxic catalysts).	19. Nature searches for the optimum for all involucrated elements.
9. In nature the constant is change. Innovations take place in every moment.	20. In Nature negatives are converted into positives. Problems are opportunities.
10. Nature only works with what is locally available. Sustainable business evolves with respect not only for local resources, but also for culture and tradition.	21. Nature searches for economies of scope. One natural innovation carries various benefits for all.
11. Nature responds to basic needs and then evolves from sufficiency to abundance. The present economic model relies on scarcity as a basis for production and consumption.	

Tabelle 7: Prinzipien der „Blue Economy“ (Pauli, 2016)

2.4.6 Theorie „Regenerative Design"

Die Theorie des „Regenerative Designs" (RD) wurde wesentlich durch Lyle geprägt und stellt einen Designansatz dar, der auf der Process-Oriented Systems Theorie (Lyle, 1994) oder nach Reed (2007) auf der Whole Systems or Living Systems Thinking Theorie beruht. Lyle (1994) definiert den Begriff Regenerative Design wie folgt:

„Regenerative Design means replacing the present linear system of throughput flows with cyclical flows at sources, consumption centers, and sinks. [...] *A regenerative system provides for continuous replacement, through its own functional processes, of the energy and materials used in its operation"* (Lyle, 1994, S. 10).

Im Gegensatz zu nachhaltigem Design, das darauf abzielt, keinen Schaden anzurichten und die Gesundheit der Organismen und Systeme über die Zeit zu erhalten, zielt „Regenerative Design" darauf ab, bereits angerichteten Schaden zu heilen und Ressourcen wiederherzustellen (Reed, 2007, S. 676-677) . Das Lyle Center for Regenerative Studies (2019), das Kurse zum Thema anbietet, formuliert den Schwerpunkt des Design-Ansatzes wie folgt:

„While closely aligned with environmental, economic and social sustainability projects, regenerative studies places emphasis on the development of community support systems which are capable of being restored, renewed, revitalized or regenerated through the integration of natural processes, community action and human behaviour" (Lyle Center for Regenerative Studies, 2019).

In Tabelle 8 sind die Design-Grundsätze des „Regenerative Design" dargestellt, die Lyle (1994) aufstellte. Obwohl Lyle (1994, S. 38) betonte, dass die Erfahrung mit der Zeit wächst und die Liste nicht als final anzusehen ist, wird sie innerhalb der Dissertationsschrift verwendet.

1. Letting nature do the work	7. Providing multiple pathways
2. Considering nature as both model and context	8. Seeking common solutions to disparate problems
3. Aggregating, not isolating	9. Managing storage as key to sustainability
4. Seeking optimum levels for multiple functions, not the maximum or minimum for anyone	10. Shaping form to guide flow
5. Matching technology to need	11. Shaping form to manifest process
6. Using information to replace power	12. Prioritizing for sustainability

Tabelle 8: Designprinzipien des „Regenerative Designs" (Lyle, 1994, S. 38-45)

2.4.7 Theorie „Beyond Sustainability"

Die Theorie „Beyond Sustaibility" baut in Teilen auf dem C2C Prinzip auf und basiert auf dem Grundgedanken, dass die heutigen Nachhaltigkeitsherausforderungen in der gebauten Umwelt eng mit dem Verbrauch der vier Ressourcen Energie, Wasser, Materialien und Oberboden zusammenhängen. Die Entnahme von Ressourcen und die darauffolgenden Umwandlungsvorgänge führen zu Ressourcenerschöpfung und schädlichen Emissionen und damit zu Problemen in den Bereich Ökologie, Ökonomie und soziale Gerechtigkeit (P. G. Luscuere et al., 2016, S. 27, 35). Wie die C2C Denkschule zielt „Beyond Sustainability" darauf ab, einen positiven Fußabdruck zu hinterlassen, anstatt negative Umweltauswirkungen zu reduzieren. P. G. Luscuere et al. (2016, S. 32-33) weiten das Konzept des positiven Fußabdrucks auf und beziehen es auf die vier zentralen Ressourcen der gebauten Umwelt, Energie, Wasser, Oberboden und Materialien. In einer späteren, bisher unveröffentlichten Version erweitern P. G. Luscuere et al. (o.J.) das Konzept um die Ressource Luft. Folglich ergeben sich für das Bauwesen fünf Prinzipien, die in Tabelle 9 dargestellt sind.

1. Energy: Produce more renewable energy than the building consumes, including the embodied energy.
2. Water: Install water treatment that allows for better quality water out as in.
3. Top Soil: Take measures to produce more top soil or increase quality of existing Top Soil during the anticipated life time of the building as what is destroyed during construction.
4. Materials: Bring materials in a biological or technological cycle so that they can be reused indefinitely.
5. Air: Take measures as to clean contaminated air to better quality out as in.

Tabelle 9: Prinzipien Beyond Sustainability (P. G. Luscuere et al., o.J., S. 6; P. G. Luscuere et al., 2016, S. 32-33)

Den Zusammenhang zwischen C2C und „Beyond Sustainability" sehen P. G. Luscuere et al. (2016) wie folgt:

„Up until now no building can claim a C2C-status, but a building that has positive footprints regarding all five resources, while honoring the mentioned ecological, economic and social challenges will be well on its way" (P. G. Luscuere et al., o.J.).

2.4.8 Vergleich der Systemtheorien mit dem Cradle to Cradle Prinzip

Auch van Dijk et al. (2014) vergleichen im Paper „Continuiung the builduing's cycle: A literature review and analysis of current systems theories in comparison with the theory of Cradle to Cradle" die Systemtheorien „Looped Economy" („Performance Economy"), „Regenerative Design", „Industrial Ecology", „Biomimicry" und „Blue Economy" mit dem C2C Prinzip. Der Fokus liegt dabei auf den Themen Material, Energie und Wasser. Für die genannten Themen identifizieren van Dijk et al. (2014) innerhalb der C2C Theorie die in Tabelle 10 dargestellten Hauptprinzipien:

1. Non-hazardous material input and output	2. Nutrient reutilization
3. Actively beneficial qualities	4. Renewable energy resources
5. Exergy for energy effectiveness	5. Innovative conservation measures
6. Innovative discharge measures	7. Enhance water quality

Tabelle 10: Prinzipien der C2C Theorie (van Dijk et al., 2014, S. 30-33)

Im Folgenden wird das C2C Prinzip mit den Systemtheorien aus den Kapiteln 2.4.1 bis 2.4.7 auf Grundlage der Analyse von van Dijk et al. (2014) verglichen. Zusätzlich werden die Theorien „Natural Capitalism" und „Beyond Sustainability" einbezogen, die nicht Bestandteil des Papers von van Dijk et al. (2014) sind. Der Vergleich dient dem Ziel, ein tieferes Verständnis der C2C Denkschule zu erlangen und ergänzende Aspekte aus anderen Theorien einzubeziehen.

Material

Die Analyse im Bereich der Materialkreisläufe von van Dijk et al. (2014, S. 29-31) zeigte, dass bei den C2C Prinzipien *„Non-hazardous material input and output"* und *„Nutrient reutilization"* einige Übereinstimmungen zu den untersuchten Systemtheorien bestehen. Für die C2C Subkriterien *„Cradle to Cradle emission standard"* (zugehörig zum Prinzip *„Non-hazardous material input and output"*), *„Defined use pathways"* und *„Material pooling"* (zugehörig zum Prinzip *„Nutrient reutilization"*) gab es jedoch direkte Entsprechung in den untersuchten Systemtheorien. Auch zum dritten C2C Kriterium *„Actively beneficial qualities"* fand sich in keiner der untersuchten Systemtheorien eine Überschneidung (van Dijk et al., 2014, S. 33).

Zudem ergaben sich aus den analysierten Systemtheorien fünf Kriterien, die im C2C System zwar nicht auftauchen, aber gemäß van Dijk et al. (2014, S. 31) auch keinen Widerspruch dazu darstellen: *„Managing storage"*, *„Business models based around product leasing"*, *„Waste mining"*, *„Cascade nutrients"* und *„Use the abundantly available materials"*. Die Autoren ergänzen an dieser Stelle, dass das Kriterium *„Business models based around product leasing"* zwar nicht als explizites C2C Kriterium identifiziert wurde, dieses aber bereits seit den Anfängen Bestandteil der C2C Theorie ist. Zur Forderung *„Cascade nutrients"* fügen die Autoren hinzu, dass sie von der C2C Denkschule nur dann unterstützt wird, wenn Produkte explizit für eine Rückführung in die Bio- und die Technosphäre ausgelegt sind. Zudem weisen die untersuchten Systemtheorien verschiedene Kriterien zu Dematerialisierung auf, die im C2C Prinzip so nicht anzutreffen sind (van Dijk et al., 2014, S. 29).

Darüber hinaus liefert die Systemtheorie „Natural Capitalism", die nicht Teil der Analyse von van Dijk et al. (2014) ist, das Prinzip *„Reinvest in natural capital to restore, sustain, and expand the planet's ecosystems"* (Lovins et al., 1999, S. 148), das nicht über die C2C Kriterien abgedeckt, aber mit ihnen vereinbar ist. Die übrigen Kriterien aus der Theorie stimmen weitgehend mit den Inhalten der C2C Theorie überein. Die Theorie „Beyond Sustainability" liefert in punkto Materialkreisläufe das Prinzip *„Materials: Bring materials in a biological or technological cycle so that they can be reused indefinitely"* (P. G. Luscuere et al., o.J., S. 6), das ebenfalls mit der C2C Theorie übereinstimmt. Auch die Kriterien *„Air: Take measures as to clean contaminated air to better quality out as in"* und *„Top Soil: Take measures to produce more top soil or increase quality of* *existing Top Soil during the anticipated life time of the building as what is destroyed during construction."* (P. G. Luscuere et al., o.J., S. 6) werden der Thematik Materialkreisläufe zugeordnet. Beide Kriterien weisen Verbindungen zur C2C Theorie auf und legen den Fokus auf das Ergebnis, nach dem Bau eines Gebäudes besser abzuschneiden als vorher. Damit stimmen die Kriterien P. G. Luscuere et al. (o.J.) auch mit dem C2C Grundsatz *„Actively beneficial qualities"* der von van Dijk et al. (2014, S. 29) identifiziert wurde, überein.

Energie

Gemäß der Analyse von van Dijk et al. (2014, S. 31-32) weisen die untersuchten Systemtheorien beim Thema Energie weniger Übereinstimmungen mit der C2C Theorie als beim Thema Materialien auf. Nur in den Systemtheorien „Regenerative Design", „Biomimicry" und „Blue Economy" wurden Kriterien zum Thema Energie identifiziert. Etwa die Hälfte davon weist eine Entsprechung mit den C2C Kriterien *„Renewable energy resources"* oder *„Exergy for energy effectiveness"* auf. Die meisten der Kriterien ohne Entsprechung beschäftigen sich mit den Themen Reduzierung und Optimierung des Energieverbrauchs. Die C2C Theorie hingegen beinhaltet gemäß van Dijk et al. (2014, S. 31-32) den Aspekt, dass Solarenergie im Überfluss vorhanden und folglich keine Einschränkung des Energieverbrauchs außer in Produktionsprozessen nötig ist.

In der Systemtheorie „Natural Capitalism" wurden keine energierelevanten Kriterien identifiziert. In der Theorie „Beyond Sustainability" findet sich das Kriterium *„Energy: Produce more renewable energy than the building consumes, including the embodied energy"* (P. G. Luscuere et al., o.J., S. 6). Das Kriterium stimmt mit der C2C Theorie überein und setzt den Schwerpunkt erneut auf das Ergebnis, nämlich mehr Energie zu produzieren als das Gebäude verbraucht.

Wasser

Laut van Dijk et al. (2014, S. 32-33) sind in den Systemtheorien „Regenerative Design", „Biomimicry" und „Blue Economy" Kriterien zum Thema Wasser zu finden. Zu den C2C Wasser-Prinzipien *„Innovative conservation measures"* und *„Innovative discharge measures"* gab es einige Übereinstimmungen in den genannten Systemtheorien. Beim Thema *„Enhance water quality"* lagen keine direkten Übereinstimmungen vor. Darüber hinaus lieferte die Systemtheorie „Blue Economy" die beiden Kriterien *„Water is the primary solvent" und „In nature water, air and soil are commons, free and abundant"*. Gemäß van Dijk et al. (2014) beziehen sich die beiden Prinzipien jedoch mehr auf das Thema Materialkreisläufe als auf das Thema Wasser. Das Prinzip *„Water is the primary solvent"* weist Übereinstimmungen zum C2C Subkriterium *„Optimising product formulation"* (zugehörig zum Prinzip *„Non-hazardous material input and output"*) auf (van Dijk et al., 2014, S. 30).

Darüber hinaus wurden in der Systemtheorie „Natural Capitalism" keine wasserrelevanten Kriterien identifiziert. In der Theorie „Beyond Sustainability" findet sich das Kriterium *„Water: Install water treatment that allows for better quality out as in"* (P. G. Luscuere et al., o.J., S. 6). Das Kriterium stimmt mit der C2C Theorie überein und setzt wie bereits beim Thema Energie den Schwerpunkt auf das Ergebnis, dass das Wasser das Gebäude sauberer verlässt als es ins Gebäude kommt.

Insgesamt brachte der Vergleich der C2C Theorie mit den Systemtheorien „Performance Economy", „Biomimicry", „Industrial Ecology", „Natural Capitalism", „Blue Economy", „Regenerative Design" und „Beyond Sustainability" einige zusätzliche Kriterien hervor, die dem C2C Prinzip nicht widersprechen und dieses sogar bereichern können. Im Rahmen der Dissertationsschrift werden diese Kriterien für ein tieferes Verständnis im Hintergrund einbezogen. Auch die Kriterien zur Dematerialisierung und zur Reduzierung des Energieverbrauchs, die dem C2C Prinzip auf den ersten Blick widersprechen, werden als valide anerkannt, solange die Gebäude und Produkte nicht vollständig nach den C2C Grundsätzen umgesetzt werden können. Jedoch darf die vorübergehende Akzeptanz solcher Strategien nicht das Bestreben nach Ökoeffektivität ersetzen und dient nur als Mittel zum Zweck in der Transformationsphase (s. Kapitel 2.3.6). In den Vergleich der C2C Kriterien für Ein- und Zweifamilienhäuser mit den Kriterien für nachhaltige kleine Wohngebäude (Kapitel 3.3) werden die zusätzlichen Kriterien aus den Systemtheorien nicht explizit aufgenommen, da dies den Umfang und Fokus der Arbeit übersteigen würde.

2.5 Gebäudetypologie Ein- und Zweifamilienhäuser

„Mit rationalen Argumenten allein ist der Mythos Einfamilienhaus kaum zu erklären. Trotz anhaltender Kritik von Ökologen und Stadtplanern bleibt das freistehende Haus mit Garten die beliebteste Wohnform – der Traum aller Bauherren. Was vermag schon der Hinweis auf den verschwenderisch hohen Freiflächen- und Ressourcenverbrauch, den enormen Erschließungsaufwand oder das damit induzierte Verkehrsaufkommen auszurichten, wenn dagegen vermeintliche Grundbedürfnisse des Menschen stehen, seit Jahrtausenden überlieferte Werte und verklärte Gefühle? Seit der Urhütte, der Urform des Wohnens, versinnbildlicht das eigene Haus, das Dach über dem Kopf, den Wunsch nach Privatheit, nach dem eigenen Stück Land. Gleichzeitig ist es ein Statussymbol und Ausdruck persönlicher Freiheit und Individualität." (Schittich, 2005, S. 9)

Das Zitat zeigt, dass Einfamilienhäuser verschiedene Charakteristika aufweisen, die negative ökologische Konsequenzen nach sich ziehen können. Beispielsweise resultieren große Grundstücke, auf denen die Einfamilienhäuser stehen, laut Schittich (2005, S. 9) in einem hohen „Freiflächenverbrauch". Weiter stellt Schittich (2005, S. 9) jedoch fest, dass die Beliebtheit der Typologie Einfamilienhaus trotz Aufklärungsversuchen von Ökologen und Stadtplanern ungebrochen ist. An diesem Punkt knüpft die Dissertationsschrift an und legt den Schwerpunkt auf die Potenziale der Gebäudetypologie Ein- und Zweifamilienhaus anstatt auf negative ökologische Auswirkungen. Beide Positionen werden in diesem Kapitel erläutert.

2.5.1 Charakteristika von Ein- und Zweifamilienhäusern

Gemäß dem Bericht Bautätigkeit und Wohnungen des statistischen Bundesamtes gibt es in Deutschland derzeit 15,9 Millionen Ein- und Zweifamilienhäuser, was einem Anteil von rund 83 Prozent am gesamten Wohngebäudebestand entspricht. An den Einheiten gemessen befinden sich 46 Prozent der Wohnungen in Ein- und Zweifamilienhäusern. Betrachtet man nach Wohnfläche, so entfallen 60 Prozent auf Ein- und Zweifamilienhäuser (Stand 31.12.2019) (Destatis, 2020c, S. 10). Ein- und Zweifamilienhäuser werden bevorzugt in Wohngebieten im suburbanen oder ländlichen Raum errichtet, zeichnen sich durch große umgebende Grundstücke mit Garten aus und weisen eine geringe Baudichte auf. Der Dekra Bericht zu immobilienwirtschaftlichen Daten über Einfamilienhäuser, im Rahmen dessen rund 4000 Einfamilienhäuser in Deutschland untersucht wurden, kam 2008 zu dem Ergebnis, dass die durchschnittliche Grundstücksgröße von Einfamilienhäusern rund 846 Quadratmeter beträgt (Dekra Real Estate Expertise GmbH, 2008, S. 4). Gemäß Zensus 2011 lag die durchschnittliche Wohnfläche pro Wohnung in Ein- und Zweifamilienhäusern bei 117,1 Quadratmeter (Statistische Ämter des Bundes und der Länder, 2015, S. 22). Bei einem Anteil von rund 83 Prozent der Ein- und Zweifamilienhäuser am gesamten Wohngebäudebestand (Destatis, 2020c, S. 10) wird deutlich, dass der Bau von Ein- und Zweifamilienhäusern wesentlich zum Anstieg der Siedlungs- und Verkehrsfläche beiträgt. Zwar ist der Anstieg der Siedlungs- und Verkehrsfläche in Deutschland seit dem Jahr 2000 stark zurückgegangen. Jedoch lag der gleitende Vierjahresdurchschnitt des täglichen Anstiegs (2015 bis 2018) immer noch bei 56 Hektar (UBA, 2020a) (s. Abbildung 19). Dies entspricht fast dem Doppelten des Zielwerts von 30 Hektar pro Tag für das Jahr 2020.

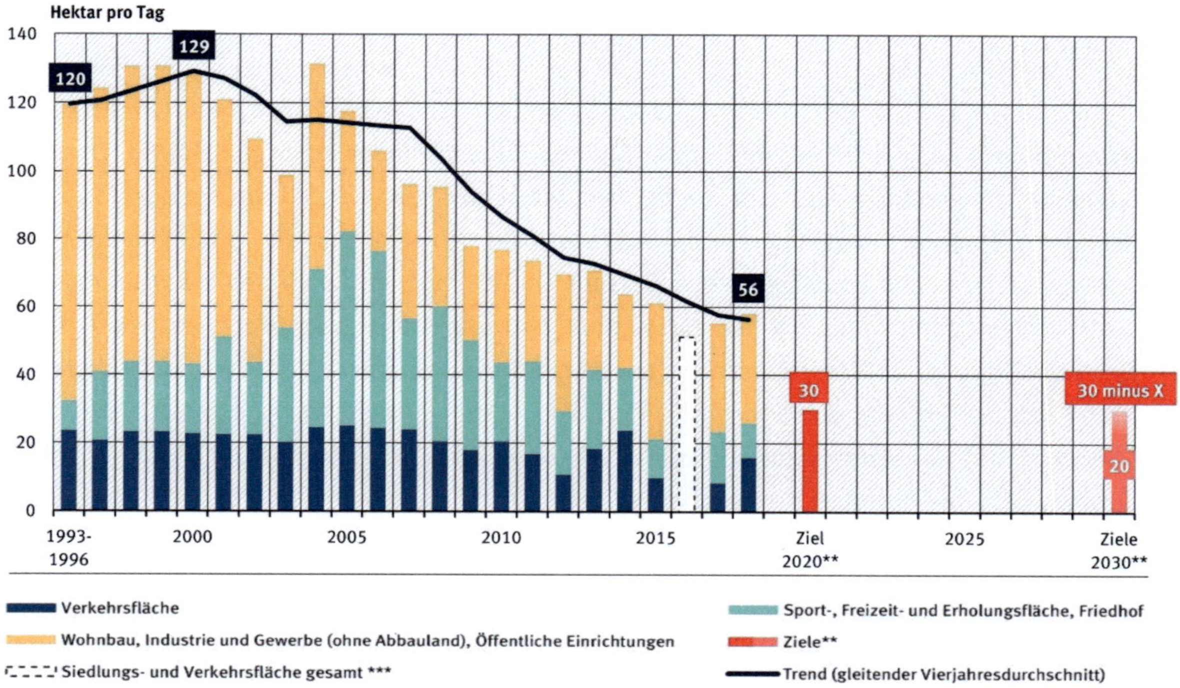

Abbildung 19: Anstieg der Siedlungs- und Verkehrsfläche (Quelle: Umweltbundesamt mit Daten des statistischen Bundesamtes)

Gemäß Umweltbundesamt sind circa 46 Prozent der Siedlungs- und Verkehrsfläche versiegelt, wodurch Böden ihre Fähigkeit verlieren, Wasser versickern zu lassen oder zu speichern. Dies erhöht das Risiko für Überschwemmungen bei Starkregen. Zudem zerstört die Versiegelung die natürliche Bodenfruchtbarkeit (UBA, 2017a). Auch führt der Anstieg der Siedlungs- und Verkehrsfläche zur Zerschneidung der Landschaft, die Bannas et al. (2017, S. 9) mit dem Verlust von Artenvielfalt in Verbindung bringen.

Darüber hinaus weisen Ein- und Zweifamilienhäuser ein hohes A/V-Verhältnis auf. Der Quotient beschreibt das Verhältnis von Oberfläche der thermischen Gebäudehülle zum beheizten Volumen. Während Mehrfamilienhäuser meist ein A/V-Verhältnis von circa 0,3 m^2/m^3 aufweisen, liegt der Wert bei freistehenden Einfamilienhäusern bei circa 0,7 m^2/m^3, bei Doppelhaushälften bei circa 0,6 m^2/m^3 und bei einem Reihenmittelhaus bei circa 0,5 m^2/m^3 (s. Abbildung 20). Ein hohes A/V-Verhältnis führt zu einem hohen Energiebedarf für die Konditionierung des Gebäudes und einem hohen Bedarf an Baumaterial für die Gebäudehülle und den damit verbundenen Kosten.

Ein weiteres gegenwärtiges Problem im Baubereich stellt der Zielkonflikt zwischen Innenraumluftqualität und Energieeffizienz des Gebäudes dar. Laut GEG sind Neubauten luftdicht zu errichten (§13 GEG). Aufgrund der dichten Bauweise können sich im Innenraum Schadstoffe anreichern (Schwörer & Bachmann, 2018, S. 40-41). Dieses Problem betrifft nicht nur Einfamilienhäuser, sondern alle Gebäudetypologien.

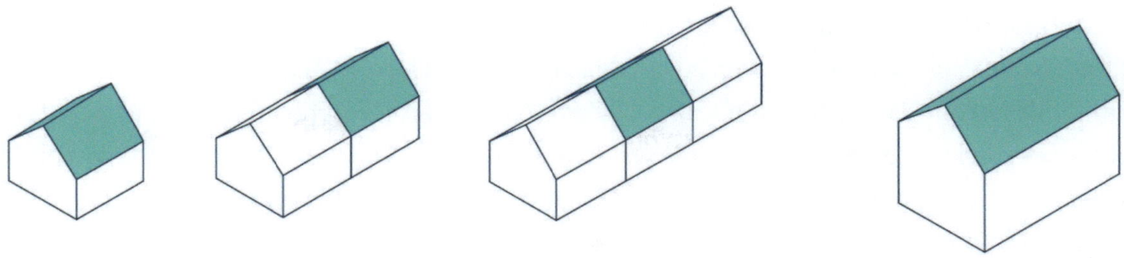

Abbildung 20: A/V-Verhältnisse verschiedener Wohngebäude (eigene Darstellung)

2.5.2 Potenziale von Ein- und Zweifamilienhäusern zur Förderung der Biodiversität

Im gegenwärtigen Nachhaltigkeitsdiskurs werden die beschriebenen Charakteristika der Typologie der Ein- und Zweifamilienhäuser meist mit negativen Folgen verbunden. Beispielsweise wird davon ausgegangen, dass der Bau von Ein- und Zweifamilienhäusern zur Zerschneidung der Landschaft und der damit verbundenen Einschränkung der biologischen Vielfalt führt. Verschiedene Studien zeigen jedoch Potenziale von Ein- und Zweifamilienhäusern und den angegliederten Hausgärten zum Erhalt und zur Steigerung der Artenvielfalt auf, die im Folgenden dargestellt werden.

Gesamtheitlich gesehen bedecken Haus- und Kleingärten in Deutschland etwa 2,6 Prozent der Landesfläche. Dies entspricht einer Gesamtfläche von circa 9.300 km² (Umweltinstitut München e.V., o.J.). Im Vergleich dazu verfügte Deutschland mit Stand 12/2015 über 8743 Naturschutzgebiete mit einer Fläche von 13.827km² (Bundesamt für Naturschutz [BfN], 2019). Dies entspricht etwa 3,9 Prozent der Gesamtfläche (UBA, 2020e). Im Vergleich zu Naturschutzgebieten kommt Haus- und Kleingärten im Hinblick auf Biodiversität trotz ähnlicher Flächenanteile im öffentlichen Diskurs kaum Bedeutung zu. Entgegen früherer Annahmen aus den 60er Jahren, die Hausgärten mit biologischen Wüsten gleichsetzten (Elton, 1966, S. 78), zeigen neuere Studien, dass Hausgärten eine hohe Diversität an Spezies aufweisen und gefährdete Arten beherbergen können (Gaston, Warren et al., 2005, S. 3329). Zudem wurde in Untersuchungen gezeigt, dass urbane und suburbane Gärten einen hohen Anteil an Populationen sowie eine hohe Dichte und Produktivität von Spezies, deren Bestand im ländlichen Raum als Konsequenz landwirtschaftlicher Intensivierung stark abgenommen hat, aufweisen können (Doncaster, 1994; Goulson et al., 2002; Gregory & Baillie, 1998; Mason, 2000). Darüber hinaus können Hausgärten die Wanderung verschiedener Spezies zwischen öffentlichen Grünflächen und ländlichen Gebieten ermöglichen und die Konnektivität der Habitate auf Landschaftsebene verbessern (Rudd et al., 2002).

Smith et al. (2006) untersuchten in einer anderen Studie in Sheffield die Zusammensetzung und den Reichtum an Gefäßpflanzen in 61 städtischen Hausgärten in Sheffield. Die gesamte Gartenflora wies 1166 Spezies auf, wovon 30 Prozent auf heimische und 70 Prozent auf nichtheimische zurückzuführen waren. In den einzelnen Gärten fanden sich zwischen 41 und 264 Spezies. Die einzelnen nichtheimischen Spezies waren weniger verbreitet als die heimischen und 79 Prozent der aufgenommenen nichtheimischen Arten kamen in nur einem Garten vor. Mit einer Zahl von 1166 überstieg die Anzahl der Arten in den Gärten (Gesamtfläche 12.700m^2) damit die maximale Anzahl der Arten von 1107, die bis dato außerhalb kultivierter Flächen (Fläche 10x10 km^2) in Britannien und Irland festgestellt wurde (Preston et al., 2002, S. 35–45). Trotz der hohen Anzahl an Spezies in den Gärten würden gemäß Smith et al. (2006) bei Einbezug weiterer Gärten in die Untersuchung weitere Spezies auftreten, da das theoretische Maximum erst mit der Anzahl der in Gärtnereien verfügbaren Spezies erreicht würde. Obwohl nichtheimische Spezies die Flora aller Gärten dominierte, gehörte nur ein kleiner Anteil davon zu nichtheimischen Pflanzenfamilien und wies auf der Ebene der Pflanzenfamilie große Ähnlichkeiten mit heimischen Spezies auf. Folglich kommen Smith et al. (2006) zu dem Schluss, dass die Rolle nichtheimischer Pflanzen für die Tierwelt in Gärten überdacht werden sollte. Die Studie zeigte auch, dass mit steigender Gartengröße die Dichte an Spezies abnahm und der Einfluss des Verhaltens der Besitzer größer ist als die Gartengröße.

Eine weitere Maßnahme zum Erhalt und zur Steigerung der Biodiversität stellt das Anlegen von Gründächern dar. Gemäß Schmauck (2019, S. 33) kann ein durchdacht geplantes und angelegtes Gründach die Biodiversität erhöhen. Um ein herkömmliches, extensives Gründach in ein artenreiches Gründach zu verwandeln, ist die richtige Pflanzenauswahl und die Existenz einer bestimmten Mindestanzahl an Blüten für Fluginsekten wie Schmetterlinge und Bienen wichtig. Um möglichst viele Bodenorganismen anzusiedeln und einen bestmöglichen Nahrungskreislauf zu garantieren, sollte eine Mindestsubstrattiefe von 20 cm gewählt werden. Als weitere Zusätze für ein biodiversitätsförderndes Dach nennt Schmauck (2019, S. 33) beispielsweise die Verwendung verschiedener Substratarten, das Aufbringen von Totholz, Ästen, Zweigen und Steinen, das Anlegen von Sandlinsen und Grobkiesbeeten sowie die Anlage von Wasserflächen als Trinkfläche für Vögel und potenzieller Lebensraum für Wasserinsekten. Bei den Bepflanzung sollten regionaltypische und gebietseigene Wildpflanzen bevorzugt werden (Schmauck, 2019, S. 34).

2.5.3 Maßnahmen zur Förderung der Biodiversität in Gärten

Bewohner von Ein- und Zweifamilienhäuser können mit Wilflife Gardening Maßnahmen aktiv zur Erhaltung und Steigerung der Artenvielfalt in Gärten beitragen. Unter Wildlife Gardening lassen sich alle Maßnahmen in privaten Gärten oder Hausgärten zusammenfassen, die die Lebensbedingungen für die Tierwelt verbessen. Dies umfasst die Bereitstellung verschiedener Ressourcen wie Substrat, Futter, Brutplätze und Quartiere zur Überwinterung (Davies et al., 2009, S. 762).

Gaston, Smith et al. (2005) untersuchten in einer Studie anhand von 34 Gärten in Sheffield in Großbritannien die Wirksamkeit verschiedener Wildlife Gardening Maßnahmen (Aufstellen von Nisthilfen für Solitärbienen und Wespen sowie für Hummeln, Anlegen von Teichen, Positionieren von Totholz für Pilze und andere xylobionte Organismen, Anlegen von Brennnesselfeldern für Schmetterlingslarven). Dabei erwies sich das Aufstellen von Nisthilfen für Solitärbienen und Wespen als sehr effektiv. Alle aufgestellten Nisthilfen wurden innerhalb der Studiendauer von drei Jahren besiedelt. Die aufgestellten Nisthilfen für Hummeln wurden in keinem der untersuchten Gärten besiedelt. Aus einer früheren Studie war jedoch bekannt, dass Hummeln in

Sheffield in urbanen Gärten weit verbreitet sind. Als mögliche Gründe für das Leerbleiben nennen Gaston, Smith et al. (2005) die Optionen, dass Hummeln in städtischer Umgebung nicht Nistplatz-gebunden sein könnten und dass die verwendeten Nisthilfen ungeeignet und an ungeeigneten Orten aufgestellt worden sein könnten. Die Studie zeigte weiter, dass selbst Teiche mit einem sehr kleinen Wasservolumen dauerhaft ein aquatisches Habitat bilden können. In den untersuchten Teichen waren verschiedene Invertebraten und Frösche anzutreffen, es siedelten sich jedoch nicht viele Wasserinsekten an. Da die Versuchsteiche jedoch sehr viel kleiner waren als durchschnittliche Gartenteiche in Sheffield, folgerten die Forscher, dass letztere ein höheres Potenzial zur Ansiedelung aufweisen. Insgesamt maßen die Forscher dem Anlegen von Teichen eine hohe Wichtigkeit bei, da sie für Amphibien bei Trockenheit im Sommer einen wichtigen Aufenthaltsort darstellen und die Anzahl der Teiche im ländlichen Raum abnimmt. Auf dem positionierten Totholz fand in keinem Garten eine Besiedelung durch xylobionte Invertebraten statt, aber es siedelten sich verschiedene Pilzspezies und Organismen an. Da der Untersuchungszeitraum nur drei Jahre betrug und Holz eine lange Zersetzungsdauer aufweist, ist laut Gaston, Smith et al. (2005) bei längeren Betrachtungsperioden mit größeren Erfolgen zu rechnen. Darüber hinaus wurden in nur einem der angelegten Brennnesselfelder Raupenlarven gesichtet. Jedoch zogen die Brennnesselfelder verschiedene auf Brennnesseln heimische pflanzenfressende Insekten sowie Invertebraten, die sich nicht auf Brennnesseln beschränken, an.

Zudem ergab eine weitere Studie von Gaston et al. (2007), in der Haushalte in Edinburgh, Glasgow, Oxford und Sheffield befragt wurden, dass 56,1 Prozent der Befragten mit Gartenzugang mindestens eines der fünf Wilflife Gardening Elemente Futterstelle für Vögel, Komposthaufen, Vogelbad, Nistkästen oder Teich in ihrem Garten hatten. Unter Besitzern großer Gärten war das Engagement im Wildlife Gardening überproportional hoch (Gaston et al., 2007, S. 3232, 3236).

All diese Erkenntnisse legen nahe, dass sowohl kleine als auch große Hausgärten einen wertvollen Beitrag zum Erhalt und zur Steigerung der Biodiversität im urbanen und suburbanen Raum leisten können. Dabei stellen die vielfältigen Eigentumsverhältnisse, die bei privaten Gärten vorliegen, vielmehr eine Chance anstatt einer Schwierigkeit dar (Gaston, Warren et al., 2005, S. 3345). Auch die Interaktion zwischen Bewohnern und Garten in Form einer angemessenen Gartenbewirtschaftung sollte vielmehr als Chance anstatt als negativer Einfluss gesehen werden. N. Müller und Werner (2010, S. 26) argumentieren diesbezüglich, dass das Erleben urbaner Biodiversität den entscheidenden Faktor zum Stoppen des Rückgangs globaler Biodiversität darstellt, da sich Menschen am wahrscheinlichsten für den Erhalt der Biodiversität einsetzen, wenn sie direkten Kontakt mit der Natur erfahren. Gleichzeitig ergeben sich aus dem Kontakt zur Natur positive Auswirkungen auf die menschliche Gesundheit und das Wohlbefinden wie schnellere Erholung von Krankheiten (Ulrich, 1984), selbstberichtete, bessere Allgemeingesundheit (de Vries et al., 2003; Maas et al., 2006), Langlebigkeit (Takano et al., 2002) und Stressabbau (Leather et al., 1998; Parsons et al., 1998).

2.6 Geschichte und Entwicklung des Holzfertigbaus in Deutschland

Ein- und Zweifamilienhäuser können entweder in konventioneller Bauweise oder in Fertigbauweise errichtet werden. Im Folgenden wird die Entwicklung des Holzfertigbaus erläutert, um ein tieferes Verständnis zu erlangen. Ein- und Zweifamilienhäuser in Holzfertigbauweise stellen den Forschungsgegenstand der vorliegenden Arbeit dar.

2.6.1 Entwicklungen in der Frühzeit

Je nach Blickwinkel finden sich in der Literatur verschiedene Zeitpunkte und Orte, die den Ursprung des Fertighausbaus kennzeichnen (Simon, 2005, S. 25). Die zeitlich früheste Verbindung zum Fertighausbau stellen aufgrund der ortsfremden Fertigung von Baumaterialien ägyptische Kultbauten dar (Ludwig, 1998, S. 16). Stützen und Quadersteine wurden in Steinbrüchen vorgefertigt und mit Schlitten zum Bauplatz transportiert. Auch der Bau von mittelalterlichen Stabkirchen und Blockbauten in Nordeuropa, die in einer Zimmerei vorgearbeitet und am Aufstellort montiert wurden, wird aufgrund der ortsfremden Vorfertigung mit dem Ursprung des Fertighausbaus in Verbindung gebracht (BDF, 2007, S. 22). Aus konstruktionstechnischem Blickwinkel wird der Fachwerkbau als Ursprung des heutigen Fertigbaus gesehen (Simon, 2005, S. 27). Vor der Errichtung der Fachwerkhäuser auf der Baustelle wurden die Einzelteile zunächst in Zimmereiwerkstätten hergestellt und auf dem Abbundplatz vormontiert (Ruske, 1980, S. 17).

2.6.2 Entwicklungen zwischen 1800 und 1899

Im 19. Jahrhundert wurde die Entwicklung der Vorfertigung im Wesentlichen durch die Besiedlung unbewohnter Gegenden und die Kolonialisierung geprägt (Ludwig, 1998, S. 9-10). Dabei stand zunächst der Aspekt der Mobilität im Vordergrund. Für einen möglichst einfachen Transport in wenig erschlossenen Gebieten und den Aufbau ohne den Einsatz von Fachkräften wurden die Gebäude elementiert und vorgefertigt. Beispiele dafür sind die Besiedlung Australiens in den 1820er Jahren, die Besiedelung des mittleren Westens der USA, die Besiedelung der Westküste der USA während des Goldrausches ab 1848 und die Kolonialisierung der Tropen (Simon, 2005, S. 26). Darüber hinaus setzten Militärs zunehmend Baracken für die Errichtung von Lazaretten ein (Ludwig, 1998, S. 10). In Deutschland wurden im Jahr 1807 die ersten preußischen Lazarettbaracken in Königsberg errichtet (BDF, 2007, S. 6).

Mit voranschreitender Industrialisierung entwickelten sich in Deutschland in der zweiten Hälfte des 19. Jahrhunderts aus Handwerksbetrieben erste große Holzverarbeitungswerke wie die Wolgaster Holzindustrie oder die Firma Christoph & Unmack, wobei in der Produktion zunehmend Maschinen zum Einsatz kamen (BDF, 2007, S. 7). Obwohl die Produktionskapazitäten der Holzverarbeitungswerke während des 19. Jahrhunderts anstiegen, sank der Anteil der Holzhäuser in Preußen von über 50 Prozent am Gesamtbestand im Jahr 1816 auf 10 Prozent im Jahr 1883. Gründe dafür stellten aufkeimende Kriege, die vorwiegende Nutzung von Holz als Brennstoff sowie das Image Problem des Holzbaus dar. Außerdem führte die zunehmende Industrialisierung zur Verstädterung und zum Bau von großen Gebäuden und Mehrfamilienhäusern, die zu dieser Zeit noch nicht in Holzbauweise errichtet werden konnten (BDF, 2007, S. 7).

2.6.3 Entwicklungen zwischen 1900 und 1945

Nach dem starken Rückgang bei der Errichtung von Gebäuden in Holzbauweise gegen Ende des 19. Jahrhunderts nahm das Interesse am Holzfertigbau in den ersten beiden Jahrzehnten des 20. Jahrhunderts wieder zu. Jedoch kamen die vorgefertigten Häuser aus Holz vorwiegend als Garten- und Ferienhäuser und nur selten als dauerhaftes Wohnhaus zum Einsatz (BDF, 2007, S. 8). Insgesamt stellte das fabrikgefertigte Wohnhaus bis zum ersten Weltkrieg zwar eine anerkannte Bauweise dar, es existierte jedoch kein stetiger Markt dafür, da es vorwiegend als Reaktion auf spezielle Ereignisse wie Besiedelung oder Kriege gesehen wurde (Herbert, 1984, S. 14).

Nach dem ersten Weltkrieg und der damit verbundenen Begleichung von Kriegsschulden und der einhergehenden Inflation herrschte in Deutschland ein Mangel an Baustoffen. Da Holz als einziger Baustoff nicht von der Knappheit und insbesondere dem Mangel an Kohle betroffen war, stellten Holzbauweisen eine gute Alternative zu konventionellen Techniken dar (BDF, 2007, S. 10). In dieser Zeit stieg die bereits zuvor erwähnte Firma Christoph & Unmack mit Konrad Wachsmann als Chefarchitekt (1926 bis 1929) zum größten Fertighaushersteller Europas auf und konnte große Exporterfolge erzielen. Christoph & Unmack boten Wohnhäuser in Block- und Paneelbauweise auf dem Markt an (Ludwig, 1998, S. 58) und vertraten ein breites Angebotsspektrum, das von Villen über Landhäuser und Jagdhäuser bis hin zu skandinavischen Hütten reichte (Herbert, 1984, S. 90). In Niesky in der Oberlausitz sind noch heute zahlreiche Gebäude aus dieser Zeit zu sehen (Wieltsch, 2015) (s. Abbildung 21 und 22).

Abbildung 21: Konrad-Wachsmann Haus, Firma Christoph & Unmack (eigene Darstellung)

Abbildung 22: Wohnhaus, Firma Christoph & Unmack (eigene Darstellung)

Bei steigender Nachfrage erhöhten die Sägewerke und der Holzgroßhandel die Holzpreise stetig und verkauften Holz zunehmend ins Ausland, was dazu führte, dass vorgefertigte Holzhäuser sehr teuer wurden und der Boom im Holzhausbau entgegen aller Erwartungen ausblieb (BDF,

2007, S. 11). Mit dem ökonomischen Aufschwung ab 1924 ging der allgemeine Mangel an Baustoffen zurück und der Holzbau war wieder dem harten Konkurrenzdruck des Mauerwerksbaus unterworfen (Simon, 2005, S. 30).

Während sich im 19. Jahrhundert hauptsächlich Ingenieure mit dem Bau vorgefertigter Wohnhäuser beschäftigt hatten, widmeten sich in der Weimarer Republik auch bekannte Architekten dem Holzfertigbau. Dabei stand im Gegensatz zum 19. Jahrhundert, in dem der Fokus hauptsächlich auf transportablen und zerlegbaren Bauweisen lag, die Industrialisierung des Wohnungsbaus im Vordergrund (Junghans, 1994, S. 76-78). In Deutschland wurde das Konzept des Fertighauses wesentlich durch das 1919 begründete Bauhaus und dessen Leiter Walter Gropius geprägt, der sich ab 1926/27 intensiv mit dem Massenwohnungsbau beschäftigte. Gropius sah in der Rationalisierung und Vorfertigung ein geeignetes Mittel, um Baukosten zu senken sowie städtebauliche und soziale Probleme des Wohnungsbaus zu lösen (BDF, 2007, S. 12-13). Nach der Machtergreifung der Nationalsozialisten emigrierte Walter Gropius 1934 nach England und 1937 in die USA. Zusammen mit Konrad Wachsmann entwickelte er dort das „Packaged House System", ein Bauystem aus Fertigbauelementen, das unter geringem Zeitaufwand fabrikmäßig hergestellt und auf der Baustelle ohne spezielle Ausrüstung zusammengesetzt werden konnte (Gropius & Wachsmann, 1949, S. 8-9). Obwohl das System technisch und funktional ausgereift sowie aus ästhetischer Sicht akzeptabel war und hohe Investitionen getätigt wurden, scheiterte die Massenfertigung (Herbert, 1984, S. xi–xiii). Nichtsdestotrotz wird das „General-Panel-System" als Vorreiter der modernen Holztafelbauweise angesehen (Lewitzki, 2001, S. 131).

Insgesamt brachte die Modernisierung der Bauproduktion in der Weimarer Republik eine Standardisierung, Normierung und Typisierung von Bauelementen und Grundrissen mit sich (Simon, 2005, S. 37). Gemäß Herbert (1984, S. 216) basierten die Fortschritte jedoch nicht auf der Entwicklung eines kompletten Vorfertigungssystems, sondern auf der konventionellen, aber mechanisierten und effizienten Bauindustrie. Die praktischen Erfolge im Bereich der Industrialisierung und Rationalisierung des Bauens blieben sehr gering (Harlander, 1995, S. 29).

Durch die Weltwirtschaftskrise 1929 endeten die Bestrebungen zur Vorfertigung fast vollständig. In Folge blieb die Entwicklung des industriellen Bauens in den Folgejahren fast unverändert (Simon, 2005, S. 38). Nach 1933 wurden letzte verbleibende Versuche im Bereich des Fertigbaus durch die Nationalsozialisten komplett eingestellt (Kistenmacher, 1950, S. 18; Ludwig, 1998, S. 135-136). Im Jahr 1939 wurde schließlich der Bau aller nicht kriegswichtigen Bauten und im Jahr 1940 die Errichtung von Neubauten verboten, wodurch der Wohnungsbau vollkommen stagnierte. Mit dem „Erlaß des Führers zur Vorbereitung des deutschen Wohnungsbaus nach dem Kriege", der eine Kostensenkung durch Rationalisierung im Wohnungsbau anstrebte, wurden 1940 die Weichen für die Wohnungspolitik nach dem Krieg gestellt (Simon, 2005, S. 39). Zwar zielte der Erlass auf den Wohnungsbau der Nachkriegszeit ab, er ermöglichte aber auch Baumaßnahmen während des Krieges, die der Sammlung von Erfahrungen bei der Typenbildung und Rationalisierung dienten (Harlander, 1995, S. 221). Obwohl harte gesetzliche und materielle Restriktionen herrschten, ergaben sich insbesondere durch die Planung von Behelfsheimen neue Aufgabenfelder für Holzbaufirmen, deren Schwerpunkt während der Kriegszeit hauptsächlich auf dem Barackenbau lag (Simon, 2005, S. 40).

Nach dem Führererlaß im Frühjahr 1943, der das „Behelfsheim für Bombengeschädigte" als temporäre Unterkunft in Fertigbauweise einführte, entwickelte das nationalsozialistische Deutsche

Wohnungshilfswerk kleinste Notwohnhäuser zur Errichtung durch die Bewohner. Jedoch untertraf die Anzahl der gebauten Behelfsheime die Ankündigungen und anstatt von einer Million Einheiten im ersten Jahr wurden nur unter 100.000 Gebäude realisiert (Harlander, 1995, S. 171).

Insgesamt kam während des Nationalsozialismus der Fertighausbau für private Wohnbauten völlig zum Erliegen. Allerdings wurden die Grundsätze der Vorfertigung, Normung und Typisierung im Rahmen von Baracken- und Behelfsbauten konsequent angewendet und vorwärtsgetrieben (Simon, 2005, S. 41-42). Gemäß Simon (2005, S. 42) hatte das vorgefertigte Einfamilienhaus in Deutschland im Gegensatz zu anderen Ländern wie USA, Frankreich oder Skandinavien vor dem zweiten Weltkrieg keine Chance, sich durchzusetzen. Der entscheidende Aufschwung resultierte erst aus dem Wiederaufbau nach dem Krieg und dem hohen Druck, schnell günstigen Wohnraum zu schaffen.

2.6.4 Entwicklungen von 1945 bis heute

Nach dem zweiten Weltkrieg herrschte in Deutschland große Wohnungsnot. In Westdeutschland waren von den 10,7 Millionen Wohnungen, die der Bestand 1939 zählte, 2,3 Millionen zerstört oder unbewohnbar geworden (Weimer, 1998, S. 12). Da durch den konventionellen Wohnungsbau nicht genug Wohnraum in angemessener Zeit zur Verfügung gestellt werden konnte, lag die Hoffnung auf vorgefertigten Wohnhäusern (Simon, 2005, S. 43). Als Folge wurden unmittelbar nach dem Krieg vorwiegend Notunterkünfte als barackenähnlicher Wohnraum errichtet, die als Schutz auf begrenzte Zeit gedacht waren (Simon, 2005, S. 44).

Nach Linderung der Notsituation entwickelte sich auf Initiative der amerikanischen Militärregierung die Montagehausbewegung, die verschiedene Fertighäuser in Stahl- und Holzbauweise unterschiedlicher Qualitätsniveaus hervorbrachte. Jedoch endeten die Bemühungen der amerikanischen Militärregierung bereits im Jahr 1950 wieder und der Durchbruch des Fertigbaus blieb, auch mangels gemeinsamer Normung und Typisierung der zahlreichen Konstruktionen für eine rentable Serienfertigung, aus (Simon, 2005, S. 65-66). Als Folge gingen die Bestrebungen im Fertighausbau abrupt zurück (Simon, 2005, S. 70-71). Nichtsdestotrotz wurden in dieser Zeit neue Fertighausunternehmen gegründet und traditionelle Holzbaufirmen dehnten ihr Angebot auf vorgefertigte Holzhäuser aus (Simon, 2005, S. 72), z.B. Okal, Zenker, Pola, Nordhaus, Hanse, HUF, Neckermann-Streif (Vangerow-Kuehn & Vangerow-Kuehn, 1984, S. 17). Der Durchbruch der Fertighausindustrie kam in Deutschland erst in den 1960er Jahren. Nach einer Anlaufphase von 1960 bis 1964 ging die Zahl der gebauten Häuser von 1965 bis 1968 aufgrund eines allgemeinen Konjunktureinbruchs zunächst zurück, bevor ab 1969 ein Fertighausboom begann (Vangerow-Kuehn & Vangerow-Kuehn, 1984, S. 21-30) (s. Abbildung 23). In den 1960er Jahren wurden auch die organisatorischen und strukturellen Grundlagen der heutigen Fertighausindustrie gelegt (Simon, 2005, S. 78). Im Jahr 1961 wurde der Bundesverband Montagebau und Fertighäuser BMF (Hamburg) gegründet, der seit 1988 als Bundesverband Deutscher Fertigbau die Brancheninteressen bündelt (BDF, 2007, S. 27; Simon, 2005, S. 81). Ebenfalls 1961 wurde der Arbeitskreis Hausbau mit vorgefertigten Teilen als Vorläufer des Deutsches Fertigbauverbandes (DFV) gegründet (Simon, 2005, S. 81). Zudem wurde 1963 in Quickborn bei Hamburg die erste große Fertighausaustellung eröffnet (BDF, 2007, S. 27).

Der Fertighausboom dauerte auch Anfang der 70er Jahre weiter an und erreichte im Jahr 1973 vorerst seinen Höhepunkt (Vangerow-Kuehn & Vangerow-Kuehn, 1984, S. 22) mit 23.558 genehmigten Ein- und Zweifamilien-Fertighäusern (Destatis, 2020b, S. 4) (s. Abbildung 23). Auf die Weltwirtschaftskrise und den Ölpreisschock in den Jahren 1973 und 1974 folgte ein abruptes Ende des Baubooms im Allgemeinen und auch im Fertigbau. Nach der Rezession stieg die Anzahl der genehmigten Ein- und Zweifamilien-Fertighäuser wieder stark an und erreichte im Jahr 1978 einen neuen Höhepunkt (Vangerow-Kuehn & Vangerow-Kuehn, 1984, S. 30-31) mit 26.242 genehmigten Ein- und Zweifamilien-Fertighäusern (Destatis, 2020b, S. 4) (s. Abbildung 23). Auf diesem Niveau stagnierten die Zahlen bis 1980, bevor es 1981 zu einem Einbruch kam (Vangerow-Kuehn & Vangerow-Kuehn, 1984, S. 31-32). Abbildung 24 und Abbildung 25 zeigen Fertighäuser der Firma SchwörerHaus aus den 1970er Jahren.

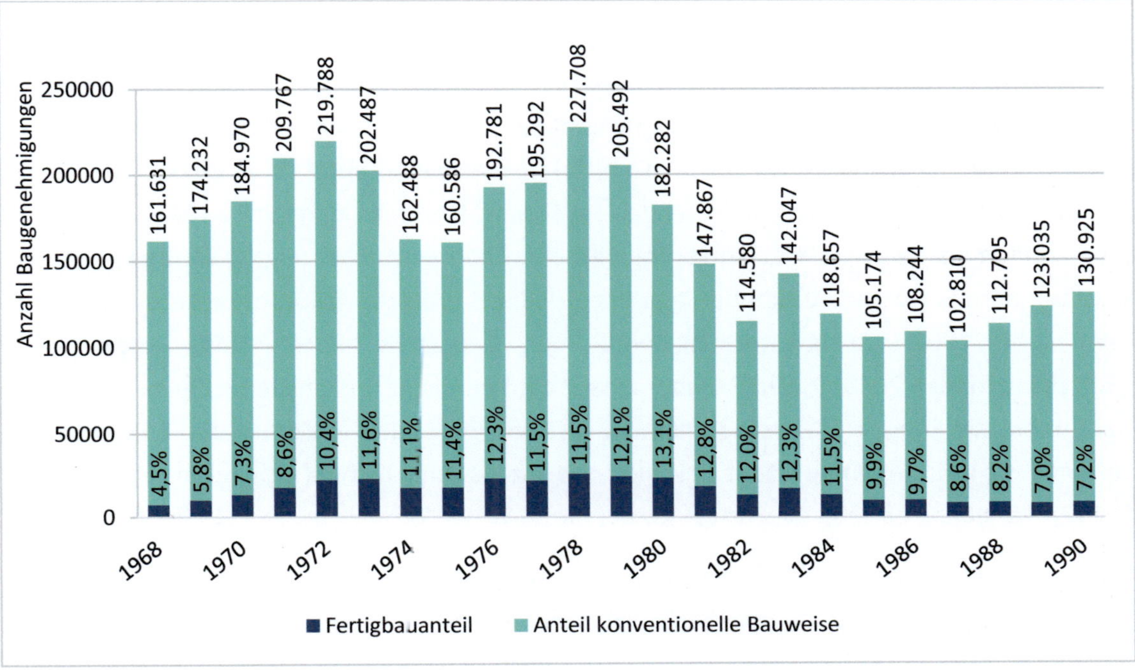

Abbildung 23: Anzahl der Baugenehmigungen zur Errichtung neuer Ein- und Zweifamilienhäuser in Fertigteilbauweise und konventioneller Bauweise von 1968 bis 1990 in Westdeutschland (eigene Darstellung) (Datenquelle: Destatis, 2020b, S. 4)

Abbildung 24: Schwörer Musterhaussiedlung, Hohenstein-Oberstetten aus den 70er Jahren (Foto: SchwörerHaus)

Abbildung 25: Schwörer Musterhaus, Fellbach, Baujahr 1972 (Foto: SchwörerHaus)

Ab 1982 erholte sich die allgemeine Baukonjunktur (Simon, 2005, S. 148). Nichtsdestotrotz lag die Fertigstellung neuer Wohnungen zwischen 1983 bis 1990 so niedrig wie zuletzt im Jahr 1949 (Conradi & Zöpel, 1994, S. 123). Die Zahl der genehmigten Ein- und Zweifamilienhäuser in Fertigbauweise sank von 23.883 im Jahr 1980 auf 8.649 im Jahr 1989 (Destatis, 2020b, S. 4). Damit lag der Rückgang bei der Genehmigung von Fertighäusern deutlich über dem allgemeinen Rückgang in der Bauindustrie. Als Grund für den prozentualen Rückgang des Fertighauses insgesamt sieht Simon (2005, S. 150) die veränderten Wohnbedürfnisse. Während im Angebot der Fertighaushersteller der Fokus noch auf dem freistehenden Einfamilienhaus lag, war das Reihenhaus am Stadtrand für viele Bauherren interessanter geworden. Erst nach der deutschen Wiedervereinigung im Jahr 1989 stieg der Anteil des Fertigbaus an den genehmigten Ein- und Zweifamilienhäusern wieder an (Destatis, 2020b, S. 5). Um das Produkt Fertighaus aufzuwerten, arbeiteten viele Fertighausunternehmen in dieser Zeit verstärkt mit Architekten zusammen (Simon, 2005, S. 151). Mit Einführung der WärmeschutzV im Jahr 1977 wurden in den 1980er Jahren die Themen Wärmeschutz und Energieeffizienz präsenter (s. Kapitel 2.1.3). Holzhäuser weisen per se einen sehr guten Wärmeschutz auf. Die meisten Ein- und Zweifamilienhäuser in Holzfertigbauweise wurden damals wie auch heute in Holztafelbauweise errichtet (BDF, 2011, S. 20). Dabei liegt die Dämmung zwischen der tragenden Holzkonstruktion. Im Vergleich zu Massivbausystemen können bei geringem Flächenverbrauch hohe Dämmleistungen erzielt werden. Teilweise erfüllten bereits Holzkonstruktionen aus den 1980er Jahren die Anforderungen der EnEV aus dem Jahr 2002 (Absatzförderungsfonds der deutschen Forst- und Holzwirtschaft [Holzabsatzfonds], 2008, S. 10). Darüber hinaus zählten die Fertighaushersteller zu den ersten Baufirmen, die Energieeffizienzmaßnahmen an ihren Gebäuden förderten und beispielsweise serienmäßig Wärmepumpen oder Frischluft-Wärme-Gewinn Technik einbauten (Simon, 2005, S. 152). Abbildung 28 zeigt ein Fertighaus der Firma SchwörerHaus aus den 1980er Jahren.

Mit der Wiedervereinigung im Jahr 1990 veränderte sich die Lage für die deutschen Fertighausunternehmen schlagartig. Da der private Hausbau in Ostdeutschland in den letzten 40 Jahren nur einen geringen Stellenwert hatte, herrschte großer Nachholbedarf (Simon, 2005, S. 162). In Folge lag der Anteil des Fertigbaus unter den genehmigten Ein- und Zweifamilienhäusern um ein vielfaches höher als im Westen und erreichte Werte zwischen 20 und 30 Prozent (Destatis, 2020b, S. 7). In Westdeutschland lag der Anteil des Fertigbaus unter den genehmigten Ein- und Zweifamilienhäusern bis Mitte der 1990er Jahre konstant bei etwa sieben Prozent. Ab 1997 erfolgte dann ein deutlicher Anstieg und resultierte 1999 in einem Anteil von circa zwölf Prozent (Destatis, 2020b, S. 5). Damit lag der Anteil für Gesamtdeutschland 1999 bei circa 15 Prozent (Destatis, 2020b, S. 3) (s. Abbildung 26). Einerseits ging der Trend in den 1990er Jahren zu Ausbau- und Selbstbauhäusern. Das Angebot vieler Fertighaushersteller enthielt Haustypen in verschiedenen Ausbaustufen vom Rohbau bis zum schlüsselfertigen Haus. Andererseits tauchten ab Mitte der 1990er Jahre zunehmend Design-Häuser von renommierten Architekten am Markt auf und die Themen Individualisierung und hochwertige Gestaltung wurden wichtiger (Simon, 2005, S. 163-164). Gemäß Simon (2005, S. 171-172) machten die Fertighaushersteller in den 1990er Jahren bei Konstruktion und Technik einen großen Schritt nach vorne und entwickelten ihre Gebäude unter dem Stichwort „Intelligentes Bauen“ zu Hightech-Produkten. Beispiele dafür sind das Angebot von elektronisch vernetzten Gebäuden über Bus-Technik sowie von Energiesparhäusern, die vom Niedrigenergiehaus über das Drei-Liter-Haus bis hin zum Passivhaus reichten. Simon (2005, S. 193) führt den Vorsprung der Fertighausanbieter bei technischen Innovationen gegenüber konventionellen Baufirmen darauf zurück, dass qualifizierte Lösungen aus einer Hand angeboten werden.

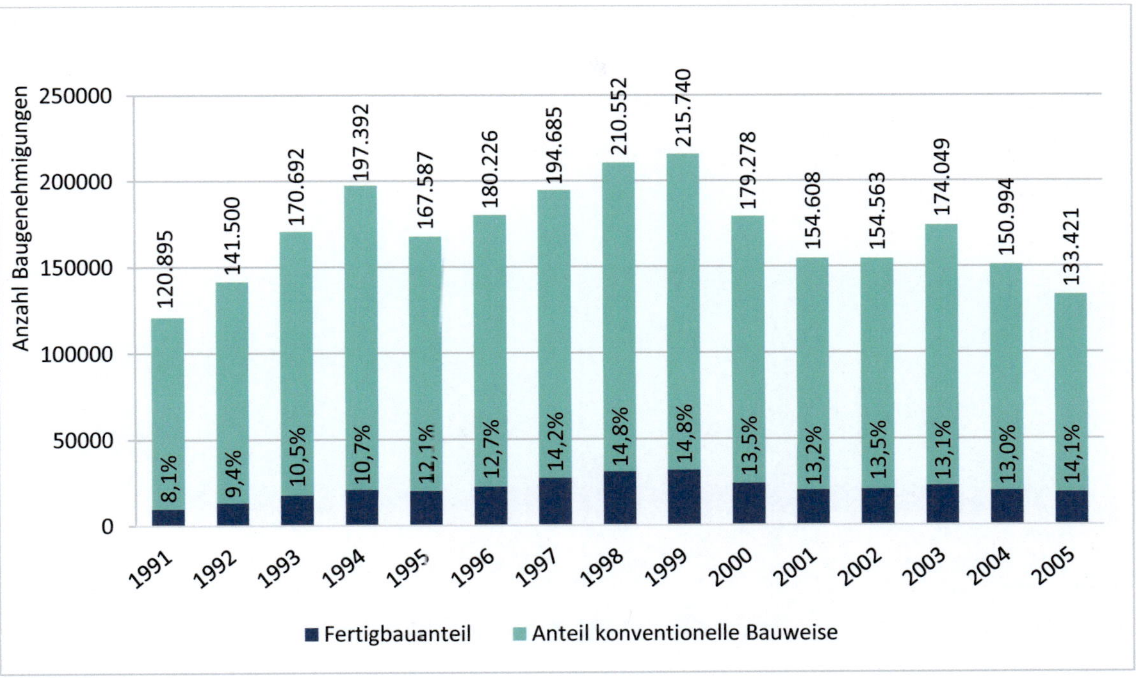

Abbildung 26: Anzahl der Baugenehmigungen zur Errichtung neuer Ein- und Zweifamilienhäuser in Fertigteilbauweise und konventioneller Bauweise von 1991 bis 2005 in Deutschland (eigene Darstellung) (Datenquelle: Destatis, 2020b, S. 3)

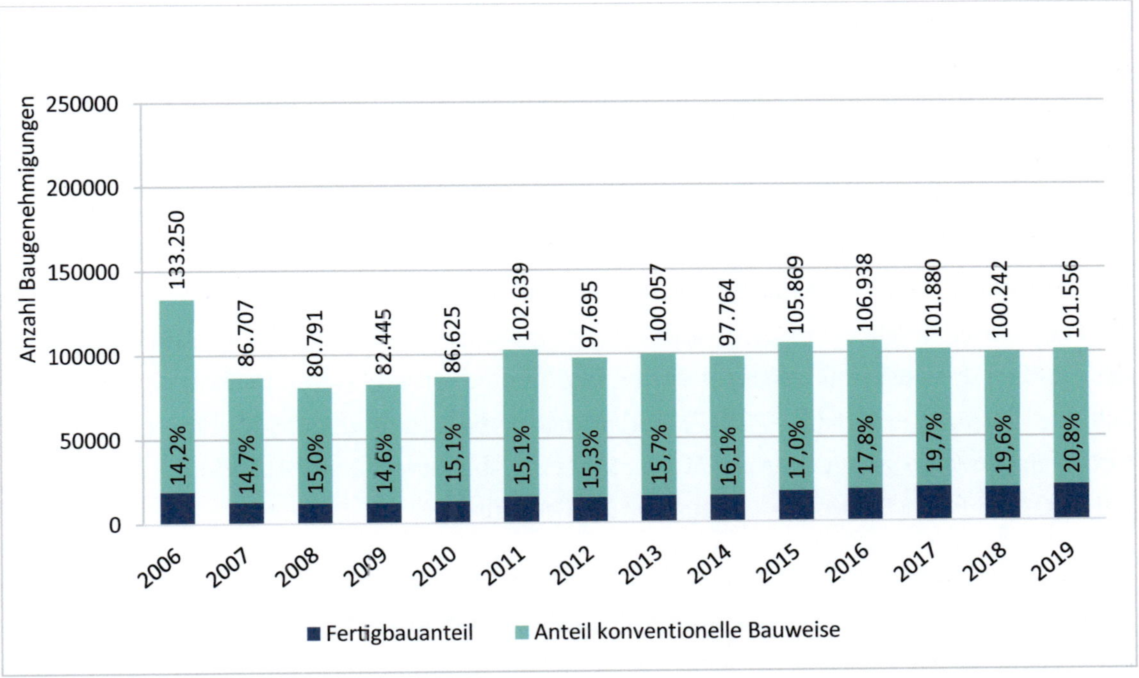

Abbildung 27: Anzahl der Baugenehmigungen zur Errichtung neuer Ein- und Zweifamilienhäuser in Fertigteilbauweise und konventioneller Bauweise von 2006 bis 2019 in Deutschland (eigene Darstellung) (Datenquelle: Destatis, 2020b, S. 3)

Zur Jahrtausendwende brachen die Umsätze in der Fertighausindustrie, wie auch in der allgemeinen Bauindustrie stark ein. Erst im Jahr 2002 besserte sich die Lage (Destatis, 2020b, S. 3). Während die Anzahl der genehmigten Ein- und Zweifamilienhäuser in den 2000er Jahren insgesamt stark zurückging, konnte der Fertigbauanteil von 13,5 Prozent im Jahr 2000 auf 14,6 Prozent im Jahr 2009 ausgeweitet werden (s. Abbildung 26 und Abbildung 27). Im Jahr 2004 gründeten die Verbandsmitglieder des BDF die Dachmarke FertighausWelt. Im Jahr 2005 wurde die erste FertighausWelt in Hannover eröffnet, die ausschließlich Ausstellungshäuser von BDF-Unternehmen zeigt (BDF, 2021a). Abbildung 29 zeigt ein Fertighaus der Firma SchwörerHaus aus den 2000er Jahren.

Abbildung 28: Schwörer Musterhaus, Nunkirchen, Baujahr 1988 (Foto: SchwörerHaus)

Abbildung 29: Schwörer Musterhaus, Hohenstein-Oberstetten, Baujahr 2000 (Foto: SchwörerHaus)

Auch in den 2010er Jahren folgte ein kontinuierlicher Anstieg des Fertigbauanteils an den genehmigten Ein- und Zweifamilienhäusern. Während der Anteil im Jahr 2010 bei 15,1 Prozent lag, stieg er bis zum Jahr 2019 auf 20,8 Prozent an (Destatis, 2020b, S. 3) (s. Abbildung 27). Parallel gewannen Innovationsthemen wie Energieeffizienz und der Nachhaltigkeit weiter an Bedeutung. Laut BDF (2021a) wurden in der FertighausWelt Köln, die 2011 eröffnet wurde, die bundesweit ersten marktreifen Plusenergie-Häuser errichtet. Die FertighausWelt in Wuppertal, die 2013 eröffnet wurde, zeigt ein Konzept für intelligente Wohnquartiere. Innerhalb der Ausstellung sind alle Gebäude miteinander vernetzt und an den Gebäuden regenerativ erzeugter Strom wird gemeinschaftlich in einer zentralen Batterie gespeichert (BDF, 2021a). Im Jahr 2017 wurde der Großteil der Ausstellungshäuser der neueröffneten FertighausWelt in Günzburg nach dem BNK-Standard zertifiziert (BDF, 2017). Zudem nahm die Bedeutung des Mehrgeschossbaus in Holzfertigbauweise gegen Ende der 2010er Jahre zu. Abbildung 30 und Abbildung 31 zeigen Fertighäuser der Firma SchwörerHaus aus den 2010er Jahren.

Insgesamt entwickelten sich Ein- und Zweifamilienhäuser in Holzfertigbauweise von einfachen Standardhäusern in den 1960er Jahren bis heute zu qualitativ hochwertigen, technisierten Gebäuden. Der Zahl der gebauten Häuser betrug im Jahr 2019 21.165 (Destatis, 2020b, S. 3). Innerhalb Deutschlands ist traditionell ein Nord/Süd-Gefälle zu erkennen. Während der Anteil in Baden-Württemberg 2019 bei 36,9 Prozent und in Hessen bei 30,6 Prozent lag, betrug der Anteil in Bremen 5,5 und in Hamburg 7,5 Prozent (BDF, 2020). Von den im Jahr 2017 errichteten Häusern wurden gemäß der BDF Wirtschaftsumfrage 64 Prozent nach den individuellen Wünschen der Bauherren geplant. Die übrigen 36 Prozent waren Typenhäuser. Der Anteil der Ausbauhäuser lag 2019 bei 11 Prozent. In der Regel werden die Gebäude schlüsselfertig erstellt (G. Lange, Persönliche Mitteilung, 5. Februar 2021).

Abbildung 30: Schwörer Schöner-Wohnen Musterhaus, Hohenstein-Oberstetten, Baujahr 2010 (Foto: SchwörerHaus)

Abbildung 31: Schwörer Kundenhaus, Owingen, Baujahr 2019 (Foto: SchwörerHaus)

Der BDF stellt mit 48 Unternehmen heute den größten Verband von Holzfertighausunternehmen in Deutschland dar (BDF, 2021b). Die BDF Mitgliedsunternehmen realisieren rund zwei Drittel der in Deutschland gebauten Ein- und Zweifamilienhäuser in Holzfertigbauweise (G. Lange, Persönliche Mitteilung, 5. Februar 2021). Der BDF gründete im Jahr 1898 die Qualitätsgemeinschaft Deutscher Fertigbau (QDF), die Qualitätsmerkmale festhält, die die BDF Mitglieder einhalten müssen (BDF, 2007, S. 30). Als weiterer wichtiger Verband im Holzfertigbau ist der DHV zu nennen, der ebenfalls über eine angegliederte Gütegemeinschaft, die Gütegemeinschaft Deutscher Fertigbau (GDF) verfügt (Simon, 2005, S. 216). Einige Hersteller sind in beiden Verbänden vertreten. Während der BDF hauptsächlich die Belange der großen Fertighausanbieter vertritt, bündelt der DHV die Interessen kleiner und mittlerer Holzbaufirmen (Simon, 2005, S. 216).

Trotz aller Fortschritte kämpft der Holzfertigbau auch heute teilweise noch gegen Vorurteile. Barackenähnliche Wohngebäude, die nach dem zweiten Weltkrieg errichtet wurden und als Vorgänger des Fertighauses gesehen werden, prägen das Image auch heute noch (Simon, 2005, S. 44). Darüber hinaus ist die Schadstoff Problematik aus den 1960er bis 1980er Jahren auch heute noch in den Köpfen vieler Menschen präsent. Entsprechend dem damaligem Stand der Technik wurden Holz und Holzwerkstoffe mit chemischem Holzschutz, z. B. Lindan oder Pentachlorphenol (PCP), behandelt, um einen Befall durch Pilze oder Insekten zu verhindern (Holzmann et al., 2012, S. 27, 39-40). Aufgrund von gesundheitsgefährdenden Eigenschaften wurde die Verwendung von PCP in Räumen zum dauerhaften Aufenthalt 1978 untersagt (Holzabsatzfonds, 2008, S. 24). Seit 1989 sind die Herstellung, das Inverkehrbringen und die Verwendung von PCP und PCP-haltigen Produkten aufgrund der Pentachlorphenol-Verordnung verboten. Lindan wurde ab 1984 ebenfalls nicht mehr in Deutschland hergestellt. Lindan ist zwar bis heute nicht uneingeschränkt verboten und wird weiterhin in der Medizin gegen Milben und Läuse eingesetzt. Im Bauwesen wird es jedoch nicht mehr verwendet (Holzabsatzfonds, 2008, S. 24). Zudem wurden in Gebäuden aus dieser Zeit oft Pressspanplatten eingesetzt, in denen als Bindemittel meist Formaldehyd-Harnstoff-Harze verwendet wurden. Bereits bei normaler Luftfeuchte kann sich Formaldehyd vom Bindemittel hydrolytisch abspalten und in der Raumluft anreichern (Institut für Angewandte Umweltforschung e.V [IfAU], o.J.). Zum damaligen Zeitpunkt lagen für Formaldehyd-Emissionen keine Grenzwerte vor. Erst 1977 wurde aufgrund der gesundheitsgefährdenden Eigenschaften vom Bundesgesundheitsamt ein Grenzwert für Formaldehydemissionen empfohlen und 1980 in die Richtlinie für die Verwendung von Spanplatten hinsichtlich der Vermeidung von unzumutbaren Formaldehydkonzentrationen in der Raumluft, herausgegeben vom Ausschuss für Einheitliche Technische Baubestimmungen, übernommen (Holzabsatzfonds, 2008, S. 25). Bei der Diskussion um Schadstoffe in älteren Holzfertighäusern wird meist außer Acht gelassen, dass der Einsatz von Holzschutzmitteln zum damaligen Zeitpunkt Stand der Technik war und für Formaldehyd-Emissionen keine Grenzwerte vorlagen.

2.7 Kurzzusammenfassung

Im Kapitel 2 Status Quo: Cradle to Cradle Ein- und Zweifamilienhäuser in Holzfertigbauweise wurde zunächst der Begriff Nachhaltigkeit auf Grundlage des Brundtland-Reports definiert und die Strategien Suffizienz (weniger), Effizienz (besser) und Konsistenz (anders) für eine nachhaltige Entwicklung erläutert. Das C2C Prinzip wurde im Bereich Konsistenz verortet. Zudem wurde aufgezeigt, dass die meisten Definitionen der Kreislaufwirtschaft den traditionellen Abfallbegriff beibehalten und Downcycling fördern. Eine konsequente Kreislaufwirtschaft auf Basis der C2C Denkschule hingegen begreift alle Materialien als Nährstoffe und versucht, diese dauerhaft in der Bio- und Technosphäre zu halten.

Darauffolgend wurden die C2C Denkschule und ihre drei Prinzipien „Nährstoff bleibt Nährstoff“, „Nutzung erneuerbarer Energien“ und „Unterstützung von Diversität“ als Basis einer konsequenten Kreislaufwirtschaft sowie das C2C Designprinzip anhand der Bio- und der Technosphäre erläutert. Darüber hinaus wurden weitere Systemtheorien („Performance Economy“ („Looped Economy“), „Biomimicry“, „Industrial Ecology“, „Natural Capitalism“, „Blue Economy“, „Regenerative Design“ und „Beyond Sustainability“) mit ihren Zielen und Prinzipien untersucht, um ein tieferes Verständnis der C2C Denkschule zu erlangen und ergänzende Aspekte in den Hintergrund der Arbeit einzubeziehen.

Im Weiteren wurde auf die Frage der Beliebtheit von Einfamilienhäusern eingegangen, die sich nicht rein rational erklären lässt und trotz Aufklärungsversuchen von Ökologen und Stadtplanern zu negativen ökologischen Auswirkungen ungebrochen ist. Emotionale Argumente spielen dabei eine wichtige Rolle (Schittich, 2005, S. 9). Daher wurden zunächst die Charakteristika der Typologie dargestellt und darauffolgend die Potenziale untersucht, die sich daraus für das Thema Biodiversität ergeben. Den Abschluss des Kapitels bildet die Untersuchung der Geschichte des Holzfertigbaus von der Neuzeit bis heute, um ein tieferes Verständnis des Forschungsgegenstandes C2C Ein- und Zweifamilienhäuser in Holzfertigbauweise zu erlangen.

3 Instrumente zur Umsetzung von Cradle to Cradle Ein- und Zweifamilienhäusern und Nachhaltigkeitsbewertungssysteme

Wie in Kapitel 2.1.3 dargestellt, stehen für die Planung und Neubau nachhaltiger Ein- und Zweifamilienhäuser heute verschiedene nationale und internationale Bewertungssysteme zur Verfügung. Nationale Beispiele dafür sind das BNK (BiRN, 2021b) oder das DGNB Zertifikat, Neubau Kleine Wohngebäude (DGNB e.V., 2021b). Darüber hinaus sind in Großbritannien das System HQM (BRE, 2018c), in den USA das System LEED Residential Single Family Homes (USGBC, 2020) und in der Schweiz die Systeme Minergie und Minergie-Eco (Minergie Schweiz, 2020b; Minergie Schweiz & Verein ecobau, 2020c) zur Bewertung der Nachhaltigkeit von Ein- und Zweifamilienhäusern verfügbar.

Im Bereich C2C existiert der Cradle to Cradle Certified™ Standard, anhand dessen Bauprodukte bewertet werden können (Cradle to Cradle Products Innovation Institute, 2016). Darüber hinaus stehen mehrere Leitfäden für die Planung und Umsetzung von C2C inspirierten Gebäuden zur Verfügung. Beispiele dafür sind „The Hannover Principles“ (McDonough & Braungart, 2003a), „Cradle to Cradle® Criteria for the built environment" (Mulhall & Braungart, 2010), „Guide for Cradle to Cradle® in buildings“ (Mulhall et al., 2013a) und „Creating buildings with positive impacts" (Mulhall et al., 2019). Spezifisch für die Typologie Wohngebäude veröffentlichten Salfner et al. (2017) eine Planungshilfe. Zudem existiert die Datenbank „The Library - Cradle to Cradle inspired elements for building developments", auf der mehrere C2C inspirierte Projekte hinterlegt sind (Hamburger Umweltinstitut e.V., 2015b).

Die Kapitel 3.1.1 bis 3.1.7 geben einen tieferen Überblick über die genannten Instrumente zur Umsetzung C2C inspirierter Gebäude und die C2C Produktzertifizierung. In Kapitel 3.1.8 werden daraus Kriterien für C2C Ein- und Zweifamilienhäuser abgeleitet. Analog zu den Kapiteln 3.1.1 bis 3.1.7 geben die Kapitel 3.2.1 bis 3.2.5 eine Übersicht über die genannten Nachhaltigkeitsbewertungssysteme für kleine Wohngebäude. Das BNK und das DGNB Zertifikat, Neubau Kleine Wohngebäude werden einbezogen, da sie in Deutschland die einzigen Systeme zur Bewertung der Nachhaltigkeit von Ein- und Zweifamilienhäusern darstellen. Die Systeme LEED Residential Single Family Homes, HQM und Minergie in Verbindung mit Minergie-Eco werden aufgrund ihrer Relevanz und Bekanntheit untersucht. In Kapitel 3.2.6 folgt die Ableitung von Kriterien für nachhaltige kleine Wohngebäude. Anschließend werden in Kapitel 3.3 die Kriterien für C2C Ein- und Zweifamilienhäuser und die Kriterien für nachhaltige kleine Wohngebäude auf Grundlage ihrer Systematik und ihres Inhalts gegenübergestellt. Die Analyse dient der Beantwortung der Frage, ob durch die Anhebung der Ziele des nachhaltigen Bauens C2C Gebäude geschaffen werden können (Ableitung These 2). Dabei liegt der Fokus auf den Vertiefungskriterien 1.1 Verwendung kreislauffähiger Materialien, 1.3 Rückbau- und Recyclingpotenziale, 1.7 Verbesserung der Innenraumluftqualität, 1.9 Wassereinsatz und Wasserkreisläufe, 1.13 Einsatz erneuerbarer Energie und 1.20 Förderung von Biodiversität. Die Auswahl der Kriterien erfolgte aufgrund bestehenden Forschungsbedarfs und wird in Kapitel 3.1.8 ebenfalls erläutert. Darüber hinaus wird der Vergleich aus Kapitel 3.3 zur Ableitung herangezogen, ob gesetzliche Anreize zur Änderung des Bewusstseins aller Baubeteiligten, weg von der Minimierung negativer Auswirkungen hin zu positiven Zielen nach C2C, führen können (Ableitung These 3).

Die Verfasserin der vorliegenden Arbeit beschäftigte sich bereits in der Veröffentlichung „Comparison of eco-effectiveness and eco-efficiency based criteria for the construction of single-family homes" mit dem Vergleich von C2C Kriterien und Nachhaltigkeitskriterien für kleine Wohngebäude (Lindner et al., 2019b). In dem Paper wurden die C2C Leitfäden „Cradle to Cradle® Criteria for the built environment" (Mulhall & Braungart, 2010), der C2C Leitfaden für den Wohnungsbau von Salfner et al. (2017) sowie die C2C Produktzertifizierung (Cradle to Cradle Products Innovation Institute, 2016) einbezogen. An Nachhaltigkeitsbewertungssystemen wurden das BNK V1.0 (BiRN, 2021a), das DGNB Zertifikat, Neubau kleine Wohngebäude V2013.2 (DGNB e.V., 2013) sowie das Qualitätssiegel Nachhaltiger Wohnungsbau (NaWoh) V3.1 (Verein zur Förderung der Nachhaltigkeit im Wohnungsbau e.V., 2019) berücksichtigt. Der Vergleich in der vorliegenden Arbeit stellt eine Fortführung und Vertiefung des Papers dar und umfasst bei der C2C Literatur zusätzlich „The Hannover Principles" (McDonough & Braungart, 2003a) sowie „Creating Buildings With Positive Impacts" (Mulhall et al., 2019). Bei den Nachhaltigkeitsbewertungssystemen wurde das NaWoh System nicht mehr betrachtet, da nur Gebäude ab sechs Wohneinheiten, jedoch keine Ein- und Zweifamilienhäuser zertifiziert werden können. Zusätzlich wurden internationale Systeme einbezogen: Home Quality Mark One (BRE, 2018c), Minergie in Verbindung mit Minergie-Eco (Minergie Schweiz, 2020b, 2020c, 2020d; Minergie Schweiz & Verein ecobau, 2020c) und LEED V4.1 for Residential Single Family Homes (USGBC, 2020). Folglich ergeben sich in der vorliegenden Arbeit mehr Kriterien für C2C Ein- und Zweifamilienhäuser und nachhaltige kleine Wohngebäude. Die Methodik ist die gleiche. Darüber hinaus werden in der vorliegenden Arbeit zusätzlich sechs C2C Kriterien und deren Vergleich mit Nachhaltigkeitskriterien vertieft betrachtet.

3.1 Instrumente zur Umsetzung von Cradle to Cradle Ein- und Zweifamilienhäusern

3.1.1 Leitfaden „The Hannover Principles"

Mit den „Hannover Principles" veröffentlichten McDonough und Braungart im Jahr 1992 einen Planungsleitfaden für die Entwicklung des Geländes der Weltausstellung 2000 in Hannover und machten ihre Gedanken zu C2C damit erstmals einer breiten Öffentlichkeit zugänglich (McDonough & Braungart, 2003a). Anhand von neun Prinzipien erläutern die Autoren Gestaltungsgrundsätze, die der Wechselbeziehung zwischen Mensch und Natur Rechnung tragen. Darüber hinaus werden in den „Hannover Principles" anhand der fünf Elemente Erde, Wasser, Feuer, Luft und Geist Leitlinien für die Bereiche Material, Wasserversorgung, Energieversorgung, Luftqualität sowie Design im Einklang mit der Natur formuliert. Obwohl der Begriff C2C in den

„Hannover Principles“ nicht explizit auftaucht, wird an vielen Stellen deutlich, dass später veröffentlichte Planungshilfen darauf aufbauen. Beispiele dafür stellen das Prinzip 6 „Eliminate the concept of waste“ (McDonough & Braungart, 2003a, S. 10), das später als 1. C2C Prinzip „Nährstoff bleibt Nährstoff“ veröffentlicht wurde (s. Kapitel 2.3.3) und das Prinzip „Rely on natural energy flows“ (McDonough & Braungart, 2003a, S. 11), das später als 2. C2C Prinzip „Nutzung erneuerbarer Energien“ bekannt wurde (s. Kapitel 2.3.4), dar.

3.1.2 Leitfaden „Cradle to Cradle® Criteria for the built environment"

Im Leitfaden „Cradle to Cradle® Criteria for the built environment" fassen Mulhall und Braungart (2010) die C2C Leitkriterien für die gebaute Umwelt zusammen. Der Leitfaden gibt sowohl inhaltliche Kriterien, die sich auf die Grundprinzipien „Nährstoff bleibt Nährstoff", „Nutzung erneuerbarer Energien“ und „Unterstützung von Diversität“ beziehen, als auch Mehrwert- und Anwendungskriterien wieder und erläutert diese anhand von Beispielen. Zudem stellen die Autoren klar, dass zum Zeitpunkt des Verfassens noch keine hundertprozentigen C2C Gebäude existieren, aber dass sich Gebäude, die die drei Grundprinzipien erfüllen und deren Baumaterialien in der Bio- und der Technosphäre zirkulieren, auf einem guten Weg befinden:

„A Cradle to Cradle® building contains defined elements that add value and celebrate innovation and enjoyment by: measurably enhancing the quality of materials, biodiversity, air and water; using current solar income; being deconstructable and recyclable, and performing diverse practical and life-enhancing functions for its stakeholders." (Mulhall & Braungart, 2010, S. 7)

Darüber hinaus werden im Leitfaden Werkzeuge vorgestellt, anhand derer Planer den Fortschritt auf dem Weg zu C2C Gebäuden messen können. Diese beinhalten das Festhalten der Intentionen als messbare Ziele zu Beginn der Planungen sowie das Aufstellen von Meilensteinen und Roadmaps.

3.1.3 Leitfaden „Guide for Cradle to Cradle® in Buildings"

Die Planungshilfe „Guide for Cradle to Cradle® in Buildings“ beschäftigt sich mit der Umsetzung der inhaltlichen Anforderungen aus „Cradle to Cradle® Criteria for the built environment“ und wendet sich an Anwender, die bereits mit dem C2C Prinzip vertraut sind. Nach einer kurzen Einführung erläutern Mulhall et al. (2013a) Instrumente für die schrittweise Umsetzung des C2C Prinzips in Gebäuden. Zu Beginn des Leitfadens liegt der Schwerpunkt auf Instrumenten zur Sicherstellung der ganzheitlichen Qualität nach C2C. Im Anschluss geht die Planungshilfe genauer auf Werkzeuge zur Festlegung der Ausgangssituation und der folgenden Schritte ein. Danach befasst sich der Leitfaden mit Finanzierungsinstrumenten für C2C Innovationen. Zudem beschreiben Mulhall et al. (2013a) die nötigen Schritte für eine Inventarisierung und Aufnahme der Aspekte, die bereits nach C2C gestaltet sind. Im letzten Abschnitt werden Instrumente zur Erarbeitung von gemeinsamen Zielen mit allen beteiligten Stakeholdern vorgestellt.

3.1.4 Datenbank „The Registry of Cradle to Cradle® inspired elements for building developments"

Auf Grundlage der Leitfäden „Cradle to Cradle® Criteria for the built environment" und „Guide for Cradle to Cradle® in buildings" schufen Mulhall et al. (2013b) mit der Registry eine Plattform zur Sammlung C2C inspirierter Gebäude und Elemente aus der Praxis. Ziel der Plattform ist es, herausragende Gebäudebeispiele hervorzuheben und als Inspiration für andere Planer zur Verfügung zu stellen. Zur Qualitätssicherstellung werden die eingereichten Gebäudebeispiele und –elemente durch eine Jury und durch die C2C Community geprüft (Mulhall et al., 2013b, S. 8). Die Plattform wurde inzwischen in „The Library - Cradle to Cradle inspired elements for building developments" umbenannt und wird unter https://c2c-buildings.net/ vom Hamburger Umweltinstitut geführt. Dort sind momentan mehrere C2C inspirierte Gebäude, wie das Institut für Ökologie in Wageningen in den Niederlanden (s. Abbildung 32), die City Hall Venlo in den Niederlanden (s. Abbildung 33) oder die Backsippan Preschool in Listerby in Schweden, hinterlegt (Hamburger Umweltinstitut e.V., 2015b).

Abbildung 32: Institut für Ökologie Wageningen (Foto: NIOO-KNAW)

Abbildung 33: City Hall Venlo (Foto: Gemeente Venlo)

3.1.5 Leitfaden „Creating Buildings With Positive Impacts"

Der Leitfaden „Creating Buildings With Positive Impacts" baut auf dem „Guide for Cradle to Cradle® in Buildings" auf und stellt eine Fortführung dar. Mulhall et al. (2019) beschreiben darin anhand des Sanduhr-Modells die Schritte und Werkzeuge im zirkulären Planungsprozess auf Basis des C2C Modells. Der Planungsprozess, der insgesamt 12 Stufen umfasst, startet mit einem breiten Ansatz (Stadium A: Erlernen der C2C Basics und Festlegung des Ausgangspunkts), verengt sich (Stadium I: Stakeholder einigen sich auf Ziele) und öffnet sich anschließend in der Umsetzungsphase wieder (Stadium L: Kontinuierliches verbessern anhand der Roadmap. Feiern der Ergebnisse) (s. Abbildung 34). Zusätzlich fließen Inhalte aus verschiedenen Forschungsprojekten wie dem BAMB Projekt in den Leitfaden ein.

3.1.6 Cradle to Cradle Leitfaden für den Wohnungsbau

Im Forschungsprojekt „Entwicklung und Bewertung eines Cradle to Cradle® inspirierten Plusenergiehauses am Beispiel des Wettbewerbs Solar Decathlon 2015“ untersuchen Salfner et al. (2017) die Umsetzbarkeit des C2C Prinzips beim Bau des nexushauses (s. Kapitel 1.4 und 4.1.2). Das nexushaus wurde von Studenten der TU München und der University of Texas at Austin für den Wettbewerb Solar Decathlon gebaut und die Planungsziele basierten auf dem C2C Prinzip. Die Ergebnisse des Forschungsprojekts wurden in einem Leitfaden zusammengefasst, der Wege zur Umsetzung von C2C inspirierten Wohngebäuden darstellt. Insgesamt beschreiben die Autoren im Leitfaden 24 Anforderungen aus den Bereichen Grundlagenermittlung, „Nährstoff bleibt Nährstoff“, „Nutzung erneuerbarer Energien“ und „Unterstützung von Diversität“. Insgesamt kommen Salfner et al. (2017, S.191) zu dem Ergebnis, dass die Planung und Umsetzung eines C2C inspirierten Einfamilienhauses momentan mit einem erhöhten Planungsaufwand verbunden ist, da insbesondere die Integration des Kreislaufgedankens in den ersten Planungsphasen einen Mehraufwand verursacht.

Abbildung 34: Zirkulärer Planungsprozess nach C2C auf Grundlage des Sanduhr-Modells (Quelle: Mulhall et al., 2019, S. 10)

3.1.7 Produktzertifizierung „Cradle to Cradle Certified™ Product Standard"

Seit 2005 existiert auf Grundlage des C2C Prinzips der Cradle to Cradle Certified™ Standard, der Produkte auf Basis der Kriterien „umweltsichere und gesunde Inhaltsstoffe", „Kreislauffähigkeit", „Einsatz von regenerativen Energieformen und CO_2-Management", „verantwortungsvoller Umgang mit Wasser" und „soziale Verpflichtung des Unternehmers" bewertet (Cradle to Cradle Products Innovation Institute, 2021h). Die Zertifizierung wird vom Cradle to Cradle Products Innovation Institute verwaltet und es werden Zertifikate in den Stufen Platin, Gold, Silber, Bronze und Basic vergeben. Derzeit erfolgt die Zertifizierung auf Grundlage des Produktstandards Version 3.1 (Cradle to Cradle Products Innovation Institute, 2016). In der Cradle to Cradle Certified™ Products Registry werden alle zertifizierten Produkte mit Beschreibung hinterlegt. Im Februar 2021 umfasste die Datenbank 620 Einzelprodukte und Produktgruppen, wovon circa zwei Drittel auf die Kategorien Baumaterialien sowie Innenausstattung und Möbel entfallen (Stand 17.2.21). Darunter befinden sich auch holzbasierte Produkte wie das Hochleistungsholz Accoya® Wood und die Hobelspandämmung HOIZ (Cradle to Cradle Products Innovation Institute, 2021g). Auf die genannten Produkte wird im Kapitel 4.2.1 genauer eingegangen.

3.1.8 Kriterien für Cradle to Cradle Ein- und Zweifamilienhäuser

In Kapitel 3.1.8 wurden aus der beschriebenen Literatur Anforderungen an C2C Gebäude identifiziert. Die Anforderungen sind in Anhang 1 tabellarisch dargestellt. Zudem zeigt Abbildung 35 (oben) den Anhang 1 schematisch. Darin sind die Anforderungen aus „The Hannover Principles" (McDonough & Braungart, 2003a) in Spalte 3 und die Anforderungen aus „Cradle to Cradle Criteria® for the built environment" (Mulhall & Braungart, 2010) in Spalte 4 zu finden. Die Anforderungen aus „Creating Buildings With Positive Impacts" (Mulhall et al., 2019) wurden in Spalte 5 und die Anforderungen aus dem C2C Leitfaden für den Wohnungsbau (Salfner et al., 2017) in Spalte 6 abgebildet. In Spalte 7 wurden die Anforderungen aus der C2C Produktzertifizierung (Cradle to Cradle Products Innovation Institute, 2016) dargestellt, die aufgrund des Mangels an Zertifizierungssystemen für Gebäude nach C2C ebenfalls in die Untersuchung einbezogen wurde. Der Leitfaden „Guide for Cradle to Cradle® in Buildings" erscheint nicht in Anhang 1 und Abbildung 35 (oben), weil der Leitfaden „Creating Buildings with Positive Impacts" eine Fortführung davon darstellt und bereits in Spalte 5 abgebildet ist. „The Registry of Cradle to Cradle® inspired elements for building developments" wurde ebenfalls nicht aufgenommen, da sie keine Kriterien für C2C inspirierte Gebäude, sondern Beispiele erfolgreicher Umsetzung enthält.

Anforderungen mit gleichem oder ähnlichen Inhalt aus verschiedenen C2C Leitfäden und der Produktzertifizierung wurden jeweils in derselben Zeile dargestellt. In einigen Fällen schließt eine umfassende Anforderung aus einem C2C Leitfaden oder der Produktzertifizierung mehrere kleine Anforderungen aus einem anderen Leitfaden ein und es wurden folglich mehrere Anforderungen zugeordnet. Die inhaltlich korrespondierenden Anforderungen wurden jeweils in einem Kriterium zusammengefasst und in Spalte 2 in Anhang 1 und Abbildung 35 (oben) ein übergeordneter Kriterienname vergeben. Anschließend wurden die Kriterien fortlaufend von 1.1 bis 1.40 durchnummeriert. Insgesamt wurden so aus der Literatur 40 Kriterien für C2C inspirierte

Gebäude identifiziert. Spalte 1 aus Anhang 1 und Abbildung 35 (oben) zeigen die Kriterienkategorie. Zur Unterteilung der Kriterien wurden in Anlehnung an den Leitfaden „Cradle to Cradle® Criteria for the built environment“ die drei C2C Grundsätze „Nährstoff bleibt Nährstoff“ („Everything is a Nutrient for Something Else“), „Nutzung erneuerbarer Energien“ („Use Current Solar Income“) und „Unterstützung von Diversität“ („Celebrate Diversity“) sowie „Mehrwert“ („Stakeholder Value Criteria“) und „Anwendung“ („Implementation Criteria“) gewählt (Mulhall & Braungart, 2010). In Spalte 8 aus Anhang 1 und Abbildung 35 (oben) sind die Nummern der inhaltlich korrespondierenden Kriterien für nachhaltige kleine Wohngebäude aus Anhang 2 bzw. Abbildung 36 (oben) zu finden.

Schema Anhang 1

Kategorie	Nummer/Name des Kriteriums	Anforderungen					Entsprechung Nachhaltigkeitskriterien Anhang 2
		The Hannover Principles (McDonough & Braungart, 2003a)	**Cradle to Cradle® Criteria for the built environment** (Mulhall & Braungart, 2010)	**Creating Buildings With Positive Impacts** (Mulhall et al., 2019)	**Entwicklung u. Bewertung eines Cradle to Cradle® inspirierten Plusenergiehauses** (Salfner et al., 2017)	**Cradle to Cradle Certified™. Product standard version 3.1** (Cradle to Cradle Products Innovation Institute, 2016)	
	1.1 XXX	XXX	XXX	XXX	XXX	XXX	XXX
	1.2 XXX	XXX	XXX	XXX	XXX	XXX	XXX
	1.3 XXX	XXX	XXX	XXX	XXX	XXX	XXX
	1.3 XXX	XXX	XXX	XXX	XXX	XXX	XXX

Schema Tabelle 11

Kategorie	Nummer/Name des Kriteriums	Entsprechung Nachhaltigkeitskriterien Anhang 2/Tabelle 12
	1.1 XXX	XXX
	1.2 XXX	XXX
	1.3 XXX	XXX
	1.3 XXX	XXX

Abbildung 35: Zusammenhang Anhang 1 und Tabelle 11 (eigene Darstellung)

Tabelle 11 fasst Anhang 1 verkürzt zusammen. Die Systematik dafür ist ebenfalls in Abbildung 35 dargestellt. In der verkürzten Form in Tabelle 11 und Abbildung 35 (unten) sind lediglich die Kriterienkategorien, die Nummern und Namen der Kriterien sowie die Nummern der inhaltlich korrespondierenden Kriterien für nachhaltige kleine Wohngebäude übernommen. Die Anforderungen aus den einzelnen Leitfäden und der Zertifizierung sind nicht mehr aufgeführt. Insgesamt entfallen zwölf Kriterien auf die Kategorie „Nährstoff bleibt Nährstoff“ und jeweils sieben Kriterien auf die Kategorien „Nutzung erneuerbarer Energien“ und „Unterstützung von Diversität“. Im Bereich „Mehrwert“ wurden zwei und im Bereich „Anwendung“ zwölf Kriterien gefunden. Die Vertiefungskriterien, auf denen der Schwerpunkt der Arbeit liegt, sind in der Tabelle farblich (rot) hervorgehoben. Aus den Kriterien aus Tabelle 11 lassen sich die Eigenschaften eines C2C Gebäudes ableiten. Diese wurden bereits im Rahmen der Begriffsdefinition in Kapitel 1.1 dargestellt.

Kategorie	Nummer/Name des Kriteriums	Entsprechung Nachhaltigkeits-kriterien Anhang 2/Tabelle 12
Nährstoff bleibt Nährstoff	1.1 Verwendung kreislauffähiger Materialien	2.34
	1.2 Verwendung definierter, gesunder Materialien	2.2
	1.3 Rückbau- und Recyclingpotenziale	2.33
	1.4 Berücksichtigung von Umweltwirkungen	2.1 / 2.5 / 2.6
	1.5 Einbezug biologischer Nährstoffe	---
	1.6 Aktives CO_2 Management im Gebäude	---
	1.7 Verbesserung der Innenraumluftqualität	2.21
	1.8 Verbesserung des Außenklimas	2.4
	1.9 Wassereinsatz und Wasserkreisläufe	2.8 / 2.22
	1.10 Ausgleich der Bodenversiegelung	2.11
	1.11 Einbezug ökologischer und ökonomischer Kosten	2.16
	1.12 Einsatz von Innovationen	2.15
Nutzung erneuerbarer Energien	1.13 Einsatz erneuerbarer Energie	2.6 / 2.7
	1.14 Planungsgrundlagen und Gebäudetechnik	---
	1.15 Nutzerszenarien und Variantenvergleiche	---
	1.16 Einsatz von Energiespeichern	---
	1.17 Passive und aktive Planungsmaßnahmen	2.31 / 2.32
	1.18 Verwendung definierter, kreislauffähiger Materialien für Energiesysteme	---
	1.19 Erneuerbar betriebene Verkehrsmittel	2.53
Unterstützung von Diversität	1.20 Förderung von Biodiversität	2.13
	1.21 Förderung konzeptioneller Diversität	2.17 / 2.18 / 2.25 / 2.28
	1.22 Förderung kultureller Diversität	2.27
	1.23 Förderung technologischer Diversität	2.36
	1.24 Berücksichtigung der Behaglichkeit	2.20 / 2.21 / 2.23 / 2.30 / 2.32
	1.25 Nutzersensibilisierung	2.24
	1.26 Soziale Verpflichtung der Unternehmen	---
Mehr-wert	1.27 Schaffung eines Mehrwerts für Stakeholder	---
	1.28 Förderung des Wohlbefindens der Stakeholder	---
Anwendung	1.29 Erlernen der C2C Basics	---
	1.30 Festlegung des Startpunkts	---
	1.31 Durchführung einer Bestandsaufnahme	2.40
	1.32 Darlegung der Intentionen	2.40
	1.33 Festlegung der Ziele, Meilensteine und Roadmap	2.40
	1.34 Einbindung innovativer Finanzmodelle	---
	1.35 Einbezug von Innovationspartnerschaften und Unternehmen mit C2C Erfahrung	2.42
	1.36 Systemintegration und Anwendungswerkzeuge	---
	1.37 Abstimmung vielseitiger Nutzungen auf C2C Features	---
	1.38 Einbezug der Stakeholder bezüglich Ästhetik	2.41
	1.39 Hervorhebung der Erfolge durch Marketing	---
	1.40 Kontinuierliche Verbesserung	---

Tabelle 11: Kriterien für C2C Gebäude (Cradle to Cradle Products Innovation Institute, 2016; McDonough & Braungart, 2003a; Mulhall et al., 2019; Mulhall & Braungart, 2010; Salfner et al., 2017) (eigene Darstellung)

Die Auswahl der Vertiefungskriterien, die in Tabelle 11 farblich (rot) hervorgehoben sind, erfolgte aufgrund bestehenden Forschungsbedarfs und wird im Folgenden erläutert:

Das C2C Kriterium 1.1 Verwendung kreislauffähiger Materialien zielt darauf ab, im Gebäude Baumaterialien zu verwenden, die der Biosphäre oder der Technosphäre zugeordnet und am Ende der Nutzungszeit rückgeführt werden können (s. Kapitel 3.3.3.1). Das C2C Kriterium 1.3 Rückbau- und Recyclingpotenziale ergänzt, dass die Verbindungen der Bauteile und Schichten für eine optimale Kreislaufführung auf eine sortenreine Trennung und einen einfachen Rückbau ausgelegt sein sollen (s. Kapitel 3.3.4.1). In Kapitel 2.2 wurde ersichtlich, dass die momentane Gesetzgebung zur Kreislaufwirtschaft nach wie vor auf dem traditionellen Abfallmodell beruht und kaum verbindliche Regelungen für kreislauffähige Bauprodukte existieren. Zudem war der Bausektor im Jahr 2018 für 54,7 Prozent des deutschlandweiten Abfallaufkommens verantwortlich (Destatis, 2020a) (s. Kapitel 2.1.3). Aus den genannten Gründen besteht dringender Forschungsbedarf zur Umsetzung einer konsequenten Kreislaufwirtschaft auf Basis des C2C Modells.

Das C2C Kriterium 1.7 Verbesserung der Innenraumluftqualität fordert die aktive Verbesserung der Luftqualität im Gebäude, so dass die Luft das Gebäude sauberer verlässt als sie ins Gebäude kommt (s. Kapitel 3.3.5.1). Dafür können luftreinigende Materialien und Pflanzen eingesetzt werden, deren Einsatz in der Praxis aber bisher wenig erprobt ist. Zudem stellt die Festlegung definierter Materialzusammensetzungen in Produkten eine grundlegende Voraussetzung für eine gute Innenraumluftqualität dar. Dafür sind alle Inhaltsstoffe positiv zu definieren (Braungart, 2018, S. 55-57). In der Praxis herrschen bisher jedoch „frei von" Definitionen vor, die lediglich bestimmte Inhaltsstoffe ausschließen (s. Kapitel 2.3.2). Folglich besteht dringender Forschungsbedarf zum Kriterium 1.7.

Das C2C Kriterium 1.9 Wassereinsatz und Wasserkreisläufe zielt darauf ab, Wasser durch geeignete Maßnahmen so aufzubereiten und recyceln, dass das Wasser das Gebäude sauberer verlässt als es hineinkommt (s. Kapitel 3.3.6.1). Obwohl in Deutschland gesamtheitlich gesehen bisher kein Wasserstress herrscht, traten in den letzten Jahren an manchen Stellen lokale und regionale Engpässe auf. Von Wasserstress wird gesprochen, wenn die Wasserentnahme eines betrachteten Jahres mehr als 20 Prozent des langjährigen mittleren Wasserdargebots ausmacht (UBA, 2020f). Weitere trockene Sommer hintereinander und wenig Niederschlag im Winter würden die Wasserverfügbarkeit weiter schmälern und in der Landwirtschaft den Bedarf zur Bewässerung erhöhen. Daher ist laut UBA (2020f) davon auszugehen, dass künftig mehr Nutzer um die knapper werdende Ressource Wasser konkurrieren werden. Im Gebäudebereich bieten das Recycling und die Aufbereitung von Wasser Möglichkeit, um Wasser einzusparen. Das Thema spielt bisher aber nur eine untergeordnete Rolle und es besteht Forschungsbedarf zum Kriterium 1.9.

Das C2C Kriterium 1.13 Einsatz erneuerbarer Energie fordert Gebäude, die unter Einbezug der Herstellungs-, Nutzungsphase und Rückbauphase regenerativ mehr Energie erzeugen als sie verbrauchen (s. Kapitel 3.3.7.1). In Kapitel 2.1.3 wurde ersichtlich, dass seit November 2020 alle Neubauten dem Niedrigstenergiestandard entsprechen müssen (§10 GEG). Die Installation von PV-Anlagen nimmt in Deutschland trotz abnehmender Einspeisevergütungen seit 2015 wieder zu (Fraunhofer ISE, 2021, S. 12; Statista, 2020). Der Primärenergiebedarf für die Herstellung, Instandsetzung und den Rückbau ist jedoch bisher nicht gesetzlich geregelt und wird nur selten betrachtet. Folglich besteht dringender Forschungsbedarf für eine übergeordnete Betrachtung, die sowohl den Energiebedarf in allen Gebäudephasen als auch die dezentrale regenerative Energieerzeugung am Gebäude einbezieht.

Das C2C Kriterium 1.20 Förderung von Biodiversität fordert aktive Maßnahmen am Gebäude zur Unterstützung der Artenvielfalt, so dass die Anzahl der Spezies auf dem Gelände nach dem Bau höher ist als vorher (s. Kapitel 3.3.8.1). In Kapitel 2.5.1 wurde deutlich, dass der Bau von Ein- und Zweifamilienhäusern in hohem Maße zum Anstieg der Siedlungs- und Verkehrsfläche beiträgt. Als Folge wird dem Bau von Ein- und Zweifamilienhäusern zugeschrieben, sich negativ auf die Artenvielfalt auszuwirken. Studien zeigen jedoch, dass Hausgärten eine hohe Diversität an Spezies aufweisen und gefährdete Arten beherbergen können (Gaston, Warren, et al., 2005, S. 3329) (s. Kapitel 2.5.2). Folglich besteht zum Kriterium 1.20 Forschungsbedarf.

3.2 Nachhaltigkeitsbewertungssysteme

3.2.1 DGNB Zertifikat, Neubau Kleine Wohngebäude

Das DGNB Zertifikat der Deutschen Gesellschaft für Nachhaltiges Bauen (DGNB) ist seit 2010 für die Zertifizierung privater Gebäude verfügbar (Ebert et al., 2010, S. 48-49). Nach einer anfänglichen gemeinsamen Entwicklungsphase mit dem Bewertungssystem Nachhaltiges Bauen (BNB) wurde das DGNB System getrennt weiterentwickelt und umfasst heute viele verschiedene Nutzungsprofile (DGNB e.V., 2021c). Nach einer grundlegenden Überarbeitung des Systems ist die Version 2018 heute für zehn Nutzungsprofile am Markt verfügbar (DGNB e.V., 2018). Für kleine Wohngebäude bis sechs Einheiten steht das System momentan nicht zur Verfügung und die Zertifizierung erfolgt auf Basis der Version Neubau Kleine Wohngebäude, V2013.2, die insgesamt 28 Kriterien aus den Bereichen ökologische Qualität, ökonomische Qualität, soziokulturelle und funktionale Qualität, technische Qualität, Prozessqualität und Standortqualität umfasst (Stand 19.02.2021) (DGNB e.V., 2013). Bei der Zertifizierung sind die Stufen Platin, Gold, Silber und Bronze erreichbar. Insgesamt wurden bisher 24 Zertifikate (Basiszertifikate, Vorzertifikate und Zertifikate) im Profil Kleine Wohngebäude verliehen (Stand 19.02.2021) (DGNB e.V., 2021a).

3.2.2 Bewertungssystem Nachhaltiger Kleinwohnhausbau (BNK)

Das BNK wurde von 2013 bis 2016 von der Hochschule München und dem Ingenieurbüro Prof. Dr. Hauser entwickelt und in einer anschließenden Pilotphase anhand von 18 realen Pilotgebäuden getestet und validiert (Hauser et al., 2013; Hauser et al., 2015). Im Jahr 2016 wurde das System vom Bundesministerium für Umwelt, Naturschutz, Bau und Reaktorsicherheit anerkannt und als Version 1.0 veröffentlicht. Das Zertifizierungssystem kann auf Ein- bis Fünffamilienhäuser angewendet werden und ist auf die spezifischen Bedürfnisse dieser Gebäudetypologie angepasst. Insgesamt umfasst die Methode 19 Kriterien aus den Kategorien soziokulturelle und funktionale Qualität, ökonomische Qualität, ökologische Qualität und Prozessqualität. Die einzelnen Kategorien gehen jeweils zu 25 Prozent in das Gesamtergebnis ein. Bei der Zertifizierung sind ab einem Gesamterfüllungsgrad von 50 Prozent die Stufen gut, sehr gut und exzellent erreichbar (BMI, 2015h). Bisher wurden insgesamt 85 Gebäude nach dem BNK-Standard zertifiziert (Stand Juni 2020) (N. Essig, Persönliche Mitteilung, 7. Juli 2020).

3.2.3 Bewertungssystem Home Quality Mark (HQM)

Das Label HQM ist Teil der Building Research Establishment's Environmental Assessment Method (BREEAM), die in den 1990er Jahren als erste Nachhaltigkeitsbewertungsmethode für Gebäude zur Marktreife gelangte (Ebert et al., 2010, S. 30). Das System ist für den Neubau von Wohneinheiten in England, Wales und Schottland anwendbar (BRE, 2018c, S. 2). Während die frühen Versionen der BREEAM Zertifizierung dem Green Building Approach folgten und vorwiegend ökologische und energetische Aspekte eines Gebäudes betrachteten (Ebert et al., 2010, S.

26), werden heute auch Aspekte aus den Bereichen Ökonomie und Soziales einbezogen. Die aktuelle Version Home Quality Mark One umfasst 39 Kriterien aus den Kategorien Transport and Movement, Outdoors, Safety and Resilience, Comfort, Energy, Materials, Space, Water, Quality assurance, Construction impacts und Customer Experience (BRE, 2018c). Bei der Zertifizierung sind fünf verschiedene Stufen erreichbar, die anhand von Sternen dargestellt werden. Während ein Stern an Gebäude verliehen wird, die die Mindestanforderungen der Basisindikatoren überschreiten, bleiben fünf Sterne herausragenden Gebäuden vorbehalten (BRE, 2020, S. 10).

3.2.4 Bewertungssystem LEED Residential Single Family Homes

Die erste Version des LEED Systems (Leadership in Energy & Environmental Design) aus den USA kam Ende der 1990er Jahren auf den Markt (Ebert et al., 2010, S. 38). Während die frühen Versionen der Bewertungsmethode dem Green Building Approach folgten und vorwiegend ökologische und energetische Aspekte eines Gebäudes betrachteten (Ebert et al., 2010, S. 26), werden heute auch Aspekte aus den Bereichen Luftqualität, Standort, Prozess und Innovation einbezogen. Für kleine Wohngebäude steht heute die Systemvariante LEED v4.1. Residential Single Family Homes zur Verfügung (USGBC, 2021), die 43 Kriterien aus den Bereichen Integrative Process, Location and Transportation, Sustainable Sites, Water Efficiency, Energy and Atmosphere, Materials and Resources, Indoor Environmental Quality, Innovation und Regional Priority umfasst (USGBC, 2020). Gemäß USGBC (2017) wird bei den Kriterien zwischen Grundvoraussetzungen (prerequisites) und Punktekriterien (credits) unterschieden. Während die Grundvoraussetzungen, die für die Zertifizierung alle zwingend erfüllt sein müssen, keine Punkte geben, können bei den Punktekriterien verschiedene Punktanzahlen erreicht werden, die am Ende zu einem Gesamtergebnis addiert werden. Je nach erreichter Punktzahl werden Zertifikate in den Stufen Platin, Gold, Silber und zertifiziert vergeben. Das Profil ist für Einfamilienhäuser (freistehend und angebaut) sowie für Mehrfamilienhäuser mit bis zu vier Einheiten anwendbar (USGBC, 2021). Insgesamt umfasste die LEED Datenbank im März 2020 41 registrierte Einfamilienhaus-Projekte und 3668 Mehrfamilienhäuser (Statista, 2021).

3.2.5 Bewertungssystem Minergie und Minergie-Eco für Neubau Einfamilienhäuser

In der Schweiz existiert zur Bewertung der Aspekte Qualität, Komfort und Energieeffizienz von Gebäuden seit den 1990er Jahren das Label Minergie (Ebert et al., 2010, S. 62; Minergie Schweiz, 2020b). Bei der Zertifizierung können die Standards Minergie, Minergie P und Minergie A erreicht werden. Je nach Standard sind 9 bzw. 10 unterschiedlich hohe Anforderungen zu erfüllen (Minergie Schweiz, 2020b, 2020c, 2020d). Seit 2006 existiert zusätzlich der Baustein Minergie-Eco, der die Bereiche Gesundheit und Bauökologie abdeckt (Minergie Schweiz, 2021a). Für die Zertifizierung des Neubaus von Ein- und Zweifamilienhäusern ist das Profil Neubau EFH/MFH <500m² Energiebezugsfläche, Nachweisversion 1.5 ME-ECO Online 2020 verfügbar. Für den Vergleich der Anforderungen wird sowohl für die Minergie Standards als auch für den Minergie-Eco Baustein der Stand vom 6. April 2020 herangezogen. Der Katalog umfasst insgesamt 47 Anforderungen zu den Kriterien Ausschluss, Tageslicht, Schallschutz, Innenraumklima, Gebäudekonzept, Materialien und Prozesse sowie graue Energie (Minergie Schweiz & Verein ecobau, 2020c). Die Kriterien Tageslicht, Schallschutz und Innenraumklima sind zum Bereich Gesundheit zusammengefasst. Die Kriterien Gebäudekonzept, Materialien und Bauprozesse sowie Graue Energie Baustoffe sind Bestandteil des Bereichs Bauökologie. Für eine erfolgreiche Zertifizierung müssen der Minergie Standard und die Minergie-Eco Ausschlusskriterien erfüllt werden. Zudem müssen weitere Anforderungen anhand eines Ampel Systems erfüllt werden (Minergie Schweiz & Verein ecobau, 2020b, S. 10). Während die Bewertung der Bereiche Schallschutz, Innenraumklima, Gebäudekonzept sowie Materialien und Prozesse über Erfüllung der Aussagen (Antwort Ja/Nein) erfolgt, sind bei der grauen Energie und beim Tageslicht Werte für das Projekt zu berechnen. Inzwischen wurden insgesamt 51.584 Gebäude mit dem Minergie, dem Minergie-P oder dem Minergie-A Standard ausgezeichnet. Davon erreichten 1.898 Gebäude den Minergie-Eco-Zusatz (Stand 19.02.2021) (Minergie Schweiz, 2021b).

3.2.6 Kriterien für nachhaltige Ein- und Zweifamilienhäuser

Analog zu Kapitel 3.1.8 wurden in Kapitel 3.2.6 aus den beschriebenen Bewertungssystemen Anforderungen für nachhaltige kleine Wohngebäude identifiziert. Die Anforderungen sind in Anhang 2 tabellarisch abgebildet. Zudem zeigt Abbildung 36 (oben) Anhang 2 schematisch. Darin sind die Anforderungen aus dem DGNB Zertifikat, Neubau Kleine Wohngebäude, V2013.2 (DGNB e.V., 2013) in Spalte 3 und aus dem BNK, V1.0 in Spalte 4 (BiRN, 2021a) zu finden. Die Anforderungen aus dem HQM One System sind in Spalte 5 (BRE, 2018c) und aus dem LEED v4.1 Residential Single Family Homes System in Spalte 6 (USGBC, 2020) dargestellt. Die Anforderungen des Minergie Systems, V2020.1 (Minergie Schweiz, 2020b, 2020c, 2020d) bzw. Minergie-Eco Systems für Neubau EFH, V1.5 ME-ECO Online 2020 (Stand 6.4.2020) (Minergie Schweiz & Verein ecobau, 2020c) finden sich in Spalte 7.

Analog zu Anhang 1 und Abbildung 35 wurden Anforderungen mit gleichem oder ähnlichem Inhalt aus verschiedenen Zertifizierungssystemen jeweils in derselben Zeile dargestellt. Auch hierbei schließt in einigen Fällen eine umfassende Anforderung aus einem Zertifizierungssystem mehrere kleine Anforderungen aus einem anderen Zertifizierungssystem ein und es wurden folglich mehrere Anforderungen zugeordnet. Die inhaltlich korrespondierenden Anforderungen wurden jeweils in einem Kriterium zusammengefasst und in Spalte 2 in Anhang 2 und Abbildung 36 (oben) ein übergeordneter Kriterienname vergeben. Anschließend wurden die Kriterien fortlaufend von 2.1 bis 2.54 durchnummeriert. Insgesamt wurden so aus der Literatur 54 Kriterien für nachhaltige kleine Wohngebäude Gebäude identifiziert. Spalte 1 aus Anhang 2 und Abbildung 36 (oben) zeigen die Kriterienkategorie. Zur Unterteilung der Kriterien wurden auf Basis der DGNB Zertifizierung und des BNK die sechs Kategorien „Ökologische Qualität“, „Ökonomische Qualität“, „Soziokulturelle und funktionale Qualität“, „Technische Qualität“, „Prozessqualität“ und „Standortqualität“ gewählt (BiRN, 2021a; DGNB e.V., 2013) In Spalte 8 aus Anhang 2 und Abbildung 36 (oben) sind die Nummern der inhaltlich korrespondierenden Kriterien für C2C Ein- und Zweifamilienhäuser aus Anhang 1 bzw. Abbildung 35 (oben) zu finden.

Schema Anhang 2

Kategorie	Nummer/Name des Kriteriums	Anforderungen					Entsprechung C2C Kriterien Anhang 1
		DGNB Zertifikat, Neubau Kleine Wohngebäude V2013.2 (DGNB e.V., 2013)	**Bewertungssystem Nachhaltiger Kleinwohnhausbau** (BNK) V1.0 (BiRN, 2021a)	**Home Quality Mark One,** SD 239 (BRE, 2018c)	**LEED v4.1 Residential Single Family Homes** (USGBC, 2020)	**Minergie V2020.1** (Minergie Schweiz, 2020b, 2020c, 2020d) **Minergie-Eco** Neubau EFH/MFH <500m² EBF, V1.5 ME-ECO Online 2020 (Minergie Schweiz & Verein ecobau, 2020c)	
	2.1 XXX	XXX	XXX	XXX	XXX	XXX	XXX
	2.2 XXX	XXX	XXX	XXX	XXX	XXX	XXX
	2.3 XXX	XXX	XXX	XXX	XXX	XXX	XXX
	2.4 XXX	XXX	XXX	XXX	XXX	XXX	XXX

Schema Tabelle 12

Kategorie	Nummer/Name des Kriteriums	Entsprechung C2C Kriterien Anhang 1/Tabelle 11
	2.1 XXX	XXX
	2.2 XXX	XXX
	2.3 XXX	XXX
	2.4 XXX	XXX

Abbildung 36: Zusammenhang Anhang 2 und Tabelle 12 (eigene Darstellung)

Tabelle 12 fasst Anhang 2 verkürzt zusammen. Die Systematik dafür ist ebenfalls in Abbildung 36 dargestellt. In der verkürzten Form in Tabelle 12 und Abbildung 36 (unten) werden nur die Kategorien, die Nummern und Namen der Kriterien sowie die Nummer der inhaltlich korrespondierenden Kriterien für C2C Ein- und Zweifamilienhäuser dargestellt. Die Anforderungen aus den einzelnen Bewertungssystemen sind nicht mehr aufgeführt. Insgesamt entfallen 15 Kriterien auf die ökologische und vier Kriterien auf die ökonomische Qualität. In der Kategorie soziokulturelle und funktionale Qualität sind insgesamt neun Kriterien und in der Kategorie technische Qualität elf Kriterien zu finden. Die Kategorie Prozessqualität umfasst zehn und die Kategorie Standortqualität fünf Kriterien. In Tabelle 12 sind die Nachhaltigkeitskriterien, die mit den C2C Vertiefungskriterien inhaltlich korrespondieren, farblich hervorgehoben. In der dritten Spalte sind die Nummern der zugeordneten Vertiefungskriterien (1.1, 1.3, 1.7, 1.9, 1.13 und 1.20) zu finden.

Kategorie	Nummer/Name des Kriteriums	Entsprechung C2C Kriterien Anhang 1/Tabelle 11
Ökologische Qualität	2.1 Ökobilanz - emissionsbedingte Umweltwirkungen	1.4
	2.2 Schadstoffe für die lokale Umwelt	1.2
	2.3 Schadstoffe bei Umbau-/Rückbaumaßnahmen	---
	2.4 Auswirkungen auf die lokale Luftqualität	1.8
	2.5 Umweltverträgliche Materialgewinnung	1.4
	2.6 Ökobilanz - Primärenergie	1.4 / 1.13
	2.7 Dezentrale Erzeugung regenerativer Energie	1.13
	2.8 Trinkwasserbedarf und Wasserrecycling	1.9
	2.9 Flächeninanspruchnahme	---
	2.10 Flächenausnutzung	---
	2.11 Regenwasser-Management	1.10
	2.12 Reduzierung des Heat-Island-Effekts	---
	2.13 Ökologische Veränderung und Verbesserung	1.20
	2.14 Regionale Prioritäten	---
	2.15 Innovation	1.12
Ökonomische Qualität	2.16 Lebenszykluskosten	1.11
	2.17 Flexibilität und Umnutzungsfähigkeit	1.21
	2.18 Erweiterungsmöglichkeiten	1.21
	2.19 Marktfähigkeit	---
Soziokulturelle und funktionale Qualität	2.20 Thermischer Komfort	1.24
	2.21 Innenraumlufthygiene und Lüftung	1.7 / 1.24
	2.22 Trinkwasserhygiene	1.9
	2.23 Visueller Komfort	1.24
	2.24 Einflussnahme des Nutzers und Smart Home	1.25
	2.25 Außenraumqualitäten	1.21
	2.26 Sicherheit	---
	2.27 Barrierefreiheit	1.22
	2.28 Grundrissqualitäten	1.21
Technische Qualität	2.29 Brandschutz	---
	2.30 Schallschutz	1.24
	2.31 Energieeffizienz	1.17
	2.32 Wärme-, Feuchteschutz und Luftdichtheit der Gebäudehülle	1.17 / 1.24
	2.33 Rückbau- und Demontagefähigkeit	1.3
	2.34 Einsatz von recycelten / recycelbaren Materialien	1.1
	2.35 Grundstücksvorbereitung	---
	2.36 Zugänglichkeit der Installationen	1.23
	2.37 Materialeffizienz	---
	2.38 Dauerhaftigkeit	---
	2.39 Schädlingsbekämpfung durch konstruktive Maßnahmen	---

Prozessqualität	2.40 Projektvorbereitung	1.31 / 1.32 / 1.33
	2.41 Integrale Planung	1.38
	2.42 Einbezug eines LEED accredited professional	1.35
	2.43 Ökologie Management	1.20 / 1.31
	2.44 Gebäudeakte und Nutzereinweisung	---
	2.45 Verantwortungsvolle Baustelle	---
	2.46 Qualitätssicherung	---
	2.47 Geordnete Inbetriebnahme	---
	2.48 Post-Occupancy Evaluierung	---
	2.49 Energie- und Wasser-Monitoring	---
Standort-qualität	2.50 Mikrostandort	---
	2.51 LEED for Neighbourhood Development	---
	2.52 Verkehrsanbindung	---
	2.53 Nachhaltige Verkehrsmittel	1.19
	2.54 Nähe zu nutzungsrelevanten Einrichtungen	---

Tabelle 12: Kriterien für nachhaltige kleine Wohngebäude (BiRN, 2021a; BRE, 2018c; DGNB e.V., 2013; Minergie Schweiz, 2020b, 2020c, 2020d; Minergie Schweiz & Verein ecobau, 2020c; USGBC, 2020) (eigene Darstellung)

3.3 Vergleich der Instrumente zur Umsetzung von Cradle to Cradle Ein- und Zweifamilienhäusern und Nachhaltigkeitsbewertungssystemen

Im Kapitel 3.3 werden die Instrumente zur Umsetzung von C2C Gebäuden mit den Nachhaltigkeitsbewertungssystemen für kleine Wohngebäude anhand der identifizierten Kriterien aus den Kapiteln 3.1.8 und 3.2.6 verglichen. Dabei wird zunächst auf die Systematik der Instrumente und Bewertungssysteme eingegangen, bevor ein inhaltlicher Abgleich anhand der Kriterien erfolgt. Beim inhaltlichen Abgleich liegt der Schwerpunkt auf den C2C Vertiefungskriterien 1.1 Verwendung kreislauffähiger Materialien, 1.3 Rückbau- und Recyclingpotenziale, 1.7 Verbesserung der Innenraumluftqualität, 1.9 Wassereinsatz und Wasserkreisläufe, 1.13 Einsatz erneuerbarer Energie und 1.20 Förderung von Biodiversität (s. Anhang 1 und Tabelle 11). Dazu werden die Anforderungen aus den Leitfäden und der Produktzertifizierung zunächst anhand ihres Ziels und Beispielen erläutert. Anschließend werden die entsprechenden Anforderungen aus den Nachhaltigkeitsbewertungssystemen (s. Anhang 2 und Tabelle 12) beschrieben und es erfolgt ein Abgleich.

3.3.1 Systematik der Instrumente und Bewertungssysteme

Der Vergleich zeigte, dass die Instrumente zur Umsetzung von C2C Ein- und Zweifamilienhäusern und die Nachhaltigkeitsbewertungssysteme für kleine Wohngebäude unterschiedliche Kategorien aufweisen. Während die Kriterien für C2C Gebäude nach den Kategorien „Nährstoff bleibt Nährstoff", „Nutzung erneuerbarer Energien", „Unterstützung von Diversität", „Mehrwert" und „Anwendung" sortiert sind, wurden die Kriterien für nachhaltige kleine Wohngebäude in die Kategorien „Ökologische Qualität", „Ökonomische Qualität", „Soziokulturelle und funktionale Qualität", „Technische Qualität", „Prozessqualität und „Standortqualität" eingeteilt (s. Anhang 1 und 2 sowie Tabelle 11 und Tabelle 12). Lediglich zwischen den Kategorien „Anwendung" und „Prozessqualität" konnte eine Entsprechung gefunden werden, da beide Kategorien Kriterien umfassen, die den Planungs- und Bauprozess betreffen. Folglich fanden die Kriterien aus dem Bereich „Anwendung" nur Überlappungen mit den Kriterien aus dem Bereich „Prozessqualität". Bei den übrigen Kategorien aus den Instrumenten für C2C Ein- und Zweifamilienhäuser konnte keine direkte Entsprechung in den Kategorien der Bewertungsmethoden für nachhaltige kleine Wohngebäude gefunden werden und umgekehrt. Demnach weisen die Kriterien aus der Kategorie „Nährstoff bleibt Nährstoff" Entsprechungen in den Kategorien „Ökologische Qualität", „Ökonomische Qualität", „Soziokulturelle und funktionale Qualität" und „Technische Qualität" auf. Die Kriterien aus der Kategorie „Nutzung erneuerbarer Energien" überlappen sich inhaltlich mit Kriterien aus den Kategorien „Ökologische Qualität", „Technische Qualität" und „Standortqualität". In der Kategorie „Unterstützung von Diversität" finden sich Überschneidungen mit Kriterien aus den Kategorien „Ökologische Qualität", „Ökonomische Qualität", „Soziokulturelle und funktionale Qualität" und „Technische Qualität". Aus der Kategorie „Mehrwert" fand keines der beiden Kriterien eine Entsprechung.

Zudem wurde aus der Analyse ersichtlich, dass einige C2C Kriterien ein breites Themenfeld beherbergen. Folglich wiesen sechs der Kriterien für C2C Gebäude mehr als ein korrespondierendes Kriterium im Bereich der Nachhaltigkeitsbewertungssysteme für kleine Wohngebäude auf. Ein Beispiel dafür stellt das Kriterium 1.21 Förderung konzeptioneller Diversität dar, das Überschneidungen mit den Kriterien 2.17 Flexibilität und Umnutzungsfähigkeit, 2.18 Erweiterungsmöglichkeiten, 2.25 Außenraumqualitäten und 2.28 Grundrissqualitäten aufweist (s. Anhang 1 und Tabelle 11). Umgekehrt trat dieser Fall vier Mal auf.

Darüber hinaus unterscheiden sich die Kriterien für C2C Gebäude und die Kriterien für nachhaltige kleine Wohngebäude in ihrem Aufbau, was in der Natur der Typologien Leitfaden und Bewertungssystem begründet ist. Während in den Kriterien der analysierten Nachhaltigkeitsbewertungssysteme das Ziel und der Kontext des Kriteriums, die Methodik sowie die Bewertungsmatrix beschrieben wird, beschränkt sich die Erläuterung der Kriterien für C2C Ein- und Zweifamilienhäuser auf das Ziel und den Kontext, die teilweise anhand von Beispielen illustriert werden. Damit lassen die Kriterien C2C Gebäude einerseits mehr Raum für kreative Lösungen und Innovation, andererseits wird die Anwendung der C2C Kriterien dadurch weniger greifbar. Bei den Kriterien der C2C Produktzertifizierung kommt, wie bei der Nachhaltigkeitszertifizierung, neben der Erläuterung des Ziels und des Kontexts die Beschreibung der Methodik und der Bewertungsmatrix hinzu. Folglich sind die Kriterien aus der C2C Produktzertifizierung in ihrer Systematik näher an den Kriterien der Nachhaltigkeitsbewertungssysteme für kleine Wohngebäude als die Kriterien aus den C2C Leitfäden.

3.3.2 Inhaltliche Anforderungen und Kriterien

In der Literatur wurden insgesamt 40 Kriterien für C2C Gebäude und 54 Kriterien für nachhaltige kleine Wohngebäude identifiziert. Davon zeigten 24 Kriterien für C2C Gebäude inhaltliche Überschneidungen mit Kriterien für nachhaltige kleine Wohngebäude (s. Anhang 1 und Tabelle 11). Gleichzeitig traten bei 32 Kriterien für nachhaltige kleine Wohngebäude Überlappungen mit den Kriterien für C2C Gebäude auf (s. Anhang 2 und Tabelle 12). Während bei den Kriterien für C2C Gebäude 16 Kriterien keine Entsprechung fanden (s. Anhang 1 und Tabelle 11), waren es bei den Kriterien für nachhaltige kleine Wohngebäude 22 (s. Anhang 2 und Tabelle 12).

In der Kategorie „Nährstoff bleibt Nährstoff“ wurden insgesamt zwölf Kriterien für C2C Ein- und Zweifamilienhäuser identifiziert (s. Anhang 1 und Tabelle 11). Während zehn der Kriterien thematische Überschneidungen mit den Kriterien für nachhaltige kleine Wohngebäude zeigten, hatten zwei keine Entsprechung. Die zehn Kriterien, die Überlappungen aufwiesen, beschäftigen sich mit den Themen Kreislaufführung von Materialien, Verwendung definierter, gesunder Materialien, Rückbau- und Recyclingpotenziale, Berücksichtigung von Umweltwirkungen, Verbesserung der Innenraumluftqualität, Verbesserung des Außenklimas, Wassereinsatz und Wasserkreisläufe, Ausgleich der Bodenversiegelung, Einbezug ökologischer und ökonomischer Kosten sowie Einsatz von Innovationen (Kriterien 1.1, 1.2., 1.3, 1.4, 1.7, 1.8, 1.9, 1.10, 1.11 und 1.12). Die beiden Kriterien, denen kein entsprechendes Kriterium zugeordnet werden konnte, behandeln die Themen Einbezug biologischer Nährstoffe und aktives CO_2-Management im Gebäude (Kriterien 1.5 und 1.6).

Die Kategorie „Nutzung erneuerbarer Energien" weist in Anhang 1 und in Tabelle 11 insgesamt sieben Kriterien auf. Davon fanden drei Kriterien, die die Aspekte Einsatz erneuerbarer Energie, passive und aktive Planungsmaßnahmen sowie erneuerbar betriebene Verkehrsmittel reflektieren (Kriterien 1.13, 1.17 und 1.19), eine Entsprechung im Bereich der nachhaltigen kleinen Wohngebäude. Zu den Themen Planungsgrundlagen und Gebäudetechnik, Nutzerszenarien und Variantenvergleiche, Einsatz von Energiespeichern und Verwendung definierter, kreislauffähiger Materialien für Energiesysteme wurde keine Entsprechung gefunden (Kriterien 1.14, 1.15, 1.16 und 1.18).

In der Kategorie „Unterstützung von Diversität" wurden ebenfalls sieben Kriterien gefunden, wovon sechs eine Überlappung mit den Kriterien für nachhaltige kleine Wohngebäude aufweisen (s. Anhang 1 und Tabelle 11). Diese beschreiben die Themen Förderung von Biodiversität, Förderung konzeptioneller Diversität, Förderung kultureller Diversität, Förderung technologischer Diversität, Berücksichtigung der Behaglichkeit und Nutzersensibilisierung (Kriterien 1.20, 1.21, 1.22, 1.23, 1.24, 1.25). Das Thema Soziale Verpflichtung der Unternehmen zeigte keine Überlappung (Kriterium 1.26).

Für die Kategorie „Mehrwert" wurden aus der Literatur zwei Kriterien identifiziert, die sich mit den Themen Schaffung eines Mehrwerts für Stakeholder und Förderung des Wohlbefindens der Stakeholder beschäftigen und jeweils keine Überlappung mit Kriterien für nachhaltige kleine Wohngebäude zeigten (Kriterien 1.27 und 1.28) (s. Anhang 1 und Tabelle 11).

In der Kategorie „Anwendung" wurden zwölf Kriterien für die Umsetzung der inhaltlichen C2C Kriterien identifiziert, wovon fünf eine thematische Überschneidung mit den Kriterien für nachhaltige kleine Wohngebäude aufweisen (s. Anhang 1 und Tabelle 11). Diese beschäftigen sich mit den Themen Durchführung einer Bestandsaufnahme, Darlegung der Intentionen, Festlegung der Ziele, Meilensteine und Roadmap, Einbezug von Innovationspartnerschaften und Unternehmen mit C2C Erfahrung sowie Einbezug der Stakeholder bezüglich Ästhetik (Kriterien 1.31, 1.32, 1.33, 1.35 und 1.38). Die verbleibenden sieben Aspekte Erlernen der C2C Basics, Festlegung des Startpunkts, Einbindung innovativer Finanzierungsmodelle, Systemintegration und Anwendungswerkzeuge, Abstimmung vielfältiger Nutzungen auf C2C Features, Hervorhebung der Erfolge durch Marketing und Kontinuierliche Verbesserung fanden keine Entsprechung (Kriterien 1.29, 1.30, 1.34, 1.36, 1.37, 1.39 und 1.40).

Von den Kriterien für nachhaltige kleine Wohngebäude in Anhang 2 und Tabelle 12 fanden insgesamt 22 keine Überlappung mit den Kriterien für C2C Gebäude. Im Bereich der ökologischen Qualität beschäftigen sich diese Kriterien mit den Themen Schadstoffsanierung bei Umbau- und Rückbaumaßnahmen, Flächeninanspruchnahme, Flächenausnutzung, Reduzierung des Heat-Island-Effects und regionale Prioritäten (Kriterien 2.3, 2.9, 2.10, 2.12, 2.14). In der ökonomischen Qualität erzielte das Thema Marktfähigkeit keine Entsprechung (Kriterium 2.19) und in der soziokulturellen und funktionalen Qualität das Thema Sicherheit (Kriterium 2.26). Zudem zeigten fünf Kriterien aus der technischen Qualität, die die Aspekte Brandschutz, Grundstücksvorbereitung, Materialeffizienz, Dauerhaftigkeit und Schädlingsbekämpfung durch konstruktive Maßnahmen reflektieren, keine Überschneidungen (Kriterien 2.29, 2.35, 2.37, 2.38, 2.39). Darüber hinaus weisen in der Prozessqualität die Themen Gebäudeakte und Nutzereinweisung, verantwortungsvolle Baustelle, Qualitätssicherung, geordnete Inbetriebnahme, Post-Occupancy Evaluierung sowie Energie- und Wassermonitoring keine Entsprechungen auf (Kriterien 2.44, 2.45,

2.46, 2.47, 2.48, 2.49). Im Bereich Standortqualität fanden die Aspekte Mikrostandort, Bauvorhaben in einem LEED for Neighbourhood Development, Verkehrsanbindung und Nähe zu nutzungsrelevanten Objekten und Einrichtungen keine Entsprechung (Kriterien 2.50, 2.51, 2.52, 2.54).

Im Folgenden werden die C2C Vertiefungskriterien 1.1 Verwendung kreislauffähiger Materialien, 1.3 Rückbau- und Recyclingpotenziale, 1.7 Verbesserung der Innenraumluftqualität, 1.9 Wassereinsatz und Kreisläufe, 1.13 Einsatz erneuerbarer Energie sowie 1.20 Förderung von Biodiversität aus Anhang 1 und Tabelle 11 mit den entsprechenden Kriterien für nachhaltige kleine Wohngebäude aus Anhang 2 und Tabelle 12 verglichen.

Dazu wird für jedes C2C Kriterium zu Beginn des Kapitels der zugehörige Ausschnitt aus Anhang 1 dargestellt, der die identifizierten Anforderungen aus der Literatur zeigt. Im Anschluss werden die Inhalte der einzelnen Anforderungen beschrieben. Analog dazu wird jeweils für das inhaltlich korrespondierende Nachhaltigkeitskriterium der Ausschnitt aus Anhang 2 dargestellt. Die Inhalte der Anforderungen an nachhaltige kleine Wohngebäude werden ebenfalls beschrieben. Im letzten Schritt werden die Anforderungen aus der C2C Literatur und aus den Nachhaltigkeitsbewertungssystemen miteinander verglichen.

3.3.3 Vergleich des C2C Kriteriums und des Nachhaltigkeitskriteriums zum Thema Kreislaufführung von Materialien

3.3.3.1 Anforderungen aus der C2C Literatur zur Verwendung kreislauffähiger Materialien

Zum Thema kreislauffähige Materialien wurden in der C2C Literatur die folgenden Anforderungen identifiziert, die im Kriterium 1.1 zusammengefasst wurden (s. Anhang 1 und Tabelle 13):

Kategorie	Nummer/Name des Kriteriums	Anforderungen					Entsprechung Nachhaltigkeitskriterien Anhang 2
		The Hannover Principles (McDonough & Braungart, 2003a)	**Cradle to Cradle® Criteria for the built environment** (Mulhall & Braungart, 2010)	**Creating Buildings With Positive Impacts** (Mulhall et al., 2019)	**Entwicklung u. Bewertung eines Cradle to Cradle® inspirierten Plusenergiehauses** (Salfner et al., 2017)	**Cradle to Cradle Certified™. Product standard version 3.1** (Cradle to Cradle Products Innovation Institute, 2016)	
	1.1 Verwendung kreislauffähiger Materialien	Recycling of materials is essential Solid waste must be dealt with in a non-toxic manner.	2.1.2 A Use Materials whose quality and contents are measurably defined in technical or biological pathways		Stoffströme (Materialliste, Nährstoffzuordnung)	2 Material Reutilization	2.34

Tabelle 13: Anforderungen aus der Literatur zum Kriterium 1.1 Verwendung kreislauffähiger Materialien (eigene Darstellung)

Leitfaden „The Hannover Principles"

McDonough und Braungart (2003a, S. 22) fordern das Recycling von Materialien. Zudem ergänzen die Autoren, dass Feststoffabfall in einer ungiftigen Art und Weise behandelt werden soll. Ziel ist es, jeglichen Abfall zu eliminieren, der nicht Teil eines natürlichen, nachhaltigen Kreislaufs sein kann. Hersteller sollten ihre Produkte bereits im Design und in der Herstellung auf eine spätere Demontage und Wiederverwendung auslegen.

Leitfaden „Cradle to Cradle® Criteria for the built environment"

Mulhall und Braungart (2010, S. 8-9) fordern, dass im Gebäude Baumaterialien verwendet werden, die der Bio- oder der Technosphäre zugeordnet sind und am Ende der Nutzungszeit rückgeführt werden können. An einer anderen Stelle ergänzen Braungart et al. (2007), dass rückgewonnene technische Nährstoffe über möglichst viele Nutzungszyklen auf gleichem oder höheren Qualitätsniveau wiederverwendet werden sollen (s. Kapitel 2.3.3). Zudem müssen Nährstoffe sicher in die Bio- oder Technosphäre rückgeführt werden können und es darf davon keine Gefahr für Mensch und Umwelt ausgehen. Im Leitfaden erläutern Mulhall und Braungart (2010, S. 8-9) die Anforderung anhand eines Stuhls, der aus erneuerbaren oder recycelten Materialien besteht und unter Einsatz von erneuerbarer Energie gefertigt wurde. Der Stuhl kann vollständig in seine Einzelteile zerlegt werden, die entweder in der Technosphäre recycelt oder in der Biosphäre zu biologischen Nährstoffen abgebaut werden können.

Leitfaden „Entwicklung u. Bewertung eines Cradle to Cradle® inspirierten Plusenergiehauses"

Auch Salfner et al. (2017, S. 184) fordern die Haltung von Materialien in der Bio- und in der Technosphäre. Zur praktischen Umsetzung der Anforderung erläutern sie die Erstellung einer Materialiste, anhand derer alle verwendeten Materialien, Elemente und Komponenten der Bio- bzw. Technosphäre zugeordnet oder als Serviceprodukte eingestuft werden.

Produktzertifizierung „Cradle to Cradle Certified™. Product Standard"

Vor diesem Hintergrund bewertet der Cradle to Cradle Certified™ Product Standard im Kriterium Material Reutilization die folgenden Aspekte. Für jede Anforderung ist in Klammern dargestellt, für welches Zertifizierungslevel sie erfüllt werden muss (Cradle to Cradle Products Innovation Institute, 2016, S. 48-54):

- Dem Produkt und den Materialkomponenten wird der passende Kreislauf (biologischer oder technischer Nährstoff) zugordnet (alle Levels).
- Das Produkt weist einen Kreislauffähigkeitsindex ≥ 35 (Level Bronze), ≥ 50 (Level Silber), ≥ 65 (Level Gold) oder = 100 (Level Platinum) auf. Der Kreislauffähigkeitsindex definiert sich wie folgt:

$$\frac{\text{(\% Anteil Recyclingmaterial oder Anteil schnell nachwachsender Rohstoff im Produkt)} + 2*\text{(\% Anteil des Produkts, der recycelbar oder biologisch abbaubar/kompostierbar ist)}}{3} * 100$$

- Der Hersteller weist eine vollständige Nährstoffmanagement-Strategie für das Produkt einschließlich Umfang, Zeit- und Kostenrahmen vor (Level Gold, Platinum).
- Das Produkt wird aktiv rückgewonnen und in die Bio- oder Technosphäre rückgeführt (Level Platinum).

Bei der Berechnung des Kreislauffähigkeitsindex erreicht beispielsweise ein Produkt der Technosphäre, das zu 50 Prozent aus recycelbaren Materialen besteht und gleichzeitig 30 Prozent recycelte Materialien enthält, einen Wert von 43 und damit die Zertifizierungsstufe Bronze. Einen Kreislauffähigkeitsindex von 100 und damit die Zertifizierungsstufe Platinum erreichen lediglich Produkte, die zu 100 Prozent recycelbare oder biologisch abbaubare bzw. kompostierbare Materialien enthalten und gleichzeitig zu 100 Prozent aus recyceltem Material oder schnellwachsenden Rohstoffen hergestellt wurden.

3.3.3.2 Anforderungen aus Nachhaltigkeitsbewertungssystemen zum Einsatz von recycelten/recycelbaren Materialien

Dem C2C Kriterium 1.1 Verwendung kreislauffähiger Materialien wurde in Anhang 1 und Tabelle 11 das Nachhaltigkeitskriterium 2.34 Einsatz von recycelten / recycelbaren Materialien zugeordnet, das die folgende Literatur aus Nachhaltigkeitsbewertungssystemen zusammengefasst (s. Anhang 2 und Tabelle 14):

Kategorie	Nummer/Name des Kriteriums	Anforderungen					Entsprechung C2C Kriterien Anhang 1
		DGNB Zertifikat, Neubau Kleine Wohngebäude V2013.2 (DGNB e.V., 2013)	**Bewertungssystem Nachhaltiger Kleinwohnhausbau** (BNK) V1.0 (BiRN, 2021a)	**Home Quality Mark One,** SD 239 (BRE, 2018c)	**LEED v4.1 Residential Single Family Homes** (USGBC, 2020)	**Minergie V2020.1** (Minergie Schweiz, 2020b, 2020c, 2020d) **Minergie-Eco** Neubau EFH/MFH <500m² EBF, V1.5 ME-ECO Online 2020 (Minergie Schweiz & Verein ecobau, 2020c)	
	2.34 Einsatz von recycelten / recycelbaren Materialien				MR Credit: Environmentally preferable products	WNM4.060 Organisch-mineralische Verbundmaterialien WNA2.050 Recycling (RC) – Beton	1.1

Tabelle 14: Anforderungen aus der Literatur zum Kriterium 2.34 Einsatz von recycelten / recycelbaren Materialien (eigene Darstellung)

Bewertungssystem LEED Residential Single Family Homes

Die Anforderung MR Credit: Environmentally perferable products aus dem LEED System v4.1 Residential Single Family Homes zielt neben dem Einsatz von lokal produzierten Materialien auf die Verwendung von Materialien mit Recyclinganteil und von künftig recycelbaren Materialien ab. Dabei werden Punkte für bestimmte Bauteile vergeben, die zu mindestens 50 Prozent (Masse- oder Volumenanteil) eine oder mehrere der folgenden Anforderungen erfüllen (USGBC, 2020, S. 45-46):

- Das Produkt enthält mindestens 25 Prozent wiederverwendetes Material (Altmaterial, Refurbishment, Wiederverwendung).
- Das Produkt enthält mindestens 25 Prozent postconsumer oder 50 Prozent preconsumer Recyclingmaterial.
- Holzprodukte weisen eine FSC- oder gleichwertige Zertifizierung auf, die vom USGBC anerkannt wird.

- Biobasierte Produkte entsprechen dem Sustainable Agriculture Standard des Sustainable Agriculture Networks. Biobasierte Rohstoffe wurden nach der ASTM D6866 Methode geprüft und legal geerntet.
- Beton enthält mindestens 30 Prozent Flugasche oder Schlacke als Zementersatz und besteht mindestens zu 50 Prozent aus recycelten Zuschlagsstoffen. Alternativ enthält der Beton mindestens zu 90 Prozent recycelte Zuschlagsstoffe.
- Die Produkte stammen von einem Hersteller, der an einem Programm für erweiterte Herstellerverantwortung teilnimmt oder direkt dafür verantwortlich ist.

Bewertungssystem Minergie und Minergie-Eco für Neubau Einfamilienhäuser

Die Anforderung WNA2.050 aus dem Minergie-Eco System, Nachweisversion 1.5 fordert als Ausschlusskriterium, dass mindestens 50 Prozent des Volumenanteils aller Betonbauteile, für die RC-Beton angewendet werden kann, aus solchem hergestellt werden (Minergie Schweiz & Verein ecobau, 2020c, S. 22). Das Kriterium WNM4.060 zielt auf den Verzicht von organisch-mineralischen Verbundmaterialien, die Probleme bei der Entsorgung verursachen, wie Gipsfaserplatten oder zementgebundene Spanplatten ab (Minergie Schweiz & Verein ecobau, 2020c, S. 73).

3.3.3.3 Gegenüberstellung der Anforderungen aus der C2C Literatur und Nachhaltigkeitsbewertungssystemen zum Thema Kreislauffähigkeit von Materialien

Der Vergleich zeigte, dass sowohl die Anforderungen an C2C Gebäude als auch die Anforderungen an nachhaltige kleine Wohngebäude die Aspekte Verwendung von Produkten mit Recyclingmaterial oder nachwachsenden Rohstoffen und Verwendung von Produkten aus künftig recycelbaren oder biologisch abbaubaren/kompostierbaren Materialien beleuchten.

Beim ersten Aspekt zielen die C2C Leitfäden und der Cradle to Cradle Certified™ Product Standard auf den Einsatz von Produkten ab, die zu 100 Prozent positiv definiert und zu 100 Prozent aus recycelten Materialien oder schnell nachwachsenden Rohstoffen bestehen. Dies ist auch Voraussetzung, um das Platinum Level in der C2C Produktzertifizierung zu erreichen (Cradle to Cradle Products Innovation Institute, 2016, S. 48). Das Kriterium bezieht alle Bauteile und verbauten Materialien ein. In den Nachhaltigkeitsbewertungssystemen werden explizit Bauteile und Materialien benannt, für die die Anforderungen zu erfüllen sind. Während das Schweizer System Minergie-Eco lediglich den Einsatz von RC-Beton beurteilt (Minergie Schweiz & Verein ecobau, 2020c, S. 22), erstreckt sich die LEED Zertifizierung auf eine breitere Auswahl von Anwendungen (Bodenbeläge, Dämmung, Verschalung, Rohbau, Trockenbau/Innenausbau, Beton, Bedachung, Fassadenverkleidungen und zusätzliche Komponenten wie Türen und Fenster) (USGBC, 2020, S. 46). Beiden Systemen ist gemein, dass bereits ab einem Recyclinganteil von weniger als 100 Prozent die Anforderungen erfüllt sind oder die volle Punktzahl erreicht werden kann. Hinzu kommt, dass in den Nachhaltigkeitsbewertungssystemen auch für die Verwertung von Nebenprodukten, die eigentlich nicht dafür vorgesehen sind beispielsweise Einsatz von Flugasche in Beton, Punkte vergeben werden. Dies zeigt, dass die Ziele des C2C Kriteriums 1.1 Verwendung kreislauffähiger Materialien höher liegen als die Ziele des korrespondierenden Nachhaltigkeitskriteriums 2.34 Einsatz von recycelten/recycelbaren Materialien. Während die Anforderungen der Zertifizierungsstufen Basic, Bronze, Silber und Gold aus dem C2C Certified™ Product Standard den Anforderungen aus den Nachhaltigkeitsbewertungssystemen noch ähneln, sticht die Stufe Platinum hervor, die fordert, dass Produkte zu 100 Prozent aus recyceltem Material oder schnellnachwachsenden Rohstoffen bestehen (Cradle to Cradle Products Innovation Institute, 2016, S. 48).

Auch beim zweiten Aspekt zielen die C2C Leitfäden und das Produktzertifizierungssystem auf den Einsatz von Produkten ab, die zu 100 Prozent recycelbar oder biologisch abbaubar/kompostierbar sind. Im Minergie-Eco System findet sich zum Thema lediglich eine Anforderung, die die Verwendung von organisch-mineralischen Verbundmaterialien ausschließt (Minergie Schweiz & Verein ecobau, 2020c, S. 73). Anstatt einer Positivdefinition wie im C2C Bereich, werden hier nur Materialien ausgeschlossen, deren Recyclingeigenschaften besonders ungünstig sind. Im LEED System wird die Verwendung von Holzprodukten, die nach FSC oder einem vergleichbaren Standard zertifiziert sind, und die Verwendung biobasierter Materialien positiv bewertet (USGBC, 2020, S. 45-46). Darüber hinaus werden im LEED System Punkte vergeben, wenn das Produkt in ein Programm für erweiterte Herstellerverantwortung eingebettet ist. Während im Bereich C2C Anforderungen an die Beschaffenheit von Produkten der Techno- und der Biosphäre gestellt werden, geschieht dies im LEED System nur für Produkte der Biosphäre. Für Produkte der Technosphäre wird lediglich das Vorhandenseins eines Systems für erweiterte Herstellerverantwortung beurteilt. Zudem kann im LEED System wie auch schon bei der Verwendung von Produkten aus Recyclingmaterial oder nachwachsenden Rohstoffen ab einem Anteil von unter 100 Prozent der Bauteile und Materialien die volle Punktzahl erreicht werden. Folglich liegen die Ziele des Kriteriums 2.34 auch im Bereich der recycelbaren und biologisch abbaubaren/kompostierbaren Produkte niedriger als beim C2C Kriterium 1.1 Verwendung kreislauffähiger Materialien.

Es wurden jedoch auch bei der Untersuchung der C2C Produktzertifizierung einzelne Aspekte sichtbar, die kritisch zu betrachten sind. Bei der Berechnung des Kreislauffähigkeitsindex werden Materialien bereits als recycelbar angesehen, wenn nachgewiesen wird, dass sie nach der initialen Nutzungsphase mindestens einmal auf Pilotebene recycelt werden können (Cradle to Cradle Products Innovation Institute, 2016, S. 49). Die folgenden Nutzungszyklen werden in der Produktzertifizierung nicht betrachtet. Zudem werden Materialien aus nachwachsenden Rohstoffen, beispielsweise Holz, als kompostierbar angenommen, wenn sie thermisch verwertet werden können und bei der Verbrennung keine problematischen Beiprodukte freigesetzt werden (Cradle to Cradle Products Innovation Institute, 2016, S. 49). Dies widerspricht dem Gedanken des Nährstoffkreislaufs, da die Verbrennungsprodukte in der Regel nicht rückgeführt werden und zudem bei der Verbrennung CO_2 frei wird, das in nachwachsenden Rohstoffen gebunden ist.

3.3.4 Vergleich des C2C Kriteriums und des Nachhaltigkeitskriteriums zum Thema Rückbau

3.3.4.1 Anforderungen aus der C2C Literatur zu Rückbau- und Recyclingpotenzialen

Zum Thema Rückbau wurde in der C2C Literatur die folgende Anforderung identifiziert, die als Kriterium 1.3 übernommen wurde (s. Anhang 1 und Tabelle 15):

Kategorie	Nummer/Name des Kriteriums	Anforderungen					Entsprechung Nachhaltigkeitskriterien Anhang 2
		The Hannover Principles (McDonough & Braungart, 2003a)	**Cradle to Cradle® Criteria for the built environment** (Mulhall & Braungart, 2010)	**Creating Buildings With Positive Impacts** (Mulhall et al., 2019)	**Entwicklung u. Bewertung eines Cradle to Cradle® inspirierten Plusenergiehauses** (Salfner et al., 2017)	**Cradle to Cradle Certified™. Product standard version 3.1** (Cradle to Cradle Products Innovation Institute, 2016)	
	1.3 Rückbau- und Recyclingpotenziale				Rückbau- und Recyclingpotenziale (Gebäudetransformation, Aufbau- und Rückbauszenarien, Wieder- und Weiterverwertung)		2.34

Tabelle 15: Anforderungen aus der Literatur zum Kriterium 1.3 Rückbau- und Recyclingpotenziale (eigene Darstellung)

Leitfaden „Entwicklung u. Bewertung eines Cradle to Cradle® inspirierten Plusenergiehauses“
Die Anforderung Rückbau- und Recyclingpotenziale von Salfner et al. (2017, S. 184) zielt auf eine einfache Gebäudetransformierung bei veränderten Nutzerszenarien sowie eine Wieder- und Weiterverwertung der verbauten Materialien, Elemente und Komponenten beim Komplettrückbau eines Gebäudes ab. Um die beiden Aspekte umzusetzen, empfehlen Salfner et al. (2017, S. 80), Gebäude nach den Prinzipien Design for Disassembly und Design for Adaptability zu planen, die sie wie folgt definieren:

Design for Disassembly: *„Der Entwurfs- und Ausführungsprozess ist darauf ausgerichtet, dass Produkte oder Systeme einfach zerlegt werden können, um Instandhaltung, Reparatur und die Wiederverwendung der Materialien zu fördern.“*

Design for Adaptability: *„Im Entwurfsprozess werden vielfältige Arten der Nutzung berücksichtigt, um die Langlebigkeit der Produkte oder Systeme zu erhöhen.“* (Salfner et al., 2017, S. 203-204)

Darüber hinaus stellen Salfner et al. (2017, S. 83) die folgenden Subkriterien auf, die den Rückbau von Gebäuden und die Wiederverwendung von Gebäudeelementen und –komponenten erleichtern sollen:

- Die unterschiedlichen Haltbarkeiten der verwendeten Werkstoffe und die daraus resultierenden Instandhaltungszyklen sollten bei der Anordnung der Schichten berücksichtigt werden. Es sollte darauf geachtet werden, dass keine Materialien mit langen Nutzungszeiten weichen müssen, um solche mit kürzerer Nutzungszeit auszutauschen (s. Abbildung 37).

- Die Zugänglichkeit von Anschlusspunkten und Verbindungen sollte gegeben sein, um einen einfachen Austausch von Materialien zu gewährleisten.
- Verbindungsmittel sollten einfach zu lösen sein. Mechanische Verbindungen sollten chemischen, nicht lösbaren Verbindungen bevorzugt werden.
- Konstruktive Lösungen zum Schutz von Bauteilen sollten über chemische Maßnahmen priorisiert werden. Schädliche Inhaltsstoffe bei chemischem Materialschutz gilt es zu vermeiden.
- Das Material sollte durch den Nutzer ordnungsgemäß behandelt und gepflegt werden.

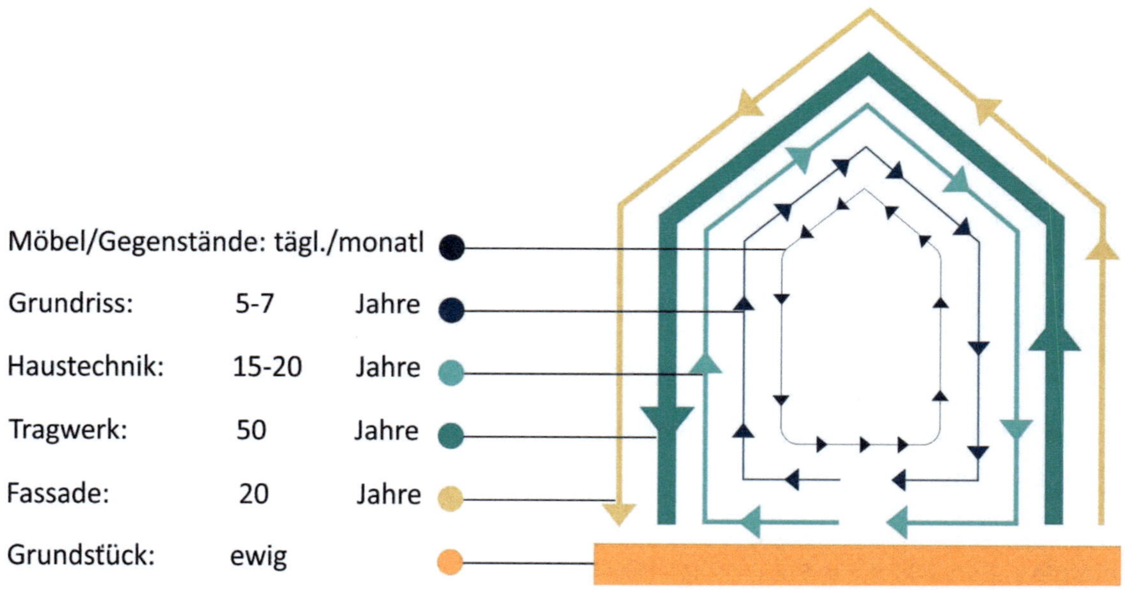

Abbildung 37: Gebäudeteile mit Austauschzyklen (Darstellung nach Stewart Brand, 1994, S. 13)

3.3.4.2 Anforderungen aus Nachhaltigkeitsbewertungssystemen zur Rückbau- und Demontagefähigkeit

Dem C2C Kriterium 1.3 Rückbau- und Recyclingpotenziale wurde in Anhang 1 und Tabelle 11 das Nachhaltigkeitskriterium 2.33 Rückbau- und Demontagefähigkeit zugeordnet, das die in Anhang 2 und Tabelle 16 beschriebene Literatur aus Nachhaltigkeitsbewertungssystemen zusammenfasst.

DGNB Zertifikat, Neubau Kleine Wohngebäude

Der Steckbrief TEC 1.6 Rückbau- und Demontagefreundlichkeit zielt auf eine Reduktion des anfallenden Abfallaufkommens im Bauwesen und eine Kreislaufführung von Baustoffen ab (DGNB e.V., 2013). Zur Sicherstellung eines sortenreinen Rückbaus sowie eines hohen Recyclinganteils am Ende der Nutzungsphase wird empfohlen, bereits in der Planungsphase auf die Auswahl möglichst homogener Materialien, die Trennbarkeit der Materialschichten und die Verwendung von schadstofffreien und recycelbaren Baustoffen zu achten. Im Steckbrief werden die folgenden Aspekte bewertet:

- Beurteilung des Aufwands zur Demontage der Bauteile durch Einstufung in fünf Kategorien (Sehr hoch, hoch, mittel, gering, sehr gering)
- Beurteilung des Aufwands zur Trennung der Bauteilschichten durch Einstufung in drei Kategorien (Nicht vertretbar, vertretbar, leicht)
- Vorhandensein eines Entsorgungskonzeptes

Zur Beurteilung der Demontage der Bauteile und der Trennbarkeit der Schichten steht ein Excel-Tool zur Verfügung. Die Beurteilung erfolgt auf Grundlage von Beispielaufbauten durch den Bearbeiter.

Kategorie	Nummer/Name des Kriteriums	Anforderungen					Entsprechung C2C Kriterien Anhang 1
		DGNB Zertifikat, Neubau Kleine Wohngebäude V2013.2 (DGNB e.V., 2013)	**Bewertungssystem Nachhaltiger Kleinwohnhausbau** (BNK) V1.0 (BiRN, 2021a)	**Home Quality Mark One,** SD 239 (BRE, 2018c)	**LEED v4.1 Residential Single Family Homes** (USGBC, 2020)	**Minergie V2020.1** (Minergie Schweiz, 2020b, 2020c, 2020d) **Minergie-Eco** Neubau EFH/MFH <500m² EBF, V1.5 ME-ECO Online 2020 (Minergie Schweiz & Verein ecobau, 2020c)	
	2.33 Rückbau- und Demontagefähigkeit	TEC 1.6 Rückbau- und Demontagefähigkeit				WNG4.010 Rückbaufähigkeit von Gebäudehülle und Sekundärstruktur WNG4.020 Rückbaufähigkeit von Gebäudetechnik und Tertiärstruktur	1.3

Tabelle 16: Anforderungen aus der Literatur zum Kriterium 2.33 Rückbau- und Demontagefähigkeit (eigene Darstellung)

Bewertungssystem Minergie und Minergie-Eco für Neubau Einfamilienhäuser

Im Minergie-Eco System zielen die Anforderungen WNG4.010 und WNG4.020 auf einen einfachen Rückbau, Austausch, Verstärkung und Wiederverwendung von Bauteilen und Schichten ohne Beschädigung oder Erneuerung angrenzender Bauteile im Bereich der Sekundär- und Tertiärstruktur ab (Minergie Schweiz & Verein ecobau, 2020c, S. 58-59). Dabei wird ein Punkt vergeben, wenn ausschließlich rein mechanische, lösbare Befestigungsmittel verwendet werden. Für Bauteilaufbauten, deren Schichten der gleichen Materialfraktionen angehören, entfällt die Anforderung. Die Sekundärstruktur umfasst alle Bauteile mittlerer Lebensdauer (20 bis 30 Jahre) und die Tertiärstruktur alle Bauteile kurzer Lebensdauer (5-20 Jahre).

3.3.4.3 Gegenüberstellung der Anforderungen aus der C2C Literatur und Nachhaltigkeitsbewertungssystemen zum Thema Rückbau

Beim Vergleich der Kriterien wurde ersichtlich, dass sowohl im Bereich C2C als auch in der Nachhaltigkeitsbewertung die Art der Verbindungsmittel zwischen Bauteilen oder Bauteilschichten betrachtet werden. Salfner et al. (2017, S. 83) fordern, dass Verbindungsmittel verwendet werden sollten, die einfach zu lösen sind. Demnach sollten mechanische Verbindungen anstatt chemischer Verbindungen gewählt werden. Im Minergie-Eco System werden in den Steckbriefen WNG4.010 und WNG4.020 die gleichen Anforderungen gestellt. Die Primärstruktur ist jedoch aus der Bewertung ausgenommen (Minergie Schweiz & Verein ecobau, 2020c, S. 58-59). Salfner et al. (2017) unterschieden bei den Anforderungen nicht zwischen den verschiedenen Ebenen der Gebäudestruktur. Auch im DGNB Steckbrief 1.6 wird durch die Beurteilung des Aufwands zur Demontage der Bauteile und zur Trennung der Bauteilschichten die Art der Verbindungsmittel bewertet. Im Steckbrief erfolgt eine Unterteilung in technische Gebäudeausrüstung, nichtkonstruktive Bauelemente, nicht tragende Rohbaukonstruktionen sowie tragende Rohbaukonstruktion (DGNB e.V., 2013).

Salfner et al. (2017, S. 83) empfehlen zudem, die verschiedenen Nutzungsdauern von Materialien und Komponenten sowie die Zugänglichkeit von Verbindungen in der Planung zu berücksichtigen. Diese Aspekte werden im DGNB Steckbrief 1.6 nicht explizit erwähnt, da die Anforderung im Gegensatz zum C2C Leitfaden für den Wohnungsbau von Salfner et al. (2017) nur auf einen einfachen Rückbau und ein hochwertiges Recycling am Ende der Nutzungsphase, nicht aber auf eine Gebäudetransformation innerhalb der Nutzungsphase abzielt (DGNB e.V., 2013). Nichtsdestotrotz begünstigen gut lösbare Verbindungsmittel, wie im DGNB Zertifikat gefordert, auch eine spätere Gebäudetransformation. An einer anderen Stelle im DGNB System, im Steckbrief ECO2.1 Flexibilität und Umnutzungsfähigkeit, wird die Transformierbarkeit des Gebäudegrundrisses betrachtet. Auch hier steht nicht der Austausch einzelner Bauteilschichten, sondern die Umnutzungsfähigkeit des Grundrisses im Vordergrund.

In den Minergie-Eco Anforderungen WNG4.010 und WNG4.020 wird der Austausch von Bauteilen zwar als Grund für das Kriterium erwähnt. Die Lösbarkeit der Befestigungsmittel stellt jedoch die einzige Anforderung dar. Die Anordnung der Schichten nach Nutzungsdauern sowie die Zugänglichkeit von Verbindungen werden nicht explizit abgefragt. Darüber hinaus wird im Minergie-Eco Steckbrief WNG2.020 Nutzungsflexibilität der Gebäudestruktur die Flexibilität des Grundrisses, bei Einfamilienhäusern die Möglichkeit der Aufteilung zwei separate Einheiten, positiv bewertet. Auch hier wird nicht im Detail auf den Austausch von Bauteilschichten eingegangen.

Auch die Empfehlung von Salfner et al. (2017, S. 83), konstruktive anstatt chemischer Maßnahmen zum Schutz von Bauteilen zu verwenden und Materialien ordnungsgemäß zu pflegen ist nicht Teil des DGNB Steckbriefs 1.6 und der Minergie-Eco Anforderungen WNG4.010 und WNG4.020. Im DGNB System wird an anderer Stelle, im Steckbrief ENV1.2 Risiken für die lokale Umwelt, der Verzicht auf chemische Schutzmaßnahmen (z.B. Holzschutzmittel, Biozide) zugunsten von konstruktiven Maßnahmen positiv bewertet (DGNB e.V., 2013). Während die Forderung konstruktiver Schutzmaßnahmen bei Salfner et al. (2017) auf einen Rückbau und eine Wiederverwendung von Bauteilen abzielt, steht im DGNB Steckbrief die Vermeidung von Schadstoffen im Vordergrund. Gleiches gilt für den Minergie-Eco Steckbrief WNA1.030, der ebenfalls die Verwendung von Bioziden und Holzschutzmitteln in Innenräumen ausschließt (Minergie Schweiz & Verein ecobau, 2020c, S. 7). Zur ordnungsgemäßen Pflege von Materialien und Bauteilen, um die Haltbarkeit zu verlängern, finden sich in beiden Systemen keine Kriterien.

Einen weiteren Aspekt im DGNB Steckbrief 1.6 stellt das Vorliegen eines Recycling-/Entsorgungskonzeptes dar. Im Konzept sollen die Organisation und die Zuständigkeiten für den Rückbau, die geschätzten Massen der anfallenden Abfälle sowie die Sortierung der Fraktionen dargestellt werden. Dabei wird lediglich das Vorhandensein des Konzeptes, nicht jedoch dessen Qualität beurteilt. Im C2C Leitfaden für den Wohnungsbau von Salfner et al. (2017) ist keine vergleichbare Anforderung zu finden.

3.3.5 Vergleich des C2C Kriteriums und des Nachhaltigkeitskriteriums zum Thema Innenraumluft

3.3.5.1 Anforderungen aus der C2C Literatur zur Verbesserung der Innenraumluftqualität

Zum Thema Verbesserung der Innenraumluftqualität wurden in der C2C Literatur die folgenden Anforderungen identifiziert, die im Kriterium 1.7 zusammengefasst wurden (s. Anhang 1 und Tabelle 17):

Kategorie	Nummer/Name des Kriteriums	Anforderungen					Entsprechung Nachhaltigkeitskriterien Anhang 2
		The Hannover Principles (McDonough & Braungart, 2003a)	**Cradle to Cradle® Criteria for the built environment** (Mulhall & Braungart, 2010)	**Creating Buildings With Positive Impacts** (Mulhall et al., 2019)	**Entwicklung u. Bewertung eines Cradle to Cradle® inspirierten Plusenergiehauses** (Salfner et al., 2017)	**Cradle to Cradle Certified™. Product standard version 3.1** (Cradle to Cradle Products Innovation Institute, 2016)	
	1.7 Verbesserung der Innenraumluftqualität	Building design must accommodate ventilation systems that meet specific air-quality needs. The health effects from indoor air quality problems must be considered.	2.1.4 A Measurably improve indoor air quality for biological metabolisms			1 Material Health	2.21

Tabelle 17: Anforderungen aus der Literatur zum Kriterium 1.7 Verbesserung der Innenraumluftqualität (eigene Darstellung)

Leitfaden „The Hannover Principles"

McDonough und Braungart (2003a, S. 24) verweisen in den Hannover Principles darauf, dass in Gebäuden Lüftungssysteme verbaut werden sollten, die an die jeweilige Situation angepasst sind und zu guter Innenraumluft beitragen. Darüber hinaus sollten gesundheitliche Auswirkungen schlechter Innenraumluftqualität während des Gestaltungsprozesses berücksichtigt werden sollten.

Leitfaden „Cradle to Cradle® Criteria for the built environment"
Mulhall und Braungart (2010, S. 9) gehen weiter und fordern, die Luftqualität in Gebäuden aktiv zu verbessern, so dass die Luft das Gebäude sauberer verlässt als bevor sie ins Gebäude kommt und ein behagliches Klima für die Nutzer herrscht. Als Maßnahmen schlagen sie den Einsatz von luftreinigenden C2C Materialien für oberflächennahe Anwendungen wie Boden- oder Wandbeläge und Haustechnik sowie die Bepflanzung des Innenraumes vor.

Armijos Moya et al. fassten 2019 den Stand der Forschung zu Effekten von Vegetationssystemen auf die Innenraumqualität zusammen. Armijos Moya et al. (2019) kamen zu dem Ergebnis, dass mehrere Studien zeigen, dass Grünsysteme die Innenraumluftqualität verbessern können. Während unter Laborbedingungen bereits weitreichende Studien durchgeführt wurden, besteht zu den Effekten unter realen Bedingungen aber weiterer Forschungsbedarf. Gemäß Soreanu et al. (2013, S. 588) wurden bisher circa 120 Pflanzenarten auf ihre Wirkung beim VOC-Abbau untersucht. In den Studien schnitten die Pflanzen Noppenblatt (Hemigraphis alternata), Purple Heart (Tradescantia pallida), gewöhnlicherer Efeu (Hedera helix), Farnspargel (Asparagus setaceus), Wachsblume (Hoya carnosa) (Yang et al., 2009, S. 1377) und Geldbaum (Crassula portulacea) am besten ab (Liu et al., 2007).

Produktzertifizierung „Cradle to Cradle Certified™. Product Standard"
Zusätzlich enthält die C2C Produktzertifizierung im Kriterium 1 Material Health eine Anforderung an die Innenraumluftqualität. Um die Zertifizierungsstufen Gold oder Platinum zu erlangen, müssen die C2C VOC-Emissionsstandards für das Produkt eingehalten werden, die folgende Anforderungen umfassen (Cradle to Cradle Products Innovation Institute, 2016, S. 18-47):

- Flüchtige organische Verbindungen, die als kanzerogen, endokrin wirksam, mutagen, reproduktionstoxisch oder teratogen eingestuft sind, liegen unter der Nachweisgrenze.
- Der TVOC-Wert liegt unter 0,5 mg/m^3.
- Einzelne flüchtige organische Verbindungen, die im Kriterium Material Health eine x-Bewertung erhalten, liegen unter dem 0,01-fachen des TLV- oder MAK-Wertes. Dabei ist der niedrigere Wert ausschlaggebend.

Die Untersuchung der Produkte erfolgt in der Prüfkammer. Verbrauchsmaterialien wie Waschmittel oder Toilettenpapier, die vollständig als biologischer Nährstoff definiert sind, werden von der Anforderung ausgenommen. Falls die Vermutung besteht, dass im Produkt weitere Schadstoffe, beispielsweise radioaktive Substanzen in Granit, enthalten sind, müssen dafür Tests durchgeführt werden.

3.3.5.2 Anforderungen aus Nachhaltigkeitsbewertungssystemen zu Innenraumlufthygiene und Lüftung

Dem C2C Kriterium 1.7 Verbesserung der Innenraumluftqualität wurde in Anhang 1 und Tabelle 11 das Nachhaltigkeitskriterium 2.21 Innenraumlufthygiene und Lüftung zugeordnet, das die in

Anhang 2 und Tabelle 18 dargestellte Literatur aus Nachhaltigkeitsbewertungssystemen zusammengefasst.

DGNB Zertifikat, Neubau Kleine Wohngebäude

Ziel des Steckbriefs SOC 1.2 Innenraumlufthygiene ist die Gewährleistung einer Luftqualität im Innenraum, die keine negativen Auswirkungen auf das Wohlbefinden und die Gesundheit der Nutzer hat (DGNB e.V., 2013). Im Rahmen des Steckbriefs sind Aktivmessungen der Innenraumluft bezüglich flüchtiger organischer Verbindungen (VOCs) und Formaldehyd durchzuführen. Bei den VOCs werden sowohl die Summe (TVOC) als auch die Einzelsubstanzen einbezogen. Für Einzelsubstanzen werden die Richtewerte I und II des Ausschusses für Innenraumrichtwerte (AIR) (UBA, 2020c) und die Neubauorientierungswerte aus dem DGNB Steckbrief als Standard herangezogen (DGNB e.V., 2013). Für die Summe der VOCs (TVOC) und Formaldehyd gelten die jeweiligen Grenzwerte aus dem Steckbrief. Anstatt der Messung kann bei Ausbauhäusern durch Deklaration nachgewiesen werden, dass bei oberflächennahen Schichten und Bauteilen nur emissionsarme Produkte eingesetzt wurden. Zusätzlich wird im Steckbrief das Vorhandensein eines Lüftungskonzeptes auf Basis von DIN 1946-6: Raumlufttechnik - Teil 6: Lüftung von Wohnungen– Allgemeine Anforderungen, Anforderungen an die Auslegung, Ausführung, Inbetriebnahme und Übergabe sowie Instandhaltung (DIN 1946-6: 2009-05) und die Umsetzung verschiedener Lüftungsstufen positiv bewertet.

BNK

Auch im Steckbrief 1.1.1 Wohngesundheit: Innenraumlufthygiene des BNK wird die Durchführung einer Aktivmessung der Innenraumluft bezüglich flüchtiger organischer Verbindungen und Formaldehyd gefordert (BMI, 2015a). Wie beim DGNB Zertifikat werden die Summe der VOCs (TVOC) und die Einzelsubstanzen sowie der Formaldehydgehalt beurteilt. Die Beurteilung des TVOC Wertes erfolgt auf Grundlage der Leitwerte in der Innenraumluft des Ausschusses für Innenraumrichtwerte (AIR) (UBA, 2020b). Für Einzelsubstanzen werden die Richtewerte I und II des Ausschusses für Innenraumrichtwerte (AIR) (UBA, 2020c) herangezogen. Die Grenzwerte für Formaldehyd sind dem Steckbrief zu entnehmen und in Kapitel 4.2.2 dargestellt. Anstatt der Messung kann eine Deklaration der eingesetzten oberflächennahen Bauprodukte erfolgen.

Darüber hinaus werden für das Vorhandensein einer mechanischen Lüftungsanlage, die Anwendung eines Lüftungsleitfadens für die Bewohner und die Dokumentation über die Auslegung eines Lüftungskonzeptes nach DIN 1946-6 Punkte vergeben (DIN 1946-6: 2009-5).

Kategorie	Nummer/Name des Kriteriums	Anforderungen					Entsprechung C2C Kriterien Anhang 1
		DGNB Zertifikat, Neubau Kleine Wohngebäude V2013.2 (DGNB e.V., 2013)	**Bewertungssystem Nachhaltiger Kleinwohnhausbau** (BNK) V1.0 (BiRN, 2021a)	**Home Quality Mark One,** SD 239 (BRE, 2018c)	**LEED v4.1 Residential Single Family Homes** (USGBC, 2020)	**Minergie V2020.1** (Minergie Schweiz, 2020b, 2020c, 2020d) **Minergie-Eco** Neubau EFH/MFH <500m² EBF, V1.5 ME-ECO Online 2020 (Minergie Schweiz & Verein ecobau, 2020c)	
	2.21 Innenraumlufthygiene und Lüftung	SOC 1.2 Innenraumluftqualität	1.1.1 Wohngesundheit: Innenraumlufthygiene	4.1 Indoor Pollutants		WNA9.010 Raumluftmessungen (Formaldehyd)	1.7 1.24
						WNA 9.020 Raumluftmessungen (TVOC)	
				4.6 Ventilation	EQ Prerequisite: Ventilation	Kontrollierte Lufterneuerung	
					EQ Credit: Enhanced ventilation		
					EQ Credit: Low-Emitting Products	WNA1.040 Formaldehydemissionen aus Baumaterialien	
					EQ Prerequisite: Combustion venting		
					EQ Prerequisite: Garage Pollutant Protection		
					EQ Prerequisite: Air Filtering		
					EQ Prerequisite: Compartmentalization		
					EQ Credit: Contaminant control		
					EQ Prerequisite: Radon-Resistant Construction	WNI3.010 Maßnahmen zur Reduktion der Radonbelastung	
						WNI9.020 Raumluftmessungen (Radon)	
						WNI4.010 Nicht ionisierende Strahlung (NIS-Zonenplan, Niederfrequenz 50 Hz)	
						WNI4.030 Nicht ionisierende Strahlung (Verlegung von Leitungen)	
						WNI5.030 Lungengängige Mineralfasern	

Tabelle 18: Anforderungen aus der Literatur zum Kriterium 2.21 Innenraumlufthygiene und Lüftung (eigene Darstellung)

HQM One

Im System HQM zielt der Steckbrief 4.1 Indoor Pollutants darauf ab, den Komfort für die Bewohner zu steigern und negative Auswirkungen auf die Gesundheit der Bewohner durch Luftschadstoffe zu minimieren (BRE, 2018c, S. 72-79). Darin werden die folgenden Anforderungen bewertet:

- Bei Vorhandensein von Verbrennungsanlagen für Heizung und Warmwasserbereitung führen die Abgasleitungen ins Freie.
- In Küchen wird eine Dunstabzugshaube installiert.
- Es sind nur Kochgeräte vorhanden, die keine Emissionen aus Brennstoffen freisetzen, beispielsweise elektrische Geräte.
- Die verbauten oberflächennahen Produkte halten die vorgegebenen Emissionsstandards bezüglich flüchtiger organischer Verbindungen und Formaldehyd ein. Die Beurteilung erfolgt im Prüfkammerverfahren.
- Es wird eine Innenraumluftmessung bezüglich Formaldehyd durchgeführt und der Grenzwert von 0,1 mg/m³ wird eingehalten (gemittelt über 30 Minuten).
- Es wird eine Innenraumluftmessung bezüglich TVOCs durchgeführt und der Grenzwert von 0,5 mg/m³ wird eingehalten (gemittelt über 8 Stunden).

Darüber hinaus wird im Home Quality Mark Steckbrief 4.6 Ventilation das Vorhandensein lüftungstechnischer Maßnahmen bewertet (BRE, 2018c, S. 102-108). In die Bewertung fließen die folgenden Aspekte ein:

- Es wird dauerhaft ein Schild angebracht, das Informationen zum Lüftungssystem wie Betrieb und Wartung enthält.
- Das Eindringen von Schadstoffen über die Lufteinlässe von Lüftungsanlagen wird vermieden.
- Je nach Landesteil (England, Schottland, Wales und Nordirland) werden vorgegebene Luftwechselraten eingehalten. Bei mechanischer Belüftung werden vorgegebene Innenlärmpegel eingehalten.
- In Nassräumen wird die Abluft über Feuchtesensoren gesteuert oder es gibt eine manuelle/automatische Boost-Funktion.
- Wartungsarbeiten an der Lüftungsanlage verschiedener Tiefe können durch den Bewohner oder den Gebäudetechniker sicher ausgeführt werden.
- Für mechanische Dauer-Lüftungssysteme sind Steuerungen vorgesehen, die eine ausreichende Hintergrundbelüftungsrate ermöglichen und somit eine Anpassung an unterschiedliche Nutzungsintensitäten gewährleisten, ohne dabei den Boost-Modus aktivieren zu müssen.

Bewertungssystem LEED Residential Single Family Homes

Im LEED System finden sich insgesamt neun Steckbriefe zum Thema Innenraumlufthygiene. Sechs davon stellen Grundvoraussetzungen dar, die von jedem Gebäude erfüllt werden müssen, um zertifiziert zu werden. In drei weiteren Kriterien können darüber hinaus Punkte erreicht und so die Zertifizierungsstufe beeinflusst werden.

Im Steckbrief EQ Prerequisite: Ventilation wird als Grundvoraussetzung vorgeben, dass in jeder Küche und jedem Bad eine lokale Abluft installiert wird, die einen vorgegebenen Luftdurchsatz erzielt und direkt ins Freie führt (USGBC, 2020, S. 51-52). In Bädern verbaute Abluftventilatoren müssen ein Energy Star Label oder eine vergleichbare Energieeffizienzstufe aufweisen. Zudem gilt als Voraussetzung, dass in der ganzen Einheit ein Lüftungssystem eingebaut wird, das einen vorgegebenen Luftdurchsatz aufweist und die Schallschutzanforderungen einhält. Darüber hinaus kann im Kriterium EQ Credit: Enhanced Ventilation ein Punkt erreicht werden, wenn die lokale Abluftanlage in den Bädern über einen Anwesenheitssensor oder einen Feuchtigkeitssensor gesteuert wird, der Ventilator dauerhaft läuft oder nach jeder Nutzung mindestens 20 Minuten nachläuft (USGBC, 2020, S. 58). Weitere Punkte können erreicht werden, wenn im gesamten Gebäude ein ausgewogenes Lüftungssystem (nicht nur Abluft- oder Zuluft) und/oder ein Entfeuchtungsregler verbaut werden.

Mit dem Steckbrief EQ Prerequisite: Combustion Venting wird vorausgesetzt, dass keine unbelüfteten Verbrennungsanlagen im Gebäude installiert werden (USGBC, 2020, S. 53). Zudem müssen in jedem Stockwerk des Gebäudes Kohlenmonoxid–Melder angebracht werden und alle Feuerstellen und Holzöfen verschließbar sein. Darüber hinaus müssen Verbrennungsanlagen für Heizung und Warmwasserbereitung entweder ein geschlossenes Verbrennungssystem aufweisen, elektrisch betriebene Luftauslässe aufweisen oder in einem separaten Versorgungsgebäude bzw. im Freien aufgestellt werden.

Der Steckbrief EQ Prerequisite: Garage Pollutant Protection gibt vor, dass alle Teile der Lüftungsanlage und die Kanäle außerhalb der Garage platziert werden und Wände sowie Decken zwischen Garage und Wohnhaus so abgedichtet werden, so dass keine Autoabgase in Wohnräume eindringen können (USGBC, 2020, S. 54).

Im Steckbrief EQ Prerequisite: Radon-Resistant Construction wird als Grundvoraussetzung gefordert, dass in Gebäuden, die sich in Gebieten mit hoher Radonbelastung befinden, bauliche Maßnahmen ergriffen werden, um der Belastung gegenzusteuern (USGBC, 2020, S. 55).

Als weitere Grundvoraussetzung wird im Kriterium EQ Prerequisite: Air Filtering vorgegeben, dass in allen mit Umluft arbeitenden Klimaanlagen und Lüftungsanlagen Luftfilter mit einem vorgegebenen Mindestabscheidegrad (MERV) verbaut werden und die Anlagentechnik auf den resultierenden Druckabfall abgestimmt wird (USGBC, 2020, S. 56).

Im Steckbrief EQ Prerequisite: Compartmentalization wird gefordert, dass bei Doppel- oder Reihenhäusern die einzelnen Einheiten luftdicht voneinander abgeschlossen sind, um unkontrollierte Luftströme, die mit Tabakrauch oder anderen Luftschadstoffen verunreinigt sind, zu vermeiden (USGBC, 2020, S. 57). Dafür wird eine maximale Leckagerate vorgegeben, die eingehalten werden muss.

Neben der Erfüllung der genannten Grundanforderungen können im Steckbrief EQ Credit: Contaminant Control Punkte erreicht werden, wenn an den Hauptzugängen des Gebäudes permanente Fußabstreifer und/oder ein festinstalliertes Schuhregal verbaut sind (USGBC, 2020, S. 59-60). Zudem werden Punkte vergeben, wenn Lüftungsschächte während der Bauphase abgedichtet und vor dem Einzug mit frischer Luft durchspült werden und/oder im Hauswirtschaftsraum, im Wäscheraum oder in der Garage ein Abluftventilator installiert wird. Weitere Punkte sind möglich, wenn in allen mit Umluft arbeitenden Klimaanlagen Luftfilter mit einem Mindestabscheidegrad (MERV) von zehn verbaut werden und die Anlagentechnik auf den resultierenden Druckabfall abgestimmt wird und/oder bei Öfen mit Holz- oder Pelletfeuerung sowie Gasöfen nur sicherheitsgeprüfte Produkte vorgegebener Standards verbaut werden.

Im Steckbrief EQ Credit: Low-Emitting Products können Punkte erreicht werden, wenn für oberflächennahe Produkte wie Farben und Beschichtungen, Kleb- und Dichtstoffe, Bodenbeläge sowie Dämmstoffe eine Beurteilung der VOC- und Formaldehydemissionen sowie des VOC-Gehalts vorliegt und die vorgegebenen Werte eingehalten werden (USGBC, 2020, S. 63-65). Während bei Farben und Beschichtungen sowie Kleb- und Dichtstoffen sowohl der VOC-Gehalt als auch die Emissionen bewertet werden, erfolgt bei Bodenbelägen und Dämmungen nur eine Beurteilung der Emissionen.

Bewertungssystem Minergie und Minergie-Eco für Neubau Einfamilienhäuser

Im Minergie System finden sich wie im System LEED for Homes neun Anforderungen zur Thematik Innenraumlufthygiene und Lüftung. Während die Anforderung Kontrollierte Lufterneuerung Bestandteil der Minergie, Minergie-A und Minergie-P Zertifizierung ist, entfallen die übrigen acht Anforderungen auf den Zusatzteil Minergie-Eco. Alle Anforderungen mit WNA im Titel stellen Ausschlusskriterien dar, die für eine erfolgreiche Zertifizierung erfüllt sein müssen.

Die Anforderung Kontrollierte Lufterneuerung zielt auf die Umsetzung von lüftungstechnischen Maßnahmen ab, um ausreichend frische Luft für die Nutzer zur Verfügung zu stellen und Bauschäden durch Feuchte zu verhindern (Minergie Schweiz, 2020a, S. 94-108). Als lüftungstechnische Maßnahmen werden Lüftungsanlagen (beispielsweise Komfortlüftung mit Wärmerückgewinnung oder Abluftwärmepumpe, Abluftanlage mit Außenluftdurchlässen oder Abluftwärmepumpe oder Einzelraumkomfortlüftung) sowie automatische Fensteröffnungen anerkannt. Die Dimensionierung der Luftvolumenströme muss gemäß der gültigen Schweizer Normen erfolgen. In jeder Nutzungseinheit ist eine Steuerung oder Regelung vorzusehen, um den Luftvolumenstrom anzupassen oder die Regelung geschieht automatisch, beispielsweise CO_2-basiert. Darüber hinaus sind für Lüftungsanlagen vorgegebene Anforderungen an den Schallschutz einzuhalten. Die Außenluftfassungen von Einzelwohnungsanlagen, Einzelraumlüftungsgeräten und Abluftanlagen mit Außenluftdurchlässen müssen so positioniert werden, dass eine einfache Reinigung möglich ist. Je nach Anlagentyp bestehen zum Teil weitere detaillierte Anforderungen.

Der Steckbrief WNA1.040 Formaldehydemissionen aus Baumaterialien schließt die Verwendung von Holzwerkstoffen in beheizten Innenräumen aus, die nicht den Anwendungen 1 oder 2 der Lignum-Produktliste geeigneter Holzwerkstoffe zur Verwendung im Innenraum entsprechen oder nicht allseitig mit einer geeigneten Beschichtung versehen sind (Minergie Schweiz & Verein ecobau, 2020c, S. 11-12). Auch andere Baustoffe, die in maßgeblichem Umfang Formaldehyd emittieren und in Verbindung mit der Innenraumluft stehen, sind nicht erlaubt.

Mit den Anforderungen WNA9.010 Raumluftmessungen (Formaldehyd) und WNA 9.020 Raumluftmessungen (TVOC) werden Gebäude von der Zertifizierung ausgeschlossen, bei denen die Formaldehyd- bzw. VOC-Messungen Werte oberhalb der festgelegten Grenzen ergeben haben (Minergie Schweiz & Verein ecobau, 2020c, S. 25-30). Der Grenzwert für Formaldehyd liegt bei Aktivmessungen bei 60 $\mu g/m^3$ und bei Passivmessungen bei 30 $\mu g/m^3$. Für flüchtige organische

Verbindungen wird bei passiver Messung ein Grenzwert von 500 µg/m³ und bei aktiver Messung von 1000 µg/m³ vorgegeben.

In der Anforderung WNI3.010 Maßnahmen zur Reduktion der Radonbelastung wird vorgegeben, Gebäude unter Beachtung der Maßnahmen des radonsicheren Bauens so zu konstruieren, dass die Radonkonzentration in den Hauptnutzungsräumen unter einem Wert von 100 Bq/m³ liegt (Minergie Schweiz & Verein ecobau, 2020c, S. 43-44). Falls die Wahrscheinlichkeit für eine erhöhte Belastung gemäß Radon-Karte des Schweizer Bundesamtes für Gesundheit über 10 Prozent liegt oder nicht alle Maßnahmen des Radonsicheren Bauens realisiert wurden, müssen weitere Maßnahmen zusammen mit einer Radon-Fachperson umgesetzt werden. Darüber hinaus wird im Kriterium WNI9.020 Raumluftmessungen (Radon) gefordert, dass nach Baufertigstellung eine Radonmessung durchgeführt wird und die Ergebnisse in allen Zimmern unter 100 Bq/m³ liegen (Minergie Schweiz & Verein ecobau, 2020c, S. 51-52).

Im Steckbrief WNI4.010 Nicht ionisierende Strahlung (NIS-Zonenplan, Niederfrequenz 50 Hz) wird die Erstellung eines NIS-Zonenplans mit Raumzuordnung nach Nutzungszonen und den Zonen, in denen die Grenzwerte für die jeweiligen Nutzungszonen überstiegen werden, positiv bewertet (Minergie Schweiz & Verein ecobau, 2020c, S. 45). Bei Grenzwertüberschreitungen müssen entsprechende Maßnahmen ergriffen werden. Beim Kriterium WNI4.030 Nicht ionisierende Strahlung (Verlegung von Leitungen) werden Punkte für die Verlegung von Leitungen in Form von Rundkabeln anstatt von einzelnen Drähten oder Flachbandkabel in Zimmern der Nutzungszonen A und B vergeben (Minergie Schweiz & Verein ecobau, 2020c, S. 46).

Darüber hinaus gibt Kriterium WNI5.030 Lungengängige Mineralfasern vor, dass Baustoffe, die lungengängige Fasern absondern können, keine direkte Verbindung zur Innenraumluft aufweisen dürfen (Minergie Schweiz & Verein ecobau, 2020c, S. 47).

Zusammenfassend lässt sich feststellen, dass in den untersuchten Nachhaltigkeitsbewertungssystemen eine Vielzahl an Schadstoffen (VOCs, Formaldehyd, Kohlenmonoxid, Autoabgase, Radon, Tabakrauch, nicht-ionisierende Strahlung, lungengängige Fasern sowie Emissionen aus Verbrennungsanlagen und Kochgeräten) bewertet wird (s. Abbildung 38). Bei einigen Schadstoffen erfolgt die Beurteilung aufgrund von Messungen (VOCs, Formaldehyd, Radon), bei anderen Schadstoffen werden konstruktive bzw. anlagentechnische Maßnahmen empfohlen, um gegenzusteuern.

Darüber hinaus werden in den Systemen die folgenden lüftungsspezifischen Anforderungen bewertet: Erstellung eines Lüftungskonzeptes, Umsetzung lüftungstechnischer Maßnahmen, Einhaltung vorgegebener Luftwechselraten und Schallschutzanforderungen, Anwendung eines Lüftungsleitfadens, Informationsschild zur Lüftungsanlage, sichere Wartung und Überprüfung der Lüftungsanlagen, Reinigungsfreundlichkeit der Außenluftfassungen, Abdichtung der Lüftungsschächte während der Bauphase und Durchspülung vor Inbetriebnahme, Einbau eines Luftfilters, Installation einer Abluftanlage in Bad und Küche, Steuerung der Abluft in Bädern über Feuchtesensoren oder ähnliche Maßnahmen, Energieeffizienzlevel von Abluftventilatoren und Einbau von Abluftventilatoren in Hauswirtschaftsräumen, Wäscheräumen oder Garagen.

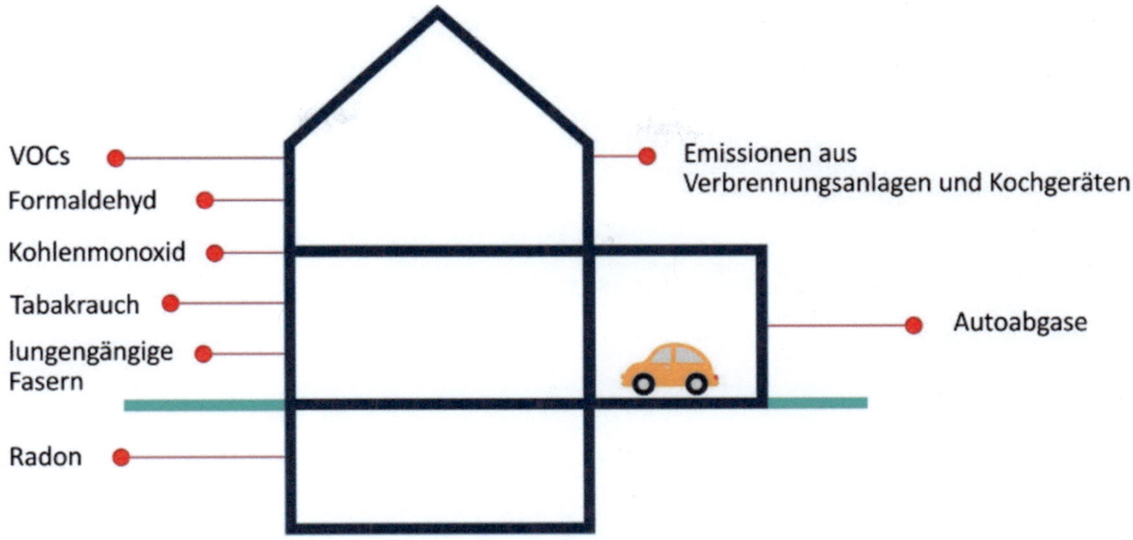

Abbildung 38: Schadstoffe, die in den untersuchten Nachhaltigkeitsbewertungssystemen betrachtet werden (eigene Darstellung)

3.3.5.3 Gegenüberstellung der Anforderungen aus der C2C Literatur und Nachhaltigkeitsbewertungssystemen zum Thema Innenraumluft

Der Vergleich der Anforderungen aus den verschiedenen C2C Leitfäden und der Produktzertifizierung untereinander zeigte, dass bereits hier die Ziele unterschiedlich hochgesteckt sind. Während in den „Hannover Principles" gefordert wird, Lüftungssysteme an die jeweilige Situation anzupassen und die gesundheitlichen Auswirkungen schlechter Innenraumluftqualität im Designprozess berücksichtigen (McDonough & Braungart, 2003a, S. 24), setzen Mulhall und Braungart (2010, S. 9) ein höheres Ziel und fordern, dass die Luft das Gebäude sauberer verlässt ist als bevor sie ins Gebäude kommt. Zur Umsetzung schlagen sie aktive Maßnahmen wie Begrünung im Innenraum oder den Einsatz von luftreinigenden Materialien vor. Eine gute Grundqualität der Innenraumluftqualität geht bereits aus dem C2C Kriterium 1.2 Verwendung definierter, gesunder Materialien hervor, das den Einsatz von Produkten fordert, die nützlich und gesund für Mensch und Umwelt sind. In den Nachhaltigkeitsbewertungssystemen hingegen wird nur der Einsatz emissionsarmer Produkte bewertet. Der Einsatz positiv definierter, nützlicher Materialien ist nicht Bestandteil der Zertifizierungen.

Im Gegensatz zu den C2C Leitfäden werden in den Nachhaltigkeitsbewertungssystemen spezifische Schadstoffe und Grenzwerte genannt. Dabei ist zwischen Raumluftmessungen im Gebäude, Prüfkammeruntersuchungen bzw. Ausschluss für einzelne Produkte zu unterscheiden. Unter den C2C Dokumenten werden konkrete Grenzwerte nur bei der Produktzertifizierung und nur für flüchtige organische Verbindungen angegeben. Für eine Zertifizierung in den Stufen Gold und Platinum darf ein TVOC-Wert des zu zertifizierenden Produkts von 0,5 mg/m³ in der Prüfkammer nicht überschritten werden. Auch in der LEED for Homes Zertifizierung und im Home Quality Mark System wird die Ausweisung von VOC-Emissionen verbauter oberflächennaher Produkte gefordert und bewertet. An dieser Stelle wird deutlich, dass die Ziele der C2C Produktzertifizierung näher an den Zielen der untersuchten Nachhaltigkeitsbewertungssysteme liegen als die C2C Leitfäden. Insbesondere die Ziele des Leitfadens „Cradle to Cradle® Criteria for the built environment" liegen deutlich höher.

Die Forderung geeigneter lüftungstechnischer Maßnahmen finden sich unter den C2C Leitfäden nur bei den „Hannover Principles" wieder. Bei den Nachhaltigkeitsbewertungssystemen hingegen sind in allen untersuchten Systemen entsprechende Anforderungen präsent und spielen eine wichtige Rolle.

3.3.6 Vergleich des C2C Kriteriums und der Nachhaltigkeitskriterien zum Thema Wasser

3.3.6.1 Anforderungen aus der C2C Literatur zu Wassereinsatz und Wasserkreisläufe

Zum Thema Wasser wurden in der C2C Literatur die Anforderungen identifiziert, die in Anhang 1 und Tabelle 19 dargestellt sind. Die Anforderungen wurden im Kriterium 1.9 zusammenfasst.

Leitfaden „The Hannover Principles"
In den „Hannover Principles" finden sich insgesamt zehn Anforderungen für den Umgang mit Wasser (McDonough & Braungart, 2003a, S. 26-27). Zunächst verweisen McDonough und Braungart (2003a) darauf, dass der Wasserverbrauch während des gesamten Planungsprozesses in die Überlegungen einbezogen werden sollte. Weitere sechs Anforderungen enthalten Vorgaben zu den Themen Wasserkreisläufe und Wasserqualität. Grundsätzlich sind die verschiedenen Wasserarten (Grundwasser, Regenwasser, Oberflächenabfluss, Grauwasser und sonstige Ströme für Abwassertransport und –behandlung) in ein Kreislaufsystem einzubeziehen. Regenwasser und Oberflächenabfluss sollten dabei als potenzielle Ressource für die Bewohner und Gebäudesysteme betrachtet werden. Auch Wasser aus Prozessaktivitäten und Ströme aus dem Abwassertransport und der –behandlung sollten wiederverwendet und zuvor so aufbereitet werden, dass der Wasserabfluss Trinkwasserqualität aufweist. Für die Aufbereitung von Abwasser können biologische Wasseraufbereitungssysteme genutzt werden. Grauwasser sollte nach der Aufbereitung je nach Reinheitsgrad für entsprechende Zwecke genutzt werden. Darüber hinaus sollten Wasserquellen vor Verschmutzung bewahrt und das Grundwasser durch die Baumaßnahme und den Betrieb des Gebäudes nicht verunreinigt werden. Trinkwasser sollte nur für lebenserhaltende Funktionen eingesetzt werden.

Leitfaden „Cradle to Cradle® Criteria for the built environment"
Mulhall und Braungart (2010, S. 9) fordern, dass Wasser durch geeignete Maßnahmen im Gebäude so aufbereitet wird, dass das Wasser das Gebäude sauberer verlässt als bevor es ins Gebäude gelangt. Als Maßnahmen werden Wasserrecyclingsysteme mit Nährstoffrecycling, Regenwassernutzung, Zimmerpflanzen und grüne Wände genannt.

Leitfaden „Entwicklung u. Bewertung eines Cradle to Cradle® inspirierten Plusenergiehauses"
Im C2C Leitfaden für den Wohnungsbau von Salfner et al. (2017) finden sich insgesamt drei Anforderungen zu Wassernutzung und -kreisläufen. Die Anforderung Wasserfußabdruck zielt auf die Minimierung des Wasserfußabdrucks der Gebäudekonstruktion ab (Salfner et al., 2017, S. 106-108, 184). Zur Minimierung des Wasserverbrauchs schlagen Salfner et al. (2017) die Ver-

wendung von C2C zertifizierten Produkten vor. Die Zertifizierung enthält die Anforderung verantwortungsvoller Umgang mit Wasser, die ebenfalls in diesem Kapitel erläutert wird. Darüber hinaus wird für die Berechnung des Wasserfußabdrucks zu einer ökobilanziellen Betrachtung der Süßwasserressourcen geraten. Sowohl in der Produktherstellung als auch im Gebäudebetrieb sollte das Wasser in Kreisläufen geführt werden, um den Wasserfußabdruck zu minimieren.

Kategorie	Nummer/Name des Kriteriums	Anforderungen					Entsprechung Nachhaltigkeitskriterien Anhang 2
		The Hannover Principles (McDonough & Braungart, 2003a)	**Cradle to Cradle® Criteria for the built environment** (Mulhall & Braungart, 2010)	**Creating Buildings With Positive Impacts** (Mulhall et al., 2019)	**Entwicklung u. Bewertung eines Cradle to Cradle® inspirierten Plusenergiehauses** (Salfner et al., 2017)	**Cradle to Cradle Certified™. Product standard version 3.1** (Cradle to Cradle Products Innovation Institute, 2016)	
	1.9 Wassereinsatz und Wasserkreisläufe	Water use must be carefully accounted for.			Wasserfußabdruck (Wassereinsatz bei der Produktherstellung)	4 Water Stewardship	2.8 2.22
		Water from aquifers, rainwater, surface runoff water, gray water, and other water use should all be considered within a cyclical concept.			Wasserkreisläufe (Trinkwasser, Regenwasser, Grauwasser)		
		Design shall consider rainwater and surface runoff water as possible resources.					
		Water used in any process-related activity shall be put back into circulation.					
		Wastewater must be returned to the earth in a beneficial manner.	2.1.5 Enhance Water Quality		Wasserqualität (Abwasserbehandlung)		
		Gray water can be treated.					
		Water, if used for sewage treatment or transportation, shall be restored to drinking-water standards.					
		No ground water contamination.					
		Potable water should only be used for life-sustaining functions.					
		Water sources must be protected from contamination.					

Tabelle 19: Anforderungen aus der Literatur zum Kriterium 1.9 Wassereinsatz und Wasserkreisläufe (eigene Darstellung)

Im Kriterium Wasserkreisläufe wird die Kreislaufführung von Trinkwasser, Schwarzwasser, Grauwasser und Regenwasser thematisiert (Salfner et al., 2017, S. 109-113, 184-185). Um zunächst den Trinkwasserbedarf zu senken, schlagen Salfner et al. (2017) den Einsatz von Wassersparermaturen und sparsamen Toilettenspülungen sowie Nutzersensibilisierung vor. Darüber hinaus kann der Frischwasserbedarf durch Regenwassernutzung und Wasserrecycling beeinflusst werden. Momentan wird Regenwasser meist zur Gartenbewässerung in Zisternen gesammelt oder als Spülwasser für Toiletten verwendet. Die Aufbereitung von Regenwasser zu Trinkwasserqualität stellt sich aufwändig dar. Diese Option wird daher in der Praxis nur selten umgesetzt. Grauwasser aus Dusche, Waschtisch und Waschmaschine kann für die Gartenbewässerung genutzt werden. Für die Bewässerung von Nutzpflanzen ist ein vorgeschaltetes Filtersystem nötig. Zur Reduzierung der Schwarzwassermenge können Vakuum- oder Trockentoiletten eingesetzt werden.

Im Kriterium Wasserqualität beschreiben Salfner et al. (2017, S. 113-114, 185) mögliche Aufbereitungsmöglichkeiten für Schmutzwasser und unterscheiden dabei zwischen naturnaher Abwasserbehandlung und technischer Abwasserreinigung. Die naturnahe Abwasserbehandlung erfolgt durch Pflanzenkläranlagen (s. Abbildung 39) und belüftete sowie unbelüftete Teichanlagen. Die technische Abwasserreinigung beinhaltet gemäß Glücklich (2005) die Schritte mechanische Vorreinigung (Sedimentation), biologische Reinigung, eventuell Nachklärung und bei Bedarf Hygienisierung durch UV-Strahlung.

Abbildung 39: Pflanzenkläranlage im Rathaus von Venlo (Foto links: Stijn Poelstra, Foto rechts: Gemeente Venlo)

Produktzertifizierung „Cradle to Cradle Certified™. Product Standard"

Auch die C2C Produktzertifizierung enthält mit 4 Water Stewardship Anforderungen zum verantwortungsvollen Umgang mit Wasser, die im Folgenden dargestellt werden. Zu jeder Anforderung wurde in Klammern dargestellt, für welches Zertifizierungslevel eine Erfüllung nötig ist (Cradle to Cradle Products Innovation Institute, 2016, S. 67-78):

- Es fand in den letzten beiden Jahren keine signifikante Verletzung der Einleitgenehmigung durch den Hersteller statt (alle Levels).
- Lokale und unternehmensspezifische Wasserthemen und Probleme, beispielsweise Wasserknappheit oder Gefahr für sensible Ökosysteme, werden beschrieben. Eine Stellungnahme mit Beschreibung der geplanten Handlungen zur Minimierung der identifizierten Probleme wird abgegeben (alle Levels).

- Für die gesamte Anlage wird ein Wasser-Audit durchgeführt (Levels Bronze, Silber, Gold und Platinum).
- Produktbezogene Prozesschemikalien im Abwasser werden ermittelt und bewertet oder es werden für die Lieferkette (mindestens 20 Prozent der Tier 1-Lieferanten) kritische Wasserthemen beschrieben und eine Strategie zur Verbesserung entwickelt (Die zweite Anforderung gilt für Anlagen, die kein produktbezogenes Abwasser erzeugen) (Level Silber, Gold und Platinum).
- Produktbezogene Prozesschemikalien werden optimiert oder es wird nachgewiesen, dass Fortschritte bezüglich der Strategie zur Verbesserung kritischer Wasserthemen entlang der Lieferkette erzielt wurden (Die zweite Anforderung gilt für Anlagen, die kein produktbezogenes Abwasser erzeugen) (Level Gold und Platinum).
- Alle Wasserströme, die die Produktionsstätte verlassen, weisen Trinkwasserqualität auf (Level Platinum).

3.3.6.2 Anforderungen aus Nachhaltigkeitsbewertungssystemen zum Trinkwasserbedarf und zur Trinkwasserhygiene

Dem C2C Kriterium 1.9 Wassereinsatz und Wasserkreisläufe wurden in Anhang 1 und Tabelle 11 die Kriterien 2.8 Trinkwasserbedarf und Wasserrecycling und 2.22 Trinkwasserhygiene zugeordnet, die folgende Literatur aus Nachhaltigkeitsbewertungssystemen zusammenfassen (s. Anhang 2 und Tabelle 20):

Kategorie	Nummer/Name des Kriteriums	Anforderungen					Entsprechung C2C Kriterien Anhang 1
		DGNB Zertifikat, Neubau Kleine Wohngebäude V2013.2 (DGNB e.V., 2013)	**Bewertungssystem Nachhaltiger Kleinwohnhausbau** (BNK) V1.0 (BNB, 2021a)	**Home Quality Mark One,** SD 239 (BRE, 2018c)	**LEED v4.1 Residential Single Family Homes** (USGBC, 2020)	**Minergie V2020.1** (Minergie Schweiz, 2020b, 2020c, 2020d) **Minergie-Eco** Neubau EFH/MFH <500m² EBF, V1.5 ME-ECO Online 2020 (Minergie Schweiz & Verein ecobau, 2020c)	
	2.8 Trinkwasserbedarf und Wasserrecycling	ENV 2.2 Trinkwasserbedarf und Abwasseraufkommen	3.4 1 Einsatz von Wasserspararmaturen	Water Efficiency	WE Prerequisite: Water Use		1.9
					WE Credit: Total Water Use	WNG5.020 Umgang mit Regenwasser	
					WE Credit: Indoor Water Use	WNG5.010 Wassersparkonzept (Apparate und Armaturen)	
					WE Credit: Outdoor Water Use		
	2.22 Trinkwasserhygiene		1.1.2 Wohngesundheit: Trinkwasserhygiene				1.9

Tabelle 20: Anforderungen aus der Literatur zu den Kriterien 2.8 Trinkwasserbedarf und Wasserrecycling und 2.22 Trinkwasserhygiene (eigene Darstellung)

DGNB Zertifikat, Neubau Kleine Wohngebäude

Der Steckbrief ENV 2.2 Trinkwasserbedarf und Abwasseraufkommen aus dem DGNB Zertifikat zielt darauf ab, den Trinkwasserbedarf und das Abwasseraufkommen zu senken, so dass möglichst wenig in den natürlichen Wasserkreislauf eingegriffen wird (DGNB e.V., 2013). Im Rahmen des Kriteriums ist durch Addition des ermittelten Trinkwasserbedarfs durch die Nutzer, des Abwasseraufkommens durch die Nutzer und des abgeleiteten Regenwassers der Wassergebrauchskennwert zu berechnen und bewerten. Der Trinkwasserbedarf durch die Nutzer wird über die Durchflusswerte der eingesetzten Armaturen und Toilettenspülungen und die Anzahl der Nutzer im Gebäude berechnet. Bei Grauwasser- oder Regenwasserrecycling dürfen die genutzten Mengen abgezogen werden. Das Abwasseraufkommen durch die Nutzer leitet sich aus dem berechneten Wasserbedarf abzüglich der Menge des weitergenutzten Grauwassers und der Menge des dezentral am Grundstück gereinigten Abwassers ab. Das Abwasseraufkommen durch abgeleitetes Regenwasser wird über die Niederschlagsmenge abzüglich der Menge des am Grundstück versickerten Regenwassers und der Menge des genutzten Regenwassers bilanziert.

BNK

Auch die Anforderung 3.4.1 Einsatz von Wassersparморе armaturen aus dem BNK zielt darauf ab, den Trinkwasserbedarf durch sparsame Armaturen und Toilettenspülungen sowie den Einsatz von Anlagen zum Wasserrecycling zu minimieren (BMI, 2015f). Je nach Durchflussmenge der Dusch- und Waschbeckenarmaturen sowie Spülmengen der Toiletten im Gebäude können unterschiedlich viele Punkte erreicht werden. Zudem werden für den Einsatz von Anlagen zur Nutzung von Grauwasser und Regenwasser Punkte vergeben.

Darüber hinaus enthält das BNK den Steckbrief 1.1.2 Wohngesundheit: Trinkwasserhygiene (BMI, 2015b). Darin wird die Einhaltung von Maßnahmen zur Verhinderung eines Legionellenwachstums in Trinkwasseranlagen und eine entsprechende Auslegung der Anlagen positiv bewertet. Darüber hinaus werden für die Durchführung einer Schadstoffmessung bezüglich der Parameter Kupfer, Nickel und Blei weitere Punkte vergeben.

HQM One

Ziel der Anforderung 8.1 Water Efficiency ist es, den Wasserverbrauch im Gebäude zu reduzieren (BRE, 2018c, S. 163-165). Wie bereits im BNK Steckbrief werden hierbei die Durchflussmengen der verbauten Dusch- und Waschbeckenarmaturen sowie die Spülmengen der Toiletten bewertet. Darüber hinaus werden die Durchflussmenge von Spülbeckenarmaturen, die Füllmenge von Badewannen sowie der Wasserverbrauch von Waschmaschinen, Wäschetrocknern und Geschirrspülmaschinen in die Bewertung einbezogen. Zudem werden für den Einsatz von Regenwasser- oder Grauwasserrecyclinganlagen Punkte vergeben, wenn mindestens 50 Prozent des Bedarfs für Toilettenspülungen damit gedeckt werden können.

Bewertungssystem LEED Residential Single Family Homes

Im LEED System finden sich insgesamt vier Anforderungen zum Thema Wasser. Eine davon stellt eine Grundvoraussetzung dar, die von jedem Gebäude erfüllt werden muss, um zertifiziert zu werden. Bei drei weiteren Anforderungen können Punkte erreicht und die Zertifizierungsstufe beeinflusst werden.

Im Steckbrief WE Prerequisite: Water Use wird als Grundvoraussetzung vorgeben, dass der Wasserverbrauch im Gebäude und draußen gegenüber der gängigen Praxis um 20 Prozent unterschritten werden muss (USGBC, 2020, S. 21-22). Dazu werden die Einsparungen im Gebäude mit Hilfe des Water Reduction Calculators bilanziert. In der Berechnung werden die Durchflussmengen der Dusch-, Waschbecken- und Spülbeckenarmaturen, die Spülmengen der Toiletten sowie der Wasserverbrauch von Waschmaschinen und Spülmaschinen berücksichtigt. Zudem muss der Wasserdruck im Gebäude überprüft werden und es dürfen keine Leckagen auftreten. Installierte Wasserenthärter müssen bedarfsabhängig betrieben werden. Für den Wasserverbrauch draußen werden die Einsparungen anhand des EPA WaterSense Water Budget Tools berechnet. Mögliche Maßnahmen zur Reduzierung des Wasserbedarfs im Garten stellen der Einsatz von smarten Bewässerungssystemen über Bodenfeuchtesensoren oder Wettervorhersage sowie die Nutzung von Regenwasser und aufbereitetem Wasser dar.

Darüber hinaus können im Steckbrief WE Credit: Total Water Use Punkte erreicht werden, wenn der Wasserverbrauch gegenüber der gängigen Praxis um mehr als die im Steckbrief WE Prerequisite: Water Use genannten 20 Prozent reduziert wird (USGBC, 2020, S. 24-25). Je nach Höhe der Einsparung werden zwischen drei und 15 Punkten vergeben.

Im Steckbrief WE Credit: Indoor Water Use werden Punkte vergeben, wenn Waschbeckenarmaturen, Duscharmaturen und Toilettenspülungen ein WaterSense Label tragen und zugleich vorgegebene Durchflusswerte und Spülvolumina einhalten (USGBC, 2020, S. 26). Je nach Höhe der Durchflusswerte können verschiedene Punktzahlen erreicht werden. Zudem sind weitere Punkte möglich, wenn im Gebäude Waschmaschinen verbaut werden, die ein Energy Star-Label tragen oder eine ähnliche Energieeffizienz aufweisen.

Der Steckbrief WE Credit: Outdoor Water Use vertieft die Thematik des Wasserverbrauchs außerhalb des Gebäudes (USGBC, 2020, S. 27). Dabei wird positiv bewertet, wenn einheimische oder an die Region angepasste Pflanzen kultiviert werden. Alternativ werden für eine effiziente Bewässerung beispielsweise durch Druckregulierung der verschiedenen Zonen oder den Einsatz von Tropfenbewässerung Punkte vergeben.

Bewertungssystem Minergie und Minergie-Eco für Neubau Einfamilienhäuser

Im Minergie-Eco System finden sich insgesamt zwei Anforderungen zur Thematik Wasser.

Der Steckbrief WNG5.010 Wassersparkonzept (Apparate und Armaturen) fordert den Einsatz von effizienten Sanitärapparaten und Armaturen (Minergie Schweiz & Verein ecobau, 2020c, S. 60). Im Steckbrief werden für Toilettenspülungen, Urinale, Waschbecken-, Dusch- und Küchenarmaturen einzuhaltende Labels und Klassen vorgegeben. Beispielsweise müssen Waschbeckenarmaturen der Energieetikette Klasse A entsprechen oder ein WELL-Label Klasse A aufweisen. Das WELL Label beurteilt bei Waschtisch-, Bidet- und Duscharmaturen im privaten Raum den Energieverbrauch für temperiertes Wasser basierend auf der Durchflussmenge sowie den Komfort anhand der Möglichkeiten der Temperatureinstellung und der Geräuschklasse (VDMA Services GmbH, 2017). Für Urinale und WCs werden die Spülmenge, das Spülprogramm sowie die Hygiene (berührungsfreie Auslösung) bewertet. Das Label Energieetikette fördert den Einsatz von Küchen-, Waschtisch, Bidet- und Duscharmaturen mit einem niedrigen Warmwasserdurchfluss, die dazu beitragen, dass weniger Wasser erwärmt werden muss (Schweizerischer

Verband für energieeffiziente Sanitärprodukte [SVES], 2017). Sowohl beim WELL-Label als auch bei der Energieetikette wird Klasse A an besonders sparsame Produkte vergeben.

Darüber hinaus wird im Steckbrief WNG5.020 Umgang mit Regenwasser positiv bewertet, wenn für die Liegenschaft ein Konzept zum ökologischen Umgang mit Regenwasser entwickelt und realisiert wird (Minergie Schweiz & Verein ecobau, 2020c, S. 61). Als Ziel wird die Senkung der Menge des Regenwassers, die vom Grundstück abfließt, um mindestens 80 Prozent vorgegeben. Als Maßnahmen werden beispielsweise Versickerung, Wasserrückhaltung über Dachbegrünungen, Geländemulden und Weiher genannt.

3.3.6.3 Gegenüberstellung der Anforderungen aus der C2C Literatur und Nachhaltigkeitsbewertungssystemen zum Thema Wasser

Wie bereits beim Thema Innenraumlufthygiene zeigte der Vergleich der C2C Anforderungen aus den verschiedenen Leitfäden und der Produktzertifizierung untereinander, dass die Ziele unterschiedlich hochgesteckt sind. Mulhall und Braungart (2010, S. 9) fordern, dass Wasser durch geeignete Maßnahmen im Gebäude so aufbereitet wird, dass die Wasserqualität bei Austritt besser ist als vor dem Eintritt ins Gebäude. Die C2C Produktzertifizierung setzt für den Platinum Standard das Ziel, dass alle Wasserströme, die die Produktionsstätte verlassen, Trinkwasserqualität aufweisen (Cradle to Cradle Products Innovation Institute, 2016, S. 67-78). Auch in den „Hannover Principles", dem ältesten der untersuchten Dokumente, findet sich zwei Anforderungen mit sehr hohen Maßstäben, die darauf abzielen, Wasser aus Prozessaktivitäten und Ströme aus dem Abwassertransport und der –behandlung zu Trinkwasserqualität aufzubereiten (McDonough & Braungart, 2003a, S. 26-27). Salfner et al. (2017, S. 109-114, 184-185) fordern zwar die Aufbereitung der verschiedenen Wasserströme im Gebäude, um sie erneut im Gebäude einzusetzen, geben aber keine Wasserqualität vor. In der Anforderung zum Wasserfußabdruck fordern Salfner et al. (2017, S. 106-108, 184) den Einsatz von C2C zertifizierten Produkten. Diese Anforderung stimmt mit der C2C Produktzertifizierung überein.

Im Gegensatz zu den C2C Leitfäden und der Produktzertifizierung gehen die Anforderungen aus den untersuchten Nachhaltigkeitsbewertungssystemen weniger auf die Wasserqualität, sondern mehr auf den Wasserverbrauch und den Einsatz von Recyclingsystemen ein. In allen Systemen wird direkt oder indirekt der Wasserverbrauch der Armaturen und der Toilettenspülung bewertet. Anforderungen zur Reduzierung des Wasserverbrauchs finden sich unter den C2C Leitfäden lediglich in den Hannover Principles und bei Salfner et al. (2017). Auch der Einsatz von Systemen zum Wasserrecycling wird in allen untersuchten Nachhaltigkeitsbewertungssystemen bewertet. Jedoch werden hier vorwiegend die Aspekte Regenwasser- und Grauwassernutzung für Toilettenspülung und Gartenbewässerung abgefragt. Die Aufbereitung von Abwasser zu Trinkwasserqualität wird in keinem der Zertifizierungssysteme gefordert. Lediglich im BNK findet sich eine Anforderung zur Wasserqualität, in der das Ergreifen von Maßnahmen zur Vorbeugung eines Legionellenwachstums sowie die Durchführung einer Schadstoffmessung bezüglich Nickel, Kupfer und Blei positiv bewertet wird (BMI, 2015f). Auch hier liegen die Ziele niedriger als in den untersuchten C2C Leitfäden und der Produktzertifizierung. Es wird lediglich eine kleine Bandbreite an Schadstoffen thematisiert und dafür die Grenzwerte aus der Trinkwasserverordnung (TrinkwV) herangezogen.

3.3.7 Vergleich des C2C Kriteriums und der Nachhaltigkeitskriterien zu den Themen Primärenergie und regenerative Energieerzeugung

3.3.7.1 Anforderungen aus der C2C Literatur zum Einsatz erneuerbarer Energie

Zum Thema Einsatz erneuerbarer Energie wurden in der C2C Literatur die in Anhang 1 und Tabelle 21 dargestellten Anforderungen identifiziert und im Kriterium 1.13 zusammengefasst.

<table>
<tr><th rowspan="2">Kategorie</th><th rowspan="2">Nummer/Name des Kriteriums</th><th colspan="5">Anforderungen</th><th rowspan="2">Entsprechung Nachhaltigkeitskriterien Anhang 2</th></tr>
<tr><th>The Hannover Principles (McDonough & Braungart, 2003a)</th><th>Cradle to Cradle® Criteria for the built environment (Mulhall & Braungart, 2010)</th><th>Creating Buildings With Positive Impacts (Mulhall et al., 2019)</th><th>Entwicklung u. Bewertung eines Cradle to Cradle® inspirierten Plusenergiehauses (Salfner et al., 2017)</th><th>Cradle to Cradle Certified™. Product standard version 3.1 (Cradle to Cradle Products Innovation Institute, 2016)</th></tr>
<tr><td rowspan="7"></td><td rowspan="7">1.13 Einsatz erneuerbarer Energie</td><td>Designs should interact with renewable natural energy flows.</td><td rowspan="5">2.1.6 Integrate Renewable Energy</td><td></td><td rowspan="5">Regenerative Energiequellen (Solarenergie, Windenergie, Speichermassen)</td><td rowspan="6">3 Renewable Energy and Carbon Management</td><td rowspan="7">2.6
2.7</td></tr>
<tr><td>Water heating shall be from renewable resources and be efficiently incorporated.</td><td></td></tr>
<tr><td>Possibilities for on-site energy production must be considered.</td><td></td></tr>
<tr><td>The relationship between the design and the power grid should be considered.</td><td></td></tr>
<tr><td>Buildings should, wherever possible, be net exporters of energy.</td><td></td></tr>
<tr><td>The energy "embodied" in the building materials can have a significant impact.</td><td></td><td></td><td></td></tr>
<tr><td></td><td>Generate and use energy in definably effective ways</td><td></td><td></td><td></td></tr>
</table>

Tabelle 21: Anforderungen aus der Literatur zum Kriterium 1.13 Einsatz erneuerbarer Energie (eigene Darstellung)

Leitfaden „The Hannover Principles"

In den „Hannover Principles" finden sich insgesamt sechs Kriterien zur Thematik erneuerbarer Energie. McDonough und Braungart (2003a, S. 24-26) regen an, dass beim Entwerfen die Wechselwirkungen zwischen dem Gebäude und erneuerbaren Energieströmen betrachtet werden sollten. Bei der Nutzung von Solarenergie sollte einerseits die Effizienz der Energieerzeugung berücksichtigt und andererseits der Komfort der Nutzer beispielsweise durch Verschattungsmöglichkeiten im Auge behalten werden. Auch die Warmwasserbereitung sollte über erneuerbare Energien erfolgen. Zudem sollten die Möglichkeiten der dezentralen Energiebereitstellung am Grundstück geprüft werden. Im Idealfall sollte der Gebäudebetrieb möglichst unabhängig vom öffentlichen Stromnetz sein und der Schwerpunkt auf der dezentralen Energieerzeugung liegen. Überschüssiger Strom, der nicht im Gebäude benötigt wird, sollte ins Stromnetz eingespeist werden. Darüber hinaus sollte die graue Energie der Baumaterialien in der Planung berücksichtigt werden, da sie erhebliche Auswirkungen auf den Gesamtenergieverbrauch des Gebäudes haben kann.

Leitfaden „Cradle to Cradle® Criteria for the built environment"

Mulhall und Braungart (2010, S. 9) fordern, erneuerbare Energie wie Solar- oder Gravitationsenergie in das Gebäudekonzept zu integrieren, so dass am Gebäude und Grundstück mehr Energie produziert als verbraucht wird. Die Autoren treffen keine nähere Aussage darüber, ob nur die Energie in der Nutzungsphase oder auch die graue Energie in die Forderung einbezogen wird. Anstatt die Nutzung fossiler Energien zu reduzieren, sollte Energie regenerativ bereitgestellt und mit effizienten Technologien wie LEDs kombiniert werden. Das C2C Prinzip zielt an dieser Stelle nicht darauf ab, den Energieverbrauch des Gebäudes zu minimieren, sondern die Bereitstellung regenerativer Energie am Gebäude und am Grundstück zu maximieren. Darüber hinaus ergibt sich aus der Anforderung Generate and use energy in definably effective ways die Vorgabe, Exergie als Parameter zu verwenden, um die Effektivität des eingesetzten Systems zu messen (Mulhall & Braungart, 2010, S. 19). P. G. Luscuere et al. (2016, S. 28-29) erläutern das Exergieprinzip anhand der Verbrennung von Gas zur Erwärmung von Wasser (s. Abbildung 40). Die Verbrennung fossiler Energieträger zum Heizen mit niedriger Temperatur ist zwar aus energetischer Sicht hocheffizient, aber aus exergetischer Sicht verheerend. Während die energetische Betrachtung die Qualität unterschiedlicher Energieformen ausklammert, berücksichtigt die exergetische Betrachtung auch die ideale Umwandlung einer Energieform in eine andere. Die exergetische Betrachtung bildet also die wahre thermodynamische Performance eines Systems ab. Für alle drei Beispiele in Abbildung 40 ist der Energieinhalt gleich, der Exergieinhalt nimmt bei der Verbrennung des Gases für die Erwärmung von Wasser jedoch drastisch ab. Während die Energie die Effizienz eines Systems beschreibt, bildet die Exergie die Effektivität eines Systems ab.

Leitfaden „Entwicklung u. Bewertung eines Cradle to Cradle® inspirierten Plusenergiehauses"

Salfner et al. (2017, S. 127, 186) raten in der Anforderung Regenerative Energiequellen, die Möglichkeit regenerativer Energieerzeugung am Gebäude bereits im frühen Planungsprozess zu untersuchen. Solarenergie kann zur Stromerzeugung durch eine Photovoltaikanlage (s. Abbildung 41) oder zur Warmwasserbereitung über Solarkollektoren genutzt werden. Zudem können solare Gewinne über Fensterflächen im Winter zur Raumtemperierung beitragen. Darüber hinaus erläutern Salfner et al. (2017) die Nutzung von Speichermassen im Gebäude, um Wärme zeitverzögert an die Innenraumluft abzugeben, sowie die passive Bauteilaktivierung. Als weitere regenerative Energiequellen werden im Leitfaden Windenergie, Wasserkraft und die Verwertung von Biomasse genannt. Darüber hinaus erläutern Salfner et al. (2017) anhand des Algenhauses aus der internationalen Bauausstellung in Hamburg 2013 die Technik zur Produktion und Verwertung von Biomasse.

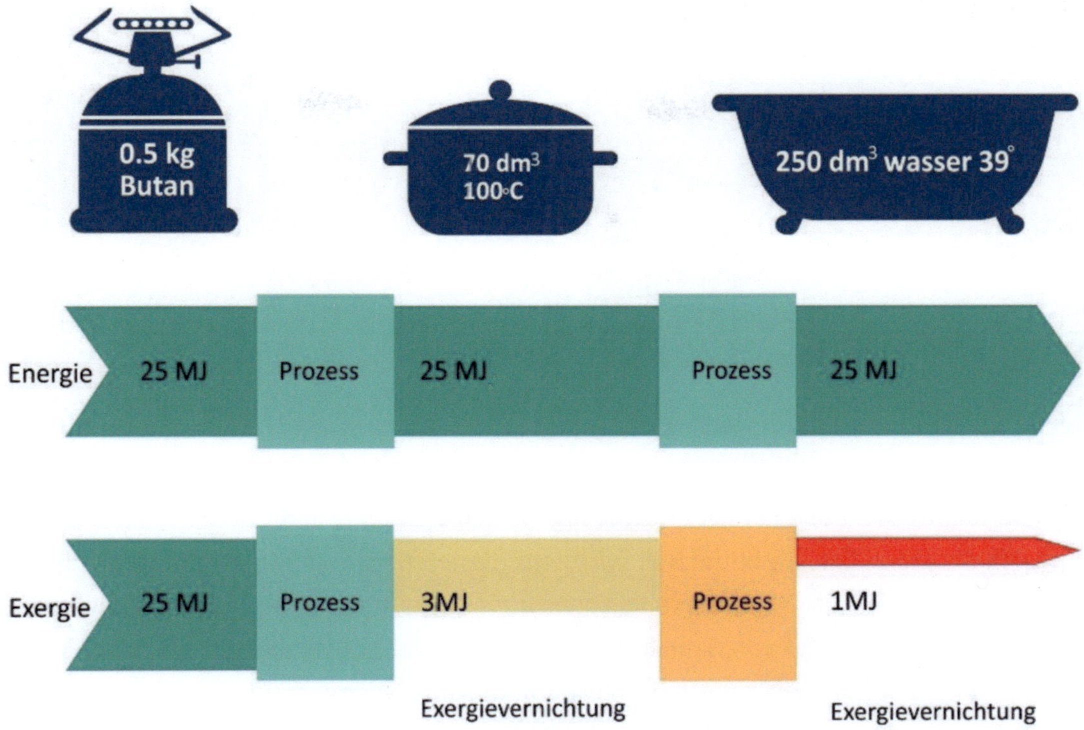

Abbildung 40: Energie- und Exergie-Analyse von Gas und Wärme (Darstellung nach Jansen, 2013, S. 26, 2014, S. 19)

Produktzertifizierung „Cradle to Cradle Certified™. Product Standard"

Auch die C2C Produktzertifizierung enthält mit 3 Renewable Energy and Carbon Management eine Anforderung zur regenerativen Energiebereitstellung, die die folgenden Teilaspekte bewertet. Zu jedem Aspekt wurde in Klammern dargestellt, für welches Zertifizierungslevel eine Erfüllung nötig ist (Cradle to Cradle Products Innovation Institute, 2016, S. 55-66):

- Der jährliche Stromverbrauch und die Treibhausgasemissionen für den letzten Fertigungsschritt des Produkts werden dargestellt (alle Levels).
- Es wird eine Strategie zur Nutzung erneuerbar erzeugten Stroms und zum Kohlenstoffmanagement entwickelt (Levels Bronze, Silber, Gold und Platinum).
- Für den letzten Fertigungsschritt werden fünf Prozent (Level Silber), 50 Prozent (Level Gold) oder mehr als 100 Prozent (Level Platinum) der benötigten Elektrizität erneuerbar gewonnen oder durch Offset-Maßnahmen kompensiert. Zusätzlich werden fünf Prozent (Level Silber), 50 Prozent (Level Gold) oder mehr als 100 Prozent (Level Platinum) der Treibhausgasemissionen mit Offset-Maßnahmen kompensiert.
- Die graue Energie des Produktes (Cradle to Gate) wird beziffert und es wird eine Strategie zur Optimierung entwickelt (Level Platinum). Mehr als fünf Prozent der grauen Energie (Cradle to Gate) werden durch Offset oder andere Maßnahmen beispielsweise Produkt Redesign kompensiert.

Abbildung 41: Schwörer Schöner-Wohnen Musterhaus mit Solarfassade (Fotos: SchwörerHaus)

Die Analyse zeigte, dass neben der Erzeugung regenerativer Energie in den genannten Anforderungen auch die graue Energie betrachtet wird. Aus diesem Grund wurde zusätzlich die Anforderung Umweltwirkungen (Indikatorenauswertung, Offsetmaßnahmen, Materialherkunft, nachhaltige Bewirtschaftung) von Salfner et al. (2017, S. 68-79, 184) einbezogen, die zwar in Anhang 1 unter 1.4 Berücksichtigung von Umweltwirkungen verortet ist, aber teilweise die Thematik Primärenergie betrachtet. Salfner et al. (2017) fordern im Kriterium, Baustoffe anhand einer Ökobilanzierung auszuwählen, die neben Umweltauswirkungen wie Treibhausgasemissionen auch den Gesamtprimärenergiebedarf abbildet. Zugleich verweisen Salfner et al. (2017) auf das Positionspapier „Usability of Life Cycle Assessment for Cradle to Cradle purpose". Die Autoren des Papers kommen zu dem Ergebnis, dass Lebenszyklusanalysen zwar sinnvoll sein können, um die Umweltwirkungen verschiedener Produkte gegenüberzustellen, die Vorteile von C2C jedoch nicht vollumfänglich abbilden können (NL Agency. Ministry of Infrastructurre and the Environment, 2011). Da das Prinzip der Ökoeffektivität gemäß Salfner et al. (2017, S. 79) derzeit jedoch noch nicht umsetzbar ist, erkennen sie die Lebenszyklusanalyse als geeignetstes Werkzeug an, um den Einsatz umweltschonender Konstruktionen zu fördern. Oberstes Ziel ist es demnach, den Anteil der nicht erneuerbaren Primärenergie von der Herstellung, über den Betrieb, die Instandhaltung bis hin zur Entsorgung durch die Erzeugung regenerativer Energie oder durch geeignete Maßnahmen wie Ausgleichzahlungen für nachhaltige Projekte zu kompensieren. Dabei entspricht ein negatives Vorzeichen bei den Indikatoren gemäß Salfner et al. (2017, S. 184) dem Ziel der Ökoeffektivität nach C2C, weil keine Auswirkungen bilanziert wurden.

3.3.7.2 Anforderungen aus Nachhaltigkeitsbewertungssystemen zur Primärenergie und dezentralen Erzeugung regenerativer Energie

Da sich das C2C Kriterium 1.13 Einsatz erneuerbarer Energie sowohl mit der grauen Energie von Gebäuden als auch mit der dezentralen Energieerzeugung am Gebäude beschäftigt, wurden in Anhang 1 und Tabelle 11 zwei Kriterien für nachhaltige kleine Wohngebäude zugeordnet: 2.6 Ökobilanz – Primärenergie und 2.7 Dezentrale Erzeugung regenerativer Energie. Sowohl die DGNB Systemvariante Neubau kleine Wohngebäude als auch das BNK und das Minergie-Eco System enthalten jeweils eine Anforderung zum Primärenergiebedarf. Darüber hinaus sind im BNK, im Home Quality Mark System und im Minergie System jeweils eine Anforderung zur dezentralen Erzeugung regenerativer Energie präsent, die im Folgenden dargestellt werden (s. Anlage 2 und Tabelle 22).

Kategorie	Nummer/Name des Kriteriums	Anforderungen					Entsprechung C2C Kriterien Anhang 1
		DGNB Zertifikat, Neubau Kleine Wohngebäude V2013.2 (DGNB e.V., 2013)	**Bewertungssystem Nachhaltiger Kleinwohnhausbau** (BNK) V1.0 (BiRN, 2021a)	**Home Quality Mark One,** SD 239 (BRE, 2018c)	**LEED v4.1 Residential Single Family Homes** (USGBC, 2020)	**Minergie V2020.1** (Minergie Schweiz, 2020b, 2020c, 2020d) **Minergie-Eco** Neubau EFH/MFH <500m² EBF, V1.5 ME-ECO Online 2020 (Minergie Schweiz & Verein ecobau, 2020c)	
	2.6 Ökobilanz - Primärenergie	ENV 2.1 Ökobilanz - Primärenergie	3.1.2 Ökobilanz: Primärenergie			G Graue Energie Baustoffe	1.4 1.13
	2.7 Dezentrale Erzeugung regenerativer Energie		3.2.1 Dezentrale Erzeugung regenerativer Energie	5.2 Decentralised Energy		Eigenstromproduktion	1.13

Tabelle 22: Anforderungen aus der Literatur zu den Kriterien 2.6 Ökobilanz-Primärenergie und 2.7 Dezentrale Erzeugung regenerativer Energie (eigene Darstellung)

DGNB Zertifikat, Neubau Kleine Wohngebäude

Der DGNB Steckbrief ENV2.1 zielt darauf ab, die gesetzlichen Vorgaben zum globalen Klima- und Ressourcenschutz überzuerfüllen (DGNB e.V., 2013). Im Steckbrief werden der nicht erneuerbare Primärenergiebedarf, der Gesamtprimärenergiebedarf sowie der Anteil der erneuerbaren Primärenergie über einen Zeitraum von 50 Jahren anhand einer Ökobilanz nach DIN EN 15978: Nachhaltigkeit von Bauwerken –Bewertung der umweltbezogenen Qualität von Gebäuden – Berechnungsmethode bewertet (DIN EN 15978: 2012-01). Gegenstand der Bilanzierung ist das Gebäude ohne Außenanlagen (DGNB e.V., 2013). In der Ökobilanz werden die Phasen Herstellung (A1: Rohstoffbeschaffung, A2: Transport, A3: Produktion), Nutzung mit Instandhaltung (B2: Instandhaltung, B4: Austausch und B6: Energieverbrauch im Betrieb) und Ende des Lebenszyklus (C3: Abfallverwertung, C4: Entsorgung) berücksichtigt. Darüber hinaus werden die Möglichkeiten der Wiederverwertung, der Rückgewinnung und des Recyclings (Modul D) einbezogen. Regenerativ am Gebäude erzeugter Strom, der ins Netz eingespeist oder für den Eigenbedarf verwendet wird, darf über eine Gutschrift bilanziert werden (DGNB e.V., 2013). Die Ergebnisse für den nicht-erneuerbaren Primärenergiebedarf und den Gesamtprimärenergiebedarf werden auf ein Jahr und auf einen Quadratmeter Nettogrundfläche NGF_a nach DIN 277-1: Grundflächen und Rauminhalte von Bauwerken im Hochbau – Teil 1: Begriffe, Ermittlungsgrundlagen bezogen (DIN 277-1: 2005-02). Je nach Höhe des nicht erneuerbaren Primärenergiebedarfs, des Gesamtprimärenergiebedarfs und des Anteils der erneuerbaren Primärenergie sind im Steckbrief zwischen eins und zehn Bewertungspunkten zu erreichen.

BNK

Auch der BNK Steckbrief 3.1.2 Ökobilanz - Primärenergie fordert die Betrachtung der Parameter Primärenergiebedarf nicht erneuerbar und Gesamtprimärenergiebedarf des Gebäudes mittels einer Ökobilanzierung (BMI, 2015d). In die Berechnung werden dieselben Module wie im DGNB System außer Modul D: Möglichkeiten der Wiederverwertung, der Rückgewinnung und des Recyclings einbezogen. Im Gegensatz zum DGNB System wird regenerativ erzeugter Strom, der ins Netz eingespeist oder für den Eigenbedarf (Nutzerstrom) verwendet wird, derzeit nicht berücksichtigt. Systemgrenze der Berechnung stellt im BNK die thermische Gebäudehülle dar. Der Betrachtungszeitraum liegt wie im DGNB System bei 50 Jahren und die Ergebnisse werden auf ein Jahr und auf einen Quadratmeter Nettogrundfläche NGF_a nach DIN 277-1 bezogen (DIN 277-1: 2005-02). Je nach Höhe der Parameter nicht erneuerbarer Primärenergiebedarf und Gesamtprimärenergiebedarf sind im Steckbrief zwischen eins und zehn Punkten erreichbar.

Mit dem Steckbrief 3.2.1 Dezentrale Erzeugung regenerativer Energie des BNK werden die Nutzung regenerativer Energie sowie die dezentrale Energieerzeugung gefördert (BMI, 2015e). Der Basisstandard mit einem Bewertungspunkt wird erreicht, wenn das Gebäude an ein Fernwärmenetz angeschlossen ist oder über eine Anlage zu dezentralen Erzeugung regenerativer Energie verfügt. Darüber hinaus sind höhere Punktzahlen möglich, wenn das Gebäude regenerativ einen Energiebetrag für den Eigenbedarf oder für Dritte produziert, der größer als 15, 30 oder 50 Prozent des Endenergiebedarfs gemäß EnEV-Bilanzierung ist oder das Gebäude dem Effizienzhaus-Plus-Standard oder dem Aktivplus-Standard entspricht.

HQM One

Im Steckbrief 5.2 Decentralised Energy des HQM Systems muss als Grundvoraussetzung eine Machbarkeitsstudie durch einen Sachverständigen durchgeführt werden, um die geeignetste kohlenstofffreie oder -arme Energiequelle für den Gebäudebetrieb zu ermitteln (BRE, 2018c, S. 119-122). Darüber hinaus können Punkte erreicht werden, wenn die Ergebnisse der Machbarkeitsstudie umgesetzt werden, die produzierte Energie für den Eigenbedarf genutzt wird und zertifizierte Systeme für die Installation verwendet werden. Falls eine Umsetzung derzeit nicht möglich ist, wird eine spätere Umsetzung vorbereitet, beispielsweise durch Erstellung von Elektroplänen für das vorgeschlagene System.

Bewertungssystem Minergie und Minergie-Eco für Neubau Einfamilienhäuser

Im Minergie-Eco System wird in einem Steckbrief die graue Energie des Gebäudes (Minergie Schweiz & Verein ecobau, 2020c, S. 75) vom Rohstoffabbau bis zur Entsorgung auf Grundlage einer Berechnung nach SIA-Merkblatt 2032 bewertet (Minergie Schweiz & Verein ecobau, 2020b, S. 12). Die graue Energie entspricht der nicht erneuerbaren Primärenergie. In der Berechnung werden die beheizte und unbeheizte Gebäudehülle, Innenbauteile, die Haustechnik und der Aushub berücksichtigt (Minergie Schweiz & Verein ecobau, 2020a, S. 1-2). Der Betrachtungszeitraum beträgt 60 Jahre. Das Gesamtergebnis der grauen Energie wird auf die Energiebezugsfläche pro Jahr bezogen.

Soll ein Gebäude mit Minergie, Minergie-P oder Minergie-A zertifiziert werden, besteht die Pflicht zur Installation einer Anlage zur Eigenstromerzeugung (Minergie Schweiz, 2020e, S. 21). Die Stromerzeugung ist beispielsweise durch PV-Anlagen, Kraft-Wärmekopplungsanlagen oder Windkraftanlagen möglich. Beim Einsatz einer PV-Anlage, ist nachzuweisen, dass die Anlage mindestens eine Spitzenleistung 10 Wp pro m^2 Energiebezugsfläche hat. Falls die Anforderungen der Minergie-Kennzahl um mindestens 5 kWh/m^2*a unterschritten werden, entfällt die Anforderung der Eigenstromproduktion.

3.3.7.3 Gegenüberstellung der Anforderungen aus der C2C Literatur und Nachhaltigkeitsbewertungssystemen zu den Themen Primärenergie und regenerative Energieerzeugung

Der Vergleich der Anforderungen aus den verschiedenen C2C Leitfäden und der Produktzertifizierung untereinander zeigte, dass bereits hier die Ziele unterschiedlich hochgesteckt sind. In den „Hannover Principles" wird angeregt, den Energiebedarf für den Gebäudebetrieb möglichst vollständig über dezentrale Erzeugung regenerativer Energie am Grundstück zu decken (McDonough & Braungart, 2003a, S. 25-26). Darüber hinaus sollte auch die graue Energie berücksichtigt werden, es werden jedoch keine Ziele bezüglich des Deckungsanteils gesetzt. Auch Salfner et al. (2017, S. 78-79) fordern die Nutzung regenerativer Energiequellen und geben zudem vor, dass der Anteil der nicht erneuerbaren Primärenergie aus der Lebenszyklusanalyse komplett über regenerative Energieerzeugung am Gebäude oder entsprechende Maßnahmen kompensiert werden sollte. Folglich wird die graue Energie vollständig in die Betrachtung einbezogen. Mulhall und Braungart (2010, S. 9) treffen in der Anforderung 2.1.6 Integrate Renewable Energy keine klare Aussage darüber, ob bei der Gegenüberstellung der regenerativ erzeugten Energie und der benötigten Energie auch die graue Energie oder nur die Energie aus der Nutzungsphase einbezogen wird. Die C2C Produktzertifizierung nimmt ebenfalls Bezug zur grauen Energie (Cradle to Cradle Products Innovation Institute, 2016, S. 55). Für den Platinum Standard muss neben der regenerativen Deckung des Energiebedarfs für den letzten Produktionsschritt des Produktes die graue Energie beziffert und eine Strategie zur Optimierung entwickelt werden. Zudem müssen mehr als fünf Prozent der grauen Energie (Cradle to Gate) durch Offset oder vergleichbare Maßnahmen kompensiert werden.

Im BNK und im Minergie System wird in den Steckbriefen zur regenerativen Stromerzeugung die Höhe des regenerativ zu erzeugenden Energiebetrags mit dem Energieverbrauch des Gebäudes in der Nutzungsphase in Bezug gesetzt und danach bewertet (BMI, 2015e; Minergie Schweiz, 2020b, 2020c, 2020d). Im HQM System wird lediglich die Umsetzung einer Anlage zur regenerativen Energieerzeugung, jedoch nicht die Höhe des erzeugten Energiebetrags bewertet (BRE, 2018c, S. 119-122). In keinem der drei Steckbriefe wird die graue Energie, die in der Gebäudekonstruktion und in der Haustechnik enthalten ist, in die Bewertung einbezogen. Die Bewertung der grauen Energie erfolgt an anderer Stelle in den Ökobilanz-Steckbriefen. Sowohl im DGNB- als auch im BNK- und im Minergie-Steckbrief werden Zielwerte für die Höhe der grauen Energie vorgegeben, die jedoch deutlich über null, das heißt, jenseits einer vollständigen Kompensierung durch regenerative Energien, liegen (BMI, 2015d; DGNB e.V., 2013; Minergie Schweiz & Verein ecobau, 2020a, S. 11). Im BNK fließt regenerativ am Gebäude erzeugter Strom, der nicht in der energetischen Berechnung für die Nutzungsphase gemäß EnEV/GEG berücksichtigt ist, sondern ins Netz eingespeist oder für den Eigenbedarf verwendet werden, derzeit nicht in die Ökobilanz ein. Im DGNB Zertifikat dürfen regenerativ am Gebäude erzeugte Energiebeträge, die ins Netz eingespeist oder für den Eigenbedarf verwendet werden, in der Ökobilanz als Gutschrift angesetzt werden (DGNB e.V., 2013).

Vergleicht man die C2C Leitfäden und die Produktzertifizierung mit den Nachhaltigkeitsbewertungssystemen wird deutlich, dass die Dokumente teils unterschiedliche Parameter bewerten und ein direkter Vergleich schwierig ist. Salfner et al. (2017) setzen die Ziele am höchsten und kombinieren die Betrachtung des nicht-erneuerbaren Primärenergiebedarfs und der regenerativ am Gebäude erzeugten Stromüberschusses für den Eigenbedarf oder für Dritte. Zwar verwendet die DGNB Zertifizierung (DGNB e.V., 2013) eine sehr ähnliche Methodik wie Salfner et al. (2017). Sie zielt jedoch auf eine Minimierung des nicht-erneuerbaren Primärenergiebedarfs anstatt einer vollständigen Kompensierung (negatives Ergebnis) wie von Salfner et al. (2017, S. 184) gefordert ab. Auch das BNK und das Minergie System zielen auf eine Minimierung des nicht-erneuerbaren Primärenergiebedarfs ab. Im Gegensatz zum DGNB Zertifikat wird im BNK Energie, die nicht im energetischen Nachweis berücksichtigt ist, sondern ins Netz eingespeist oder für Nutzerstrom verwendet wird, jedoch nicht in die Ökobilanz einbezogen.

In den „Hannover Principles" (McDonough & Braungart, 2003a, S. 24-25) und der C2C Produktzertifizierung (Cradle to Cradle Products Innovation Institute, 2016, S. 55-66) werden die Themen graue Energie und Erzeugung regenerativer Energie am Gebäude zwar parallel betrachtet. Der Schwerpunkt liegt aber auf der dezentralen Energieerzeugung und es werden für die graue Energie nur die Empfehlung der Betrachtung ausgesprochen oder die Ziele liegen niedriger als bei Salfner et al. (2017). Damit liegen die beiden Anforderungen näher an den Zielsetzungen aus dem DGNB System, dem BNK und dem Minergie-Eco System, die einerseits eine Minimierung des nicht erneuerbaren Primärenergiebedarfs und andererseits die Erzeugung eines bestimmten regenerativen Energiebetrags am Grundstück verfolgen. Eine Einordnung der Forderungen von Mulhall und Braungart (2010, S. 9) ist nicht abschließend möglich, da von den Autoren keine Aussage darüber getroffen wird, ob die graue Energie in die Betrachtung einbezogen wird. Im HQM System wird nur die regenerative Energieerzeugung, jedoch nicht deren Höhe bewertet (BRE, 2018c, S. 119-122) und die Ziele liegen damit am niedrigsten.

Darüber hinaus unterschieden sich die Strategien zur Erreichung der Ziele. Während der Schwerpunkt in den Nachhaltigkeitsbewertungssystemen auf der Energieeffizienz liegt, zielen die C2C Leitfäden auf Effektivität ab. Mulhall und Braungart (2010, S. 19) nutzen zur Bewertung der Effektivität von Energieerzeugungssystemen die Exergie, die die Qualität unterschiedlicher Energieformen einbezieht. Der Einsatz energieeffizienter Technologien erfolgt erst im zweiten Schritt nach möglichst vollständiger regenerativer Deckung des Energiebedarfs.

3.3.8 Vergleich des C2C Kriteriums und des Nachhaltigkeitskriteriums zum Thema Biodiversität

3.3.8.1 Anforderungen aus der C2C Literatur zur Förderung von Biodiversität

Zur Thema Förderung von Biodiversität wurden in der C2C Literatur die folgenden Anforderungen identifiziert und im Kriterium 1.20 zusammengefasst (s. Anhang 1 und Tabelle 23):

Kategorie	Nummer/Name des Kriteriums	Anforderungen					EntsprechungNachhaltigkeitskriterien Anhang 2
		The Hannover Principles (McDonough & Braungart, 2003a)	**Cradle to Cradle® Criteria for the built environment** (Mulhall & Braungart, 2010)	**Creating Buildings With Positive Impacts** (Mulhall et al., 2019)	**Entwicklung u. Bewertung eines Cradle to Cradle® inspirierten Plusenergiehauses** (Salfner et al., 2017)	**Cradle to Cradle Certified™. Product standard version 3.1** (Cradle to Cradle Products Innovation Institute, 2016)	
	1.20 Förderung von Biodiversität		2.1.7 Actively Support Biodiversity		Biodiversität (Lebensraumerweiterung, Dach- und Fassadenbegrünung)		2.13

Tabelle 23: Anforderungen aus der Literatur zum Kriterium 1.20 Förderung von Biodiversität (eigene Darstellung)

Leitfaden „Cradle to Cradle® Criteria for the built environment"

Mulhall und Braungart (2010, S. 9) fordern mit 2.1.7 Actively Support Biodiversity, den Artenreichtum aktiv zu fördern, so dass in der Gegend nach dem Bau des Gebäudes mehr Spezies vorhanden sind als davor. Die Forderung bezieht sich auf Pflanzen und Tiere. Die Messung der Biodiversität erfolgt durch Zählung der Spezies am Grundstück. Dabei sollte das Konzept der natürlichen oder einheimischen Arten im Einzelfall beurteilt werden, da in vielen Regionen die Umwelt bereits durch den Menschen verändert wurde und eine Rückführung in den natürlichen Zustand oft nicht zweckmäßig ist.

Leitfaden „Entwicklung u. Bewertung eines Cradle to Cradle® inspirierten Plusenergiehauses"

Als Maßnahmen zur Erhöhung der Biodiversität schlagen Salfner et al. (2017, S. 159-163, 188) die Begrünung von Gebäuden vor. Dachbegrünungen und Fassadenbegrünungen dienen als Habitat für Pflanzen, Tiere und Mikroorganismen. Als weitere Vorteile der Dachbegrünung nennen Salfner et al. (2017) den thermischen Speichereffekt für die Gebäudehülle, die Speicherung des Regenwassers im Substrat der Begrünung und die damit einhergehende Entlastung der Kanalisation. Zudem wird das Regenwasser durch das Substrat vorgefiltert und der Ertrag von PV-Anlagen kann durch den Kühleffekt der darunterliegenden Begrünung erhöht werden. Darüber hinaus können Gründächer als Dachgärten für Bewohner angelegt werden. Bei der Fassadenbegrünung wird in Anlehnung an Köhler und Ottelé (2012, S. 103-108) zwischen bodengebundenen und wandgebundenen Systemen unterschieden. Im Sommer können Fassadenbegrünungen als Sonnenschutz dienen. Im Winter, wenn das Laub der Begrünung abfällt, dringt das Sonnenlicht auch in die dahinterliegenden Räume vor. Als weiteren Vorteil von Gebäudebegrünungen nennen Salfner et al. (2017, S. 160-162) die Kompensation von Treibhausgasemissionen aus der Gebäudekonstruktion und dem Betrieb. Gemäß Modellrechnungen von Herfort et al. (2012, S. 34) besitzen intensive Dachbegrünungen das Potenzial, bis zu 2,9 kg CO_2 pro Quadratmeter im Jahr aufzunehmen. Bei extensiven Begründungen ist ein Wert von bis zu 1,2 kg CO_2 pro Quadratmeter im Jahr möglich.

Darüber hinaus enthält das C2C Kriterium 1.31 Durchführung einer Bestandsaufnahme die Anforderung Flora und Fauna, die darauf abzielt, den Pflanzen- und Baumbestand vor dem Bau zu dokumentieren, in die Entwurfsplanung einzubeziehen und ggf. zu kompensieren (Salfner et al., 2017, S. 184). Da die Anforderung den Weg zu einem ökologisch wertvollen Grundstück betrifft und nicht das Ergebnis, wurde sie der Kategorie Anwendung zugeordnet.

Abbildung 42: Begrüntes Dach des Verwaltungsgebäude von RAG-Stiftung und RAG Aktiengesellschaft auf dem UNESCO-Welterbe Zollverein (Quelle: Richard Brink GmbH & Co. KG, Fotograf: Dipl.-Des. Sebastian Brink)

3.3.8.2 Anforderungen aus Nachhaltigkeitsbewertungssystemen zur ökologischen Veränderung und Verbesserung

Dem C2C Kriterium 1.20 Förderung von Biodiversität wurde in Anhang 2 und Tabelle 11 das Nachhaltigkeitskriterium 2.13 Ökologische Veränderung und Verbesserung zugeordnet, das die Literatur aus Nachhaltigkeitsbewertungssystemen in Anhang 2 und Tabelle 24 zusammenfasst.

HQM One

Im System HQM wird im Steckbrief 2.3 Ecological Change and Enhancement der ökologische Wert des Grundstücks und der näheren Umgebung bewertet (BRE, 2018c, S. 37-41). Darüber hinaus finden sich im System die Steckbriefe 2.1 Identifying Ecological Risks and Opportunities,

2.2 Managing Impacts on Ecology und 2.4 Long Term Ecological Management and Maintenance (BRE, 2018c, S. 25-36, 42-45), die eng mit dem erstgenannten Steckbrief verknüpft sind, jedoch nicht die ökologische Qualität des Projekts, sondern den Prozess dorthin bewerten. Daher wurden die drei Steckbriefe in Anhang 2 und Tabelle 12 unter 2.43 Ökologie Management in der Kategorie Prozessqualität zusammengefasst.

Kategorie	Nummer/Name des Kriteriums	Anforderungen					Entsprechung C2C Kriterien Anhang 1
		DGNB Zertifikat, Neubau Kleine Wohngebäude V2013.2 (DGNB e.V., 2013)	**Bewertungssystem Nachhaltiger Kleinwohnhausbau** (BNK) V1.0 (BiRN, 2021a)	**Home Quality Mark One,** SD 239 (BRE, 2018c)	**LEED v4.1 Residential Single Family Homes** (USGBC, 2020)	**Minergie V2020.1** (Minergie Schweiz, 2020b, 2020c, 2020d) **Minergie-Eco** Neubau EFH/MFH <500m² EBF, V1.5 ME-ECO Online 2020 (Minergie Schweiz & Verein ecobau, 2020c)	
	2.13 Ökologische Veränderung und Verbesserung			2.3 Ecological Change and Enhancement		WNG1.030 Umgebungsgestaltung	1.20

Tabelle 24: Anforderungen aus der Literatur zum Kriterium 2.13 Ökologische Veränderung und Verbesserung (eigene Darstellung)

Im Steckbrief 2.1 ist unter Anwendung der Ecology Risk Evaluation Checkliste zunächst zu eruieren, ob sich am Grundstück oder in der näheren Umgebung ökologisch wertvolle Features befinden oder Risiken für Habitate bestehen (BRE, 2018b, 2018c, S. 25-32). Je nach Ergebnis muss das Gebäude beim Thema Ökologie über die Basis-Route oder die umfassende Route bewertet werden. Während bei der Basis-Route die Ökologiethemen durch das Projektteam bearbeitet werden können, muss bei der umfassenden Route zusätzlich ein entsprechend qualifizierter Ökologe hinzugezogen werden. Im Steckbrief 2.2 wird beispielsweise positiv bewertet, wenn die Verantwortlichkeiten für die Erreichung eines bestmöglichen ökologischen Ergebnisses klar geregelt und die Grundstücksvorbereitung sowie die Bauarbeiten diesbezüglich optimal geplant wurden (BRE, 2018c, S. 33-36). Im Steckbrief 2.4 können beispielsweise Punkte erreicht werden, wenn ein Management Plan zur Umsetzung der ökologischen Ziele erstellt wird und die Umsetzung überprüft wird. Bei der Basis-Route können weniger Punkte als bei der umfassenden Route erreicht werden (BRE, 2018c, S. 42-45).

Steckbrief 2.3 betrifft die direkte Umsetzung der Maßnahmen zur Verbesserung des ökologischen Werts des Grundstücks (BRE, 2018c, S. 37-41). Es werden Punkte vergeben, wenn mindestens 75 Prozent des Projektes auf einer Fläche errichtet werden, auf der bereits zuvor eine permanente Struktur existierte. Unter der Voraussetzung, dass Teilanforderungen des Steckbriefes 2.1 erfüllt werden und der Bauherr oder Vertragsnehmer bestätigen, dass alle Regelwerke zur Ökologie des Grundstücks eingehalten werden, können zusätzliche Punkte erreicht werden.

Bei der Basis-Route werden Punkte vergeben, wenn das Projektteam mit relevanten Stakeholdern zusammenarbeitet und die gesammelten Daten bei der Erarbeitung und Umsetzung von Maßnahmen zur Steigerung des ökologischen Wertes des Grundstücks berücksichtigt werden. Dabei müssen die Empfehlungen auf anerkannter, lokaler Expertise eines Spezialisten beruhen. Bei der umfassenden Route müssen zusätzlich die gesammelten Daten den örtlichen Umweltzentren zur Verfügung gestellt, die dem Standort am nächsten liegen oder für diesen relevant sind. Darüber hinaus können unterschiedlich viele Punkte erreicht werden, wenn nachgewiesen wird, dass die Abnahme des ökologischen Werts des Grundstücks minimiert wurde, der ökologische Wert gleichgeblieben ist, der ökologische Wert zugenommen oder stark zugenommen hat. Die Bewertung erfolgt mit Hilfe des BREEAM Change in Ecological Value Calculator, der die Größe und Länge der Habitate, deren Zustand und Besonderheit einbezieht (BRE, 2018a, S. 4).

Bewertungssystem Minergie und Minergie-Eco für Neubau Einfamilienhäuser

Im Minergie-Eco System wird im Steckbrief WNG1.030 Umgebungsgestaltung positiv bewertet, wenn ein Konzept für eine ökologische Umgebungsgestaltung erstellt und in der Praxis umgesetzt wird (Minergie Schweiz & Verein ecobau, 2020c, S. 54). Dabei sind zunächst bestehende Naturwerte wie Bäume oder Hecken am und in der Nähe des Grundstücks zu dokumentieren und möglichst zu erhalten. Zudem wird gefordert, dass circa 25 Prozent der Umgebungsfläche naturnah gestaltet werden. Darüber hinaus müssen für mindestens 80 Prozent der Pflanzungen einheimische, standorttypische Pflanzenarten eingesetzt werden.

3.3.8.3 Gegenüberstellung der Anforderungen aus der C2C Literatur und den Nachhaltigkeitsbewertungssystemen zum Thema Biodiversität

Der Vergleich der Anforderungen aus dem Leitfaden „Cradle to Cradle® Criteria for the built environment“ von Mulhall und Braungart (2010) und aus dem C2C Leitfaden für den Wohnungsbau von Salfner et al. (2017) zeigte, dass bereits hier die Ziele unterschiedlich hochgesteckt sind. Während Mulhall und Braungart (2010, S. 9) fordern, dass am Grundstück nach dem Bau des Gebäudes mehr Spezies vorhanden sind als davor, nennen Salfner et al. (2017, S. 184, 188) das Ziel, Habitate am Grundstück zu schaffen und Verluste ökologisch wertvoller Features ggf. durch Ausgleichmaßnahmen zu kompensieren.

Auch innerhalb der untersuchten Nachhaltigkeitsbewertungssysteme finden sich Unterschiede in den Zielen. Während im HQM System die Steigerung des ökologischen Werts des Grundstücks das oberste Ziel darstellt (BRE, 2018c, S. 37-41), wird im Minergie-Eco System gefordert, den ökologischen Wert des Grundstücks möglichst zu erhalten und die Umgebungsfläche naturnah zu gestalten (Minergie Schweiz & Verein ecobau, 2020c, S. 54). Insgesamt ähnelt das Ziel des Home Quality Mark Steckbriefs 2.3 Ecological Change and Enhancement somit dem Ziel der C2C Anforderung 2.1.7 Actively Support Biodiversity aus dem Leitfaden von Mulhall und Braungart (2010). Während Mulhall und Braungart (2010, S. 9) zur Beurteilung der Biodiversität des Grundstücks einen Vergleich der Anzahl der Arten vor und nach dem Bau des Gebäudes vorschlagen, bezieht das komplexere Berechnungsschema aus dem Home Quality Mark System die Größe und Länge der Habitate, deren Zustand und Besonderheit ein (BRE, 2018a, S. 24). Im Leitfaden von Salfner et al. (2017) hingegen wird kein Bewertungsmaßstab genannt. Im Minergie-Eco Steckbrief WNG1.030 Umgebungsgestaltung erfolgt kein Vergleich des Zustands des Grundstücks vor und nach dem Bau. Es werden lediglich Vorgaben für die Pflanzungen am Grundstück gemacht (Minergie Schweiz & Verein ecobau, 2020c, S. 54). Eine direkte Auswirkung auf die Biodiversität am Grundstück wird nicht beurteilt. Zudem enthält sowohl der C2C Leitfaden von Salfner et al. (2017, S. 184) als auch das HQM System (BRE, 2018c, S. 25-36, 42-45) Anforderungen an den Prozess zu einem ökologisch wertvollen Grundstück.

3.4 Kurzzusammenfassung

In Kapitel 3.1 wurden 40 Kriterien für C2C Ein- und Zweifamilienhäuser identifiziert. Aus der Analyse des Kapitels 3.2 ergaben sich 54 Kriterien für nachhaltige kleine Wohngebäude. Die identifizierten Kriterien für C2C Ein- und Zweifamilienhäuser und nachhaltige kleine Wohngebäude wurden in Kapitel 3.3 miteinander verglichen. Der Vergleich zeigte, dass 24 der 40 identifizierten Kriterien für C2C Ein- und Zweifamilienhäuser eine Entsprechung mit den Kriterien für nachhaltige kleine Wohngebäude aufweisen. Bei 16 Kriterien fand sich keine inhaltliche Überlappung. Zudem ergab der Vergleich, dass bereits innerhalb der C2C Leitfäden und der Produktzertifizierung die Anforderungen und Ziele unterschiedlich hochgesteckt sind. Dies trifft auf die Nachhaltigkeitsbewertungssysteme für kleine Wohngebäude ebenfalls zu. Für die folgende Zusammenfassung wird bei den verschiedenen Vertiefungskriterien der kumulierte Inhalt aus den einzelnen C2C Leitfäden und der Produktzertifizierung zugrunde gelegt. Die Zielsetzung der Kriterien ergibt sich demnach aus dem Ziel des Leitfadens oder der Produktzertifizierung mit der höchsten Anforderung. Gleiches gilt für die Nachhaltigkeitsbewertungssysteme.

1.1 Verwendung kreislauffähiger Materialien

Sowohl die C2C Literatur als auch die Nachhaltigkeitsbewertungssysteme umfassen die Aspekte Verwendung von Materialien aus Recyclingmaterial oder nachwachsenden Rohstoffen und Verwendung von künftig recycelbaren oder biologisch abbaubaren/kompostierbaren Materialien (s. Kapitel 3.3.3.1 und 3.3.3.2). Die Ziele im Bereich C2C liegen jedoch höher. Die C2C Literatur bezieht alle verbauten Materialien ein und fordert, dass diese zu 100 Prozent positiv definiert sind und am Ende der Nutzungszeit in die Bio- oder Technosphäre rückgeführt werden können (s. Kapitel 3.3.3.1). Im entsprechenden Nachhaltigkeitskriterium werden für Produkte des technischen Kreislaufs entweder Materialien ausgeschlossen, deren Recyclingeigenschaften besonders ungünstig sind oder die Einbettung des Produkts in ein System für erweiterte Herstellerverantwortung gefordert (s. Kapitel 3.3.3.2). Im Bereich des biologischen Kreislaufs wird die Verwendung von FSC-zertifizierten Hölzern oder eines biologisch abbaubaren/kompostierbaren Anteils in Produkten positiv bewertet. Gleichzeitig sollen gemäß C2C alle Bauprodukte bereits zum Zeitpunkt der Zertifizierung zu 100 Prozent aus recycelten oder schnellwachsenden Rohstoffen hergestellt sein (s. Kapitel 3.3.3.1). In den Nachhaltigkeitsbewertungssystemen können bereits ab einem Recyclinganteil von weniger als 100 Prozent die Anforderungen voll erfüllt werden (s. Kapitel 3.3.3.2). Dabei werden keine Anforderungen an das Qualitätsniveau des Recyclings und an die Materialgesundheit des Recyclinganteils gestellt. Eine Anhebung der Ziele führt folglich nicht automatisch zu einem C2C Gebäude. Die beiden genannten Aspekte müssten zusätzlich adressiert werden.

Kriterium 1.3: Rückbau- und Recyclingpotenziale

Die Analyse zeigte, dass in einem der untersuchten C2C Leitfäden und in zwei Nachhaltigkeitsbewertungssystemen die Art der Verbindungsmittel beurteilt wird (s. Kapitel 3.3.4.1 und 3.3.4.2). Sowohl Salfner et al. (2017, S. 83) als auch die Minergie-Eco Zertifizierung (Minergie Schweiz & Verein ecobau, 2020c, S. 58-59) fordern mechanische Befestigungsmittel, die leicht zu lösen sind, anstatt chemischer Verbindungen. In der DGNB Zertifizierung findet eine Beurteilung des Aufwands zur Demontage der Bauteile sowie zur Trennung der Bauteilschichten in verschiedenen Kategorien statt (DGNB e.V., 2013) und es werden damit indirekt die Verbindungsmittel bewertet. Damit liegen die Ziele des C2C Leitfadens und der beiden Nachhaltigkeitsbewertungssysteme ähnlich hoch. Salfner et al. (2017, S. 83) bewerten zusätzlich die Gebäudetransformation innerhalb der Nutzungsphase und fordern, bei der Anordnung der Schichten deren Nutzungsdauern sowie die Zugänglichkeit der Verbindungsmittel zu berücksichtigen (s. Kapitel 3.3.4.1). Zwar wird dieser Aspekt mit einer verbesserten Trennbarkeit der Schichten weniger wichtig. Nichtsdestotrotz sollten diese Anforderungen für einen geringen Aufwand zur Instandhaltung auch in den Nachhaltigkeitsbewertungssystemen berücksichtigt werden.

Kriterium 1.7: Verbesserung der Innenraumlufthygiene

Die Analyse des Themas Innenraumlufthygiene zeigte, dass in den untersuchten Nachhaltigkeitsbewertungssystemen spezifische Schadstoffe und Grenzwerte abgefragt und konstruktive Maßnahmen zur Verhinderung von Schadstoffemissionen gefordert werden (s. Kapitel 3.3.5.2). Die Abfrage spezifischer Luftschadstoffe ist innerhalb der C2C Literatur nur bei der Produktzertifizierung der Fall (s. Kapitel 3.3.5.1). Ansonsten werden in der C2C Literatur keine spezifischen Schadstoffe abgefragt, sondern die Luftqualität im Allgemeinen betrachtet. Insbesondere bei Mulhall und Braungart (2010) liegt das Ziel deutlich höher als in den Nachhaltigkeitsbewertungssystemen und die Luft soll im Gebäude aktiv so verbessert werden, dass sie das Gebäude sauberer verlässt als sie ins Gebäude kommt (s. Kapitel 3.3.5.2). Zur Umsetzung des Ziels werden neben der Verwendung emissionsarmer Produkte auch der Einsatz nützlicher, lufteinigender Materialien sowie die Begrünung im Innenraum als aktive Maßnahmen berücksichtigt. Der Einsatz positiv definierter, nützlicher Materialien ist in keiner der Nachhaltigkeitszertifizierungen Bestandteil (s. Kapitel 3.3.5.2). Dort werden jedoch lüftungstechnische Maßnahmen zur Verbesserung der Luftqualität gefordert, die unter den C2C Leitfäden nur bei den Hannover Principles präsent sind. Der Vergleich zeigt, dass eine reine quantitative Anhebung der Ziele aus den Nachhaltigkeitsbewertungssystemen (strengere Grenzwerte für Emissionen und strengere lüftungstechnische Maßnahmen) nicht automatisch zu C2C Gebäuden führt. Um zu C2C Gebäuden zu gelangen, sollten auch aktive Maßnahmen wie der Einsatz von positiv definierten, luftreinigenden Materialien und Pflanzen berücksichtigt werden. Zudem spielt die Positivdefinition von Produkten eine wichtige Rolle.

Kriterium 1.9: Wassereinsatz und Wasserkreisläufe

Beim Thema Wassereinsatz und Wasserkreisläufe ergab der Vergleich der C2C Literatur mit den Nachhaltigkeitsbewertungssystemen, dass die Schwerpunkte unterschiedlich gesetzt sind (s. Kapitel 3.3.6.3). Während der Schwerpunkt in den C2C Dokumenten auf der Wasserqualität und Aufbereitung liegt (s. Kapitel 3.3.6.1), fokussieren die Nachhaltigkeitsbewertungssysteme den Wasserverbrauch (s. Kapitel 3.3.6.2). Der Aspekt des Wasserrecyclings wird zwar auch in den Nachhaltigkeitsbewertungssystemen bewertet, jedoch werden hier vorwiegend die Aspekte Regenwasser- und Grauwassernutzung für Toilettenspülung abgefragt. Die Aufbereitung von Abwasser zu Trinkqualität wie sie von Mulhall und Braungart (2010) gefordert wird (s. Kapitel 3.3.6.1), ist in keinem der Nachhaltigkeitszertifizierungssysteme Bestandteil (s. Kapitel 3.3.6.2). Die Auswertung zeigt, dass die Ziele beim Thema Wasser in den C2C Dokumenten höher liegen als in den untersuchten Zertifizierungssystemen. Wie bereits bei Kriterium 1.7 reicht eine rein quantitative Anhebung der Ziele des nachhalten Bauens nicht aus, um zu C2C Gebäuden zu gelangen. Zusätzlich müssen Maßnahmen zur Verbesserung der Wasserqualität anstatt lediglich zur Senkung des Verbrauchs ergriffen werden.

Kriterium 1.13: Einsatz erneuerbarer Energie

Im Bereich Einsatz erneuerbarer Energie wurde deutlich, dass in den meisten C2C Dokumenten die Erzeugung regenerativer Energie in Wechselwirkung mit der grauen Energie des Gebäudes betrachtet wird (s. Kapitel 3.3.7.1). Salfner et al. (2017) geben das höchste Ziel vor, den Anteil der nicht erneuerbaren Primärenergie aus der Lebenszyklusanalyse komplett über regenerative Energieerzeugung am Gebäude zu decken. In den Nachhaltigkeitsbewertungssystemen werden die beiden Themen überwiegend in separaten Steckbriefen behandelt (s. Kapitel 3.3.7.2). Im DGNB Zertifikat wird der regenerativ am Gebäude erzeugte Stromüberschuss jedoch in die Ökobilanz einbezogen. Der Zielwert für die Primärenergie nicht erneuerbar liegt jedoch über Null und somit unter dem Ziel eines positiven energetischen Fußabdrucks von Salfner et al. (2017). Im BNK wird der regenerativ am Gebäude erzeugte Stromüberschuss beispielsweise nicht in der Ökobilanzierung angesetzt und direkter Vergleich ist nicht möglich. Darüber hinaus bestehen Unterschiede bei den Strategien zur Erreichung der Ziele. Während der Schwerpunkt in den Nachhaltigkeitsbewertungssystemen auf der Energieeffizienz liegt (s. Kapitel 3.3.7.1), zielt die C2C Literatur auf Effektivität ab (s. Kapitel 3.3.7.2). Beim DGNB Zertifikat würde eine quantitative Erhöhung der Zielwerte der Ökobilanz in den energiepositiven Bereich in Richtung von C2C Gebäuden führen. Insgesamt scheint es sinnvoll, die Themen graue Energie und regenerativ erzeugte Energie in den Nachhaltigkeitsbewertungssystemen in Wechselwirkung zu betrachten, bevor eine Anpassung der Zielwerte vorgenommen wird.

Kriterium 1.20: Förderung von Biodiversität

Der Vergleich ergab, dass in zwei C2C Leitfäden und in zwei Nachhaltigkeitsbewertungssystemen jeweils eine Anforderung zur Förderung der Biodiversität existiert (s. Kapitel 3.3.8.1 und 3.3.8.2). Mulhall und Braungart (2010) geben innerhalb der C2C Dokumente die höchste Anforderung vor, dass die Artenvielfalt am Gebäude aktiv so gefördert wird, dass nach dem Bau des Gebäudes mehr Arten präsent sind als davor (s. Kapitel 3.3.8.1). Das Ziel zum Thema Biodiversität des Home Quality Mark Systems liegt vergleichbar hoch wie das Ziel von Mulhall und Braungart (2010) (s. Kapitel 3.3.8.2) und es bedarf keiner Anhebung des Ziels. Im System können unterschiedlich viele Punkte erreicht werden, wenn nachgewiesen wird, dass die Abnahme des ökologischen Werts des Grundstücks minimiert wurde, der ökologische Wert gleichgeblieben ist, der ökologische Wert zugenommen oder stark zugenommen hat. In die Beurteilung werden die Größe und Länge der Habitate, deren Zustand und Besonderheit einbezogen. Mulhall und Braungart (2010) ziehen zur Beurteilung eine Artenzählung am Grundstück vor und nach dem Bau heran (s. Kapitel 3.3.8.1). Im Minergie-Eco System werden die direkten Auswirkung der geforderten ökologischen Umgebungsgestaltung nicht bewertet und es ist kein direkter Vergleich möglich.

4 Fallstudien: Cradle to Cradle inspirierte und nachhaltige Ein- und Zweifamilienhäuser

In Kapitel 4 wird anhand von Fallbeispielen untersucht, inwieweit die sechs C2C Vertiefungskriterien (s. Kapitel 3.1.8) momentan beim Bau von Ein- und Zweifamilienhäusern umgesetzt werden können. Die Analyse dient der der Beantwortung der Frage, ob durch Anwendung des C2C Prinzips negative ökologische Auswirkungen, die momentan mit dem Bau von Ein- und Zweifamilienhäusern einhergehen, als Potenzial für einen positiven Fußabdruck genutzt werden können (Ableitung These 1).

Dazu werden in Kapitel 4.1 (Fallstudie 1) zunächst die C2C inspirierten Einfamilienhäuser Nexushaus und Wohnhaus Eser sowie das Konzept Flow House in Bezug auf die Umsetzung des C2C Prinzips untersucht. Für jedes Projekt folgt zunächst eine kurze Projektbeschreibung. Anschließend wird die Umsetzung der C2C Vertiefungskriterien anhand von Literatur untersucht.

In Kapitel 4.2 (Fallstudie 2) werden 18 Ein- und Zweifamilienhäuser in Holzfertigbauweise, die nach dem BNK zertifiziert wurden, hinsichtlich der Umsetzbarkeit der C2C Vertiefungskriterien analysiert. Vier der sechs Vertiefungskriterien weisen inhaltliche Überschneidungen mit den BNK Anforderungen auf. Zu den verbleibenden zwei Kriterien finden sich in der allgemeinen Gebäudedokumentation Aspekte. Zur Analyse der Umsetzbarkeit des Kriteriums 1.1 Verwendung kreislauffähiger Materialien werden die Gebäudekonstruktionen ausgewertet. Zudem werden vorhandene Rückbaukonzepte analysiert, um die Umsetzbarkeit von Kriterium 1.3 Rückbau- und Recyclingpotenziale zu beurteilen. Die Umsetzbarkeit des Kriteriums 1.7 Verbesserung der Innenraumluftqualität wird anhand der Ergebnisse von Innenraumluftmessungen (VOCs, Formaldehyd) untersucht. Darüber hinaus wird der Einsatz von luftverbessernden Maßnahmen ausgewertet. Für die Umsetzbarkeit des Kriteriums 1.9 Wassereinsatz und Wasserkreisläufe wird auf die Durchflussmengen der Armaturen und Spülmengen der WCs sowie ggf. vorhandene Maßnahmen zum Wasserrecycling zurückgegriffen. Die Untersuchung wird durch die Auswertung von Wasseranalysen hinsichtlich der Parameter Nickel, Blei und Kupfer ergänzt. Zur Untersuchung der Umsetzbarkeit des Kriteriums 1.13 Einsatz erneuerbarer Energie wird der durchschnittliche jährliche Primärenergiebedarf nicht erneuerbar aus der Ökobilanz dem regenerativ am Gebäude erzeugten Stromüberschuss gegenübergestellt. Die Umsetzbarkeit des Kriteriums 1.20 Förderung von Biodiversität wird anhand der Flächenausnutzung sowie dem Vorhandensein biodiversitätsfördernder Maßnahmen wie Dachbegrünung und Teiche bewertet.

In Kapitel 4.3 (Fallstudie 3) wird der Rückbau eines Einfamilienhauses in Holzfertigbauweise begleitet und Primärerhebungen vor Ort durchgeführt. Die Analyse dient ebenfalls der Untersuchung der Umsetzbarkeit des Kriteriums 1.1 Verwendung kreislauffähiger Materialien und erfolgt auf Grundlage der Dokumentation der entsorgten Materialien mit Massen und Verwertungsweg.

In Kapitel 4.4 (Fallstudie 4) wird die Versetzung eines Zweifamilienhauses in Holzfertigbauweise begleitet und dokumentiert. Anhand der Beurteilung der Trennbarkeit der ausgebauten Materialschichten sowie der Aufstellung der wiederverwendeten/entsorgten Materialien wird die

Umsetzbarkeit des Vertiefungskriteriums 1.1 Verwendung kreislauffähiger Materialien untersucht. Darüber hinaus wird die Umsetzbarkeit des Kriteriums 1.7 Verbesserung der Innenraumluftqualität anhand durchgeführter Innenraumluftmessungen (VOCs, Formaldehyd) analysiert.

Die Analyse wird durch die Demontage eines Außenwandbauteils in Holzfertigbauweise in Kapitel 4.5 (Fallstudie 5) ergänzt. Im Rahmen der Begleitung des Rückbaus und der Versetzung werden die meisten Bauteile nur teilweise zerlegt. Folglich kann keine vollständige Aussage über die Rückbaufreundlichkeit und Kreislauffähigkeit dieser Bauteile und die Umsetzbarkeit der Kriterien 1.1 und 1.3 getroffen werden. Bei der Demontage des Außenwandbauteils werden die Trennbarkeit der einzelnen Bauteilschichten bewertet und die anfallenden Materialien mit derzeit typischem und dem bestmöglichen Verwertungsweg aufgenommen.

Neben der Ableitung von These 1 werden die Ergebnisse der Fallstudien zu den Vertiefungskriterien 1.1 Verwendung kreislauffähiger Materialien und 1.13 Einsatz erneuerbarer Energie zudem herangezogen, um die Frage zu beantworten, ob gesetzliche Anreize zur Änderung des Bewusstseins aller Baubeteiligten – weg von der Minimierung negativer Auswirkungen hin zu einem positiven Fußabdruck – führen können (Ableitung These 3). Zur Beantwortung dieser Frage werden zusätzlich die Erkenntnisse aus dem Vergleich der C2C Vertiefungskriterien und der korrespondierenden Nachhaltigkeitskriterien aus Kapitel 3 einbezogen.

4.1 Fallstudie 1: Cradle to Cradle inspirierte Ein- und Zweifamilienhäuser

Auf Grundlage der beschriebenen C2C Leitfäden aus Kapitel 3.1 wurden bereits verschiedene C2C inspirierte Gebäude geplant und umgesetzt. Die Literaturrecherche ergab, dass sich unter den gebauten Beispielen bisher vorwiegend Nicht-Wohngebäude befinden. Im Bereich der Nicht-Wohngebäude dominieren die Büro- und Verwaltungsgebäude. Zu Wohngebäuden, insbesondere Ein- und Zweifamilienhäusern existieren bisher nur vergleichsweise wenige Veröffentlichungen, obwohl Wohngebäude in Deutschland beispielsweise 87 Prozent des Gebäudebestands ausmachen (EnergieAgentur.NRW GmbH, o.J.). Im Ein- und Zweifamilienhausbereich gehen die wenigen gebauten Beispiele größtenteils auf Forschungsprojekte oder studentische Arbeiten zurück (s. Kapitel 4.1.2). Die Umsetzung von C2C Gebäuden erfordert spezielles Wissen und ist gemäß Salfner et al. (2017, S. 191) momentan mit einem erhöhten Planungsaufwand verbunden. Insbesondere bei privaten Wohnhäusern herrscht jedoch oft großer Kostendruck und es wird nur wenig Budget in Planungsleistungen investiert. So waren bei der Errichtung von mehr als 80 Prozent aller privaten Wohnhäuser im Jahr 2005 keine Architekten beteiligt (Schittich, 2005, S. 9). In vielen deutschen Bundesländern verfügen auch Handwerksmeister und Techniker über eine kleine Bauvorlageberechtigung und dürfen beispielsweise Bauanträge für Einfamilienhäuser stellen (Stand 7.3.2019) (Bundesarchitektenkammer, 2019). Abbildung 43 zeigt eine Auswahl C2C inspirierter Gebäude verschiedener Typologien.

Abbildung 43: C2C inspirierte Gebäude, 1. Reihe v. li. n. re.: Nexushaus, Konzept Flow House, Wohnhaus Familie Eser; 2. Reihe v. li. n. re.: Niederländisches Institut für Ökologie, Green Solution House, Rathaus Venlo; 3. Reihe v. li. n. re.: Park 2020, Verwaltungsgebäude von RAG-Stiftung und RAG Aktiengesellschaft, Backsippan Vorschule (Quellen s. Auflistung Kapitel 4.1)

Die Gebäude aus Abbildung 43 sind im Folgenden textlich, unter Angabe der Nutzung, des Standorts sowie der Bildquelle dargestellt:

- Nexushaus, Wettbewerbsbeitrag Solar Decathlon (Wohnhaus), Irvine, USA (Foto: Thomas Kelsey/U.S. Department of Energy Solar Decathlon)
- Konzept Flow House (Wohnhaus), New Orleans, USA (Quelle: William McDonough + Partners)
- Wohnhaus Familie Eser, Buch am Erlbach, Deutschland (Foto: Sonja Eser)
- Niederländisches Institut für Ökologie (Institutsgebäude), Wageningen, Niederlande (Foto: NIOO-KNAW)
- Green Solution House (Konferenzzentrum und Hotel), Bornholm, Dänemark (Foto: Adam Mørk)
- Rathaus Venlo (Verwaltungsgebäude), Venlo, Niederlande (Foto: Gemeente Venlo)
- Park 2020 (Business Park), Hofddorp, Niederlande (Foto: William McDonough + Partners)
- Verwaltungsgebäude von RAG-Stiftung und RAG Aktiengesellschaft auf dem UNESCO-Welterbe Zollverein, Essen, Deutschland (Foto: Jens Kirchner)
- Backsippan Vorschule, Ronneby, Schweden (Foto: William Lavesson)

Im Folgenden wird die Umsetzbarkeit der C2C Vertiefungskriterien anhand von drei Gebäudebeispielen der Typologie Einfamilienhaus (Flow House, Nexushaus und Wohnhaus Eser), die den Untersuchungsgegenstand der vorliegenden Arbeit darstellen, genauer untersucht.

4.1.1 Konzept Flow House

Das Konzept Flow House wurde vom Planungsbüro McDonough + Partners im Zuge des Wiederaufbaus des Viertels Lower 9th Ward in New Orleans nach dem Hurrikan Katrina entwickelt (s. Abbildung 44). Mit finanzieller Unterstützung der Make-it-Right-Foundation sollte das Viertel unter Berücksichtigung von Nachhaltigkeitsaspekten und Inspiration durch das C2C Prinzip wiederaufgebaut werden (Salfner et al., 2017, S. 29). Das Flow House umfasst eine kleine und eine große Wohnung und besteht aus drei Gebäudevolumen, die um Treffpunkte im Außenraum angeordnet sind (Modular Building Institute, o.J.). Zum Schutz vor Hochwasser ist das Flow House aufgeständert (Salfner et al., 2017, S. 29). William Mc Donough beschreibt das Gebäude folgendermaßen:

„[The flow house] is conceived as a series of outdoor rooms that extend and expand interior living, connecting families inside to views, nature, and community while celebrating the movement of light, shade, air, and water" (zitiert nach Modular Building Institute, o.J.).

1.1 Verwendung kreislauffähiger Materialien, 1.3 Rückbau- und Recyclingpotenziale
Im Flow House werden die verwendeten Materialien der Bio- und der Technosphäre zugeordnet (Modular Building Institute, o.J.). Die Wände und das Dach bestehen aus vorgefertigten, gedämmten Metall-Sandwichelementen und stellen damit technische Nährstoffe dar. Das Fundament, die Außenverkleidung und weitere Bauteile bestehen aus Holz und zählen zu den biologischen Nährstoffen. Das verwendete Holz stammt aus verantwortungsvoll bewirtschafteten Wäldern und ist FSC-zertifiziert. Außenbauteile bestehen zur Verbesserung der Dauerhaftigkeit aus acetyliertem Holz. Für eine einfache Demontage der Bauteile und Materialien werden mechanische Verbindungsmittel vor Klebstoffen bevorzugt (Modular Building Institute, o.J.).

Abbildung 44: Flow House, Mc Donough + Partners (Quelle: William McDonough + Partners)

1.9 Wassereinsatz und Kreisläufe
Anfallendes Regenwasser wird in einer Zisterne aufgefangen und Regengärten dienen der Wasserrückhaltung bei Hochwasserereignissen (Yoneda, 2009).

1.13 Einsatz erneuerbarer Energie
Dir Anordnung und Gestaltung der drei Gebäudevolumen reagiert auf die Sonnen-, Wind-, Wasser- und Lichtverhältnisse vor Ort (Modular Building Institute, o.J.). Zur Bereitstellung regenerativer Energie befinden sich auf dem Dach des Gebäudes Photovoltaikm

odule (Yoneda, 2009).

Das Flow House blieb eine Konzeptidee und wurde bisher nicht realisiert. Eine Beurteilung, inwieweit das C2C Prinzip im Gebäude in der Praxis umgesetzt werden kann, ist daher nicht abschließend möglich. Zu den Vertiefungskriterien 1.7 und 1.20 fanden sich in der Literatur keine Angaben.

4.1.2 Nexushaus, Wettbewerbsbeitrag Solar Decathlon

Auch das nexushaus, das im Rahmen des Wettbewerbs Solar Decathlon von Studenten der Technischen Universität München und der University of Texas at Austin geplant und errichtet wurde, baut auf den C2C Grundsätzen auf (Salfner et al., 2017) (s. Abbildung 45). Das Gebäude wurde im September und Oktober 2015 auf dem Wettbewerbsgelände in Irvine, Kalifornien aufgebaut. Nach zehn Tagen wurde das Gebäude rückgebaut und zum künftigen Standort in Fort Davis transportiert (Salfner et al., 2017, S. 42, 98-101). Im nexushaus stehen sich ein Tag- und ein Nachtmodul gegenüber. Dazwischen ergibt sich ein Terrassenraum (Salfner et al., 2017, S. 47). Im anschließenden Forschungsprojekt zur „Entwicklung und Bewertung eines C2C inspirierten Plusenergiehauses am Beispiel des Wettbewerbsbeitrages Solar Decathlon 2015“ der Technischen Universität München wurde untersucht, inwieweit das C2C Prinzip erfolgreich auf das nexushaus angewendet werden konnte und an welchen Stellen es in der Ausführung Abweichungen zum Konzept gab (Salfner et al., 2017, S. 13).

Abbildung 45: Nexushaus, Wettbewerbsbeitrag Solar Deacthlon der Technischen Universität München und University of Texas at Austin (Fotos: Thomas Kelsey/U.S. Department of Energy Solar Decathlon)

1.1 Verwendung kreislauffähiger Materialien, 1.3 Rückbau- und Recyclingpotenziale

Die vorgegebene Fußbodenhöhe durch das Wettbewerbskomitee erforderte die Aufständerung des Gebäudes (Salfner et al., 2017, S. 39). Auf einer Konstruktion aus Stahlfüßen und Stahlstützten wurden eine Terrassenunterkonstruktion aus Holz angebracht (Salfner et al., 2017, S. 88). Die Teile der Stahlkonstruktion und die Holzunterkonstruktion der Terrasse sind reversibel miteinander verschraubt (Salfner et al., 2017, S. 67). Der Bodenbelag der Terrasse besteht aus Zedernholz-Brettern (Salfner et al., 2017, S. 42). Die Wohnmodule selbst wurden in Holzrahmenbauweise errichtet. Auf der Außenseite sind die Wände mit einer OSB-Platte und auf der Innenseite mit einer Gipskartonplatte beplankt. Ursprünglich war für die Holzgefache als Dämmstoff Zellulose vorgesehen, die jedoch vor Ort durch PUR Sprühdämmung ersetzt wurde (Salfner et al., 2017, S. 82). In Folge war das Holzgefach untrennbar mit den Holzbalken und der OSB-Beplankung verbunden (Salfner et al., 2017, S. 91). Die Hüllflächen der Module wurden mit Korkplatten versehen und darauf vertikale Zedernholz-Lamellen angebracht (Salfner et al., 2017, S. 42). Am Dach folgt auf die Holzkonstruktion eine OSB-Platte sowie eine Gefälledämmung und eine Dachabdichtung. Der Bodenbelag in den Wohnmodulen besteht aus recycelter Weihrauchkiefer. Die Sonnenschutzsegel über der Terrasse bestehen aus PVC (Salfner et al., 2017, S. 67). Die Stahlfüße, die Fenster und die PV-Anlage auf dem Dach sind Serviceprodukte (Salfner et al., 2017, S. 66, 72, 82). In Zuge der Planungen wurden die Materialien den Stoffkreisläufen zugeordnet und entweder als biologischer oder technischer Nährstoff oder als Serviceprodukt deklariert (Salfner et al., 2017, S. 62).

1.7 Verbesserung der Innenraumluftqualität

Salfner et al. (2017, S. 184) weisen im Forschungsbericht darauf hin, dass für alle Bauteile die Inhaltsstoffe der Materialien zu definieren sind. Zudem müssen Grenzwerte, z.B. für Formaldehyd, und Stoffverbote entsprechend der Kreislaufzuordnung eingehalten werden. Eine Bewertung der einzelnen Materialien des nexushauses auf Basis einer Innenraumluftmessung oder Prüfkammeruntersuchungen von Materialien erfolgte jedoch nicht.

1.9 Wassereinsatz und Kreisläufe

Im nexushaus werden wassersparende Armaturen eingesetzt (Salfner et al., 2017, S. 111). Zudem wird das Grauwasser aus Dusche, Badwaschtisch und Waschmaschine gesammelt und mittels eines Filters so aufbereitet, dass es anschließend für die Gartenbewässerung, Toilettenspülung oder Waschmaschine eingesetzt werden kann (Salfner et al., 2017, S. 114). Darüber hinaus wird aufgefangenes Regenwasser zu Trinkwasserqualität aufbereitet. Die verbleibenden Abwasserströme werden der Kanalisation zugeführt. Das geplante Aquaponik-System blieb im Konzeptstadium (Salfner et al., 2017, S. 115).

1.13 Einsatz erneuerbarer Energie

Die Kühlung des nexushauses erfolgt über eine Luft-Wasser-Wärmepumpe in Verbindung mit einem thermischen Regenwasserspeicher (Salfner et al., 2017, S. 130). Aufgrund der klimatischen Bedingungen am Wettbewerbsstandort Irvine stellt die Kühlung den Hauptanwendungsfall dar. Zusätzlich ist am Dach des nexushauses eine Photovoltaikanlage installiert, die im Wettbewerb zur Deckung des Stroms für den Haushalt und das Elektromobil eingesetzt wurde (Salfner et al., 2017, S. 122). Die Gegenüberstellung des jährlichen Stromverbrauchs (Strom für 2-Personen-Haushalt, Elektromobilität und Klimatisierung) und des jährlichen Stromertrags zeigt, dass am Standort Irvine im Jahresdurchschnitt mehr Strom erzeugt als verbraucht wird (Salfner et al., 2017, S. 142). Der berechnete Autarkiegrad des Gebäudes liegt bei 40,24 Prozent. Darüber hinaus führten Salfner et al. (2017, S. 79) für das nexushaus eine Ökobilanzierung durch und stellten den Gesamtprimärenergiebedarf nicht erneuerbar für den Produktlebenszyklus der Gebäudekonstruktion dem überschüssigen Stromertrag gegenüber, der ins das öffentliche Stromnetz eingespeist wird. Salfner et al. (2017) kamen zu dem Ergebnis, dass der Anteil nicht erneuerbarer Primärenergie für den Produktlebenszyklus der Gebäudekonstruktion bereits nach dem ersten Jahr nach dem Inbetriebnahme der PV-Anlage kompensiert werden kann. In die Berechnung wurden hauptsächlich Elemente der Baukostengruppe 300 einbezogen (Salfner et al., 2017, S. 69). Die technische Gebäudeausrüstung wurde am Beispiel der PV-Anlage getrennt betrachtet. Die Bilanzierung erfolgte im eLCA Programm mit den Datensätzen der Ökobau.dat 2011.

1.20 Förderung von Biodiversität

Aufgrund des trockenen Klimas in Irvine und der kurzen Wettbewerbszeit wurde sowohl auf eine Dach- als auch auf eine Fassadenbegründung verzichtet (Salfner et al., 2017, S. 160). Anstatt dessen wurde das nexushaus im Außenraum mit Topfpflanzen begrünt.

Salfner et al. (2017, S. 189-190) resümieren anhand des nexushauses, dass das C2C Prinzip im Einfamilienhaus bereits größtenteils umgesetzt werden kann. An einigen Stellen werden jedoch Limitationen deutlich. Beispielsweise erwähnen Salfner et al. (2017, S. 91), dass die Wohnmodule selbst nicht für einen Rückbau geplant wurden. Zudem entsprechen die verwendete PUR-Sprühdämmung und die Sonnensegel aus PVC nicht dem C2C Gedanken. Das geplante Aquaponics-System sowie Dach- oder Fassadenbegrünung wurden nicht in die Praxis umgesetzt.

4.1.3 Wohnhaus Eser

Ein Vorreiterprojekt im Bereich C2C ist das Wohnhaus der Familie Eser mit angegliedertem Büro in Buch am Erlbach, das in „The Library. Cradle to Cradle inspired elements for building developments" veröffentlicht wurde (s. Abbildung 46) (s. Kapitel 3.1.4). Als Leitbild für das Gebäude diente die Metapher „a house like a tree" (Hamburger Umweltinstitut e.V., 2015a). Besonders wichtig waren den Bauherren die Ästhetik und eine einladende Atmosphäre, der positive Fußabdruck hinsichtlich Biodiversität, die vollständige Deckung des Strombedarfs über Solarenergie und die Verwendung gesunder Materialien.

1.1 Verwendung kreislauffähiger Materialien, 1.3 Rückbau- und Recyclingpotenziale

Die Konstruktion des Gebäudes besteht aus vorgefertigten Brettsperrholzelementen (Hamburger Umweltinstitut e.V., 2015a). Zur Dämmung wurden auf der Außenseite Holzfaserdämmplatten angebracht. Als Fassadenbekleidung dient eine unbehandelte Schalung aus FSC-zertifizierter Lärche, die aus lokaler Waldbewirtschaftung stammt. Als Dämmung unter der Bodenplatte wurde Schaumglasschotter verwendet. Im ganzen Gebäude dienen vorwiegend Schrauben als Verbindungsmittel. Beispielsweise wurden Fenster und Türen mit der Wand verschraubt anstatt sie mit Bauschaum zu verkleben. Für das Gebäude wurde ein Materialpass angelegt (Eser, 2020).

1.9 Wassereinsatz und Kreisläufe

Für das Grundstück wurde eine Bepflanzung gewählt, die einer Austrocknung und Erosion des Bodens entgegensteuert und die Wasseraufnahme fördert (Eser, 2020). In einer Zisterne wird am Grundstück Regenwasser gesammelt. Das Konzept wird durch eine Sickerstelle ergänzt.

Abbildung 46: Wohnhaus Familie Eser (Fotos: Sonja Eser)

1.13 Einsatz erneuerbarer Energie

Die Energieversorgung des Gebäudes erfolgt über eine Photovoltaikanlage und eine Solaranlage auf dem Dach (Eser, 2020; Hamburger Umweltinstitut e.V., 2015a). Im Winter ergänzt eine Pellet-/Scheitholz Kombiheizung das Konzept. Über die Photovoltaikanlage wird im Jahresverlauf mehr Strom erzeugt als im Gebäude benötigt wird.

1.20 Förderung von Biodiversität

Zur Förderung der Biodiversität am Grundstück wurden der alte Baumbestand sowie Biotope erhalten (Eser, 2020). Organisches Material, das abgetragen wurde, blieb am Grundstück und wurde später wiederverwendet. Ein ehemaliger Quellstandort wurde als Teich revitalisiert, der gleichzeitig die Aufenthaltsqualität im Garten steigert.

Gemäß Eser (2020) ist die Umsetzung eines C2C inspirierten Gebäudes im Großen und Ganzen gelungen. Jedoch mussten an manchen Stellen Abstriche gemacht werden. Beispielsweise wurde die Fußbodenheizung im Estrich eingegossen und die Fliesen mit Kleber befestigt und somit eine spätere Trennung erschwert. Unter dem Parkett musste wegen eines Wasserschadens eine Epoxidharzschicht eingebracht werden. Zudem konnte der ursprüngliche Mutterboden, der später wiederverwendet wurde, nicht in gleicher Qualität erhalten werden, weil er während der Zwischenlagerung am Grundstück aufgrund der hohen Temperaturen im Sommer erodierte.

4.2 Fallstudie 2: Nachhaltige Ein- und Zweifamilienhäuser in Holzfertigbauweise mit BNK-Zertifikat

Um die Umsetzbarkeit des C2C Prinzips zu beurteilen, werden in Kapitel 4.2 18 Ein- und Zweifamilienhäuser in Holzfertigbauweise mit BNK-Zertifikat analysiert. Das BNK erlaubt die Bewertung der Nachhaltigkeit von Ein- bis Fünffamilienhäusern und wurde durch das Ministerium des Innern, für Bau und Heimat akkreditiert (s. Kapitel 3.2.2). Da alle untersuchten Gebäude bei der Zertifizierung mit der Bewertungsstufe sehr gut oder exzellent abschnitten, wird gefolgert, dass diese nachhaltig sind. Die Untersuchung soll Aufschluss darüber geben, inwieweit in diesen Gebäuden auch die C2C Vertiefungskriterien umgesetzt wurden.

Neun der 18 untersuchten Gebäude nahmen von 2014 bis 2015 an der Pilotphase zur Entwicklung des BNK teil, in der die neu entwickelte Methode auf seine Anwendbarkeit hin untersucht wurde (Hauser et al., 2015). Die Verfasserin der Dissertationsschrift war an der Pilotphase als wissenschaftliche Mitarbeiterin beteiligt. In der Pilotphase wurden die Gebäude auf Grundlage der unveröffentlichten Systemversion V0.5 zertifiziert, die insgesamt 27 Kriterien enthält. Neun weitere Gebäude wurden regulär in der BNK Hauptphase auf Grundlage der Systemversion V1.0 bewertet, die 19 Kriterien enthält (BiRN, 2021a).

Unter den 18 zertifizierten Gebäuden befinden sich zwölf Einfamilienhäuser, fünf Einfamilienhäuser mit Büroanbau und ein Einfamilienhaus mit Einliegerwohnung. Bei 15 der zertifizierten Gebäude handelt es sich um Ausstellungshäuser, die für Kaufinteressenten zur Besichtigung offenstehen. Die verbleibenden drei Gebäude werden von Kunden bewohnt. Insgesamt schnitten 14 Gebäude mit der Note exzellent und vier Gebäude mit der Note sehr gut ab (s. Abbildung 47).

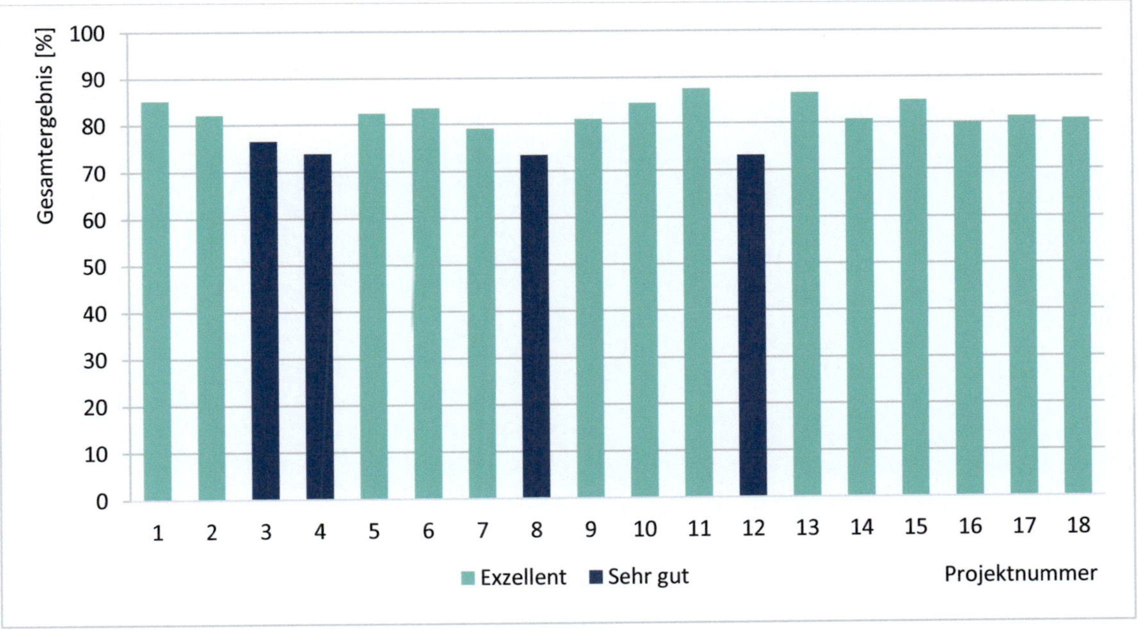

Abbildung 47: Gesamterfüllungsgrad in Prozent im Rahmen der BNK-Zertifizierung für die 18 untersuchten Gebäude (eigene Darstellung)

Die Note exzellent wird ab einem Gesamterfüllungsgrad von 80 Prozent, die Note sehr gut ab 65 Prozent und die Note gut ab 50 Prozent erreicht (Hauser et al., 2015, S. 14). Projekt 11 erzielte von den untersuchten Gebäuden mit 87,58 Prozent den höchsten Gesamterfüllungsgrad und Projekt 12 mit 73,15 Prozent den niedrigsten Gesamterfüllungsgrad. Neben den untersuchten Projekten wurden bereits weitere Ein- und Zweifamilienhäuser in Holzfertigbauweise nach dem BNK-Standard zertifiziert, die teils ähnlich, teils besser oder schlechter abschnitten.

Im Folgenden wird das Abschneiden der 18 Ein- und Zweifamilienhäuser in Holzfertigbauweise bei den BNK Steckbriefen zu Rückbau-/Demontagefreundlichkeit, Innenraumlufthygiene, Trinkwasserhygiene, Einsatz von Wassersparamaturen, Ökobilanz Primärenergie und dezentrale Erzeugung regenerativer Energie untersucht. Die genannten Steckbriefe weisen inhaltliche Überlappungen mit den C2C Vertiefungskriterien auf (s. Anhang 2 und Tabelle 25) und erlauben die Beurteilung deren Umsetzbarkeit. Da die Kriterien in den BNK Versionen V0.5 und V1.0 teils unterschiedlich bezeichnet sind, werden in Tabelle 25 beide Versionen dargestellt. Der Steckbrief Rückbau-/Demontagefreundlichkeit des Gebäudes wurde nur in Version V0.5 während der Pilotphase bewertet. Die C2C Vertiefungskriterien 1.1 Verwendung kreislauffähiger Materialien und 1.20 Förderung von Biodiversität weisen keine direkten inhaltlichen Übereinstimmungen mit den BNK Steckbriefen auf. Zur Untersuchung der Umsetzbarkeit des Kriteriums 1.20 wird alternativ der BNK Steckbrief zur Flächenausnutzung herangezogen. Zudem wird für die Analyse der Umsetzbarkeit der Kriterien 1.1 und 1.20 auf die allgemeine Gebäudedokumentation zurückgegriffen. Während für die Auswertung der Gebäude aus der Pilotphase auf den Endbericht zum Forschungsprojekt zurückgegriffen wird (Hauser et al., 2015), erfolgt die Auswertung der Projekte aus der Hauptphase auf Basis der Einwilligung der Projektbeteiligten anhand der eingereichten Dokumentation.

C2C Vertiefungskriterien (Cradle to Cradle Products Innovation Institute, 2016; McDonough & Braungart, 2003a; Mulhall & Braungart, 2010; Salfner et al., 2017)	**Bewertungssystem Nachhaltiger Kleinwohnhausbau (BNK) V1.0** (BiRN, 2021a)
1.1 Verwendung kreislauffähiger Materialien	---
1.3 Rückbau- und Recyclingpotenziale	3.3.1 Rückbau-/Demontagefreundlichkeit des Gebäudes (V0.5)
1.7 Verbesserung der Innenraumluftqualität	1.1.1 Innenraumhygiene (V0.5) 1.1.1 Wohngesundheit: Innenraumlufthygiene (V1.0)
1.9 Wassereinsatz und Wasserkreisläufe	1.1.2 Trinkwasserhygiene (V0.5) 1.1.2 Wohngesundheit: Trinkwasserhygiene (V1.0)
	3.5.1 Einsatz von Wassersparamaturen (V0.5) 3.4.1 Einsatz von Wassersparamaturen (V1.0)
1.13 Einsatz erneuerbarer Energie	3.2.1 Ökobilanz – Primärenergiebedarf nicht erneuerbar (V0.5) 3.3.2 Ökobilanz: Primärenergie (V1.0)
	3.2.3 Dezentrale Energiegewinnung (V0.5) 3.2.1 Dezentrale Erzeugung regenerativer Energie (V1.0)
1.20 Förderung von Biodiversität	---

Tabelle 25: Entsprechungen der C2C Vertiefungskriterien mit den BNK Steckbriefen (eigene Darstellung)

4.2.1 Rückbau-/Demontagefreundlichkeit und kreislauffähige Materialien

Das C2C Kriterium 1.3 Rückbau- und Recyclingpotenziale zielt auf eine einfache Gebäudetransformierung bei veränderten Nutzerszenarien sowie einen einfachen Rückbau am Ende der Nutzungszeit eines Gebäudes ab (s. Kapitel 3.3.4.1). Darüber hinaus sollen gemäß C2C Kriterium 1.1 Verwendung kreislauffähiger Materialien im Gebäude Baumaterialien verwendet werden, die der Bio- oder Technosphäre zugeordnet und am Ende der Nutzungszeit in den jeweiligen Kreislauf rückgeführt werden können (s. Kapitel 3.3.3.1). Zur Beurteilung der Umsetzbarkeit des Kriteriums 1.3 wird der BNK Steckbrief zur Rückbau- und Demontagefreundlichkeit herangezogen, der Bestandteil der Systemversion 0.5 war. Der Steckbrief wurde aufgrund weiteren Forschungsbedarfes nicht in Version 1.0 übernommen. Zur Beurteilung der Umsetzbarkeit des Kriteriums 1.1 werden die verschiedenen Konstruktionstypen und Materialien im Holztafelbau analysiert.

Vorgaben BNK

In der BNK Version 0.5 wird im Steckbrief Rückbau- und Demontagefreundlichkeit des Gebäudes das Vorliegen eines Rückbaukonzeptes positiv bewertet (BMUB, 2014f). Je nach Tiefe des Rückbaukonzeptes können Bewertungspunkte zwischen 1 und 10 erreicht werden. Zudem wird gefordert, dass der Einsatz von möglichst recycling- und demontagefreundlichen Bauprodukten in die Leistungsbeschreibung aufgenommen wird. Darüber hinaus wird die Ermittlung der Rückbau-/Demontagefreundlichkeit auf Basis des BNB Tools Rückbau- und Demontagefreundlichkeit positiv bewertet.

Rückbaukonzept

In der Pilotphase wurden neun der untersuchten Gebäude auf Basis der Version 0.5 zertifiziert. Die Auswertungen der Pilotphase zum BNK zeigte, dass keines der angemeldeten Gebäude die Anforderungen des 1-, 5- oder 10-Punkte Standards vollständig erfüllte (Hauser et al., 2015, S. 64). Im Rahmen der Pilotphase führte das Fehlen einzelner Unterlagen nicht zum Ausschluss mit 0 Punkten, sondern die Bewertungsmatrix wurde angepasst und die Gesamtqualität des Rückbau- und Demontagekonzeptes bewertet. In den meisten Fällen wurden die Rückbau- und Recyclingkonzepte mit Massenermittlungen erst im Rahmen der Zertifizierung erstellt und waren nicht Bestandteil des üblichen Planungsprozesses. Die Auswertung zeigt, dass der Aspekt Rückbau- und Recyclingfreundlichkeit im Einfamilienhausbereich bisher nur selten in den Planungsprozess einbezogen wird. Darüber hinaus lässt das Abschneiden der Projekte beim Steckbrief keine Aussage über die Rückbau- und Demontagefähigkeit der Gebäude zu, da lediglich das Vorliegen von Rückbaukonzepten, jedoch nicht die Qualität der Baukonstruktion und Anlagentechnik bezüglich Rückbaubarkeit bewertet wird. Um eine Aussage zur Recyclingfähigkeit treffen zu können, wurden die verbauten Konstruktionen (Außenwand, Innenwand, Bodenplatte, Kellerdecke, Decke und Dach) auf Grundlage der Daten aus der Ökobilanz ausgewertet. Dazu wurden innerhalb der genannten Bauteile die verschiedenen Konstruktionen identifiziert und in Typen eingeteilt. Beispielsweise wurde für die Außenwand die Bezeichnungen Typ A1 bis A6 vergeben. Konstruktionen, die in der Schichtenabfolge weitgehend identisch sind, wurden jeweils in einem Typ zusammengefasst und der Standardfall unter den untersuchten Gebäuden dargestellt. Für die einzelnen Schichten wurden durchschnittliche Dicken gewählt. Je nach Hersteller sind in Aufbau und Dicken kleine Abweichungen möglich. In die Analyse wurden 17 Gebäude einbezogen, die von 11 verschiedenen Herstellern errichtet wurden.

Außenwandkonstruktionen

Bei den Außenwänden sind unter den untersuchten Gebäuden insgesamt sechs verschiedene Konstruktionen verbaut, wobei alle Typen als Grundkonstruktion ein Holzständerwerk aufweisen. Während Typ A1 und A2 als äußeren Abschluss ein Wärmedämmverbundsystem enthalten, ist bei den Typen A3 bis A5 eine Holzschalung und bei Typ A6 ein Vormauerziegel verbaut (s. Abbildung 48).

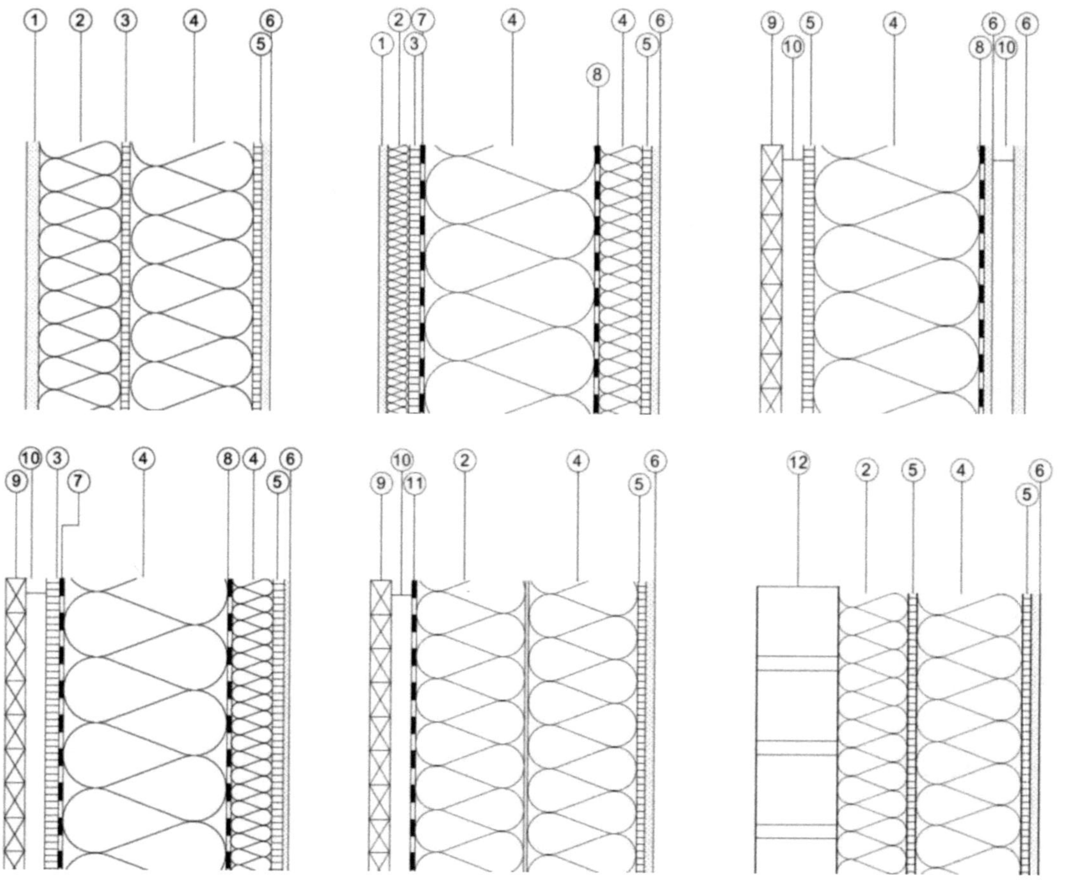

Legende: 1: Putz mit Armierung; 2: Fassadendämmstoff; 3: Holzwerkstoffplatte bzw. Gipsfaserplatte; 4: Holzständerwerk ausgedämmt; 5: Holzwerkstoffplatte; 6: Gipsbasierte Platte; 7: Luftdichtheitsvlies; 8: Dampfbremse; 9: Holzschalung; 10: Lattung; 11: Fassadenbahn; 12: Vormauerziegel

Abbildung 48: Außenwandkonstruktionen (Schnitt), Typ A1 (oben links), Typ A2 (oben Mitte), Typ 3 (oben rechts), Typ A4 (unten links), Typ A5 (unten Mitte), Typ A6 (unten rechts) (eigene Darstellung)

Typ A1 besteht aus einem ausgedämmten Holzständerwerk mit einer Holzwerkstoffplatte und einer gipsbasierten Platte auf der Innenseite. Außen sind auf das Holzständerwerk eine Holzwerkstoffplatte oder eine Gipsfaserplatte sowie ein verputztes Wärmedämmverbundsystem aufgebracht. Bei Typ A2 stimmen die Tragkonstruktion sowie der äußere Abschluss mit Typ A1 überein. Zusätzlich wurde innen eine ausgedämmte Installationsebene angebracht. Typ A3 weist als äußeren Abschluss eine hinterlüftete Holzschalung auf, die auf der Holzständerkonstruktion montiert ist. Nach innen hin sind zwei gipsbasierte Platten, die durch eine Lattung voneinander getrennt sind, angebracht. Bei Typ A4 stimmen die Tragkonstruktion sowie der äußere Abschluss mit Typ A3 überein. Zusätzlich ist bei Typ A4 innen eine ausgedämmte Installationseben präsent. Typ A5 weist außen ebenfalls eine Holzschalung als äußeren Abschluss auf. Anstatt der inneren

Installationsebene ist jedoch vor der Holzschalung eine zusätzliche Dämmebene angebracht. Bei Typ A6 ist wie bei Typ A5 außen auf der Holzständerebene eine zusätzliche Dämmebene präsent. Als äußerer Abschluss kommt ein Vormauerziegel zum Einsatz. Insgesamt kam Typ A1 bei elf Gebäuden zur Anwendung. Typ A2, A3 und A4 waren jeweils in drei Gebäuden und Typ A5 und A6 jeweils in einem Gebäude präsent. Die Gesamtzahl übersteigt die Anzahl der Gebäude, da in manchen Gebäuden zwei verschiedene Außenwandtypen verbaut sind.

Innenwandkonstruktionen

Bei den Innenwänden wurden insgesamt drei verschiedene Konstruktionstypen verbaut. Bei den Typen I1 und I3 handelt es sich um einschalige Konstruktionen, Typ I2 weist zusätzlich eine vorgesetzte Installationsebene auf (s. Abbildung 49).

Der tragende Teil der Innenwandkonstruktion besteht bei den Typen I1 und I2 aus einem Holzständerwerk, das bei manchen Gebäuden vollständig und bei anderen Gebäuden nur teilweise ausgedämmt ist. In manchen Gebäuden weisen die Innenwände vom Typ I1 beidseitig eine doppelte Beplankung aus Holzwerkstoffplatte und gipsbasierter Platte bzw. aus zwei gipsbasierten Platten auf. In anderen Gebäuden ist auf beiden Seiten des Holständerwerks nur eine gipsbasierte Platte angebracht. Auch Kombinationen davon waren unter den untersuchten Gebäuden präsent. Typ I2 weist beidseitig eine einfache Beplankung aus gipsbasierten Platten auf. Auf einer Seite ist zusätzlich eine ausgedämmte Installationsebene mit einer gipsbasierten Platte als Raumabschluss angebracht. Bei Typ I3 besteht die tragende Konstruktion aus Stahlprofilen anstatt eines Holzständerwerks. Diese Innenwandkonstruktion kommt in häuslichen Bädern zum Einsatz. Nach außen hin ist auf beiden Seiten eine doppelte Beplankung aus Holzwerkstoffplatte und gipsbasierter Platte angebracht. Die Innenwand Typ 1 ist in allen untersuchten Gebäuden verbaut. Zusätzlich wurde die Innenwand Typen I2 und I3 bei jeweils einem Gebäude verwendet.

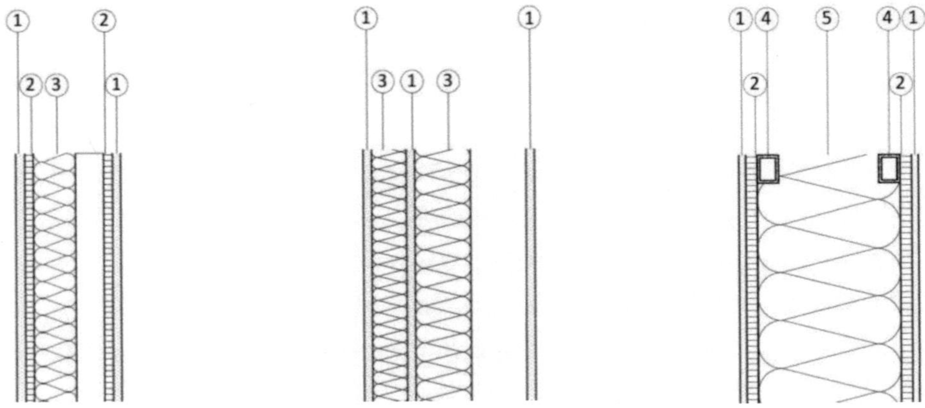

Legende: 1: Gipsbasierte Platte; 2: Holzwerkstoffplatte bzw. gipsbasierte Platte; 3: Holzständerwerk teilweise ausgedämmt; 4: Stahlprofil; 5: Gefach-Dämmstoff

Abbildung 49: Innenwandkonstruktionen (Schnitt), Typ I1 (links), Typ I2 (Mitte), Typ I3 (rechts) (eigene Darstellung)

Bodenplattenkonstruktionen (unterkellert und nicht-unterkellert)

Die Analyse ergab, dass bei den Bodenplatten im Wesentlichen drei verschiedene Konstruktionen verbaut wurden (s. Abbildung 50). Bei Typ B1 handelt es sich um eine Bodenplatte aus Stahlbeton mit oberseitiger Dämm-, Estrich- und Belagsschicht, die bei unbeheizten Kellern zum Einsatz kommt. Typ B2, ebenfalls eine Stahlbetonkonstruktion, weist eine unter- sowie eine oberseitige Dämmschicht auf. Über der oberseitigen Dämmung befindet sich eine Estrich- und eine Belagsschicht. Typ B3 stellt eine aufgeständerte Bodenplatte mit einer Holzkonstruktion als tragender Ebene dar. Darauf befinden sich eine Dämm-, eine Estrich- und eine Belagsschicht. Während die Konstruktion B1 bei fünf Gebäuden und die Konstruktion B2 bei 12 Gebäuden verbaut wurde, kam B4 lediglich bei einem Gebäude zum Einsatz. Die Gesamtzahl übersteigt die Anzahl der Gebäude, da in einem Gebäude zwei verschiedene Bodenplattenkonstruktionen verbaut sind.

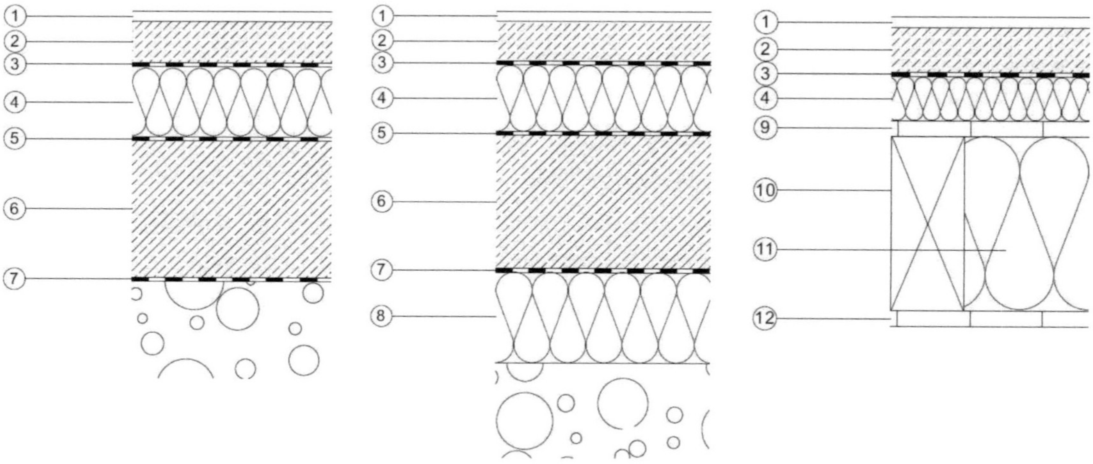

Legende: 1: Bodenbelag; 2: Estrich; 3: Folie; 4: Boden-Dämmstoff; 5: Feuchtigkeitssperre; 6: Stahlbetonplatte; 7: Trennschicht; 8: Perimeter-Dämmstoff; 9: Holzwerkstoffplatte; 10: Holzbalken; 11 Gefach-Dämmstoff; 12: Konstruktionsvollholz

Abbildung 50: Bodenplattenkonstruktionen (unterkellert und nicht-unterkellert) (Schnitt), Typ B1 (links), Typ B2 (Mitte), Typ B3 (rechts) (eigene Darstellung)

Kellerdeckenkonstruktion

Bei den unterkellerten Gebäuden waren bei der Kellerdecke zwei Konstruktionstypen verbaut. Bei KD1 besteht die tragende Konstruktion aus einer Stahlbetonplatte, bei KD2 aus einer Holzbetonverbunddecke (s. Abbildung 51). Bei Typ KD1 befindet sich über der Stahlbetonplatte eine Trittschalldämmung, eine Folie, ein Estrich und ein Bodenbelag. Bei Typ KD2 liegt auf der Holzbetonverbunddecke eine Trittschalldämmung mit Bodenbelag. Unter der Holzbalkenebene ist eine Lattung mit Gipskartonplatte angebracht. Die Konstruktion KD 1 wurde bei drei der 17 untersuchten Gebäude eingesetzt, KD2 bei einem. Bei zwei weiteren Gebäuden war der genaue Aufbau der Kellerdecke nicht bekannt. Während Typ KD1 über beheizten Kellern zum Einsatz kommt, wird Typ KD2 über unbeheizten Kellern verbaut.

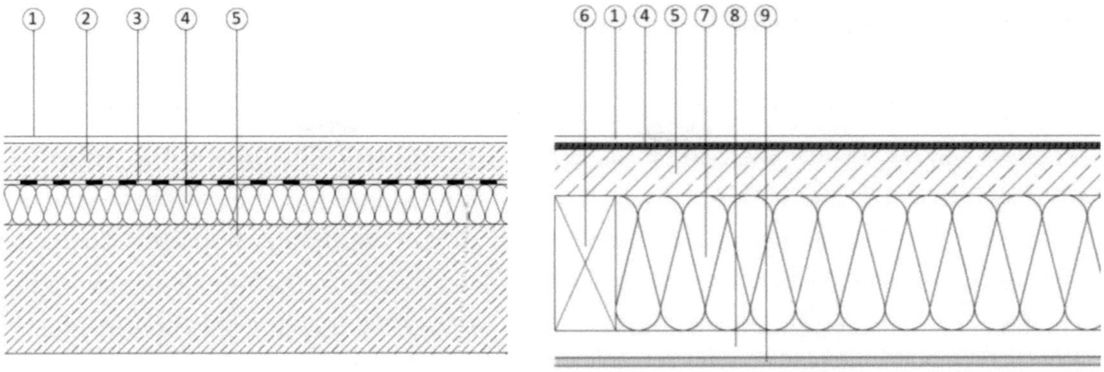

Legende: 1: Bodenbelag; 2: Estrich; 3: Folie; 4: Trittschall-Dämmstoff; 5: Stahlbetonplatte; 6: Holzbalken, 7: Gefach-Dämmstoff, 8 Lattung; 9: Gipskartonplatte

Abbildung 51: Kellerdecke (Schnitt), Typ KD1 (links), Typ KD2 (rechts) (eigene Darstellung)

Deckenkonstruktionen

Die Untersuchung der verbauten Deckentypen ergab, dass insgesamt zwei verschiedene Konstruktionen verbaut wurden (s. Abbildung 52). Der Typ D1 weist als tragenden Teil ein Holzgefach auf, das ganz bzw. teilweise mit Dämmstoff ausgefüllt ist. Typ D2 basiert auf einer Massivholzdecke. Unter der tragenden Konstruktion ist bei beiden Typen eine Lattung und eine gipsbasierte Platte befestigt. Über dem Holzgefach bzw. der Massivholzdecke befinden sich eine Holzwerkstoffplatte, eine Bodendämmung, eine Folie, ein Estrich sowie ein Bodenbelag. Der Deckentyp D2 wurde bei einem Gebäude und der Typ D1 bei 16 Gebäuden verwendet.

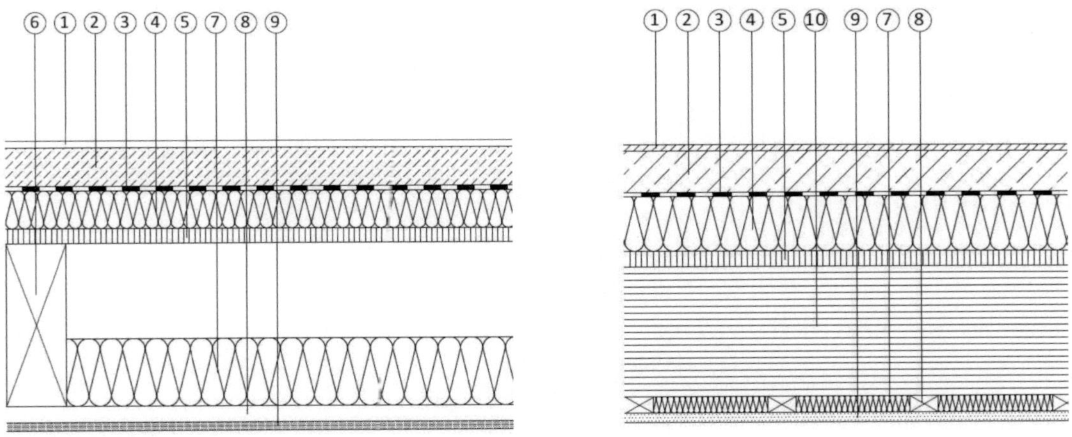

Legende: 1: Bodenbelag; 2: Estrich; 3: Folie; 4: Trittschall-Dämmstoff; 5: Holzwerkstoffplatte; 6: Holzbalken; 7: Gefach-Dämmstoff; 8: Lattung; 9: Gipskartonplatte; 10: Massivholz

Abbildung 52: Deckenkonstruktionen (Schnitt), Typ D1 (links), TYP D2 (rechts) (eigene Darstellung)

Dachkonstruktionen

Beim Dach wurden insgesamt vier verschiedene Konstruktionen verbaut, wobei eine davon eine Schrägdach- und drei davon Flachdachkonstruktionen waren. Bei allen Typen besteht die Grundkonstruktion aus Holzbalken (s. Abbildung 53). Der tragende Teil der Schrägdachkonstruktion

SD1 besteht aus einem ausgedämmten Holzgefach. Nach innen hin sind eine Dampfbremse sowie eine Lattung und eine gipsbasierte Platte als Raumabschluss angebracht. Nach außen hin ist auf der Holzkonstruktion eine Unterspannbahn befestigt. Darauf sitzen eine Konterlattung, eine Lattung und die Dacheindeckung. Die Flachdachkonstruktionen FD2, FD3 und FD4 weisen als tragende Konstruktion ebenfalls ein Holzgefach auf. Bei Typ FD2 ist das Holzgefach komplett ausgedämmt. Darüber befindet sich eine Holwerkstoffplatte sowie eine hinterlüftete Ebene. Bei Typ FD3 ist das Holzgefach teilweise ausgedämmt. Zusätzlich befindet sich darüber eine weitere Dämmebene mit Dachabdichtung. Bei Typ FD4 ist die komplette Dämmung über dem Holzgefach angeordnet, das nicht ausgedämmt ist. Nach innen hin sind bei allen drei Typen eine Lattung und eine gipsbasierte Platte als Raumabschluss verbaut. Die Dachkonstruktion Typ SD1 wurde bei zwölf Gebäuden, die Typen FD2 und FD4 jeweils bei einem Gebäude und Typ FD3 bei sieben Gebäuden verwendet. Die Gesamtzahl übersteigt die Anzahl der Gebäude, da in manchen Gebäuden zwei verschiedene Dachkonstruktionen verbaut sind.

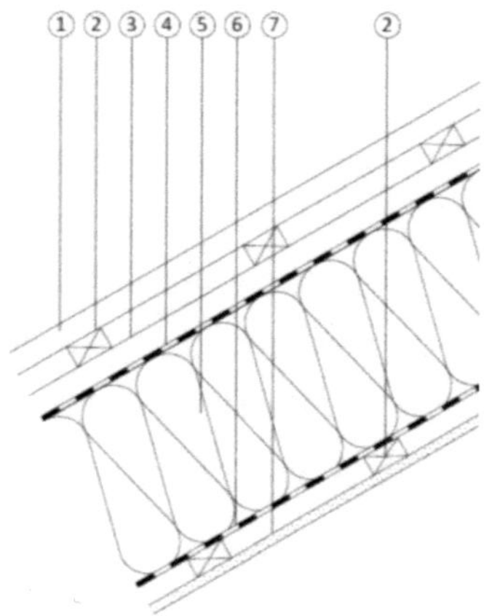
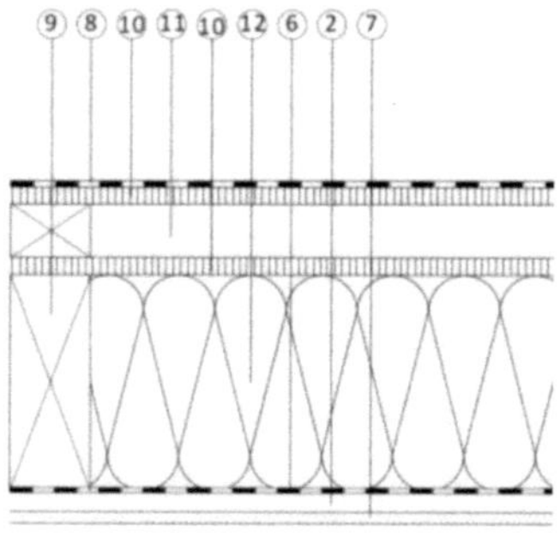
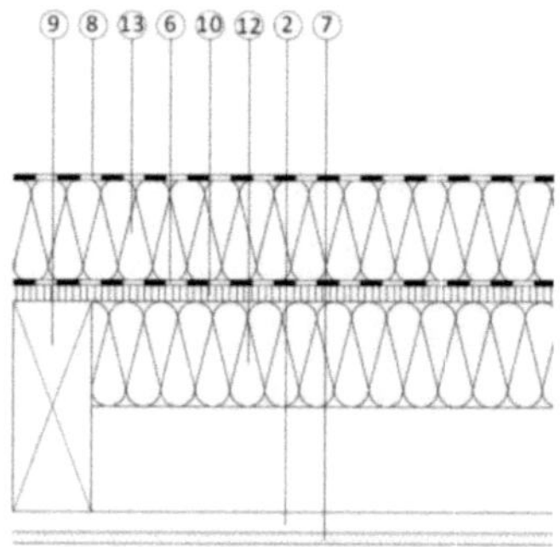
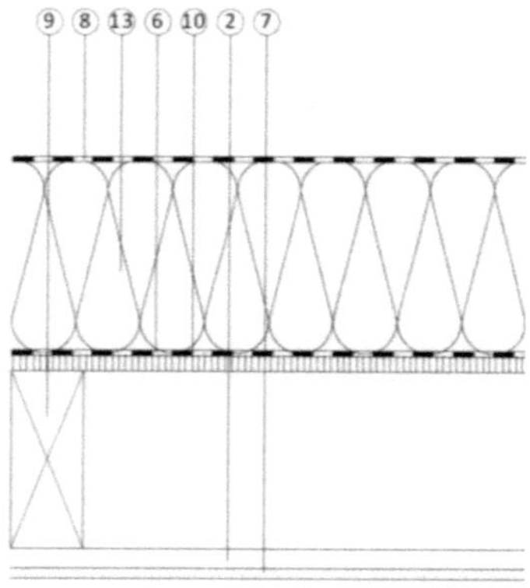

Legende:
1: Dacheindeckung
2: Lattung
3: Konterlattung
4: Unterspannbahn
5: Holzgefach ausgedämmt
6: Dampfbremse
7: Gipsbasierte Platte
8: Dachabdichtung
9: Holzbalken
10: Holzwerkstoffplatte
11: Hinterlüftung
12: Gefach-Dämmstoff
13: Flachdach-Dämmstoff

Abbildung 53: Dachkonstruktionen (Schnitt), Typ SD1 (oben links), Typ FD2 (oben Mitte), Typ FD3 (oben rechts), Typ FD4 (unten links) (eigene Darstellung)

Die detaillierte Auswertung der Rückbau- und Recyclingfähigkeit eines Holzfertigbauteils erfolgt in Kapitel 4.5, in dem die selektive Zerlegung einer Außenwand erläutert und bewertet wird. Die

Beurteilung der Rückbaubarkeit eines Stahlbetonbauteils (Kellerdecke) erfolgt in Kapitel 4.4. Darin wird die Versetzung eines Ausstellungshauses dokumentiert, während der alle Konstruktionen mit einer Stahlbetonplatte als tragender Schicht vollständig zerlegt wurden. Darüber hinaus gibt die Versetzung Auskunft über die Rückbaubarkeit einzelner Schichten von Holzfertigbauteilen, die während der Versetzung entfernt wurden.

Aus den Bauteilaufbauten der 11 verschiedenen Fertighaushersteller wurden zudem die Hauptmaterialien zusammengestellt, die in den Gebäuden verbaut waren (s. Anhang 3). Aus den vorliegenden Gebäudedokumentationen ging hervor, dass bei drei Projekten bereits ein Dämmstoff verwendet wird, der nach dem nach C2C Certified ™ Standard zertifiziert ist. Da die Frage nach dem Einsatz kreislauffähiger Produkte nicht Bestandteil der BNK-Zertifizierung ist und bei den Gebäuden zwar meist der Materialtyp, nicht aber dessen Hersteller bekannt ist, kann die Frage nach dem Einsatz kreislauffähiger Materialien jedoch nicht abschließend beantwortet werden.

Darüber ist bei allen Gebäuden der Werkstoff Holz als Tragstruktur verbaut. Die in den Holztafelelementen verbauten Holzbauteile der Tragkonstruktion können gemäß DIN 68800-1: Holzschutz – Teil 1: Allgemeines der Gebrauchsklasse GK0 zugeordnet werden können (DIN 68800-1: 2019-06) und sind damit standardmäßig nicht chemisch behandelt und biologisch abbaubar. Darüber hinaus gibt die Satzung der Qualitätsgemeinschaft Deutscher Fertigbau, der alle Hersteller der untersuchten Gebäude angehören, vor, dass alle verwendeten Holzbauteile und Holzwerkstoffe aus nachhaltiger Waldbewirtschaftung stammen müssen (BDF, 2015, S. 11-12). Der Nachweis erfolgt durch Vorlage von FSC-/PEFC-Zertifikaten oder vergleichbaren CoC-Zertifikaten. Für das Konstruktionsholz aus Fichte in den Holztafelelementen liegen in der Regel PEFC-Zertifikaten vor (M. Sauter, Persönliche Mitteilung, 26. Mai 2021). Die C2C Produktzertifizierung wertet FSC-zertifizierte Hölzer und Holzprodukte als schnellnachwachsende Rohstoffe auch bei Erntezyklen von mehr als 10 Jahren (Cradle to Cradle Products Innovation Institute, 2016, S. 50). Demnach erfüllt FSC-zertifiziertes Holz und Holzprodukte beim Kreislauffähigkeitsindex den C2C Platinum Standard (s. Kapitel 3.3.3.3). Zur PEFC-zertifizierten Hölzern findet sich in der C2C Produktzertifizierung keine Aussage und es Bedarf einer Prüfung.

Anhand der verbauten Materialien in Anhang 3 wurde die C2C Certified™ Products Registry, in der alle C2C zertifizierten Produkte aufgelistet sind, nach Bauprodukten durchsucht, die als Alternative für die derzeit verwendeten Produkte dienen können (Cradle to Cradle Products Innovation Institute, 2021g). Diese wurden ebenfalls in Anhang 3 aufgelistet. Die Recherche ergab, dass im Bereich des Holzbaus mit Thoma Holz 100 (Cradle to Cradle Products Innovation Institute, 2020) (s. Abbildung 54) und Straw Panels (Cradle to Cradle Products Innovation Institute, 2018) (s. Abbildung 55) bereits zwei C2C zertifizierte Systeme existieren. Das Holzbausystem Thoma Holz 100 besteht aus Vollholz. In den Elementen sind mehrere Schichten Holz mit Hilfe von Holzdübeln unter Einschluss von Luftschichten miteinander befestigt. Die Dämmwirkung wird durch die Kombination der Holzlagen und der Luftschichten erzeugt. Das System Straw Panels besteht aus vorgefertigten Holzrahmenelementen, die mit Stroh ausgedämmt sind. Als innerer Abschluss wird Lehmputz aufgetragen. Für eine höhere Dämmwirkung kann außen zusätzlich eine Holzfaserdämmung aufgebracht werden. Die beiden Systeme dienen im Rahmen der Dissertationsschrift als Best Practice Beispiele. Beide Systeme werden dem biologischen Kreislauf zugeordnet und erreichen beim Thema Kreislauffähigkeit in der C2C Zertifizierung die Stufe Gold. Aufgrund ihres handwerklichen Charakters sind die Systeme jedoch nicht im großen

Maßstab auf den industriellen Holzfertigbau zu übertragen, der sich im Wesentlichen im Werk abspielt.

Neben den genannten Holzbausystemen enthält die Registry weitere holzbasierte Produkte: Massivholzplatten Cross Laminated Timber (CLT) (Cradle to Cradle Products Innovation Institute, 2021d), Hobelspandämmung HOIZ (Cradle to Cradle Products Innovation Institute, 2021e), Holzwolledämmung Woodfiber (Cradle to Cradle Products Innovation Institute, 2021f) sowie acetyliertes Weichholz für die Anwendung im Außenbereich Accoya® Wood (Cradle to Cradle Products Innovation Institute, 2021b). Darüber hinaus stellt die Firma Adler C2C zertifizierte Öle und Lacke für Holzprodukte her (Cradle to Cradle Products Innovation Institute, 2021c). Die Recherche zeigt, dass bereits heute viele kreislauffähige Produkte verfügbar sind, durch die einige der momentan verwendeten Produkte substituiert werden könnten.

Abbildung 54: Thoma Holz 100 Element (Quelle: Erwin Thoma Holz GmbH, 2019)

Abbildung 55: Straw Panels (Foto: EcoCocon)

4.2.2 Innenraumlufthygiene

Das C2C Kriterium 1.7 Verbesserung der Innenraumluftqualität zielt darauf ab, die Luftqualität in Gebäuden aktiv so zu verbessern, dass die Luft das Gebäude sauberer verlässt als sie ins Gebäude kommt (s. Kapitel 3.3.5.1). Um die Umsetzbarkeit des Kriteriums zu beurteilen, wird im Folgenden der BNK-Steckbrief zur Innenraumlufthygiene herangezogen.

Vorgaben BNK

Sowohl in der BNK Version 0.5 als auch in der Version 1.0 werden die Teilaspekte Innenraumhygiene und Luftaustausch bewertet (BMI, 2015a; BMUB, 2014a) (s. Kapitel 3.3.5.2). Beim Teilkriterium Luftaustausch werden für den Einsatz einer mechanischen Lüftung, die Anwendung eines Lüftungsleitfadens für den Endnutzer sowie die Dokumentation über die Auslegung des Lüftungskonzeptes nach DIN 1946-6 Punkte vergeben. Beim Teilkriterium Innenraumhygiene werden die Deklaration der eingesetzten oberflächennahen Produkte mit Ausweisung der VOC-Emissionen sowie das Erreichen bestimmter Konzentrationen bei Innenraumluftmessungen bezüglich VOCs und Formaldehyd positiv bewertet. Zur Untersuchung der Umsetzbarkeit des C2C Vertiefungskriteriums 1.7 Verbesserung der Innenraumluftqualität werden die Ergebnisse aus dem Teilbereich Innenraumhygiene herangezogen.

Das BNK legt für die Probennahme für VOCs und Formaldehyd die Messstrategien gemäß VDI 4300 1-11, DIN EN ISO 16000-2, DIN EN ISO 16000-5 und der gemeinsamen Empfehlung der AG Luftanalysen der Senatskommission zur Prüfung gesundheitsschädlicher Arbeitsstoffe der DFG und der Ad-hoc AG Innenraumrichtwerte zur Messung der Luft an Innenraumarbeitsplätzen fest (BMI, 2015a, S. 5). Im Unterschied zu DIN ISO 16000-6 wird bei der Summenbildung der VOC-Einzelkomponenten (TVOC) im BNK die Summe der identifizierten und kalibrierten sowie der nicht kalibrierten VOCs (als Toluoläquivalent gerechnet) verwendet. Der Summenwert (TVOC) ergibt sich aus der Summe aller Einzelkomponenten im Retentionsbereich von n-Hexan (C 6) bis n-Hexadecan (C 16) gemäß UBA (2014, S. 1008). Die Messung sollte gemäß BNK spätestens vier Wochen nach Fertigstellung erfolgen und in einem Aufenthaltsraum mit einer für diesen Raumtyp charakteristischen Innenausstattung und wenn möglich, ohne lose Möblierung, durchgeführt werden (BMI, 2015a, S. 4-5). In begründeten Fällen ist auch eine Messung nach vier Wochen zulässig.

Als Maßstab für die Beurteilung des TVOC-Wertes werden im BNK die Leitwerte in der Innenraumluft des AIR (vormals Ad-Hoc Arbeitsgruppe) herangezogen (BMI, 2015a, S. 2; UBA, 2020b) (s. Abbildung 56).

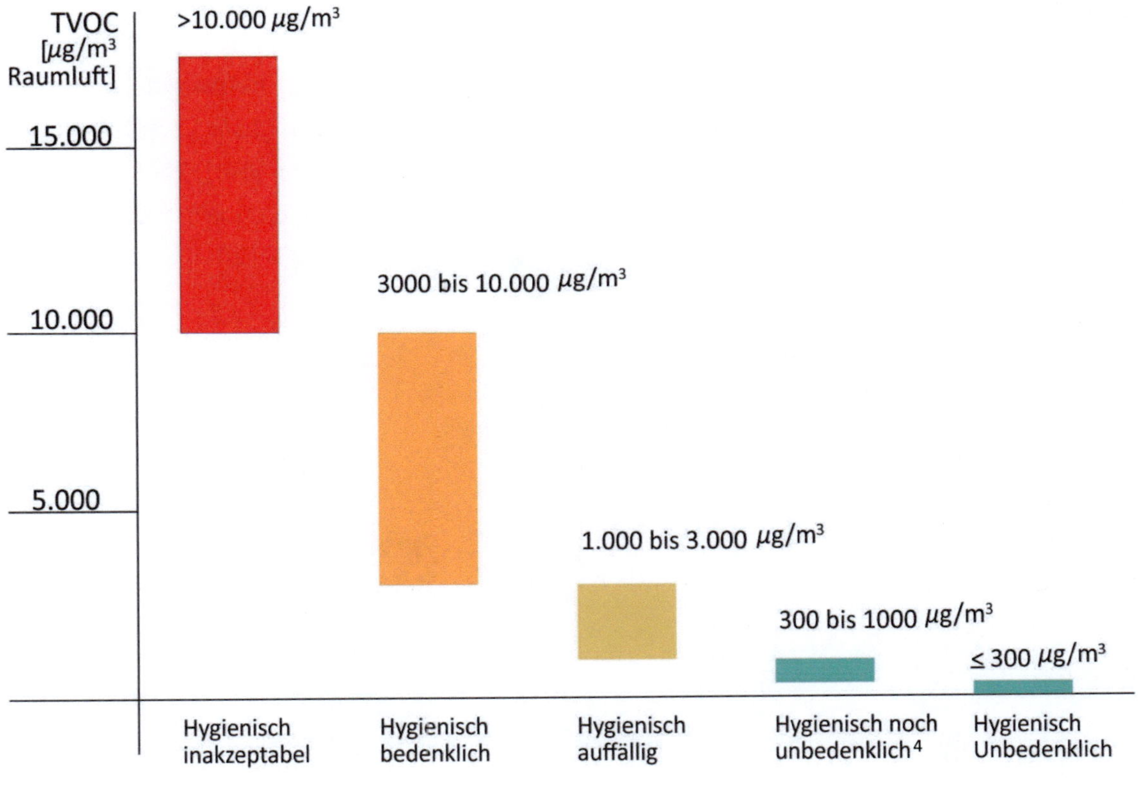

Abbildung 56: Leitwerte des AIR für TVOCs in der Innenraumluft (Darstellung nach UBA, 2020b)

Neben dem TVOC-Wert werden in der BNK Version 1.0 auch die Einzelsubstanzen bewertet, für die zum jeweils aktuell gültigen Zeitpunkt Richtwerte des AIR vorliegen (BMI, 2015a, S. 5; UBA,

[6] sofern keine Richtwertüberschreitungen für Einzelstoffe bzw. Stoffgruppen vorliegen.

2020c). Gemäß UBA (2021) stellt der Richtwert II (RW II) des AIR einen wirkungsbezogenen Wert dar, der sich auf den aktuellen toxikologischen und epidemiologischen Kenntnisstand zur Wirkungsschwelle von Stoffen unter Berücksichtigung von Unsicherheitsfaktoren stützt. Bei Erreichung oder Überschreitung des Richtwertes II gilt es unverzüglich zu handeln. Bei Richtwert I, dem Vorsorgerichtwert, handelt es sich um die Konzentration eines Stoffes in der Innenraumluft, bei der nach aktuellem Kenntnisstand bei Betrachtung des einzelnen Stoffes auch dann keine gesundheitlichen Auswirkungen zu erwarten sind, wenn eine lebenslange Exposition erfolgt. Da eine Überschreitung des RW I jedoch mit einer über dem üblichen Maß liegenden Belastung einhergeht, gilt es auch im Bereich zwischen RW I und II zu agieren (UBA, 2021).

VOCs sind sowohl in der Außenluft als auch in der Innenraumluft vorhanden (UBA, 2016). Quellen in der Außenluft können biologische Prozesse oder auch technische Prozesse sein, in denen Stoffe aus unvollständiger Verbrennung entstehen oder als flüchtige Nebenprodukte aus industriellen Prozessen. Quellen in der Innenraumluft können Baumaterialien und Innenausstattung, beispielsweise Möbel sein. Darüber hinaus sind auch Pflege-, Reinigungs- und Hobbyprodukte sowie Tabakrauchen relevant. Auch bei der Nahrungsmittelzubereitung und vom menschlichem Stoffwechsel werden VOCs freigesetzt. In der Regel sind in Mitteleuropa Innenraumquellen bedeutsamer und meist werden durch Lüften die vorhandenen Innenraum-Konzentrationen gesenkt (UBA, 2016).

Der Maßstab für die Bewertung der Formaldehydemissionen im BNK ist in Abbildung 57 dargestellt. Der Ausschlusswert von 124 µg/m³ entspricht dem ehemaligen „Safe Level"-Wert des Bundesinstituts für Risikobewertung (Bundesintitut für Risikobewertung [BfR], 2006). Das UBA (2020c) gibt als neueren Richtwert I für Formaldehyd einen Wert von 100 µg/m³ vor, der auch der Empfehlung der Weltgesundheitsorganisation (WHO) entspricht (UBA, 2015).

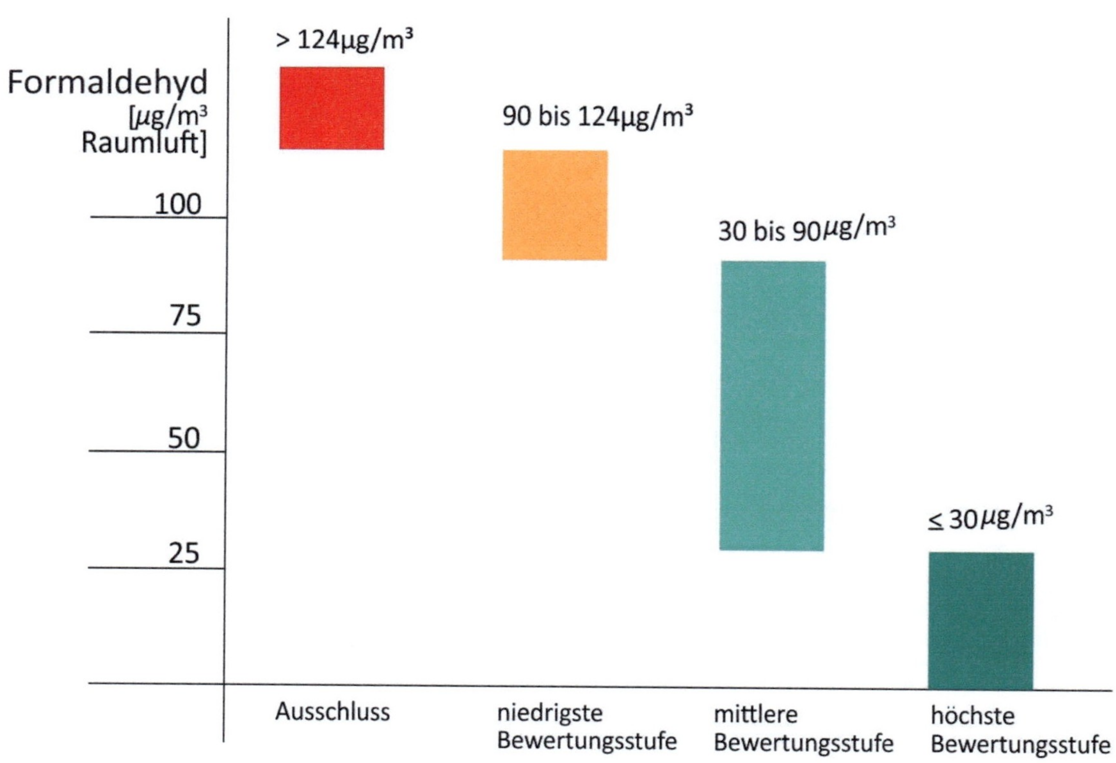

Abbildung 57: Bewertungsstufen für Formaldehyd in der Innenraumluft gemäß BNK (Darstellung nach BMI, 2015a)

Formaldehyd ist in der EU seit 2014 als nachweislich krebserzeugend und mit Verdacht auf erbgutschädigende Wirkung eingestuft (Verordnung (EG) Nr. 1272/2008 des europäischen Parlaments und des Rates vom 16. Dezember 2008 über die Einstufung, Kennzeichnung und Verpackung von Stoffen, Gemischen, zur Änderung und Aufhebung der Richtlinien 67/548/EWG und 1999/45/EG und zur Änderung der Verordnung (EG) Nr. 1907/2006, ABl. EU L353/1). Als Quellen für Formaldehydemissionen aus Baustoffen und Möbeln gelten vorwiegend Holzwerkstoffe, in denen formaldehydhaltige Leime und Tränkharze als Bindemittel eingesetzt werden (Zwiener, 2015). Die Formaldehydabgabe von Holzwerkstoffen nimmt mit der Zeit zwar deutlich ab, es können aber auch nach Jahrzehnten nicht-unerhebliche Emissionen auftreten. Als Alternative existieren auch formaldehydfrei verleimte Holzwerkstoffe. Auch Schaum-Dämmplatten auf Basis von Melamin-Formaldehyd- oder Phenol-Formaldehyd-Harz sowie Ortschaum auf Basis von Harnstoff-Formaldehyd-Harz können erhebliche Mengen Formaldehyd emittieren. Darüber hinaus wird für die Herstellung der meisten Mineralwolle-Dämmstoffe ein formaldehydhaltiges Bindemittel verwendet. Gemäß Zwiener (2015) ist damit zu rechnen, dass die Formaldehydemissionen aus Mineralwolle-Dämmstoffen aber kontinuierlich abnehmen und keine dauerhaft hohe Belastung der Innenraumluft aufgrund nicht luftdicht verbauter Mineralwolle auftritt. Zudem enthalten manche Anstrichmittel auf wässriger Basis Topfkonservierer, die bei der Trocknung Formaldehyd an abgeben. Daher gilt es dem Auftrag der Farbe verstärkt zu lüften. Neben den genannten Materialien existieren weitere Formaldehydquellen wie Klebstoffe oder Glasfaservliese. Auch Möbel können bei Anwendung aminoplastverleimter Holzwerkstoffe erhebliche Formaldehydemissionen freisetzen (Zwiener, 2015).

TVOC

Im Rahmen der BNK-Zertifizierung wurden die Innenraumluftmessungen von 12 Gebäuden ausgewertet. Für eines der 18 Gebäude, die in der vorliegenden Arbeit untersucht werden, wichen die Probenahmebedingungen von den Vorgaben im BNK ab. Bei einem weiteren Gebäude lagen keine endgültigen Ergebnisse vor. Beide Gebäude wurden im Rahmen der vorliegenden Arbeit nicht ausgewertet. Für die verbleibenden vier Gebäude lag lediglich eine Deklaration der eingesetzten, oberflächennahen Materialien vor.

Bei sechs der zwölf ausgewerteten Gebäude lagen jeweils zwei Messungen in verschiedenen Räumen vor, da die Wohnfläche 150m^2 übersteigt. In diesem Fall sind gemäß BNK zwei Messungen nötig (BMI, 2015a). Bei den übrigen sechs Gebäuden lag jeweils eine Messung vor (s. Abbildung 58). Die Auswertung zeigte, dass die Messwerte (TVOC) bei sechs Gebäuden unter dem Grenzwert von 300 µg/m^3 lagen, unter dem eine hygienisch unbedenkliche Luftqualität vorliegt (UBA, 2020b). Weitere sechs Gebäude wiesen einen Messwert im Bereich zwischen 300 µg/m^3 und 1000 µg/m^3 auf, in dem eine noch unbedenkliche Luftqualität besteht, wenn keine Richtwertüberschreitungen für Einzelstoffe oder Stoffgruppen vorliegen (UBA, 2020b). Keines der Gebäude überschritt den Grenzwert von 1000 µg/m^3, ab dem eine hygienisch auffällige Luftqualität vorliegt.

Die Messwerte in den Gebäuden sind differenziert zu betrachten. In der Praxis spielen neben den Lüftungsbedingungen, die Ausstattung des Gebäudes, der Zeitpunkt der Messung sowie die Temperatur eine wichtige Rolle. Die Gebäude 1, 5, 6 und 8 waren zum Zeitpunkt der Messung bereits möbliert. Bei weiteren sechs Gebäuden konnten der Dokumentation keine Informationen zum Ausstattungszustand entnommen werden (s. Abbildung 58). Insbesondere bei den übrigen Gebäuden aus der Pilotphase (Projekte 4, 7 und 9) ist aufgrund des zeitlichen Abstands zwischen Fertigstellung und Messung aber davon auszugehen, dass diese zum Zeitpunkt der Messung ebenfalls möbliert waren. Bei möblierten Gebäuden und Gebäuden mit unbekanntem Ausstattungszustand ist keine Aussage darüber möglich, ob die festgestellten Emissionen aus den verwendeten Baustoffen, der Möblierung, der Nutzerausstattung oder anderen Quellen stammen.

Neben dem Ausstattungszustand ist der Zeitpunkt der Messung für die Ergebnisse relevant. Unmittelbar nach Baumaßnahmen treten zunächst oft höhere VOC-Emissionen als gewöhnlich, auch über 1000 µg/m³, auf (Schwörer & Bachmann, 2018, S. 50-51). Im ersten Monat nach Fertigstellung erfolgt durch Lüften meist ein deutlicher Rückgang. In der Studie „Gesundheitliche Qualität im Holzfertigbau" wurde anhand von Messungen in zwölf Gebäuden des Herstellers SchwörerHaus an den Tagen 0, 30, 60 und 90-120 die Abklingkurve für TVOC ermittelt (Schwörer & Bachmann, 2018, S. 108-111). In der Studie konnte ein deutlicher Rückgang der Emissionen in einen sehr guten Bereich während des ersten Monats und auch darüber hinaus festgestellt werden. Die Ergebnisse beziehen sich auf die spezifischen Bauteilkonstruktionen von SchwörerHaus. Für andere Hersteller ist die Abklingkurve aufgrund abweichender Bauteilaufbauten im Detail separat zu betrachten. Nichtsdestotrotz liefert die Studie für den Holzfertigbau gute Anhaltspunkte zum Abklingverhalten (Schwörer & Bachmann, 2018, S. 108). Für Gebäude ohne Angabe zum Messzeitpunkt ist eine konkrete Einordnung der Messergebnisse nicht umfassend möglich.

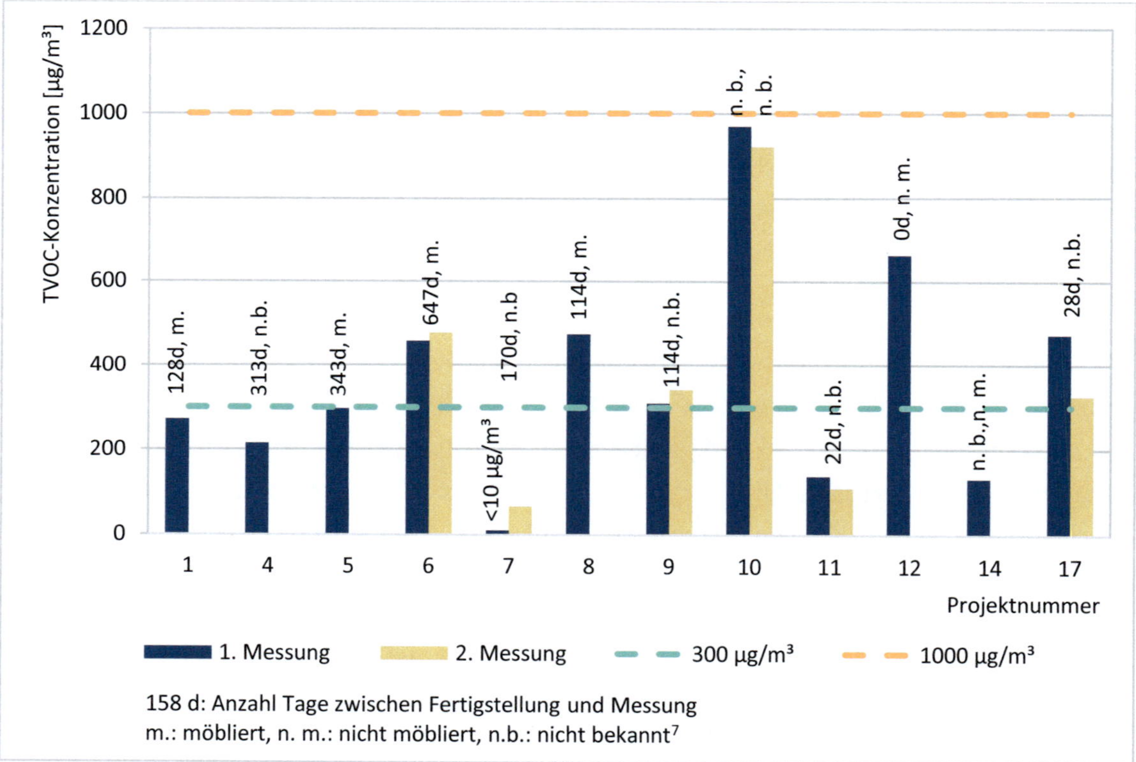

Abbildung 58: Auswertung der Innenraumluftmessungen (TVOC) im Rahmen der BNK-Zertifizierung für 12 untersuchte Gebäude (eigene Darstellung)

[7] Bei Projekten aus der Pilotphase war nur der Monat der Fertigstellung bekannt. Für die Berechnung der Zeitspanne wurde jeweils der letzte Tag eines Monats für die Fertigstellung angesetzt. Für den Möblierungszustand wurde entweder möbliert (m.), nicht möbliert (n. m.) oder nicht bekannt (n. b.) angegeben.

Einzelsubstanzen VOCs

Für die Projekte aus der Pilotphase (Projekt 1, 4, 5, 6, 7, 8 und 9) war für die Einzelsubstanzen bezüglich der Richtwerte I und II keine abschließende Aussage möglich, da dieser Aspekt während der Pilotphase nicht auszuweisen war. Erst in der BNK Version 1.0 werden auch die Einzelsubstanzen dezidiert beurteilt. Demnach lagen bei den Projekten 10, 11, 12, 14 und 17 keine Überschreitungen der RW I und II des AIR vor.

Formaldehyd

Im Rahmen der BNK-Zertifizierung wurde für dieselben 12 Gebäude, für die Messungen des TVOC-Gehalts vorlagen, auch Messungen des Formaldehydgehalts durchgeführt. Bei der einen Hälfte der Gebäude lagen jeweils zwei Messungen in verschiedenen Räumen vor, bei der anderen Hälfte jeweils eine Messung (s. Abbildung 59). Die Auswertung zeigt, dass die Messwerte bei neun Gebäuden unter dem Grenzwert von 30 µg/m³ aus dem BNK lagen, der zur Einordnung in die beste Bewertungsstufe führt (BMI, 2015a). Drei weitere Gebäude wiesen Messwerte im Bereich zwischen 30 µg/m³ und 90 µg/m³ auf. Gebäude 11 schnitt mit einem Wert von 9 µg/m³ am besten und Gebäude 5 mit einem Wert von 64 µg/m³ am schwächsten ab. Insgesamt lagen alle Gebäude deutlich unter dem Richtwert I des UBA von 100 µg/m³ (UBA, 2020c). Wie bereits bei den VOCs ist bei möblierten Gebäuden und Gebäuden mit unbekanntem Ausstattungszustand keine abschließende Aussage darüber möglich, ob die gemessenen Emissionen aus den verwendeten Baustoffen, der Möblierung, der Nutzerausstattung oder anderen Quellen stammen.

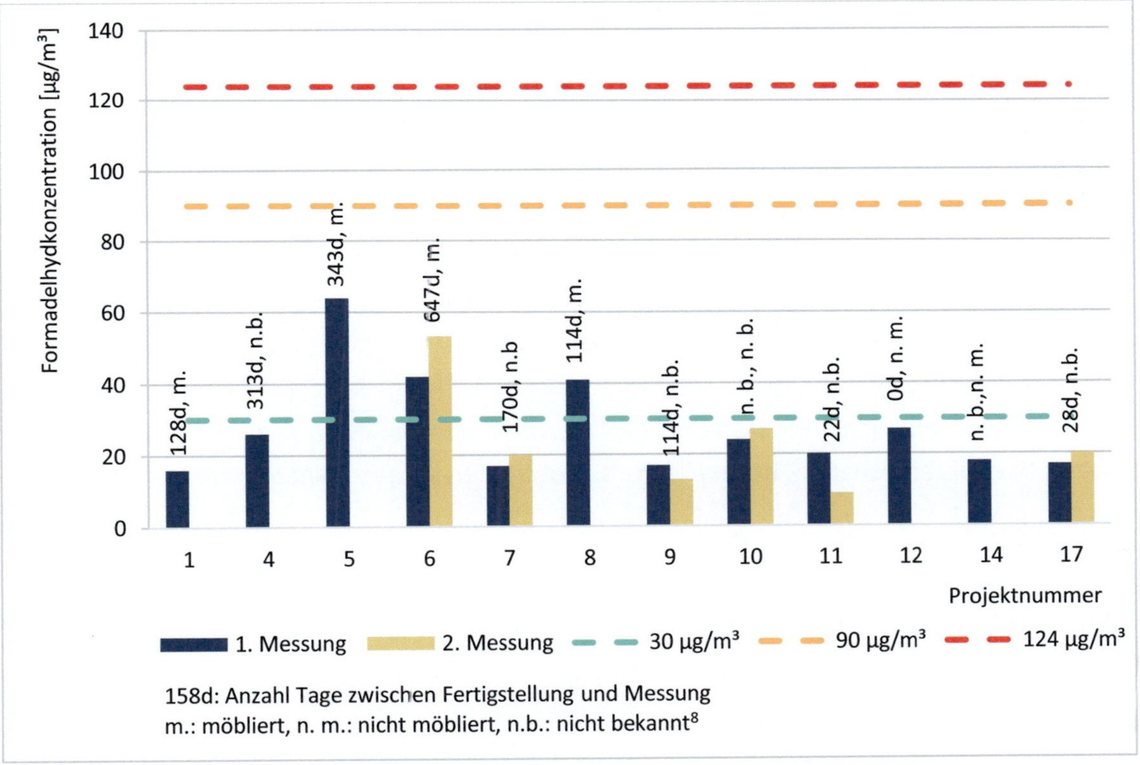

Abbildung 59: Auswertung der Innenraumluftmessungen (Formaldehyd) im Rahmen der BNK-Zertifizierung für 12 untersuchte Gebäude (eigene Darstellung)

[8] Bei Projekten aus der Pilotphase war nur der Monat der Fertigstellung bekannt. Für die Berechnung der Zeitspanne wurde jeweils der letzte Tag eines Monats für die Fertigstellung angesetzt. Für den Möblierungszustand wurde entweder möbliert (m.), nicht möbliert (n. m.) oder nicht bekannt (n. b.) angegeben.

Aktive Maßnahmen zur Verbesserung der Innenraumluftqualität
Eine abschließende Aussage zur Präsenz aktiver Maßnahmen zur Verbesserung der Innenraumluftqualität in den untersuchten 18 Gebäuden war im Rahmen der Auswertung nicht möglich. Weder die Bepflanzung des Innenraums noch die Verwendung luftreinigender Materialien für oberflächennahe Anwendungen und Haustechnik wie im C2C Leitfaden von Mulhall und Braungart (2010, S. 9) gefordert (s. Kapitel 3.3.5.1), werden im Rahmen der BNK-Zertifizierung abgefragt. Zudem ist die Bepflanzung des Innenraums stark von den Bewohnern abhängig. Beim Großteil der untersuchten Gebäude handelt es sich jedoch um Ausstellungshäuser ohne dauerhafte Bewohner und die Situation entspricht nicht der eines typischen Ein- oder Zweifamilienhauses.

4.2.3 Trinkwasserhygiene und Einsatz von Wasserspararmaturen

Das C2C Kriterium 1.9 Wassereinsatz und Wasserkreisläufe zielt darauf ab, dass Wasser im Gebäude so aufbereitet wird, dass die Qualität beim Verlassen des Gebäudes besser ist als vor dem Eintritt ins Gebäude (s. Kapitel 3.3.6.1). Zur Beurteilung der Umsetzbarkeit des Kriteriums werden im Folgenden die BNK-Kriterien zur Trinkwasserhygiene und zum Einsatz von Wasserspararmaturen herangezogen.

Vorgaben BNK
Sowohl in der BNK Version 0.5 als auch in der Version 1.0 werden im Steckbrief zur Trinkwasserhygiene Maßnahmen zur Vorbeugung von Legionellenwachstum sowie die Durchführung einer Schadstoffmessung hinsichtlich der Metalle Kupfer, Nickel und Blei bewertet (BMI, 2015b; BMUB, 2014b). Die Beurteilung der metallenen Verunreinigungen erfolgt auf Basis der Verordnung über die Qualität von Wasser für den menschlichen Gebrauch (Trinkwasserverordnung – TrinkwV), die für Nickel einen Grenzwert von 0,020 mg/l, für Blei einen Grenzwert von 0,010 mg/l und für Kupfer einen Grenzwert von 2,0 mg/l Wasser vorgibt (Anlage 2 Teil II TrinkwV). Die TrinkwV verweist für die Probennahme auf die Empfehlung des Umweltbundesamtes zur Beurteilung der Trinkwasserqualität hinsichtlich der Parameter Blei, Kupfer und Nickel (UBA, 2018). Demnach sind Probennahmen als Zufallsstichprobe (Z-Probe) oder alternativ als gestaffelte Stagnationsbeprobung (S0-Probe, S1-Probe, S2-Probe) durchzuführen. Die oben genannten Vorgaben gelten als eingehalten, wenn alle Proben unter den vorgegebenen Grenzwerten liegen.

Im Steckbrief zum Einsatz von Wasserspararmaturen werden die Durchflussmenge der eingesetzten Armaturen (Dusche, Handwaschbecken) und die Spülmengen der Toiletten bewertet (BMI, 2015f; BMUB, 2014g). Zusätzlich werden Punkte für das Vorhandensein einer Anlage zur Nutzung von Regen- oder Grauwasser vergeben.

Wassersparmaßnahmen
Für alle 18 untersuchten Gebäude waren aus der BNK-Zertifizierung die Spülmengen der WCs bekannt. Die Durchflussmengen der Armaturen waren für 17 Projekte bekannt. In Abbildung 60 sind für jedes Projekt die Spülmengen für Toilette (kleine und große Spülmenge Standardeinstellungen) dargestellt. Bei 15 Projekten betrug die kleine Spülmenge drei Liter und die große Spülmenge 6 Liter (Standardeinstellung). Bei weiteren zwei Projekten lag eine kleine Spülmenge von 3 Litern und eine große Spülmenge von 4,5 Litern vor (Standardeinstellung). Zudem wies ein

Projekt eine kleine Spülmenge von 4,5 Litern und eine große Spülmenge von 6 Litern auf (Standardeinstellung). Bei sechs der Projekte mit einer Standardeinstellung von 3/6 Litern ist es möglich, die Spülmenge bis auf 3/4,5 Liter zu verringern.

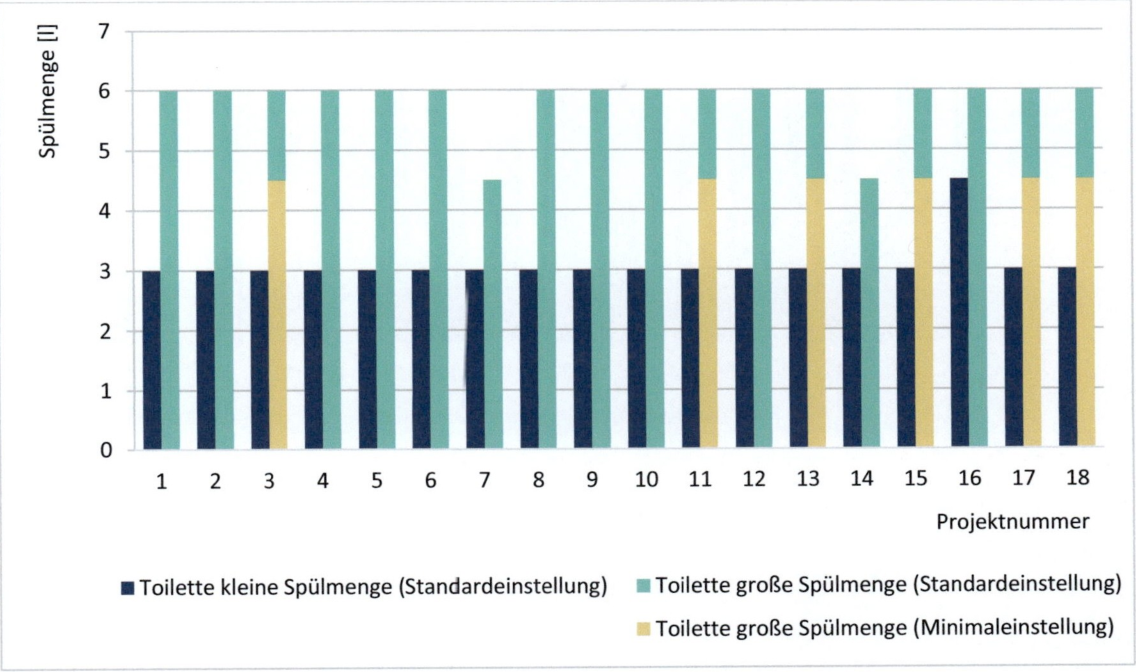

Abbildung 60: Auswertung der Spülmengen der WCs im Rahmen der BNK-Zertifizierung für 18 untersuchte Gebäude (eigene Darstellung)

Die Durchflussmengen für die Dusch- und Waschbeckenarmaturen wurden in Abbildung 61 gegenübergestellt. Bei den Duscharmaturen wies Gebäude 7 mit 6 Litern pro Minute die kleinste Durchflussmenge und Gebäude 14 mit 19 Litern pro Minute die größte Durchflussmenge auf. Bei den Waschtischarmaturen lag bei Gebäude 15 mit 3,5 Litern pro Minute die kleinste Durchflussmenge und bei Gebäude 9 mit 12 Litern pro Minute die größte Durchflussmenge vor. Es wurden jeweils die Standardeinstellungen bei einem Wasserdruck von 3 bar angenommen. Waren in den Gebäuden mehrere Dusch- oder Waschtischarmaturen verbaut, so wurde der höchste Durchflusswert dargestellt. Bei Armaturen mit unbekannter Durchflussmenge wurde kein Wert angegeben. Der Großteil der Duscharmaturen mit hohen Durchflussmengen ist auf Regenduschen zurückzuführen.

Wasserrecycling

Darüber hinaus ist bei Gebäude 2 im Garten eine Zisterne mit einem Volumen von 6600 Litern zur Speicherung von Regenwasser und anschließenden Gartenbewässerung verbaut. Keines der untersuchten Gebäude war mit einer Anlage zur Wasseraufbereitung ausgestattet. Da es sich beim Großteil der Projekte um unbewohnte Ausstellungshäuser mit einem niedrigen Wasserverbrauch handelt, ist davon auszugehen, dass der Anteil der Gebäude mit Anlagen zur Regen- und Grauwassernutzung bei Kundenhäusern höher liegt. Auch bei den Durchflussmengen der Armaturen ist zu erwarten, dass die Werte bei Kundenhäusern tendenziell niedriger liegen, da in Ausstellungshäusern meist die Komfortausstattung gezeigt wird.

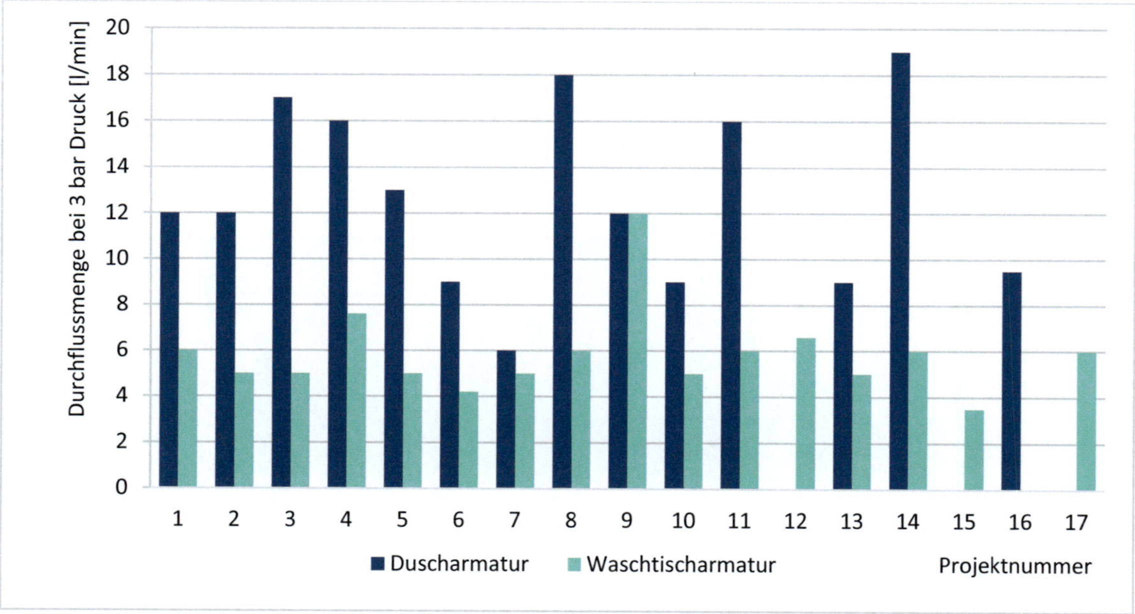

Abbildung 61: Auswertung der Durchflussmengen der Dusch- und der Waschtischarmaturen im Rahmen der BNK-Zertifizierung für 17 untersuchte Gebäude (eigene Darstellung)

Wasserqualität

Für sieben der 18 untersuchten Gebäude wurden im Rahmen der BNK-Zertifizierung Schadstoffmessungen bezüglich der Metalle Nickel, Blei und Kupfer durchgeführt. Für zwei weitere Projekte lagen lediglich Messergebnisse für den Schadstoff Kupfer vor. Während bei den Projekten 1 und 12 jeweils drei Wasserproben entnommen und untersucht wurden, waren es bei Projekt 5 und 8 jeweils zwei Proben. Bei den übrigen Projekten wurde jeweils nur eine Probe entnommen und analysiert (s. Abbildung 62, Abbildung 63 und Abbildung 64).

Beim Metall Nickel zeigte die Auswertung, dass der Grenzwert von 0,020 mg/l aus der TrinkwV bei allen sieben Projekten eingehalten wurde. Bei den Projekten 2, 7, und 13 und teilweise bei den Projekten 1, 5 und 8 lagen die Ergebnisse für die Nickelkonzentration unter der jeweiligen Bestimmungsgrenze (s. Abbildung 62). Beim Schadstoff Blei wurde der Grenzwert von 0,010 mg/l aus der TrinkwV ebenfalls bei allen Gebäuden eingehalten. Bei den Gebäuden 2, 5, 7 und 16 und teilweise bei Projekt 1 lagen die Ergebnisse für die Bleikonzentration in den Wasserproben unter der jeweiligen Bestimmungsgrenze (s. Abbildung 63).

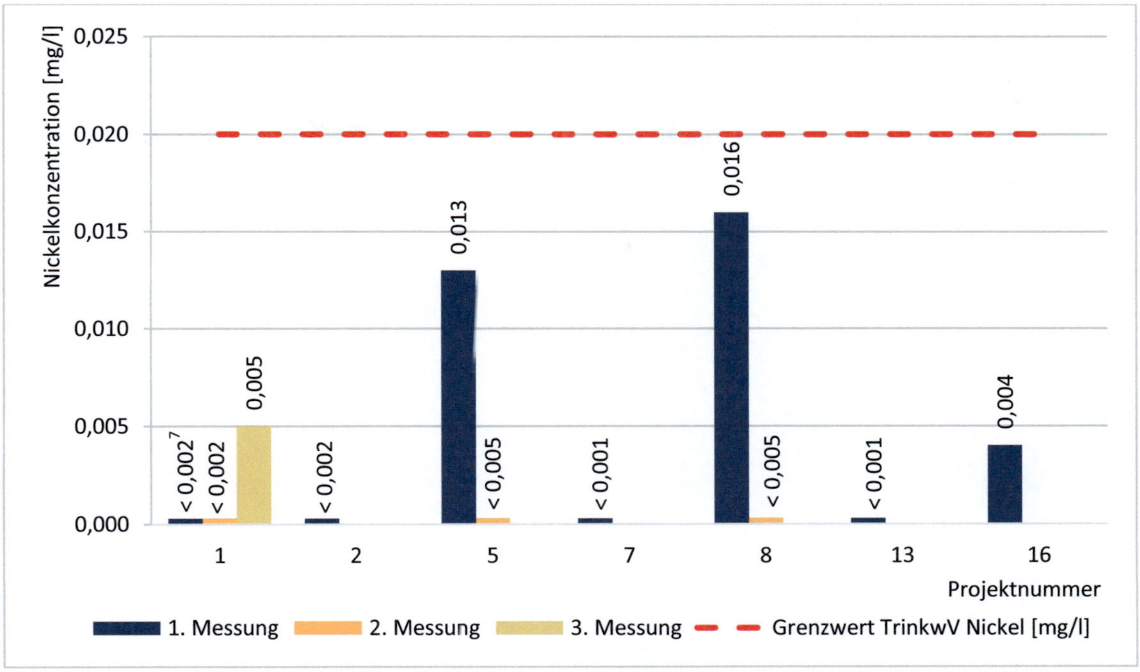

Abbildung 62: Auswertung des Nickelgehalts im Wasser im Rahmen der BNK-Zertifizierung für sieben untersuchte Gebäude (eigene Darstellung)

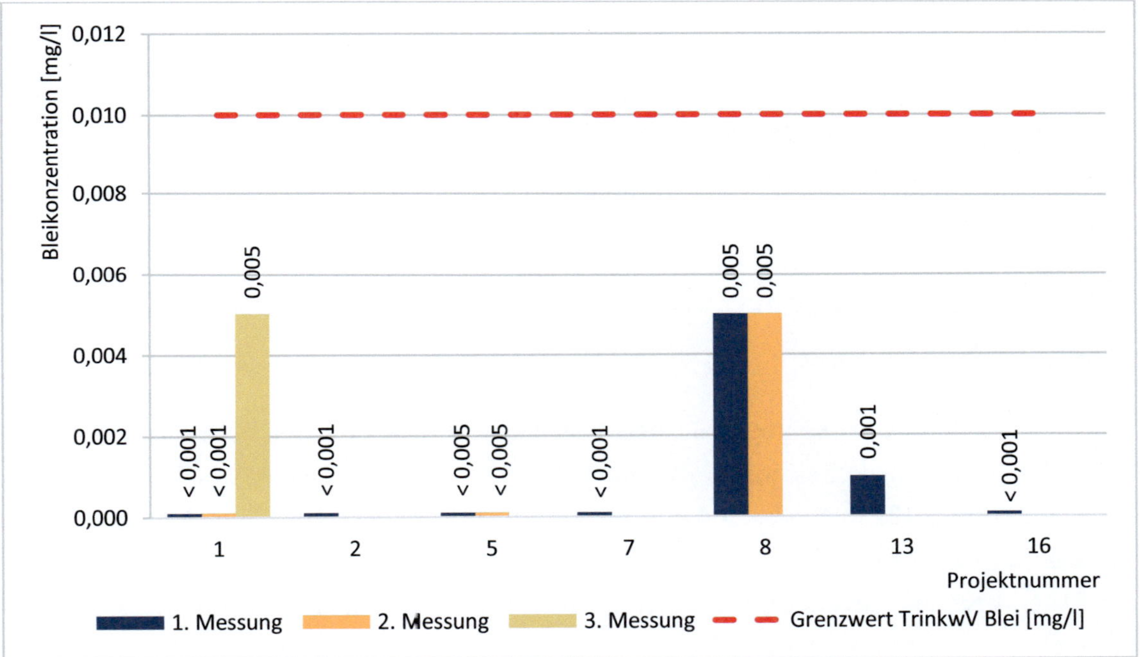

Abbildung 63: Auswertung des Bleigehalts im Rahmen der BNK-Zertifizierung für sieben untersuchte Gebäude (eigene Darstellung)

Abbildung 64 zeigt die Auswertung der Schadstoffmessungen bezüglich der Kupferkonzentration. Der Grenzwert von 2,0 mg/l aus der TrinkwV wurde bei allen Proben der neun Gebäude

[9] Bei Projekten mit einer Konzentration von < x mg/l lag die Konzentration unter der jeweiligen Bestimmungsgrenze.

eingehalten. Bei Projekt 7 wurde mit einem Messwert von 0,006 mg/l die niedrigste Kupferkonzentration und bei Projekt 6 mit 1,070 mg/l die höchste Kupferkonzentration nachgewiesen.

Bei allen Gebäuden konnten im Rahmen der BNK-Zertifizierung Maßnahmen zur Verhinderung von Legionellenwachstum nachgewiesen werden.

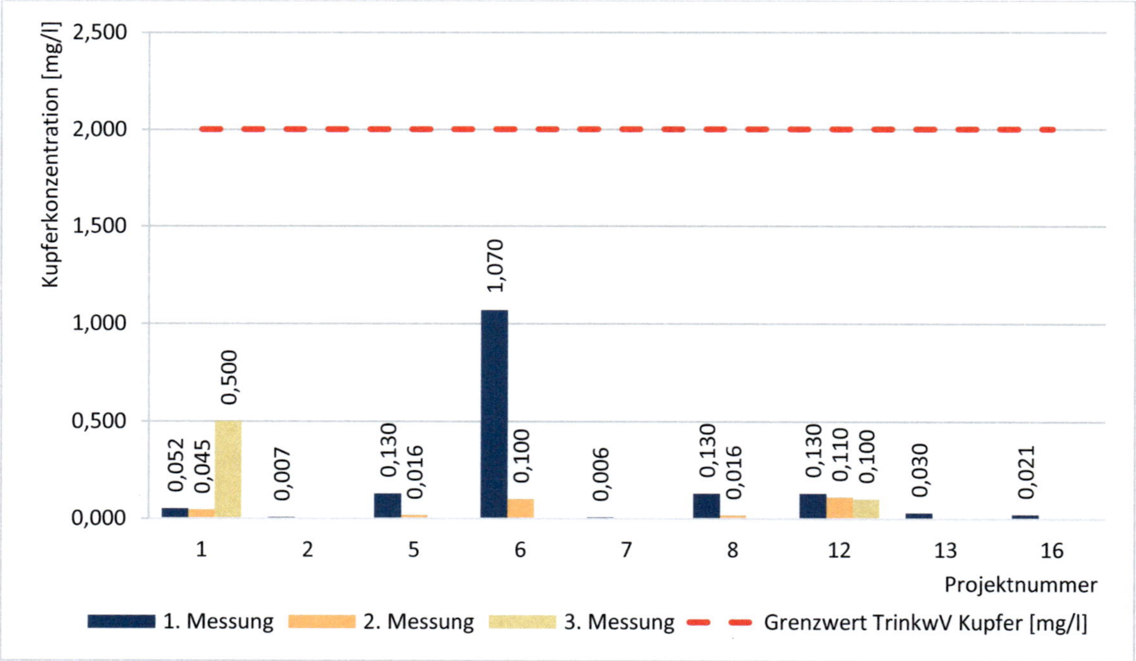

Abbildung 64: Auswertung des Kupfergehalts im Rahmen der BNK-Zertifizierung für neun untersuchte Gebäude (eigene Darstellung)

4.2.4 Primärenergiebedarf nicht erneuerbar und dezentrale Erzeugung regenerativer Energie

Oberstes Ziel des C2C Kriteriums 1.13 Einsatz erneuerbarer Energie ist es, Gebäude so zu errichten und zu betreiben, dass sie regenerativ mehr Energie bereitstellen als sie von der Herstellung, über den Betrieb, die Instandsetzung bis hin zur Entsorgung verbrauchen (s. Kapitel 3.3.7.1). Darüber hinaus soll Exergie als Parameter verwendet werden, um die Effektivität des eingesetzten Systems zur Energieversorgung zu messen. Um die Umsetzbarkeit des Kriteriums zu beurteilen, werden im Folgenden die BNK-Steckbriefe zur Ökobilanz-Primärenergie und zur dezentralen Erzeugung regenerativer Energie herangezogen.

Vorgaben BNK

Sowohl in der BNK Version 0.5 als auch in der Version 1.0 werden der Primärenergiebedarf nicht erneuerbar sowie der Primärenergiebedarf gesamt der Gebäude über den gesamten Lebenszyklus bewertet (BMI, 2015d; BMUB, 2014c, 2014d). Die Berechnung erfolgt im Rahmen einer Ökobilanzierung. Wie bereits in Kapitel 3.3.7.2 beschrieben, werden in die Berechnung die Phasen Herstellung (A1: Rohstoffbeschaffung, A2: Transport, A3: Produktion), Nutzung mit Instandhaltung (B2: Instandhaltung, B4: Austausch und B6: Energieverbrauch im Betrieb) und Ende des Lebenszyklus (C3: Abfallverwertung, C4: Entsorgung) einbezogen. Die Phase D: Möglichkeiten der Wiederverwertung, der Rückgewinnung und des Recyclings wird derzeit nicht in das Gesamtergebnis einbezogen. Zur Berechnung werden die Datensätze aus der Ökobau.dat 2011 verwendet. Der Betrachtungszeitraum beträgt 50 Jahre und die Gebäudehülle stellt die Bilanzierungsgrenze dar. Die Werte für den Endenergiebedarf in der Nutzungsphase werden dem Energieausweis entnommen. Regenerativ am Gebäude erzeugter Strom, der nicht im Energieausweis berücksichtigt ist und als Nutzerstrom verwendet oder ins Netz eingespeist wird, fließt derzeit nicht in das Ergebnis nach BNK ein.

Darüber hinaus wird an anderer Stelle in den BNK Versionen 0.5 und 1.0 die Menge der regenerativ am Gebäude erzeugten Energie bewertet (BMI, 2015e; BMUB, 2014e). Wie bereits in Kapitel 3.3.7.2 beschrieben, wird die Menge der regenerativen erzeugten Energie dabei in Bezug zum Endenergiebedarf des Gebäudes aus dem Energieausweis gesetzt. Je größer der Deckungsanteil, desto mehr Punkte können im Steckbrief erreicht werden. In die Berechnung werden sowohl der Eigenverbrauch der regenerativ erzeugten Energie als auch die Bereitstellung von Energie für Dritte einbezogen.

Gegenüberstellung Primärenergie nicht erneuerbar und regenerativ erzeugter Energie
Im Rahmen der BNK-Zertifizierung lagen für 15 der 18 untersuchten Gebäude ausreichende Daten vor, um den durchschnittlichen jährlichen nicht-erneuerbaren Primärenergiebedarf der Ökobilanz mit dem jährlich regenerativ erzeugten Energieüberschuss zu vergleichen. Dazu wurde für jedes Gebäude aus dem in der Ökobilanzierung ermittelten Primärenergiebedarf nicht-erneuerbar gesamt ($PE_{n.e.ges}$) der durchschnittliche jährliche Primärenergiebedarf nicht-erneuerbar ($PE_{n.e.jährl.}$) bei Annahme eines Lebenszyklus von 50 Jahren errechnet:

$$PE_{n.e.jährl.}\left[\frac{kWh}{a}\right] = \frac{PE_{n.e.ges.}\ [kWh]}{50\ [a]}$$

Zudem wurde aus der energetischen Berechnung die jährlich regenerativ am Gebäude erzeugte Strommenge entnommen. Der regenerativ erzeugte Strom, der bereits in der energetischen Berechnung im Energieausweis berücksichtigt wurde, wurde von der Gesamtstrommenge subtrahiert. Der errechnete Stromüberschuss wird in der Berechnung des Primärenergiebedarfs im BNK derzeit nicht berücksichtigt. Gemäß BNB darf der Anteil des Stroms aus Eigenstromerzeugungsanlagen, der in das Netz eingespeist wird, jedoch separat über eine Gutschrift bilanziert werden (BMUB, 2015). Die Gutschrift errechnet sich aus der Anwendung des Ökobau.dat-Datensatzes Strom-Mix mit negativen Vorzeichen. Zur Untersuchung der Umsetzbarkeit des C2C Kriteriums 1.13 Einsatz erneuerbarer Energie wird auf diese Bilanzierungsregel zurückgegriffen. Für 1 kWh erzeugten Strom ergibt sich pro Jahr gemäß Ökobau.dat 2011 eine Gutschrift für die Primärenergie nicht erneuerbar von 2,68 kWh. Die Bilanzierung der Gutschrift wurde mittels des eLCA Tools des BBSR durchgeführt.

Der Primärenergiebedarf erneuerbar wurde in der Berechnung nicht berücksichtigt, da dessen Deckung bereits regenerativ erfolgt. In Abbildung 65 wurde der durchschnittliche jährliche Primärenergiebedarf nicht-erneuerbar der verschiedenen Projekte der durchschnittlichen jährlichen Gutschrift für regenerativ erzeugten Stromüberschuss gegenübergestellt. Die Grafik zeigt, dass bei sechs der 15 untersuchten Gebäude eine positive Energiebilanz vorliegt und die Gutschrift für den durchschnittlich jährlich erzeugten Stromüberschuss den durchschnittlichen jährlichen Primärenergiebedarf nicht erneuerbar übersteigt (Projekte 4, 6, 11, 12, 15 und 17). Insgesamt werden zwei Gebäude mit einem Gasbrennwertkessel in Verbindung mit einer Solaranlage konditioniert. Bei acht Gebäuden kommt eine Luft-Wasser-Wärmepumpe zum Einsatz. Davon ist bei sieben Gebäuden zusätzlich eine PV-Anlage und bei sechs Gebäuden ein Stromspeicher verbaut. Ein Gebäude wird über eine Erdreich-Wasser-Wärmepumpe in Verbindung mit einer PV-Anlage konditioniert. In drei Gebäuden erfolgt die Beheizung über eine Frischluftheizung mit einer Luft-Luft-Wärmepumpe. Für die Warmwasserbereitung kommt eine Luft-Wasser Wärmepumpe zum Einsatz. In allen drei Gebäuden ist zusätzlich eine PV-Anlage verbaut, in zwei Gebäuden ein Stromspeicher. Ein weiteres Gebäude, Projekt 4, das in Abbildung 65 aufgrund des hohen Stromüberschusses hervorsticht, wird mit Hilfe eines Erdgas gespeisten Brennstoffzellen-Heizgeräts konditioniert, das sowohl Wärme als auch Strom liefert. Spitzenlasten werden über ein zusätzliches Gasbrennwertgerät abgedeckt. Zudem liefern eine PV-Anlage sowie ein Windrad Strom, der in einem Batteriespeicher gespeichert wird. Bei Gebäude 14 ist in Abbildung 65 trotz Vorhandenseins einer PV-Anlage keine Gutschrift für den erzeugten Stromüberschuss dargestellt, da der erzeugte Strom vollumfänglich in der EnEV-Berechnung berücksichtigt werden konnte.

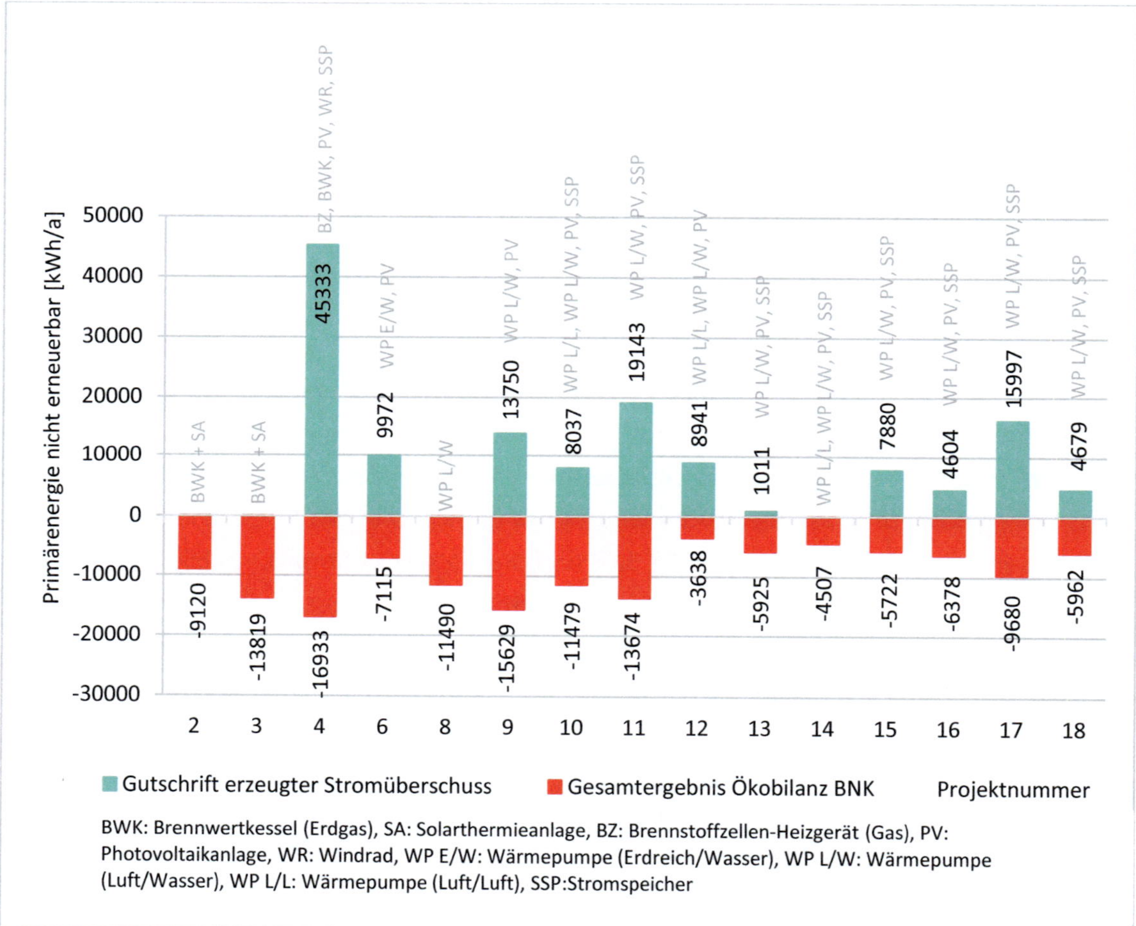

Abbildung 65: Gegenüberstellung des jährlichen Primärenergiebedarfs nicht erneuerbar aus der Ökobilanz und der Gutschrift für den regenerativ erzeugten Stromüberschusses im Rahmen der BNK-Zertifizierung für 15 untersuchte Gebäude (eigene Darstellung)

Neben dem Primärenergiebedarf nicht erneuerbar wurde auch das Treibhauspotenzial der 15 untersuchten Gebäude betrachtet. Zwar fordert das C2C Kriterium 1.6 Aktives CO_2-Management im Gebäude, CO_2 als Ressource für chemische und biochemische Prozesse beispielsweise Pflanzen anstatt als Schadstoff zu betrachten (Mulhall & Braungart, 2010, S. 19) (s. Kapitel 3.1.8). Momentan ist eine Umsetzung in der Praxis aber kaum gegeben und CO_2 trägt als Treibhausgas wesentlich zur Erderwärmung bei. Folglich sollte der Parameter CO_2 bei der Planung berücksichtigt werden, solange das Treibhausgas in der Praxis nicht in bedeutendem Umfang nutzbringend eingesetzt wird. Eine Untersuchung von Becker (2014) zur Ressourceneffizienz von Tragwerken zeigt, dass eine losgelöste Betrachtung des Parameters Primärenergie nicht erneuerbar nicht immer zielführend ist. Becker (2014) vergleicht in einer Kurzanalyse Tragwerke aus Holz, Stahlbeton und Stahl anhand einer Ökobilanz und kommt zu dem Ergebnis, dass die Stahlbetonstütze in der Herstellung beim Primärenergiebedarf nicht erneuerbar besser abschneidet als die Holzstütze. Jedoch liegt die Holzstütze beim Parameter Treibhauspotenzial weit vorne. Während für die Stahlbetonstütze erhebliche CO_2-Emissionen anfallen, ergibt sich für die Holzstütze ökobilanziell ein negatives Treibhauspotenzial, da der Atmosphäre während des Wachstums CO_2 entzogen wird (Becker, 2014, S. 9). Unter Einbezug der End-of-Life-Phase und der regenerativen Eigenschaften des Baustoffes Holz schneidet die Holzstütze gesamtheitlich am besten ab. Für die 15 untersuchten Projekte wurde das durchschnittliche jährliche Treibhauspotenzial aus der Ökobilanz und die Gutschrift für den regenerativ erzeugten Stromüberschuss gegenübergestellt (s. Abbildung 66). Analog zum Primärenergiebedarf nicht erneuerbar wurde auf die BNB-Regelung zurückgegriffen und die Gutschrift aus der Anwendung des Ökobau.dat-Datensatzes Strom-Mix mit negativen Vorzeichen errechnet (BMUB, 2015). Wie bereits beim Primärenergiebedarf nicht erneuerbar übersteigt bei denselben sechs Gebäuden (Projekte 4, 6, 11, 12, 15 und 17) die CO_2-Gutschrift das durchschnittliche jährliche Treibhauspotenzial aus der Ökobilanz.

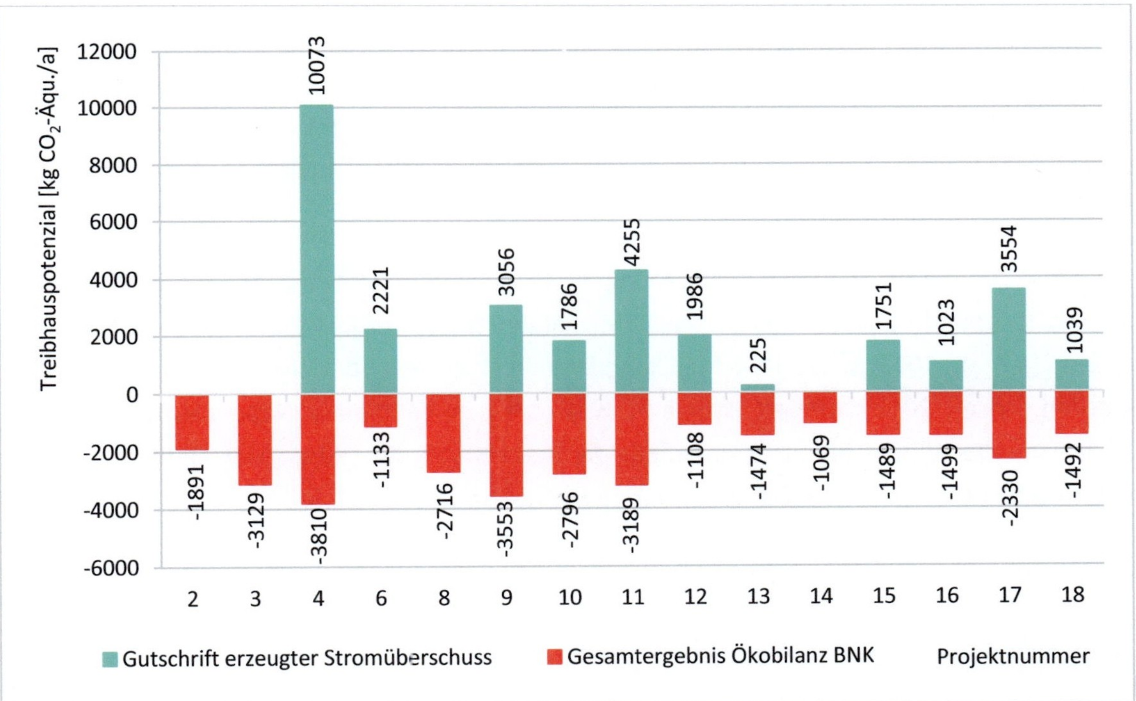

Abbildung 66: Gegenüberstellung des jährlichen Treibhauspotenzials aus der Ökobilanz und der Gutschrift für den regenerativ erzeugten Stromüberschusses im Rahmen der BNK-Zertifizierung für 15 untersuchte Gebäude (eigene Darstellung)

Limitationen für die Betrachtung ergeben sich aus den BNK-Berechnungsvorschriften für die Ökobilanz, die nur die Wärmeerzeugungsanlage, nicht jedoch Rohrleitungen und Einrichtungen zur Wärmeübergabe einbeziehen (BMI, 2015c). Auch Sanitärtechnik, Lüftungstechnik, Elektrotechnik, Schwachstromtechnik und Gebäudeautomation bleiben im BNK unberücksichtigt. Nichtsdestotrotz enthielten die Ökobilanz Daten von sechs untersuchten Projekten weitere Teile der Haustechnik, die über den Erzeuger hinausgingen. Gemäß Weißenberger (2016, S. 108) macht die Haustechnik von Einfamilienhäusern mit KfW 40-Standard je nach Konstruktion und haustechnischer Anlage zwischen 6 und 48 Prozent der Primärenergie nicht erneuerbar in der Ökobilanz aus. Den größten Teil davon nimmt tendenziell die Heizungstechnik, gefolgt der Sanitärtechnik ein (Weißenberger, 2016, S. 103). Weißenberger (2016, S. 54) zieht in seine Betrachtung dieselben Phasen wie das BNK und zusätzlich Phase D ein. Der Betrachtungszeitraum beträgt ebenfalls 50 Jahre. Zudem waren bis zur Aktualisierung der DIN EN 15804: Nachhaltigkeit von Bauwerken – Umweltproduktdeklarationen – Grundregeln für die Produktkategorie Bauprodukte als Version A2 im Jahr 2019 nur die Werte der Module A1-A3 (Herstellung) obligatorisch in Umweltproduktdeklarationen anzugeben und die Ausweisung der Module C (Ende des Lebenszyklus) und D (Möglichkeiten der Wiederverwertung, der Rückgewinnung und des Recyclings) war fakultativ (DIN EN 15804: 2020-03). Dies betrifft folglich auch die Datensätze der Ökobau.dat 2011, auf denen die Ökobilanzierung aus der BNK Zertifizierung beruht. Nach der Überarbeitung der DIN EN 15804 sind mindestens Werte für die Module A1-A3, C und D anzugeben.

Exergetische Betrachtung

Während im BNK Steckbrief 3.2.1 Dezentrale Erzeugung regenerativer Energie nur die energetische Performance der eingesetzten Systeme zur Konditionierung des Gebäudes betrachtet wird, fordert das C2C Kriterium 1.13 Einsatz erneuerbarer Energie zudem eine exergetische Betrachtung (s. Kapitel 3.3.7.1). Die Bedeutung der exergetischen Betrachtung wird im Folgenden auf Grundlage der von Jansen (2013) verwendeten Methodik überschlägig anhand der Gegenüberstellung einer PV-Anlage zur Stromerzeugung und einer Solarthermieanlage verdeutlicht. Von den 15 in Abbildung 65 dargestellten Gebäuden ist bei zwölf Fällen eine PV-Anlage und bei zwei Fällen eine Solarthermieanlage installiert.

Während die rein energetische Betrachtung die Qualität unterschiedlicher Energieformen ausklammert, quantifiziert die Exergie das Potenzial verschiedener Energieformen, Arbeit zu verrichten (Jansen, 2013, S. 17). Demnach kann Exergie als Qualität der Energieformen angesehen werden. Jansen (2013) definiert Exergie von Wärme als den minimalen Arbeitsaufwand, der nötig ist, um die Wärme bereitzustellen. Für die Berechnung der Exergie der fühlbaren Wärme einer Materialmenge ergibt sich die folgende Formel (Jansen, 2013, S. 92):

$$Ex_{QS} = m * c_p * (T - T_0) * \left(1 - \frac{T_0}{(T-T_0)} * ln\frac{T}{T_0}\right) = Q_S * (1 - \frac{T_0}{(T-T_0)} * ln\frac{T}{T_0})$$

Ex [J]: Exergie

Q_s [J]: Fühlbare Wärme

T_0 [K]: Temperatur der Referenzumgebung

T [K]: Temperatur

m [kg]: Masse

c_p [J kg^{-1} K^{-1}]: isobare Wärmekapazität

Für die Gegenüberstellung der PV-Anlage zur Stromerzeugung und der Solarthermieanlage zur Brauchwassererwärmung und Heizungsunterstützung wurde zunächst der Energieertrag für einen Quadratmeter Modulfläche errechnet. Für die PV-Anlage wurde als Referenzort Potsdam sowie eine Ausrichtung nach Süden und eine Neigung von 30 Grad angenommen. Aus der DIN V 18599: Energetische Bewertung von Gebäuden - Berechnung des Nutz-, End- und Primärenergiebedarfs für Heizung, Kühlung, Lüftung, Trinkwarmwasser und Beleuchtung - Teil 10: Nutzungsrandbedingungen, Klimadaten ergibt sich eine jährliche Einstrahlung von 1.211 kWh/(m².a) (DIN V 18599-10: 2018-09). Unter Annahme von polykristallinen PV-Modulen und Berücksichtigung der unbelegten Flächen (Modulabstände, Montagegestelle) wurde ein durchschnittlicher Wirkungsgrad von 15 Prozent angenommen (Watter, 2019, S. 25). Damit ergibt sich ein jährlicher Energieertrag von circa 182 kWh/m².a (655 MJ/m².a). Für die Solarthermieanlage wurde ein jährlicher Kollektorertrag von 525 kWh/m².a (1890 MJ/m².a) angenommen. Der Betrag entspricht der technischen Mindestanforderung für eine Förderung flüssigkeitsdurchströmter Solarkollektoren im Förderprogramm Bundesförderung für effiziente Gebäude – Einzelmaßnahmen (BMWi, 2020b, S. 16). Unter Annahme eines Nutzungsgrades von 65 Prozent in der Praxis (Stagnation im Sommer) ergibt sich ein Ertrag von 341 kWh/m² (1228 MJ/m².a). Bei Einspeisung der erzeugten Wärme in ein Nahwärmenetz (analog zur Einspeisung des PV-Stroms in das Stromnetz) könnte der volle Ertrag von 525 kWh/m² angesetzt werden.

Der Exergiegehalt elektrischer Energie beträgt 100 Prozent des Energiegehalts (Schabbach et al., 2014, S. 7). Demnach entspricht für die oben beschriebene PV-Anlage der Exergiegehalt dem Energiegehalt, also 182 kWh/m².a (655 MJ/m².a) (s. Abbildung 67). Für die Exergieberechnung der Solarthermieanlage zur Brauchwassererwärmung und Heizungsunterstützung wurde die obenstehende Formel herangezogen. Für die Vorlauftemperatur wurden exemplarisch 60°C (333,15 K) (T) und für die Rücklauftemperatur 30 °C (303,15 K) (T_0) angesetzt. Für den Parameter Q_s wurde der oben ermittelte Wert von 341 kWh/m².a (1228 MJ/m².a) angesetzt. Insgesamt ergibt sich für die Exergiegehalt damit ein Wert von 57 MJ/m².a (s. Abbildung 67).

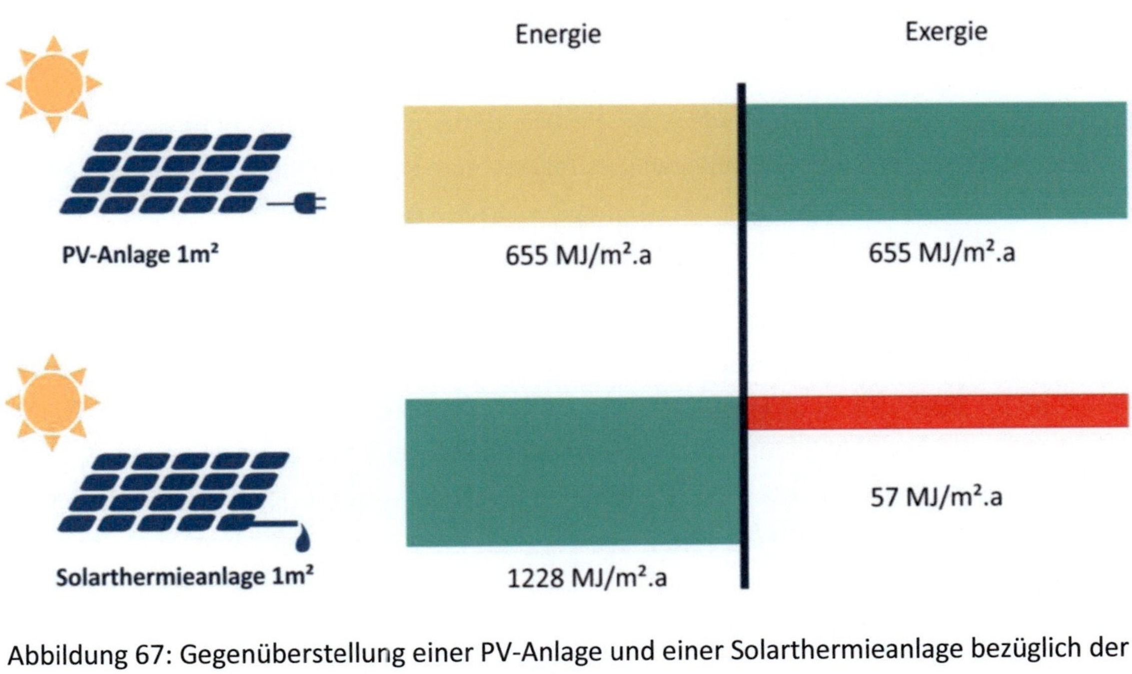

Abbildung 67: Gegenüberstellung einer PV-Anlage und einer Solarthermieanlage bezüglich der Parameter Energie und Exergie (eigene Darstellung)

Der Vergleich der beiden Systeme zeigt, dass die Solarthermieanlage pro Quadratmeter mehr Energie liefert. Aus exergetischer Sicht schneidet sie jedoch sehr viel schlechter ab als die gleiche Fläche einer PV-Anlage (s. Abbildung 67). Der PV-Ertrag lässt sich demnach vielfältiger nutzen. Im Vergleich zur Solarthermie existieren mehr Anwendungsfälle beispielweise für eine Wärmepumpe, für Nutzerstrom oder zum Laden eines Elektroautos. Bei Nutzung einer Wärmepumpe lassen sich der Energie- und Exergiegehalt weiter steigern. Unter Annahme eines COP-Wertes von 3 ergibt sich ein Energie- bzw. Exergiegehalt von 546 kWh/m².a (1.956 MJ/m².a). Insgesamt sollte die Auswahl des Anlagentypes anhand des Kontextes erfolgen. Dabei sollte sowohl der Ertrag in energetischer und exergetischer Hinsicht als auch der Nutzerbedarf einbezogen werden. Zu einem ähnlichen Ergebnis kommen auch Qingyang et al. (2020), die anhand einer Reihe von Versuchen die Energie- und Exergie-Performance von PV-Systemen, Solarthermie-Systemen und hybriden Systemen für den Standort Hong Kong untersuchten. Die Ergebnisse zeigen, dass die Solarthermieanlage den höchsten Energieertrag und die PV-Anlage den höchsten Exergieertrag erzielte. Bei gleichzeitiger Betrachtung beider Parameter schnitt die hybride Anlage am besten ab.

4.2.5 Förderung von Biodiversität

Das C2C Kriterium 1.20 Förderung von Biodiversität zielt drauf ab, die Biodiversität am Gebäude so zu erhöhen, dass nach dem Bau des Gebäudes mehr Arten (Flora und Fauna) vorhanden sind als vor dem Bau (s. Kapitel 3.3.8.1).

Vorgaben BNK

Da das Thema der Biodiversität weder Bestandteil der BNK Version V0.5 noch der Version V1.0 ist, wurde alternativ der Steckbrief zur Flächenausnutzung herangezogen, welcher das Verhältnis der überdeckten Grundstücksfläche zur Nettogrundfläche bewertet (BMI, 2015g; BMUB, 2014h). Je niedriger das Verhältnis, desto kompakter ist das Gebäude. Kompakte Gebäude ermöglichen kleine Grundstücksgrößen und dadurch die Minimierung der Flächeninanspruchnahme durch Siedlungsfläche, die eng mit der Fragestellung der Biodiversität verknüpft ist. (s. Kapitel 2.5.1).

Darüber hinaus wurde das Vorhandensein von Gründächern und Teichen untersucht. Gaston, Smith et al. (2005) messen dem Anlegen von Teichen eine hohe Wichtigkeit für die Erhaltung und Steigerung der Artenvielfalt bei (s. Kapitel 2.5.3). Auch Gründächer können gemäß Schmauck (2019) die Biodiversität steigern (s. Kapitel 2.5.2).

Flächenausnutzung

Für alle der 18 untersuchten Gebäude lagen aus der BNK-Zertifizierung Unterlagen vor, um das Verhältnis der überdeckten Grundstücksfläche zur Nettogrundfläche zu bewerten. Die einzelnen Verhältnisse wurden in Abbildung 68 dargestellt. Die Gebäude 6 und 8 weisen mit einem Verhältnis von 0,41 den niedrigsten Wert auf. Beide Gebäude verfügen jeweils über ein Erdgeschoss, ein Kellergeschoss und ein Obergeschoss. Der höchste Wert mit einem Verhältnis von 0,73 wurde bei Gebäude 17 vorgefunden, das teils eine eingeschossige und teils eine zweigeschossige Bebauung aufweist. Beim Großteil der Gebäude lag das Verhältnis zwischen 0,5 und 0,7.

Dachbegrünung

Die Auswertung ergab, dass bei einem Gebäude die Garagendachfläche (Projekt 8) und bei einem Gebäude der Büroanbau (Projekt 10) begrünt ist. Die Fläche des Gründachs von Projekt 8 beträgt 45,9m² und von Projekt 10 16,8m². Bei Projekt 10 handelt es sich um eine extensive Begründung, bei Projekt 8 war die Art der Begrünung nicht bekannt. Gründächer können einen wertvollen Beitrag zur Erhaltung und Steigerung der Biodiversität leisten (Salfner et al., 2017, S. 159-163) (s. Kapitel 3.3.8.1). Darüber hinaus können gemäß Herfort et al. (2012, S. 34) von einer extensiven Begründung bis zu 1,2 kg CO_2 pro Jahr und Quadratmeter aufgenommen werden. Bei einer Größe des Gründachs von 45,9 m² (Projekt 8) könnten folglich im Jahr bis zu 55,1 kg CO_2 aufgenommen werden. Die Ökobilanzierung für dieses Gebäude ergab ein jährliches Treibhauspotenzial von 2.716,0 kg CO_2. Die Berechnung zeigt, dass durch das Gründach bis zu zwei Prozent des jährlichen Treibhauspotenzials des Gebäudes kompensiert werden können. Bei einer intensiven Begrünung würde sich der Wert auf bis zu 133,1 kg CO_2 pro Jahr und somit circa 5 Prozent erhöhen (Herfort et al., 2012, S. 34).

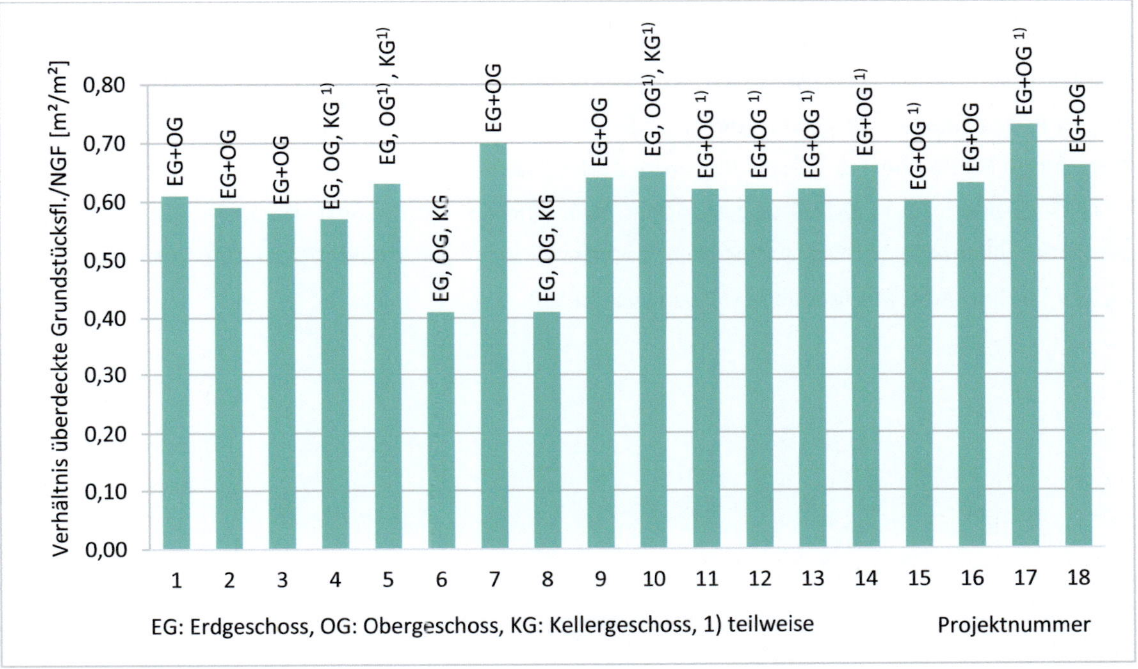

Abbildung 68: Auswertung der Verhältnisse überdeckte Grundstücksfläche zu Nettogrundfläche im Rahmen der BNK-Zertifizierung für 18 untersuchte Gebäude (eigene Darstellung)

Teiche

Im Rahmen der BNK-Zertifizierung lagen für die untersuchten Gebäude keine Angaben zu Wildlife Gardening Maßnahmen am Grundstück vor. Während die meisten Maßnahmen wie Futterstellen für Vögel, Nisthilfen für Insekten etc. vom Nutzer abhängen und nicht aus der Gebäudedokumentation abgeleitet werden können, war eine Aussage zur Präsenz von Gartenteichen anhand von Umgebungsplänen und Fotos des Außenraums möglich. Die Auswertung zeigte, dass bei zwei der 18 untersuchten Gebäude ein Gartenteich angelegt war. Eines der Gebäude ist ein Ausstellungshaus und ein Gebäude ist ein Kundenhaus. Projekt 3 weist einen Gartenteich der Größe von circa 37,90 m² und Projekt 4 von 10,70 m² auf. Da die ausgewerteten Gebäude zum Zeitpunkt der BNK-Zertifizierung gerade erst fertiggestellt wurden oder höchstens drei Jahre alt waren, ist es wahrscheinlich, dass im Verlauf der Zeit bei weiteren Projekten Teiche angelegt werden. Gemäß Gaston, Smith et al. (2005) können Gartenteiche wertvolle aquatische Habitate bilden und verschiedene Spezies wie Frösche und Wasserinsekten anziehen.

Artenzählung

Bei keinem der untersuchten Gebäude war eine Artenzählung am Grundstück bekannt und es ist somit keine direkte Aussage über die Entwicklung der Biodiversität vor und nach dem Bau der Gebäude möglich.

Ein Best Practice Beispiel für die Aufnahme der vorhandenen Arten am Grundstück stellt die C2C inspirierte Bionorica Firmenzantrale dar. Gemäß Epea (2006) sollte vor dem Start von Bauprojekten von vorhandenen Biotopen am Grundstück eine Bestandaufnahme erstellt werden. Wenn möglich, sollten die Biotope während des Bauprozesses erhalten werden. Wenn dies im Bauprozess nicht möglich ist, sollten die Biotope nach dem Bau wiederhergestellt werden. Da durch die Bestandsaufnahme bekannt ist, welche Spezies am Baugrundstück angesiedelt sind, können nach dem Bau Maßnahmen ergriffen werden, um den heimischen Spezies neuen Lebensraum zu bieten. Eine solche Bestandaufnahme wurde beim Bau der C2C inspirierten Bionorica Firmenzentrale durchgeführt (Epea, 2006). In Zusammenarbeit mit dem Bund für Umwelt und Naturschutz Deutschland (BUND) fand eine Grundstücksbegehung statt, bei der die vorhandenen Pflanzenarten aufgenommen wurden. Auf dem Grundstück wuchsen hauptsächlich Kiefern, junge Stieleichen und Preiselbeeren. Zudem wurden beispielsweise Exemplare vom Knöllchen-Steinbrech und Feldbeifuß gefunden. Zwar sind die identifizierten Spezies keine gefährdeten Arten. Nichtsdestotrotz war es beim Bau der Bionorica Firmenzentrale Ziel, der Flora wieder neuen Lebensraum am fertigen Gebäude zu bieten.

4.3 Fallstudie 3: Rückbau eines Einfamilienhauses in Holzfertigbauweise

Zur Analyse der Umsetzbarkeit der C2C Kriterien 1.1 Verwendung kreislauffähiger Materialien und 1.3 Rückbau- und Recyclingpotenziale wird in Kapitel 4.3 der Rückbau eines Einfamilienhauses in Holzfertigbauweise begleitet (s. Abbildung 69). Das dreistöckige Gebäude wurde in den späten 1980er Jahren errichtet und gliederte sich in einen Keller in Massivbauweise, ein Erdgeschoss und ein Dachgeschoss in Holztafelbauweise sowie eine Garage in Massivbauweise. Aufgrund der Erweiterung des angrenzenden gemeindlichen Kindergartens wurde das Haus rückgebaut. Der Prozess wird in Kapitel 4.3 fotografisch begleitet. Zudem werden die Arbeitsschritte zur Separierung der verschiedenen Schichten dokumentiert. Für die verschiedenen Abfallfraktionen werden die zugehörigen Massen und der jeweilige Verwertungsweg aufgenommen.

Abbildung 69: Rückbau eines Einfamilienhauses in Holzfertigbauweise (eigene Darstellung)

4.3.1 Ablauf des Rückbaus

Der Rückbau dauerte insgesamt zweieinhalb Wochen (Entkerung des Gebäudes, Abbruch des Erdgeschosses und Obergeschosses, Abbruch des Kellers). Zuvor wurde das Gebäude bereits entrümpelt. Der Rückbau lief in folgenden Phasen ab:

- Entkerung des Gebäudes
  - Demontage der Nachspeicheröfen, der zugänglichen Wasser- und Abwasserleitungen und der Sanitärgegenstände
  - Entfernung der Folie unter den Dachsparren im Obergeschoss

Die folgenden Arbeitsschritte wurden zuerst im Obergeschoss und anschließend im Erdgeschoss ausgeführt:

  - Entfernung der Wandverkleidungen aus Gipskarton (s. Abbildung 70, oben links)
  - Entfernung der Türblätter und Türstöcke (s. Abbildung 70, oben Mitte)
  - Entfernung der Fußbodenaufbauten aus Fliesen/Laminat und Estrich
  - Entfernung der Deckenverkleidung aus Gipskarton

    - Entfernung der Mineralwolle-Dämmung aus der Decke (s. Abbildung 70, oben rechts)
    - Einschneiden der Spanplatten zur Entfernung der darunterliegenden Mineralwolle-Dämmung aus der Wandkonstruktion (s. Abbildung 70, oben rechts)
    - Entfernung der Fußbodenaufbauten aus Folie und Mineralwolle-Trittschalldämmung (s. Abbildung 70, Mitte links)
- Abbruch des Erdgeschosses und Obergeschosses
    - Abbruch der Gebäudestruktur in Holzbauweise mit Abbruchbagger (s. Abbildung 70, Mitte Mitte, Mitte rechts, unten rechts)
    - Manuelles Aussortieren von Störstoffen (s. Abbildung 70 unten links und unten Mitte)
- Abbruch des Kellergeschosses
    - Entfernung der verbliebenen nicht-mineralischen Bestandteile
    - Abbruch der Kellerdecke
    - Abbruch der Kellerwände
    - Abbruch der Bodenplatte und Fundamente

Abbildung 70: Arbeitsschritte beim Rückbau eines Einfamilienhauses in Holzfertigbauweise in Mettenheim (eigene Darstellung)

4.3.2 Massenbilanz zum Rückbau

Neben dem Wohngebäude wurden auch die Garage sowie die Außenanlagen am Grundstück rückgebaut. Die Massenbilanz des zuständigen Entsorgungsunternehmen ergab, dass im Gebäude, der Garage und den Außenanlagen insgesamt circa 552,28 Tonnen Materialien exklusive Nachspeicheröfen verbaut waren. Die Fraktionen Stahlbeton und Bauschutt wurden nach Kubatur entsorgt. Die zugehörigen Massen wurden über die Schüttdichte errechnet. Für die übrigen Fraktionen waren die Massen aus der Entsorgung bekannt. Insgesamt wurde beim Rückbauprozess zwischen den folgenden Abfallfraktionen unterschieden:

- Stahlbeton: circa 370 Tonnen
- Bauschutt: circa 140 Tonnen
- Porenbeton: 2,23 Tonnen
- Gipskarton: 9,70 Tonnen
- Altholz A IV: 11,87 Tonnen
- Altholz A III: 10,37 Tonnen
- Künstliche Mineralfaser: 1,70 Tonnen
- Gemischte Abfälle: 4,68 Tonnen
- Mischschrott (Metalle): 1,73 Tonnen
- 12 Nachspeicheröfen

Eine detaillierte Zuordnung der Massen zu Gebäude, Garage und Außenanlagen war im Rahmen der Auswertung nicht möglich. Die Tatsache, dass sich am Grundstück unter anderem eine Stützwand zum Nachbargrundstück aus Stahlbeton mit einer Masse von circa 75 Tonnen befand, zeigt aber, dass ein nicht unerheblicher Teil der entsorgten Materialien auf die Außenanlagen entfällt.

Gemäß Auskunft des zuständigen Entsorgungsunternehmens wurde die Abfallfraktion Stahlbeton im Recyclingwerk in die Bestandteile Betonbruch und Bewehrungsstahl separiert. Während der Betonbruch anschließend zu Rezyklat, beispielsweise für den Unterbau in Straßen, aufbereitet wurde (Recycling durch Weiterverwertung), wurde der Bewehrungsstahl verkauft und für die Produktion von neuem Stahl eingesetzt (Recycling durch Wiederverwertung). Der Bauschutt wurde auf eine Bauschuttkippe verbracht und von dort zur Verfüllung von Gruben und Ähnlichem verwendet (sonstige Verwertung). Die Abfallfraktionen Porenbeton und Gipskarton wurden jeweils deponiert (Deponierung). Altholz der Klasse IV wurde der Verbrennung zugeführt (thermische Verwertung). Altholz der Klasse III wurde gehäckselt und das Häckselgut an die Holzindustrie verkauft, wo es vorwiegend zur Produktion von Pressspanplatten eingesetzt wird (Recycling durch Weiterverwertung). Die künstliche Mineralfaser wurde auf eine dafür zugelassene Deponie gebracht (Deponierung). Die gemischten Abfälle wurden der thermischen Verwertung zugeführt (thermische Verwertung). Der Mischschrott (Metall) wurde sortiert, eingeschmolzen und zur Herstellung neuer Metallprodukte verwendet (Recycling durch Wiederverwertung).

Insgesamt wurden somit 2,5 Masseprozent des Abfalls deponiert und 3,0 Masseprozent der thermischen Verwertung zugeführt. Weitere 25,3 Masseprozent wurden zur Verfüllung (sonstige Verwertung) eingesetzt. Der Großteil des Abfalls wurde mit 66,2 Masseprozent dem Recycling durch Weiterverwertung zugeführt. Nur 3,0 Masseprozent konnten dem Recycling durch Wiederverwertung zugeführt werden (s. Abbildung 71). Demnach wurden lediglich das Material Stahl aus dem Stahlbeton sowie die übrigen Metalle in die Technosphäre nach C2C rückgeführt.

Alle übrigen Materialien wurden der Weiterverwertung, der sonstigen Verwertung oder der thermischen Verwertung zugeführt oder deponiert und folglich nicht auf gleichbleibendem Qualitätsniveau in die Bio- oder die Technosphäre nach C2C rückgeführt. Unter den Materialien befand sich mit Gipskarton ein Material, das theoretisch kreislauffähig ist (Müller et al., 2010, S. 279-280), dessen Potenzial beim vorliegenden Rückbau aber nicht genutzt wurde.

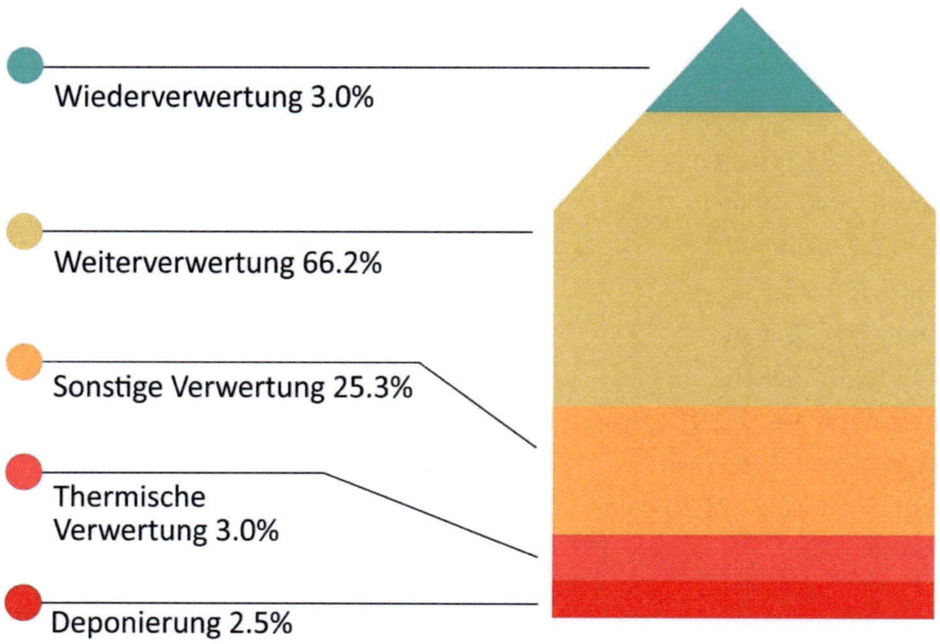

Abbildung 71: Massenbilanz zum Rückbau eines Einfamilienhauses in Holzfertigbauweise mit Garage und Außenanlagen (eigene Darstellung)

4.4 Fallstudie 4: Versetzung eines Zweifamilienhauses in Holzfertigbauweise

Um die Umsetzbarkeit der C2C Kriterien 1.1 Verwendung kreislauffähiger Materialien, 1.3 Rückbau- und Recyclingpotenziale und 1.7 Innenraumlufthygiene zu untersuchen, wird in Kapitel 4.4 die Versetzung eines Ausstellungshauses des Herstellers SchwörerHaus begleitet (s. Abbildung 72). Viele Fertighaushersteller unterhalten, verteilt über ganz Deutschland Ausstellungshäuser, die zur Besichtigung für Kunden offenstehen. Nach ca. zehn bis zwanzig Jahren werden die Häuser meist abgebaut, an einen Kunden verkauft und andernorts wiederaufgebaut. Die Begleitung der Versetzung des Gebäudes erfolgt im Rahmen des Forschungsprojektes Rural Mining (FKZ: 13FH222PX6), das durch das Bundesministerium für Bildung und Forschung gefördert wird. Die Verfasserin der vorliegenden Arbeit ist im Projekt als Projektleitern tätig.

Abbildung 72: Zweifamilienhaus in Holzfertigbauweise vor (links) und nach der Versetzung (rechts) (eigene Darstellung)

Das Gebäude des Fertighausherstellers SchwörerHaus stand ursprünglich auf dem Gelände des Bauzentrums Poing bei München in einer Siedlung von circa 40 Ausstellungshäusern. Das dreistöckige Gebäude wurde 1999 errichtet und umfasste einen unbeheizten Keller in Stahlbetonbauweise, ein beheiztes Erd- und Dachgeschoss sowie eine Garage in Holztafelbauweise. Die Bruttogrundfläche des Gebäudes beträgt 432 m² (394,6 m² Wohngebäude, 37,4 m² Garage). Nach 20 Jahren Standzeit wurde das Ausstellungshaus verkauft und nach Tittling bei Passau versetzt (Distanz ca. 180 km). Die Versetzung wurde von einer externen Handwerksfirma, die vom Käufer des Hauses beauftragt wurde, durchgeführt. Die Firma SchwörerHaus stellte die passenden Sonderauflieger für den Transport der Bauteile zur Verfügung. Der energetische Nachweis für das Gebäude in Poing wurde ursprünglich nach der WärmeschutzV aus dem Jahr 1994 erstellt. Nach der Versetzung musste das Gebäude den energetischen Standard gemäß EnEV 2014, mit Verschärfung ab 2016 erfüllen. Das ursprüngliche Gebäude erfüllte diesen Standard sowohl bei der Konstruktion als auch bei der Haustechnik bereits in weiten Teilen und es musste lediglich die Dämmstärke des unteren Gebäudeabschlusses erhöht werden.

4.4.1 Ablauf der Versetzung

Phasen des Abbaus

Der Abbau gliederte sich in die Phasen Entkernung, Abbau der Gebäudestruktur und Abbruch des Kellers. Die einzelnen Phasen mit den wesentlichen, angefallenen Tätigkeiten werden im Folgenden dargestellt. Abbildung 73 zeigt die fotografische Dokumentation des Abbaus.

- Entkerung des Gebäudes
    - Entfernung der Fußbodenaufbauten der Decken über KG und EG (Belag, Estrich, Trittschalldämmung)
    - Entfernung der unterseitigen Verkleidung der Decke über EG (Gipskarton) und des Daches (Gipskarton, Lattung, Dampfbremse und Dämmung)[10]
    - Demontage der Heizkörper, der zugänglichen Heizungsleitungen, Gasleitungen, Wasser- und Abwasserleitungen, Lüftungskanäle und Sanitärgegenstände
    - Entfernung der Wandverkleidung (Gipskarton) über den Verschraubungen Wand/Wand innen
    - Entfernung von Teilen der Holzschalung außen, die bauteilübergreifend angebracht waren
    - Trennung der Elektroleitungen
    - Entfernung der Dacheindeckung und der darunterliegenden Schichten (Dachziegel, Lattung, Konterlattung und Unterspannbahn)
    - Abbau der der Balkongeländer, der Fensterläden und des Vordachs am Eingang
    - Ausbau der Innentreppen

- Abbau und Verladen der Gebäudestruktur (mit Autokran)
    - Abbau der Dachsparren, Zangen und Pfetten
    - Abbau der Wandelemente im Obergeschoss
    - Ausbau des Kamins
    - Abbau der Deckenelemente
    - Ausbau des Gasbrennwertkessels, des Warmwasserspeichers und des Lüftungsgeräts
    - Abbau der Wandelemente im Erdgeschoss
- Abbruch des Kellers (mit Abbruchbagger)
    - Entfernung der verbliebenen nicht-mineralischen Bestandteile
    - Abbruch der Kellerdecke
    - Abbruch der Kellerwände
    - Abbruch der Bodenplatte
    - Abbruch der Fundamente

Die demontierte Gebäudestruktur (Wandelemente, Deckenelemente, Kamin, Dachsparren, Zangen und Pfetten), Haustechnik (Gasbrennwertkessel, Warmwasserspeicher, Lüftungsgerät) und

[10] Im Gegensatz zu neueren Gebäuden war das Dach des SchwörerHauses in Poing noch nicht elementiert und musste für die Versetzung in die Einzelbestandteile zerlegt werden.

ausgebaute Materialien zur Wiederverwendung wurden in Poing auf einen Auflieger verladen und mit einem LKW zum neuen Baugrundstück in Tittling transportiert.

Abbildung 73: Fotografische Dokumentation des Abbaus des SchwörerHauses in Poing (eigene Darstellung)

Phasen des Aufbaus

Der Aufbau umfasste die Phasen Erstellung des Kellers, Aufbau der Gebäudestruktur, Wiederherstellung der Gebäudehülle von außen und Innenausbau. Die einzelnen Tätigkeiten sind im Folgenden dargestellt. Abbildung 74 zeigt die fotografische Dokumentation des Aufbaus.

- Erstellung des Kellers[11]
    - Aushub der Baugrube
    - Erstellung der neuen Fundamente und der neuen Bodenplatte im unterkellerten Teil
    - Erstellung der neuen Kelleraußenwände und -innenwände
    - Erstellung der neuen Kellerdecke
    - Erstellung der neuen Bodenplatte im nicht-unterkellerten Teil und unter der Garage

- Aufbau der Gebäudestruktur (mit Kran)
    - Aufbau der alten Wandelemente im Erdgeschoss
    - Aufbau der alten Deckenelemente
    - Aufbau der alten Wandelemente im Obergeschoss

[11] Das Gebäude wurde nach dem Wiederaufbau in Tittling nur teilweise unterkellert.

- Einbau des alten Gasbrennwertkessels und Warmwasserspeichers
- Aufbau der alten Pfetten, Dachsparren und Zangen
- Einbau des alten Kamins

- Wiederherstellung der Gebäudehülle von außen[12]
    - Abdichtung des Sockelbereichs
    - Aufbringen des neuen Dachaufbaus auf die Sparren (Dachschalung, Unterdeckbahn, Konterlattung, Lattung und Dachziegel[13])
    - Entfernung der alten und Aufbringen der neuen Balkonabdichtungen
    - Anbringen der alten Balkongeländer, der alten Fensterläden und des alten Vordachs
    - Anbringen der entfernten, alten Holzschalung an der Fassade sowie Austausch kaputter Bretter der Fassadenverkleidung und des Balkons
    - Verputzen der Außenwände
    - Außenanstrich der verputzen Wand und der Holzverschalung

Abbildung 74: Fotografische Dokumentation des Aufbaus des SchwörerHauses in Tittling (eigene Darstellung)

- Innenausbau
    - Teilweise Entfernung der alten Elektroleitungen und Ersatz durch neue Leitungen und teilweise Anschluss alter Elektroleitungen

[12] Die Wiederherstellung der Gebäudehülle von außen und der Innenausbau fanden teilweise parallel statt.

[13] Circa 90 Prozent des Daches wurden mit den alten, circa 10 Prozent mit neuen Dachziegeln gedeckt.

- Entfernung der alten Verkleidung von Wänden und Anbringen einer neuen Verkleidung (Gipskarton)[14]
- Anbringen der neuen unterseitigen Verkleidung der Decke über EG (Gipskarton) und des Daches (Dämmung[15], Dampfbremse, Lattung und Gipskarton)
- Verlegen neuer Wasser- und Abwasserleitungen am Boden und Anschluss an bestehende Leitungen in Wandelementen
- Montage des alten Gasbrennwertkessels und Warmwasserspeichers sowie neuer Solarpaneele
- Aufbringen der neuen Fußbodenaufbauten auf Bodenplatte (Estrich, Belag) und Decken über EG und OG (Trittschalldämmung, Fußbodenheizung, Estrich, Belag)
- Verputzen der Innenwände im EG
- Einbau der Innentreppen
- Entfernung der alten Fliesen von Badwänden und Ersatz durch neue Fliesen
- Innenanstrich der Wände, der Decken und des Dachs
- Anschluss der alten und teilweise neuen Sanitärgegenstände

4.4.2 Dokumentation der Versetzung

Neben der fotografischen und der filmischen Dokumentation wurden bei der Entkernung des Gebäudes, beim Abbau der Gebäudestruktur sowie beim Abbruch des Kellers die Methoden und der Aufwand der Demontage (z.B. Lösen von Schraubverbindungen) und der Trennung von Schichten (z.B. Lösen von Verklammerungen) dokumentiert. Für die ausgebauten Bauteile und einzelnen Schichten wurde der Verwertungsweg aufgenommen. Die Trennbarkeit der ausgebauten Schichten wurde anhand einer Matrix bewertet, die im Folgenden dargestellt wird. Darüber hinaus wurde für die Bauteile der Wiederverwendungsindex errechnet, der den Anteil der wiederverwendeten Materialien in Masseprozent angibt. Die genannten Untersuchungen dienen der Analyse der Umsetzbarkeit der C2C Kriterien 1.1 Verwendung kreislauffähiger Materialien und 1.3 Rückbau- und Recyclingpotenziale.

Bewertung der Trennbarkeit und Verwertbarkeit

Zur Beurteilung der Aspekte Trennbarkeit und Verwertbarkeit wurden zwei Matrizen entwickelt. Während bei der Versetzung lediglich die Trennbarkeit der ausgebauten Schichten beurteilt wird (s. Kapitel 4.4.3), erfolgt im Rahmen der Zerlegung des Außenwandbauteils eine Bewertung der Trennbarkeit sowie der Verwertbarkeit (s. Kapitel 4.5). Im Rahmen des Forschungsprojekts Rural Mining, in dem die Verfasserin der Promotionsschrift als Projektleiterin tätig ist, wurden insgesamt 18 Bauteile zerlegt und zunächst die Parameter Trennbarkeit, Sortenreinheit, Verwertungsverträglichkeit und Verwertbarkeit beurteilt. Dabei erfolgte die Bewertung der Trennbarkeit der Schichten zunächst auf Basis der Verbindungsmittel in Anlehnung Schwede und Störl (2017, S. 3) und Brenner (2010, S. 58). Je nach Art des Verbindungsmittels sind dabei Stufen

[14] Da die Tapete auf der alten Gipskartonverkleidung nur unter großem Aufwand entfernt werden konnte und für die Schließung der freigelegten Verschraubungen keine Gipskartonplatten in Stärke 9mm verfügbar waren, wurde die alte Gipskartonverkleidung vollständig entfernt und erneuert.

[15] Für die Dämmung des Daches wurde die alte Dämmung wiederverwendet.

zwischen 1 (sehr leicht) bis 5 (sehr schwer) zu erreichen. Die Bewertung der Sortenreinheit erfolgte in Anlehnung an Brenner (2010, S. 62). Dabei sind ebenfalls Stufen zwischen 1 (Monostoffbauteil und 5 (kaum separierbar) zu erreichen. Die Versuche an den Bauteilen zeigten jedoch, dass das gleiche Verbindungsmittel in verschiedenen Materialkontexten unterschiedlich schwer zu lösen sein kann und weitere Bewertungsparameter nötig sind. Darüber hinaus ist der Einbezug des Fremdstoffanteils (Sortenreinheit) in die Bewertung der Trennbarkeit essentiell, um beurteilen zu können, ob bzw. inwieweit überhaupt eine Trennung der Schichten stattgefunden hat. Aus diesen Gründen wurde eine kombinierte Matrix entwickelt.

Bewertungsmatrix Trennbarkeit

Die kombinierte Matrix zieht neben dem Aufwand zur Trennung der Schichten den Grad der Schädigung sowie den Fremdstoffanteil ein (s. Tabelle 26). Darüber hinaus sind in der Bewertungsmatrix mögliche Verbindungsmittel dargestellt, die als Arbeitshilfe dienen. Basierend auf den Ergebnissen der ersten Bauteiluntersuchungen aus dem Rural Mining Projekt erscheinen manche Verbindungsmittel in mehreren Stufen, da die Verbindungen abhängig vom Materialkontext unterschiedlich schwer lösbar sein können. Für das Gesamtergebnis der Trennbarkeit ist jeweils der ungünstige Parameter (Aufwand, Schädigung oder Fremdstoffanteil) ausschlaggebend.

5	4	3	2	1
Schädigung *stark* **Aufwand** *hoch* **Fremdstoffanteil** *hoch*	**Schädigung** *mittel – stark* **Aufwand** *hoch* **Fremdstoffanteil** *mittel*	**Schädigung** *mittel* **Aufwand** mittel *bis hoch* **Fremdstoffanteil** *gering*	**Schädigung** *gering* **Aufwand** *gering bis mittel* **Fremdstoffanteil** *gering*	**Schädigung** keine **Aufwand** gering **Fremdstoffanteil** keiner
Fremdstoffanteil beeinträchtigt oder verhindert möglichen Verwertungsweg Möglicherweise nicht oder nur mit unverhältnismäßigem Aufwand lösbar Verbindungsmittel: Kleben, Lackieren, Anstreichen, Schweißen, Klammerverbindungen (Stoffschluss, Kraftschluss)	Fremdstoffanteil beeinträchtigt möglichen Verwertungsweg Kohäsionsversagen Verbindungsmittel: Kleben, Klammer-, Schraub-, Nagelverbindungen (Stoffschluss, Kraftschluss)	Fremdstoffanteil beeinträchtigt möglichen Verwertungsweg nicht Adhäsionsversagen Verbindungsmittel: Kleben, Klammer-, Schraub-, Nagelverbindungen (Kraftschluss, Stoffschluss)	Fremdstoffanteil beeinträchtigt möglichen Verwertungsweg nicht Adhäsionsversagen Verbindungsmittel: Klammer-, Schraub- Nagelverbindungen (Kraftschluss)	Kein Fremdstoffanteil Sollbruchartiges Versagen Verbindungsmittel: Loses Einlegen, Klemm-, Klett-, Dreh-, Schnappverschluss, Schraubverbindungen (Formschluss, Kraftschluss)

Tabelle 26: Matrix zur Bewertung der Trennbarkeit von Fügeteilen (eigene Darstellung)

Im Folgenden werden die Parameter Schädigung, Aufwand und Fremdstoffanteil aus der Matrix zur Bewertung der Trennbarkeit erläutert. Anhand der Matrix kann sowohl die Trennbarkeit von Bauteilschichten als auch von anderen Fügeteile bewertet werden. Im Folgenden wird der umfassendere Begriff Fügeteile verwendet.

Schädigung

Der Parameter Schädigung hängt eng mit den möglichen Verwertungswegen für die einzelnen Fügeteile zusammen. Für eine Einordnung in die Bewertungsstufe 1 darf keine Schädigung der Fügeteile vorliegen, damit eine Wieder- oder Weiterverwendung möglich ist. Um in Stufe 2 eingeordnet zu werden, dürfen bei den Fügeteilen nur oberflächliche oder kleinflächige Schädigungen vorliegen und die Fügeteile müssen als Ganzes bestehen bleiben. Eine Wieder- oder Weiterverwendung der Fügeteile ist theoretisch möglich, es liegt aber eine optische Beeinträchtigung vor. Bei einer mittleren Schädigung der Fügeteile erfolgt eine Einordnung in Stufe 3. Dies bedeutet, dass die Fügeteile soweit geschädigt werden, dass sich Teile lösen, beispielsweise Abplatzungen oder Abbrüche. Die Fügeteile und Bruchstücke sind aber einzeln noch gut separierbar. Eine Wieder- oder Weiterverwendung werden dadurch stark beeinträchtigt. Bei einer starken Schädigung der Fügeteile erfolgt eine Einordnung in Stufe 5. Dabei werden die Fügeteile soweit geschädigt, dass sie sich stark verformen oder in viele Teile zerbrechen und eine Wieder- oder Weiterverwendung folglich nicht mehr möglich ist. Liegt eine mittlere bis starke Schädigung der Fügeteile vor, wird die Trennbarkeit mit der Stufe 4 bewertet.

Aufwand

Beim Parameter Aufwand werden der Kraft- sowie der Zeitaufwand bewertet. Für einen geringen Aufwand zur Trennung sind der Kraft- und Zeitaufwand für die Separierung folglich gering. Dies ist vorwiegend der Fall, wenn die Fügeteile über Formschluss miteinander verbunden sind oder ein sollbruchartiges Versagen der Verbindung stattfindet. Erfolgt die Trennung der Fügeteile unter moderatem Kraft- und Zeitaufwand, wird der Aufwand als mittel bewertet. Eine Krafteinleitung zur Trennung der Fügeteile ist hierbei möglich. Bei der Separierung der Fügeteile findet vorwiegend ein Adhäsionsversagen statt, das heißt ein Versagen des Verbindungsmittels und folglich eine Separierung an der Grenze der Fügeteile. Ist eine Krafteinleitung kaum möglich und der Kraft- und Zeitaufwand für die Trennung damit hoch, wird auch der Gesamtaufwand als hoch bewertet. Hierbei findet meist ein Kohäsionsversagen statt, da die Materialfestigkeit der Fügeteile geringer ist als die Verbundwirkung der Verbindungsmittel. Bei einem geringen Aufwand erfolgt eine Einordnung in Stufe 1 und bei einem geringen bis mittleren Aufwand in Stufe 2. Liegt ein mittlerer bis hoher Aufwand vor, wird dies mit Stufe 3 bewertet. Ein hoher Aufwand führt zur Einordnung in Stufe 4 oder 5.

Fremdstoffanteil

Ein geringer Fremdstoffanteil liegt vor, wenn der Anteil der Fremdstoffe nach der Separierung der Fügeteile unter einem Wert von 5 Masseprozent liegt und ein hochwertiges Recycling nicht beeinträchtigt wird. Liegt der Fremdstoffanteil über 5 Masseprozent, wird er als mittel bewertet. Das Recycling der Materialien kann abhängig von der Verwertungsverträglichkeit beeinträchtigt sein. Abhängig von der Materialität der Fügeteile kann der Anteil auch höher oder niedriger liegen. Ein hoher Fremdstoffanteil liegt vor, wenn sich die Materialien nicht annähernd sortenrein voneinander trennen lassen. Liegt kein Fremdstoffanteil vor, wird dies mit Stufe 1 bewertet. Ein geringer Fremdstoffanteil führt zur Einordnung in Stufe 2 oder 3. Bei einem mittleren Fremdstoffanteil erfolgt eine Einordnung in Stufe 4 und bei einem hohen Fremdstoffanteil in Stufe 5.

Um die Trennbarkeit eines gesamten Bauteils zu beurteilen, wird das massengewichtete Mittel errechnet. Dabei werden die Fügteilpaare in die Bewertung einbezogen, die direkt untereinander befestigt sind. Fügepaare, die lediglich aneinandergrenzen werden vernachlässigt. Der Masseanteil aller in einem Bauteil enthaltenen Fügeteile ergibt insgesamt einen Wert von 1. Bei einer beispielhaften Schichtenfolge von Gipskartonplatte, Spanplatte, PE-Folie und Holzständer (s. Kapitel 4.5.1) werden die Fügeteilpaare Gipskartonplatte/Spanplatte, Spanplatte/Holzständer und PE-Folie/Holzständer und ihre Massenanteile in die Berechnung einbezogen. Folglich ergibt sich für die Summe der Masseprozentanteile der Fügeteilpaare ein Wert größer als eins. Die Kombination Spanplatte/PE-Folie taucht nicht in der Berechnung auf, da die Schichten nur aneinander angrenzen, jedoch nicht untereinander befestigt sind. Werden, wie bei der Versetzung, nur einzelne Schichten ausgebaut, werden in die Berechnung nur die betroffenen Fügeteilpaare einbezogen. Demnach ergibt sich folgende Formel:

$$\emptyset_{M.}\ \mathrm{Stufe}_T = \frac{\sum_{i=1}^{n}[(M.\%_{FTP})_i * (\mathrm{Stufe}_T)_i]}{\sum_{i=1}^{n}(M.\%_{FTP})_i}$$

$\emptyset_{M.}$ Stufe_T: Massengewichtete Stufe der Trennbarkeit des Gesamtbauteils

Stufe_T: Stufe Trennbarkeit

M.%: Masseprozent

FTP: Fügeteilpaar

Bewertungsmatrix Verwertbarkeit

Für die Beurteilung der Verwertbarkeit der Fügeteile und Materialien wird die Abfallhierarchie aus der Abfallrahmenrichtlinie (Art 4 (1) Abfallrahmenrichtlinie) sowie die Detaillierung der Stufen aus der VDI ZRE Kurzanalyse Nr. 26: Rückbau im Hochbau (Kaiser, 2019, S. 22-23) herangezogen (s. Tabelle 27). Im Gegensatz zur Abfallrahmenrichtlinie wird hier beim Recycling zwischen Wiederverwertung und Weiterverwertung unterschieden. Eine genaue Definition der Begriffe erfolgte bereits in Kapitel 2.2.2. In der Matrix wird die Wiederverwendung von Bauteilen oder einzelnen Fügeteilen mit Stufe 1 bewertet. Das Recycling durch Weiterverwendung oder Wiederverwertung wird in der Matrix mit Stufe 2 beurteilt. Unter Wiederverwertung werden sowohl der erneute Einsatz von technischen Nährstoffen in neuen Produktionsprozessen auf weitestgehend gleichem Qualitätsniveau als auch der biologische Abbau/Kompostierung von Materialien der Biosphäre nach C2C verortet. Weiterverwendung meint die erneute Verwendung eines gebrauchten Bauteils oder Produktes für eine andere Bestimmung auf einem niedrigeren Qualitätslevel unter Erhaltung dessen Gestalt (Hillebrandt et al., 2018, S. 219). Als Beispiel für die Weiterverwendung eines Bauteils kann die Verwendung eines Fensters aus einem Wohnhaus in einem Gartenhaus genannt werden. Um Stufe 3 zu erreichen, muss für ein Bauteil oder Fügeteil mindestens ein Recycling durch Weiterverwertung möglich sein. Die thermische Verwertung und sonstige, andere Verwertungswege werden in der Matrix mit Stufe 4 bewertet. Die minderwertigste Verwertungsform stellt die Abfallbeseitigung in Form von Deponierung dar, die in der Matrix mit Stufe 5 bewertet wird.

5	4	3	2	1
Abfallbeseitigung (Deponierung)	**Sonstige Verwertung** (z.B. Verfüllung), **Thermische Verwertung**	Recycling durch **Weiterverwertung** (geringere Wertigkeit)	**Weiterverwendung** (geringere Wertigkeit), Recycling durch **Wiederverwertung** (gleiche oder höhere Wertigkeit)	**Wiederverwendung**

Tabelle 27: Matrix zur Bewertung der Verwertbarkeit von Fügeteilen (Darstellung nach Art. 4 (1) Abfallrahmenrichtlinie, Kaiser, 2019)

Um die Verwertbarkeit eines gesamten Bauteils zu beurteilen, wird das massengewichtete Mittel errechnet. Im Gegensatz zur Bewertung der Trennbarkeit werden in die Formel die Masseanteile der einzelnen Fügeteile anstatt der Fügeteilpaare einbezogen. Neben dem derzeit typischen Verwertungsweg kann auch der derzeit bestmögliche Verwertungsweg für das Gesamtbauteil errechnet werden. Es ergibt sich folgende Formel:

$$\emptyset_{M.}\ \mathrm{Stufe}_{VW} = \frac{\sum_{i=1}^{n} [(M.\%_{FT})_i * (\mathrm{Stufe}_{VW})_i]}{\sum_{i=1}^{n} (M.\%_{FT})_i}$$

$\emptyset_{M.}$ Stufe_{VW}: Massengewichtete Stufe der Verwertbarkeit des Gesamtbauteils

Stufe_{VW}: Stufe Verwertbarkeit

M.%: Masseprozent

FT: Fügeteil

Der Parameter Verwertungsverträglichkeit, der im Rahmen des Rural Mining Projektes ebenfalls untersucht wurde, wird im Rahmen der vorliegenden Arbeit nicht weiter betrachtet. Wird eine Wiederverwendung oder eine Wiederverwertung technischer Nährstoffe und damit eine Rückführung in die Technosphäre auf gleichbleibendem Qualitätsniveau nach C2C angestrebt, ist die Bewertung der Verwertungsverträglichkeit zweitrangig. Unabhängig von der Verwertungsverträglichkeit ist für eine Wiederverwendung oder eine Wiederverwertung bei allen Schichten außer Monostoffbauteilen eine sortenreine Trennung essentiell. Die Verwertungsverträglichkeit kommt erst dann zum Tragen, wenn eine Verwertung auf einem niedrigeren Qualitätslevel oder eine thermische Verwertung angestrebt wird. Bei biologischen Nährstoffen ist die Verwertungsverträglichkeit im Falle der Wieder- oder Weiterverwendung ebenfalls zweitrangig. Nur im Falle eines gemeinsamen biologischen Abbaus/Kompostierung ist die Verwertungsverträglichkeit bzw. die Zugehörigkeit beider Materialien zur Biosphäre relevant. Die Zuordnung der Materialien zur Bio- und Technosphäre bei der Demontage des Schwörerhaus Außenwandelements erfolgt am Ende des Kapitels 4.5.3 gesondert.

4.4.3 Trennbarkeit bei der Versetzung

Im Folgenden werden exemplarisch die Bauteile (Außenwand, Innenwand, Dach und Kellerdecke) des Schwörer Hauses in Poing dargestellt und das Vorgehen bei der Entkernung erläutert. In Rahmen der Versetzung ausgebaute Schichten sind in den Bauteilzeichnungen rot markiert. Zudem wird die Trennbarkeit von ausgebauten Schichten anhand von Tabelle 26 eingeordnet. Aus dem Bereich der Massivbauteile (Kelleraußenwand, Kellerinnenwand, Bodenplatte, Kellerdecke) wird exemplarisch die Kellerdecke in die Betrachtung einbezogen. Auf die übrigen Stahlbetonbauteile wird in der Dissertationsschrift nicht tiefer eingegangen, da der Schwerpunkt auf dem Holzfertigbau liegt. Zudem lässt die Betrachtung der Kellerdecke Rückschlüsse auf die Trennbarkeit und den Wiederverwendungsindex der anderen Stahlbetonbauteile zu.

Außenwand

Die Außenwand des Schwörer Hauses in Poing gliederte sich in einen verputzten und einen mit Holz verkleideten Teil. Bei beiden Varianten bestand die tragende Konstruktion aus einem Holzständerwerk, das mit Mineralwolle ausgedämmt und nach außen hin mit einer zementgebundenen Spanplatte beplankt war. Nach innen hin waren eine PE-Folie, eine Spanplatte sowie eine Gipskartonplatte mit Tapete und Anstrich auf der Konstruktion angebracht. Bei der verputzten Variante folgte auf die zementgebundene Spanplatte außen eine EPS-Dämmplatte mit Kunstharzputz sowie Armierung und bei der Variante mit Holzverschalung eine Holzlattung sowie eine Boden-Deckel-Schalung aus Fichte (s. Abbildung 75).

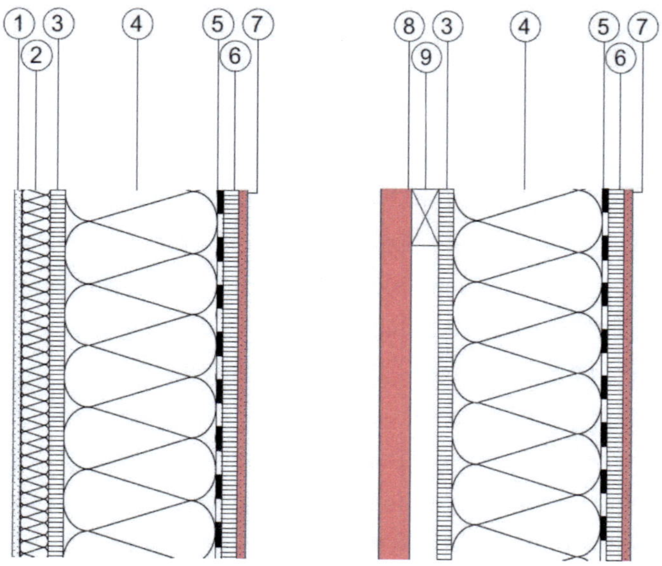

Legende:

1: Kunstharzputz mit Kunststoffarmierung und Silikonharzfarbe
2: EPS-Dämmung
3: Zementgebundene Spanplatte
4: Holzständerwerk KVH (80/160) mit Mineralwolle-Dämmung
5: PE-Folie
6: Spanplatte
7: Gipskartonplatte mit Tapete und Dispersionsfarbe
8: Boden-Deckel-Schalung
9: Holzlattung (30/60)

Abbildung 75: Aufbau Außenwand mit Verputz (links) und mit Holzverschalung (rechts) des SchwörerHauses in Poing (eigene Darstellung)

Während der Entkernungsarbeiten in Poing wurden die Verschraubungen zwischen den Wänden freigelegt. Dazu wurden an den Positionen der Verschraubungen vertikale Streifen in der Breite von circa 20 cm mit Hilfe einer elektrischen Säge aus der Gipskartonbeplankung (Schicht 7) geschnitten (s. Abbildung 76). Die ausgebauten Gipskartonstreifen wurden entsorgt. Unter Entsorgung werden in diesem Kapitel alle Materialien zusammengefasst, die nach dem Aufbau im Gebäude nicht wiederverwendet wurden, unabhängig davon, ob sie einer Verwertung oder der Deponierung zugeführt wurden. Zudem wurden bei der Außenwand mit Holzverkleidung die Schalungsbretter entfernt, die bauteilübergreifend angebracht waren. Dazu wurden die Schrauben, mit denen die Schalungsbretter (Schicht 8) auf der darunterliegenden Lattung (Schicht 9) befestigt waren, gelöst. Die demontierten Schalungsbretter wurden gelagert, um sie später wiederzuverwenden. Die verbleibenden Schichten wurden als ganze Wandelemente abgebaut. Dazu wurden die Verschraubungen zwischen den benachbarten Wandelementen und zur Decke bzw. Boden gelöst und die Elemente mit dem Autokran abgehoben (s. Abbildung 77).

Der Bauherr plante ursprünglich, die alte Tapete in Tittling von den Wandelementen zu entfernen und die entstandenen Lücken im Gipskarton zu schließen und zu verspachteln. Da sich die Tapete beim Aufbau in Tittling jedoch nur schwer lösen ließ und für die verwendeten Gipskartonplatten der Dicke 9,5mm kein Ersatz beschafft werden konnte, wurde die komplette Gipskartonverkleidung (Schicht 7) manuell und mit Brecheisen von den Wänden abgenommen. Dabei verblieb der Großteil der Klammern, mit denen die Gipskartonplatten auf der darunterliegenden Spanplatte befestigt waren, in der Konstruktion. Die Gipskartonabfälle wurden entsorgt.

Abbildung 76: Freilegung der Verschraubungen zwischen Wänden (eigene Darstellung)

Abbildung 77: Abbau der Wandelemente (eigene Darstellung)

In die Beurteilung der Trennbarkeit der verputzten Außenwand bei der Versetzung wurde die Trennung der Schichten Tapete mit Anstrich/Gipskartonplatte und Gipskartonplatte/Spanplatte einbezogen. Die Bewertung erfolgte auf Basis von Tabelle 26 und mit Hilfe von durchschnittlichen Baustoffdichten. Die Trennbarkeit der Schichten Tapete mit Anstrich/Gipskarton wurde mit Stufe 4 beurteilt. Für die Trennbarkeit der Schichten Gipskartonplatte/Spanplatte wurde Stufe 3 vergeben. Somit ergibt sich für die Außenwand mit Verputz bei der Versetzung eine gewichtetes Mittel von 3,30 (s. Abbildung 78).

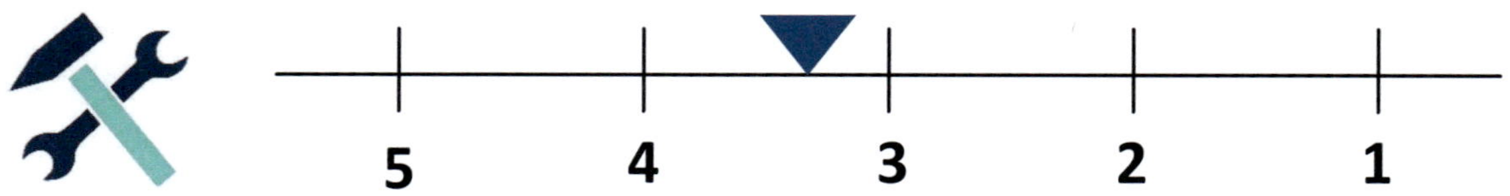

Abbildung 78: Beurteilung der Trennbarkeit der ausgebauten Schichten der verputzten Außenwand (eigene Darstellung)

Darüber hinaus wurde für die Außenwand mit Verputz ein Wiederverwendungsindex von 0,87 berechnet. Dies bedeutet, dass 87 Masseprozent der ursprünglich verbauten Materialien nach dem Aufbau im Bauteil wiederverwendet werden konnten. Dafür mussten die wiederverwendeten Schichten nicht aus dem Bauteil gelöst werden, sondern konnten als ganze Bauteile versetzt werden (s. Abbildung 79).

Im Zuge des Innenausbaus wurden auf den Spanplatten neue Gipskartonplatten der Dicke 12,5mm montiert und verspachtelt (s. Abbildung 80). Im Erdgeschoss wurde zusätzlich eine Putzschicht aufgebracht. Auch außen wurde auf den verputzten Wänden eine zusätzliche Putzschicht aufgebracht, um Fehlstellen aus dem Abbau zu schließen. Bei Wänden mit Holzverschalung wurden die Fehlstellen mit den alten Brettern verschlossen. Beschädigte Bretter wurden durch neue ausgetauscht und die gesamte Verschalung gestrichen.

Abbildung 79: Aufbau der Wandelemente (eigene Darstellung)

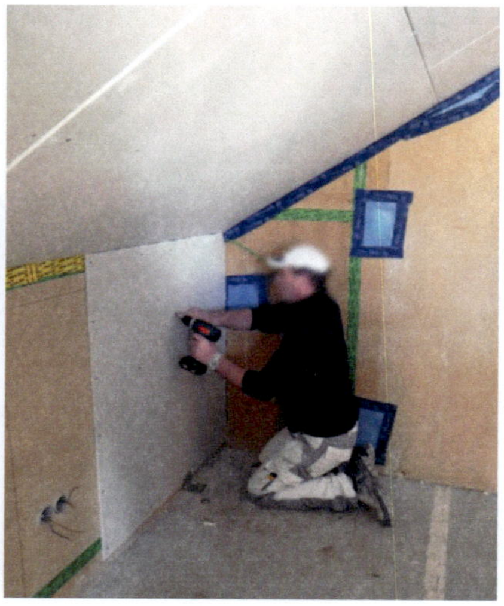

Abbildung 80: Anbringen der Gipskartonverkleidung (eigene Darstellung)

Innenwand

Mit den Innenwänden in Holztafelbauweise wurde analog verfahren. Zunächst wurden die Verschraubungen freigelegt und anschließend die Wandelemente abgebaut. In Tittling wurde der verbliebene Gipskarton von den Wandelementen entfernt und durch eine neue Gipskartonschicht ersetzt. Im Erdgeschoss wurden die Wände zusätzlich verputzt.

Dach

Die Dachkonstruktion des SchwörerHauses bestand aus einem Gefach von Sparren aus Balkenschichtholz und Mineralwolle-Dämmung. Nach außen hin waren eine PP-Unterspannbahn, eine Konterlattung und eine Lattung aus Holz sowie Dachziegel auf die Konstruktion angebracht. Nach innen hin schlossen an die Konstruktion eine PE-Folie, eine Lattung und eine Konterlattung aus Holz sowie eine Gipskartonplatte an (s. Abbildung 81).

Während der Entkernungsarbeiten wurden die Gipskartonplatten (Schicht 9) mit einem Brecheisen abgenommen und entsorgt. Die Konterlattung (Schicht 8) und Lattung (Schicht 7) aus Holz wurden abgeschraubt und für eine spätere Wiederverwendung zwischengelagert (s. Abbildung 82). Die PE-Folie (Schicht 6) wurde manuell abgezogen und entsorgt. Die Mineralwolle (Schicht 5) wurde aus dem Gefach herausgenommen und ebenfalls für die Wiederverwendung zwischengelagert. Im Außenbereich wurde das Dach abgedeckt (Schicht 1). Unbeschädigte Dachziegel (circa 90 Prozent) wurden auf Paletten gestapelt, um sie in Tittling wiederzuverwenden. Beschädigte Dachziegel wurden entsorgt. Die darunterliegende Lattung (Schicht 2) und Konterlattung (Schicht 3) wurden mit dem Brecheisen entfernt. Aus unbeschädigten Latten wurden anschließend mit einer Zange die Nägel entfernt, um die Latten später wiederzuverwenden. Beschädigte Latten wurden entsorgt. Die darunterliegende Unterspannbahn (Schicht 4) wurde manuell abgezogen und ebenfalls entsorgt. Im Gegensatz zu den Wänden war das Dach nicht elementiert und die Pfetten und Sparren (Schicht 5) wurden nach Lösen der Verschraubungen beim Abbau einzeln abgenommen (s. Abbildung 83).

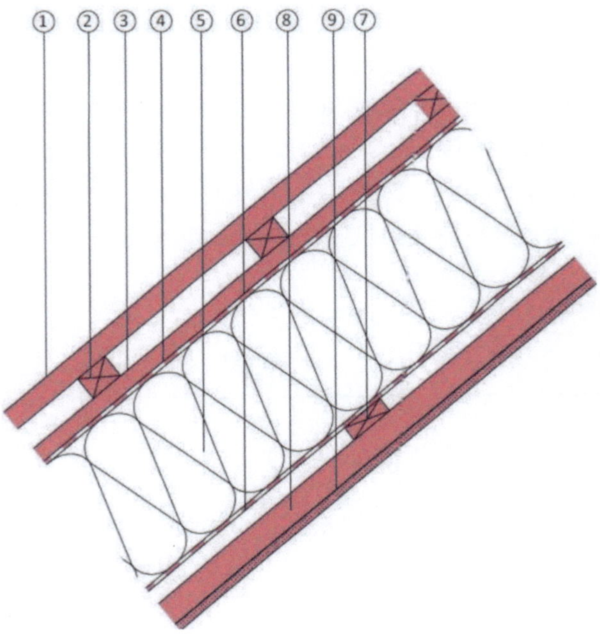

Legende:

1: Ziegeldeckung
2: Lattung (38/54)
3: Konterlattung (24/70)
4: PP-Unterspannbahn
5: Sparren Balkenschichtholz (80/280) mit Mineralwolle-Dämmung
6: PE-Folie
7: Lattung (24/70)
8: Konterlattung (40/48)
9: Gipskartonplatte mit Tapete und Dispersionsfarbe

Abbildung 81: Aufbau Dach des SchwörerHauses Poing (eigene Darstellung)

Abbildung 82: Abschrauben der Konterlattung und Lattung (eigene Darstellung)

Abbildung 83: Demontage der Dachsparren (eigene Darstellung)

In die Beurteilung der Trennbarkeit des Daches bei der Versetzung auf Basis von Tabelle 26 wurde die Trennung aller genannten Fügeteilpaare sowie die Schichten Tapete mit Anstrich/Gipskarton einbezogen. Dabei wurden die Trennbarkeit der Schichten Tapete mit Anstrich/Gipskartonplatte mit Stufe 4 und der Schichten Gipskartonplatte/Konterlattung mit Stufe 3 bewertet. Bei der Beurteilung der Trennbarkeit der Schichten Konterlattung/Lattung (innen), Lattung (innen)/Sparren, PE-Folie/Sparren und PP-Unterspannbahn/Sparren wurde jeweils Stufe 2 vergeben. Die Trennbarkeit der Schichten Konterlattung (außen)/Sparren und Dachlattung/Konterlattung (außen) wurde jeweils mit Stufe 3 und die Trennbarkeit der Schichtenpaare Mineralwolle/Sparren und Ziegeldeckung/Dachlattung mit Stufe 1 beurteilt. Insgesamt ergibt sich für die Trennbarkeit des Daches ein gewichtetes Mittel von 1,90 (s. Abbildung 84).

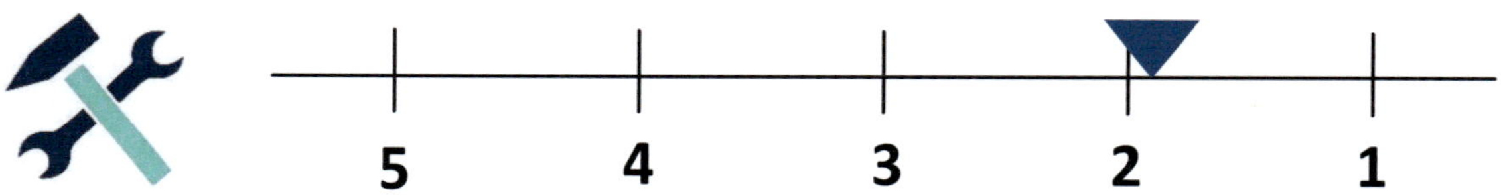

Abbildung 84: Beurteilung der Trennbarkeit der ausgebauten Schichten beim Dach (eigene Darstellung)

In Tittling wurden nach dem Aufstellen der Obergeschosswände zunächst die einzelnen Pfetten und Sparren gesetzt und durch Verschrauben befestigt (s. Abbildung 85). Auf den Dachstuhl wurde eine neue Holzschalung genagelt (s. Abbildung 86) und darauf eine neue Unterdeckbahn geklammert. Auch für die Konterlattung und Lattung wurde neues Holz verwendet, da für die beschädigten Latten aus Poing aufgrund des ungewöhnlichen Querschnitts kein Ersatz beschafft werden konnte. Die alte Konterlattung und Lattung wurden entsorgt. Sowohl die neue Konterlattung als auch die neue Lattung wurden mit Nägeln befestigt. Für die Dacheindeckung wurden die intakten Dachziegel aus Poing (circa 90 Prozent) verwendet. Fehlstellen wurden durch neue

Dachziegel des gleichen Typs (circa 10 Prozent) ergänzt. Von innen wurde das Holzgefach mit der alten Mineralwolle-Dämmung befüllt. Zusätzlich wurde neue Mineralwolle-Dämmung eingebracht, da die alte Dämmung die Gefache in der Tiefe nicht vollständig ausfüllte. Auf die Konstruktion wurden eine neue PE-Folie, die alte Lattung und neue Gipskartonplatten aufgebracht.

Damit ergab sich für die Dachkonstruktion ein Wiederverwendungsindex von 0,77. Um 77 Prozent des ursprünglichen Materials wiederzuverwenden, musste die komplette Dachkonstruktion in einzelne Schichten zerlegt werden, da keine elementierten Dachelemente vorlagen.

Abbildung 85: Montage der Dachsparren (eigene Darstellung)

Abbildung 86: Anbringen der Dachschalung (eigene Darstellung)

Kellerdecke

Die tragende Konstruktion der Kellerdecke des SchwörerHauses in Poing bestand aus Stahlbetonfertigteilen, die auf der Baustelle mit Ortbeton vergossen wurden. Darauf lagen als Ausgleichsschicht eine Perlite-Schüttung und als Dämmschichten eine Mineralwolledämmplatte und eine bituminierte Weichfaserdämmplatte. Als Estrich diente eine Gussasphaltschicht, auf der Fliesen bzw. Teppich verlegt waren (s. Abbildung 87).

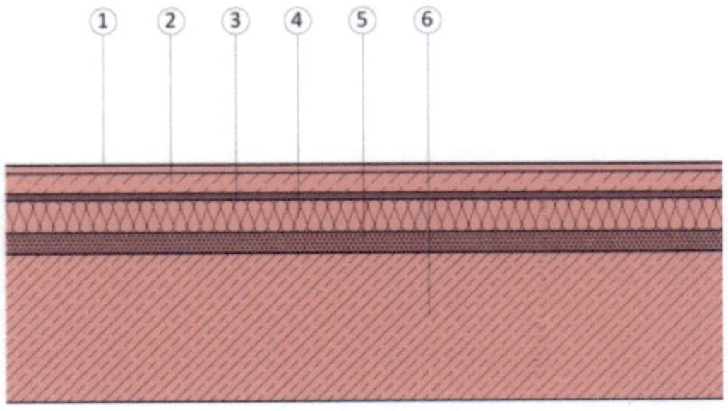

Legende:

1: Fliesen bzw. Teppich
2: Gussasphaltestrich
3: Bituminierte Weichfaserplatte
4: Mineralwolledämmplatte
5: Perlite-Schüttung
6: Stahlbetonfertigteil (mit Ortbeton vergossen) und Dispersionsfarbe

Abbildung 87: Aufbau Kellerdecke des SchwörerHauses Poing (eigene Darstellung)

Im Rahmen der Entkernungsarbeiten wurden die Fliesen (Schicht 1) mit Hilfe eines Bohrhammers zertrümmert und entfernt. Der Teppichbelag (Schicht 1) wurde mit Hilfe eines Teppichschabers entfernt. Die Fliesen und der Teppich wurden entsorgt. Anschließend wurde der Gussasphalt (Schicht 2) mit Hilfe eines Vorschlaghammers zertrümmert und ebenfalls entsorgt (s. Abbildung 88). Die darunterliegenden, lose verlegten Weichfaserdämmplatten und Mineralwolledämmplatten (Schicht 3 und 4) wurden manuell herausgenommen. Die Perlite Schüttung (Schicht 5) wurde mit einem Besen zusammenkehrt und in Säcke verpackt. Sowohl die Dämmplatten als auch die Schüttung wurden vom Bauherren gelagert, um sie bei einem anderen Bauvorhaben wiederzuverwenden. Da im wiederaufgebauten Haus in Tittling eine Fußbodenheizung installiert wurde, die einen anderen Fußbodenaufbau erfordert, kamen die Dämmplatten und die Schüttung dort nicht mehr zum Einsatz. Die verbleibende Stahlbetondecke (Schicht 6) wurde im Rahmen des Kellerabbruchs mit Hilfe eines Abbruchbaggers zerkleinert, abtransportiert und entsorgt (s. Abbildung 89).

Abbildung 88: Zertrümmern des Gussasphaltestrichs (eigene Darstellung)

Abbildung 89: Abbruch der Kellerdecke (eigene Darstellung)

In die Beurteilung der Trennbarkeit wurden alle Schichten einbezogen, da die Kellerdecke vor Ort komplett zerlegt wurde. Die Bewertung erfolgte ebenfalls auf Basis von Tabelle 26. Dabei wurden die Trennbarkeit der Schichten Fliesen/Gussasphaltestrich und der Schichten Gussasphaltestrich/bituminierte Weichfaserdämmplatte jeweils mit Stufe 4 bewertet. Bei der Beurteilung der Trennbarkeit der Schichten bituminierte Weichfaserdämmplatte/Mineralwolledämmplatte, Mineralwolledämmplatte/Perlite Schüttung und Perlite Schüttung/Stahlbeton wurde jeweils Stufe 1 vergeben. Die Trennbarkeit des Betons vom Bewehrungsstahl wurde in Stufe 5 eingeordnet. Somit ergibt sich für die Kellerdecke insgesamt die Bewertungsstufe 3,11 (s. Abbildung 90).

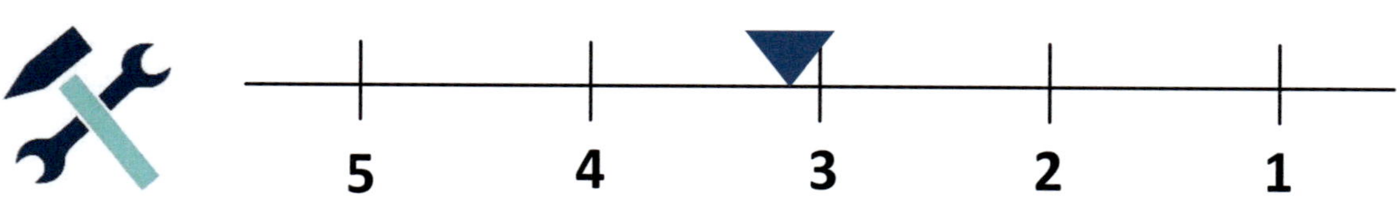

Abbildung 90: Beurteilung der Trennbarkeit der ausgebauten Schichten bei der Kellerdecke (eigene Darstellung)

Beim Wiederaufbau in Tittling wurde ein neuer Keller aus Stahlbeton erstellt und der Boden darüber neu aufgebaut. Dazu wurden Tackerplatten mit integrierten Fußbodenheizungsohren lose auf der Stahlbetondecke verlegt (s. Abbildung 91). Darüber wurde ein Zementestrich eingebracht, auf dem Fliesen bzw. Parkett durch Verklebung befestigt wurden (s. Abbildung 92).

Abbildung 91: Verlegen der Tackerplatten mit integrierter Fußbodenheizung (eigene Darstellung)

Abbildung 92: Verlegung des Parketts (eigene Darstellung)

Für die Kellerdecke ergab sich ein Wiederverwendungsindex von 0,00, da die gesamten Materialien entweder entsorgt oder für die spätere Wiederverwendung in anderen Gebäuden gelagert wurden. Auch bei allen anderen Stahlbetonbauteilen (Kelleraußenwand, Kellerinnenwand, Bodenplatte) lag der Wiederverwendungsindex bei 0,00, da keine Materialien wiederverwendet werden konnten.

4.4.4 Massenbilanzierung der Versetzung

Nach der Aufnahme des Gebäudes anhand der Gebäudedokumentation (Bauteilaufbauten) und Begehungen wurde mit dem eLCA Online-Tool eine Massen- und Volumenbilanz erstellt. Für die einzelnen Baustoffe wurden durchschnittliche Dichten angenommen. In der Berechnung wurde die Baukonstruktion (Kostengruppe 300) berücksichtigt. Die Haustechik (Kostengruppe 400) ist in der Berechnung nicht aufgeführt. Die Bilanzierung ergab, dass im SchwörerHaus in Poing insgesamt 366.364kg bzw. 305,8m^3 Materialien verbaut waren. Die Aufgliederung der Gesamtmasse in die einzelnen Materialien ist in Abbildung 93 dargestellt. Materialien mit einer Masse unter 3.000kg wurden im Diagramm unter „Sonstiges“ zusammengefasst.

Die Unterteilung des Gesamtvolumens in die einzelnen Materialien kann Abbildung 94 entnommen werden. Hierbei wurden Materialien mit einem Volumen unter 4m^3 unter „Sonstiges“ zusammengefasst.

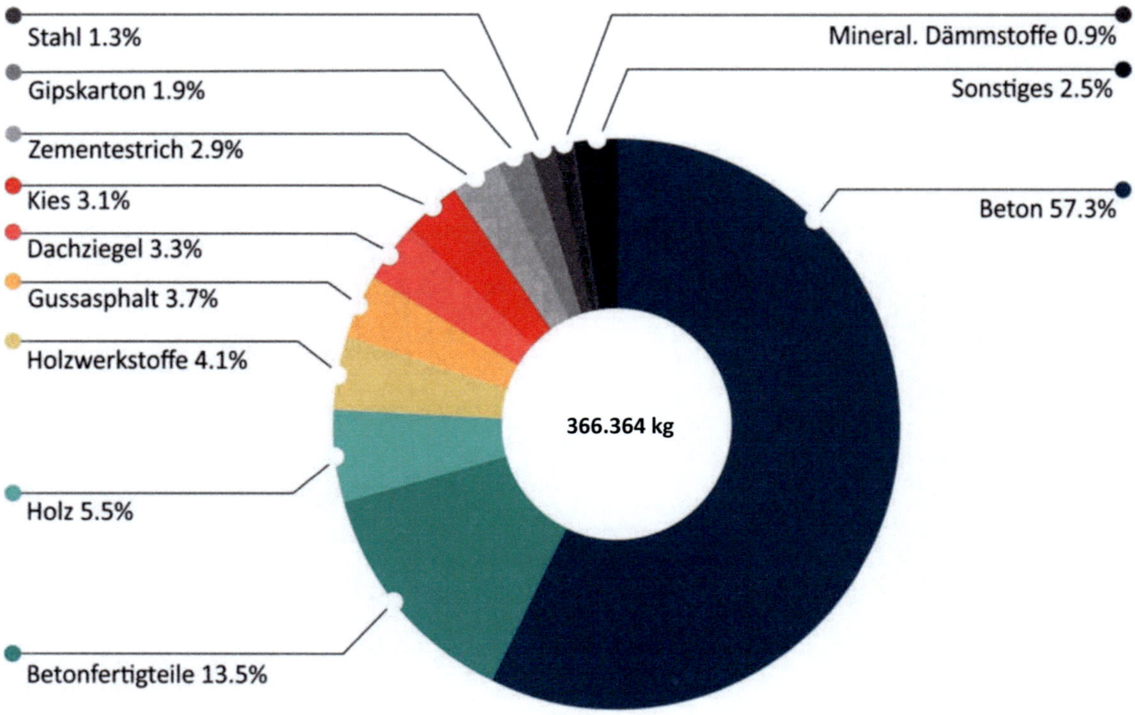

Abbildung 93: Massenbilanz der verbauten Materialien im SchwörerHaus Poing (eigene Darstellung)

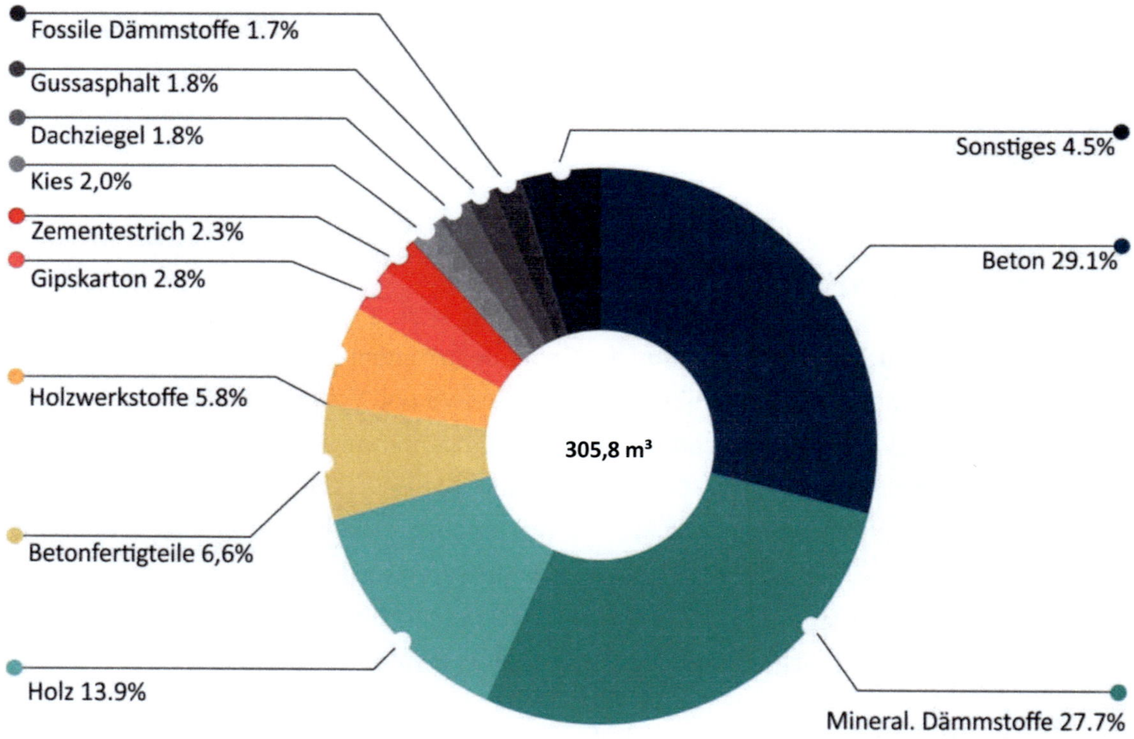

Abbildung 94: Volumenbilanz der verbauten Materialien im SchwörerHaus Poing (eigene Darstellung)

Der Vergleich der Massen- und der Volumenaufstellungen zeigt, dass bei der Betrachtung anhand der Masse Beton mit 57,3 Prozent vor Betonfertigteilen mit 13,5 Prozent und Holz mit 5,5 Prozent den weitaus größten Anteil einnimmt. Auf die mineralischen Dämmstoffe entfällt lediglich ein Masseanteil von 0,9 Prozent. Bei der Betrachtung nach Volumen entfallen nur noch 29,1 Prozent auf Beton und weitere 27,7 Prozent auf die mineralischen Dämmstoffe. Holz liegt mit einem Anteil von 13,9 Prozent auf Platz drei und die Betonfertigteile mit 6,6 Prozent auf Platz vier bei der Betrachtung nach Volumen.

Die detaillierten Massen und Volumina aus Abbildung 93 und Abbildung 94 sind in Anhang 4 dargestellt. In der Tabelle wurde für die verschiedenen Materialien zusätzlich der Verwertungsweg hinterlegt. Auf dieser Basis wurde berechnet, dass insgesamt 51.349 kg (14,0 Prozent) bzw. 144,8 m^3 (47,4 Prozent) der Materialien aus dem SchwörerHaus in Poing beim Wiederaufbau in Tittling wiederverwendet wurden (s. Abbildung 95 und Abbildung 96). 12.577 kg (3,4 Prozent) bzw. 19,2 m^3 (6,3 Prozent) der Materialien wurden für den späteren Einbau in anderen Gebäuden (Wiederverwendung in anderen Gebäuden) gelagert. 302.438 kg (82,6 Prozent) bzw. 141,7 m^3 (46,3 Prozent) der Materialien wurden entsorgt. Unter Entsorgung sind alle Materialien zusammengefasst, die nach dem Aufbau im Gebäude nicht wiederverwendet oder nicht für die Wiederverwendung in einem anderen Gebäude zwischengelagert wurden. Hierbei wurde nicht nach den einzelnen Verwertungswegen (Weiterverwertung, Deponierung etc.) unterschieden.

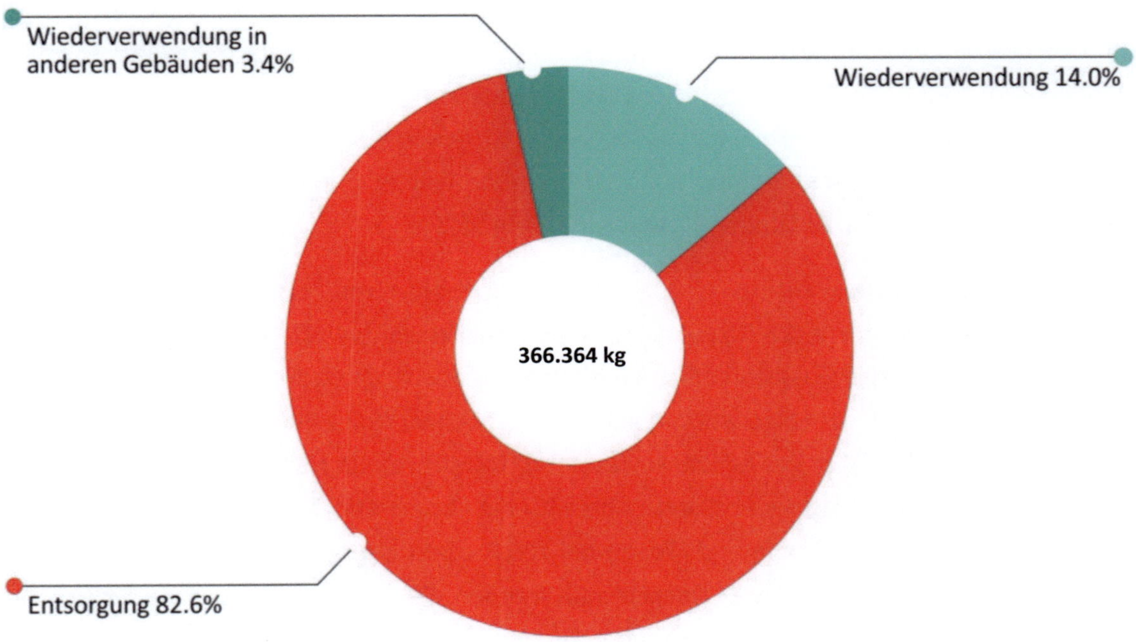

Abbildung 95: Verwertungswege der verbauten Materialien im SchwörerHaus nach Masse (eigene Darstellung)

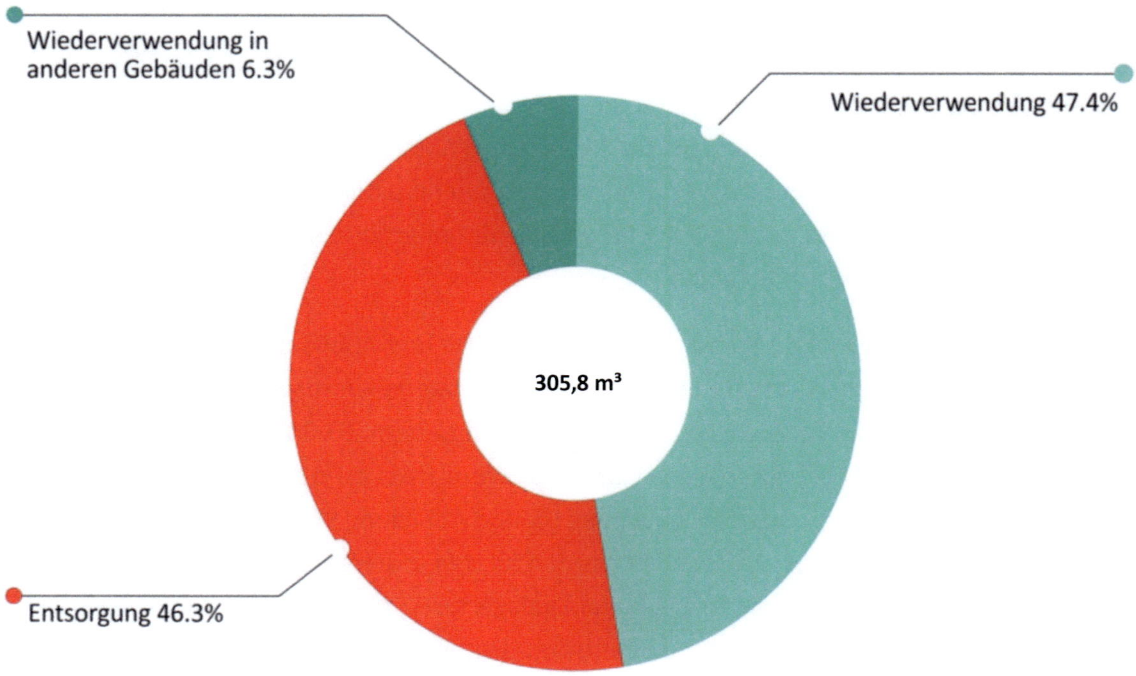

Abbildung 96: Verwertungswege der verbauten Materialien im SchwörerHaus nach Volumen (eigene Darstellung)

Die Dokumentation der Versetzung zeigt, dass die Bauteile in Holzfertigbauweise weitestgehend ab- und wiederaufgebaut werden konnten. Bei den Bauteilen in Stahlbetonbauweise war eine Wiederverwendung gänzlich unmöglich, da die Konstruktion keinen zerstörungsfreien Abbau erlaubte. Die Bauteile in Holzfertigbauweise hingegen waren über Schraubverbindungen untereinander befestigt, die gelöst werden konnten und eine weitgehende Wiederverwendung der Bauteile ermöglichten (s. Abbildung 97 und Abbildung 98).

Um die Holzfertigbauteile für den Transport zu demontieren, mussten die Verschraubungen Wand/Wand und Wand/Decke freigelegt werden. Dabei erwiesen sich Deckschichten in Nassbauweise beispielsweise Gussasphaltestrich als problematisch, da sie nicht zerstörungsfrei entfernt werden konnten. Als Folge wurden aus dem Ausstellungshaus Poing hauptsächlich Stahlbeton aus der Tragstruktur des Kellers sowie Deckschichten, die in Nassbauweise erstellt wurden, entsorgt. Demnach lag der entsorgte Anteil für die Materialien Beton, Betonfertigteile, Zementestrich, Gussasphaltestrich und Fliesen bei 100 Prozent bezogen auf die Masse. Gleiches war für die Gipskartonplatten von Decken und Wänden der Fall. Die Gipskarton-Deckschicht wurde zwar in Trockenbauweise erstellt, aber die Verschraubungen anschließend verspachtelt, wodurch eine zerstörungsfreie Demontage nicht möglich war. Bei Holz und Holzwerkstoffen wurden lediglich elf Prozent bzw. fünf Masseprozent des Materials entsorgt. Bei der Fraktion Stahl wurden Stahlprofile wiederverwendet und der Bewehrungsstahl entsorgt. Von den mineralischen Dämmstoffen konnten mehr als 99 Prozent wiederverwendet werden. Nimmt man den Keller aus Stahlbeton aus der Betrachtung aus und bilanziert das Gebäude als Holzbau auf Bodenplatte, verschiebt sich der Bilanz drastisch in Richtung der Wiederverwendung. Die Darstellung zeigt, dass Holztafelelemente für eine Versetzung und Wiederverwendung geeignet sind. Die vergossenen Stahlbetonbauteile hingegen konnten nicht versetzt und wiederverwendet werden.

Abbildung 97: Verschraubung Wand/Wand (eigene Darstellung)

Abbildung 98: Verschraubung Wand/Decke (Foto: SchwörerHaus)

4.4.5 Innenraumluftmessung vor und nach der Versetzung

TVOC und Formaldehyd

Im Zuge der Begleitung der Versetzung des SchwörerHauses wurde vor dem Abbau und nach dem Wiederaufbau jeweils Innenraumluftmessungen bezüglich VOC- und Formaldehydbelastung durchgeführt. Die Probennahme erfolgte unter Berücksichtigung der Messstrategien gemäß VDI 4300 1, DIN EN ISO 16000-2, DIN EN ISO 16000-5 und der gemeinsamen Empfehlung der AG Luftanalysen der Senatskommission zur Prüfung gesundheitsschädlicher Arbeitsstoffe der DFG und der ehemaligen Ad-hoc AG Innenraumrichtwerte zur Messung der Luft an Innenraumarbeitsplätzen (DIN EN ISO 16000-2: 2006-06; DIN EN ISO 16000-5: 2007-05; UBA, 2014; VDI 4300-1: 1995-12). Sowohl vor als auch nach der Versetzung wurde in jeweils zwei Räumen eine Aktivprobenahme durchgeführt. Die Probenaufbereitung erfolgte in Anlehnung an VDI 2100-2 (VDI 2100-2: 2010-11). Im Unterschied zu DIN ISO 16000-6 (DIN ISO 16000-6: 2012-11) wurde bei der Summenbildung der VOC-Einzelkomponenten (TVOC) wie auch im BNK die Summe der identifizierten und kalibrierten sowie der nicht kalibrierten VOCs in Retentionsbereich von n-Hexen bis n-Hexadecan (als Toluoläquivalent gerechnet) verwendet (UBA, 2014, S. 1008).

Das Gebäude war sowohl bei der Messung vor dem Abbau als auch nach dem Wiederaufbau möbliert. Es wurde je eine Messung im Schlafzimmer und eine Messung im Wohnzimmer durchgeführt. Bei der Messung vor der Versetzung erfolgte entgegen der vorgegebenen Bedingungen durch den Nutzer etwa eine halbe Stunde vor Messung eine Fensterlüftung. Daher sind die Ergebnisse vor der Versetzung nur begrenzt aussagekräftig. Die Messung nach der Versetzung erfolgte am 35. Tag nach Fertigstellung des Gebäudes unter Einhaltung der Lüftungsvorgaben.

Die Messungen lieferten vor dem Abbau des Gebäudes für die Summe der flüchtigen organischen Verbindungen (Σ TVOC) Werte von 44 µg/m³ und 18,8 µg/m³ sowie für Formaldehyd Werte von 18 µg/m³ und 24 µg/m³ (s. Abbildung 99). Nach dem Wiederaufbau erreichte das Gebäude bei der Summe der flüchtigen organischen Verbindungen (Σ TVOC) Werte von 95 µg/m³ und 173 µg/m³ sowie beim Formaldehyd 29 µg/m³ und 35 µg/m³. Damit lagen die Messergebnisse beim TVOC-Wert sowohl vor als auch nach der Versetzung deutlich unterhalb des Grenzwertes des Umweltbundesamtes von 1000 µg/m³ für eine hygienisch unbedenkliche Luftqualität (s. Abbildung 99). Bei den Formaldehyd-Messungen erreichte das Gebäude vor der Versetzung die beste Bewertungsstufe nach BNK (< 30 µg/m³) und nach der Versetzung einmal die beste und einmal die mittlere Bewertungsstufe nach BNK (30 - 90 µg/m³) (s. Abbildung 57). Da das Gebäude bei der Messung vor dem Abbau und auch nach dem Wiederaufbau möbliert und vollständig ausgestattet war, kann keine genaue Aussage über die Quelle der vorhandenen Emissionen getroffen werden. Die Emissionen können sowohl aus der Gebäudekonstruktion als auch aus der Möblierung, Nutzerausstattung oder sonstigen Quellen stammen. Darüber hinaus wurden auch die Messergebnisse der Einzelsubstanzen beurteilt, für die Richtwerte des Ausschusses für Innenraumrichtwerte (AIR) existieren (UBA, 2020c). Weder bei der Innenraumluftmessung vor noch bei der Messung nach der Versetzung traten Überschreitungen der Richtwerte I und II auf.

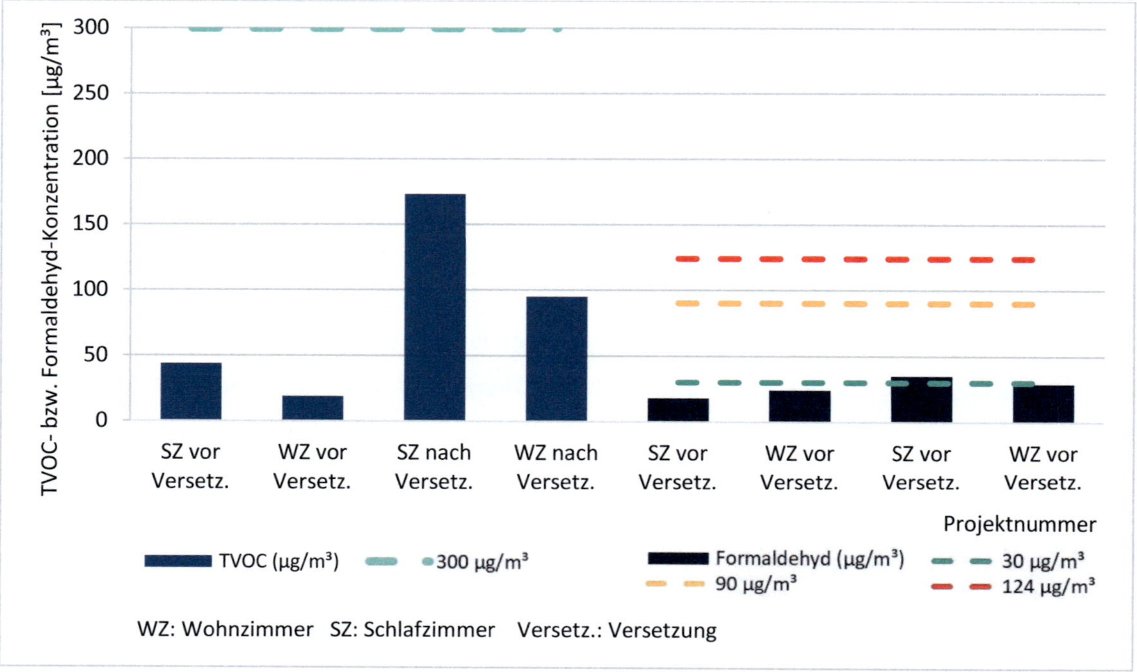

Abbildung 99: Innenraumluftmessungen SchwörerHaus Poing und Tittling (eigene Darstellung)

Aktive Maßnahmen zur Verbesserung der Innenraumluftqualität

Über die Verwendung aktiv luftreinigender Materialien im Gebäude vor oder nach der Versetzung kann keine abschließende Aussage getroffen werden, da nicht für jedes Bauteil bzw. Schicht eine Rückverfolgung über Datenblätter der Hersteller durchgeführt wurde. Darüber hinaus waren vor der Versetzung im Ausstellungshaus keine Pflanzen vorhanden. Nach der Versetzung stellte der Nutzer im Gebäude einige wenige, kleine Zimmerpflanzen auf. Aufgrund ihrer geringen Menge und Größe ist nicht von einer nennenswerten Auswirkung auf die Innenraumluftqualität auszugehen. Im Gebäude war vor der Versetzung eine zentrale Lüftungsanlage vorhanden. Nach der Versetzung wurde für das EG eine dezentrale und für das OG eine zentrale Lüftungsanlage geplant, die jedoch beide bisher noch nicht umgesetzt wurden.

4.5 Fallstudie 5: Demontage eines Außenwandbauteils in Holzfertigbauweise

Bei der Versetzung des Ausstellungshaues in Kapitel 4.4 wurden bei manchen Bauteilen mit Tragstruktur aus Holz lediglich einzelne Deckschichten abgetrennt und es war keine Aussage über die Trennbarkeit und Verwertbarkeit der Gesamtbauteile möglich. Aus diesem Grund wird in Kapitel 4.5 zusätzlich ein Außenwandbauteil des Herstellers SchwörerHaus auf die genannten Parameter untersucht. Das Bauteil wird mit Hilfe manueller Verfahren selektiv in die einzelnen Schichten zerlegt. Ein selektiver Rückbau stellt die beste Voraussetzung für ein anschließendes, hochwertiges Recycling dar (Landesanstalt für Umweltschutz Baden-Württemberg, 2001). Im Rahmen der Bauteilzerlegung werden die Trennbarkeit und die Verwertbarkeit der einzelnen Schichten anhand der in Kapitel 4.4 entwickelten Matrizen eingeordnet und bewertet. Die Untersuchungen dienen der Beantwortung der Frage nach der Umsetzbarkeit der C2C Kriterien 1.1 Verwendung kreislauffähiger Materialien und 1.3 Rückbau- und Recyclingpotenziale im Bereich von Einfamilienhäusern in Holzfertigbauweise.

4.5.1 Aufbau des Außenwandbauteils

Für die Untersuchung wurde vom Hersteller SchwörerHaus ein Außenwandbauteil mit Wärmedämmverbundsystem zur Verfügung gestellt. Die Außenwand mit Wärmedämmverbundsystem entspricht Typ A1 aus Abbildung 48. Abbildung 100 zeigt ein Foto sowie eine Detailzeichnung der SchwörerHaus Außenwand. Die tragende Konstruktion der Wand besteht aus einem Holzständerwerk, das mit Mineralwolle ausgedämmt ist. Nach innen hin sind eine PE-Folie, eine Spanplatte und eine Gipskartonplatte auf der tragenden Konstruktion aufgebracht. Nach außen hin sitzen eine Unterspannbahn und eine zementgebundene Spanplatte auf der Tragkonstruktion. Eine EPS-Platte mit Verputz bildet den Abschluss.

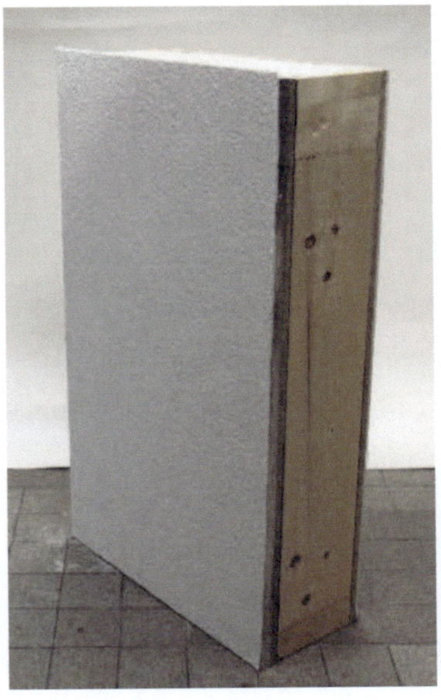

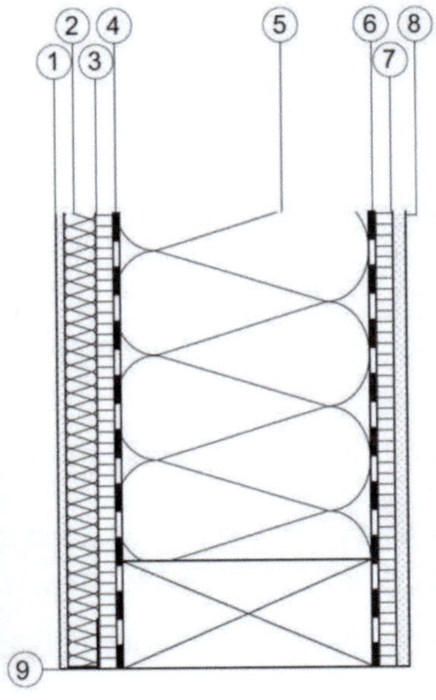

Legende:

1: Kunstharzputz mit Glasfasergewebe und silikonvergüteter Fassadenfarbe auf Dispersionsbasis
2: EPS-Dämmstoff
3: Zementgebundene Spanplatte
4: Unterspannbahn PP-Spinnvlies-Folien-Kombination
5: Holzständerwerk KVH mit Mineralwolle-Dämmung
6: PE-Folie
7: Spanplatte
8: Gipskartonplatte
9: Aluminium-Kantenschutz

Abbildung 100: Foto und Detailzeichnung zur SchwörerHaus Außenwand (eigene Darstellung)

Zum tieferen Verständnis der Wand und der Verbindungen wurde ein Recyclinggraph in Anlehnung an Schwede und Störl (2017) erstellt (s. Abbildung 101). Darin sind die Materialien des Bauteils als Rechtecke (1, 2, 3 etc.) und die Verbindungsarten als Ellipsen dargestellt. Abhängig von der Materialität und der Verbindungsart weisen die Rechtecke und Ellipsen verschiedenen Farben auf. Die Verbindungsmittel werden im Unterschied zu Schwede und Störl nicht als Materialien dargestellt. Aufgrund ihrer geringen Massen werden die Verbindungsmittel in der Massenbilanzierung vernachlässigt. Dieser Schritt dient der Vereinfachung der Bewertung für die Bauteilzerlegung in der Praxis.

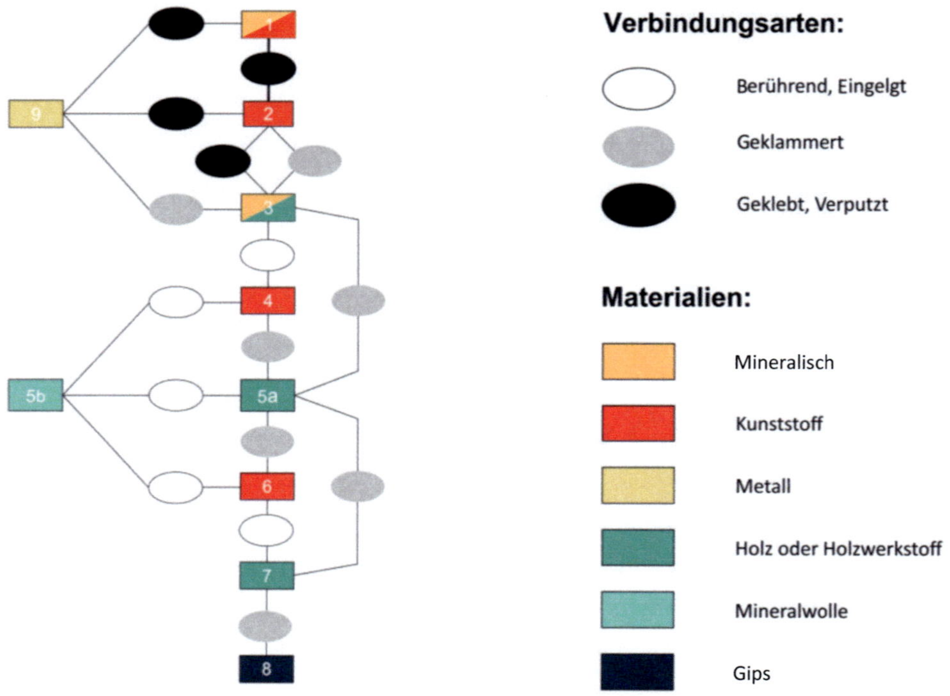

Legende: 1: Außenputz mit Gewebe und Farbe; 2: EPS-Dämmung; 3: Zementgebundene Spanplatte; 4: PP-Unterspannbahn; 5a: Holzständerwerk; 5b: Mineralwolle-Dämmung; 6: PE-Folie; 7: Spanplatte; 8: Gipskartonplatte; 9: Aluminium-Kantenschutz

Abbildung 101: Recyclinggraph für SchwörerHaus Außenwand mit Wärmedämmverbundsystem (Darstellung nach Schwede & Störl, 2017)

4.5.2 Trennbarkeit des Außenwandbauteils

Anschließend wurde das Bauteil in seine einzelnen Fügeteile zerlegt. Davon werden im Folgenden die Schritte gezeigt und die Trennbarkeit der Fügeteilpaare bewertet, bevor die Gesamtbewertung des Bauteils erfolgt. Bei der Beurteilung der Trennbarkeit der Fügeteilpaare ist jeweils der ungünstige Parameter (Aufwand, Schädigung oder Fremdstoffanteil) ausschlaggebend.

Im ersten Schritt wurde die innere Gipskarton-Beplankung aus dem Bauteilverbund gelöst. Dazu wurden die Klammern, die die Gipskartonplatte mit der darunterliegenden Spanplatte verbanden, mit einem Multifunktionswerkzeug mit Sägeaufsatz aufgeschnitten. Die Gipskartonplatte konnte anschließend als ganzes Teil abgenommen werden (s. Abbildung 102). Die Trennbarkeit der Fügeteile wurde anhand von Tabelle 26 ermittelt. Auf dieser Grundlage wurde der Aufwand für die Trennung als mittel eingestuft. Die Gipskartonplatte und die Spanplatte erlitten bei der

Trennung jeweils eine geringe Schädigung. An beiden Schichten war der Fremdstoffanteil nach der Trennung gering. Damit wurde die Trennbarkeit der Schichten insgesamt in Stufe 2 eingeordnet.

Im Rahmen der Zerlegung des Wandbauteils wurden verschiedene Methoden erprobt. Die angewandte Methode zur Trennung entspricht nicht dem Standardfall beim Rückbau vor Ort. Auf der Baustelle werden Gipskartonplatten meist mit einem Brecheisen oder ähnlichem Werkzeug von der darunterliegenden Schicht abgenommen. Dies war auch bei der Versetzung des SchwörerHauses der Fall (s. Kapitel 4.4.3). Unter Anwendung dieser Methode ergab sich eine Einordnung der Trennbarkeit der Fügeteile Gipskartonplatte/Spanplatte in Stufe 3.

Abbildung 102: Trennung der Gipskartonplatte von der Spanplatte (eigene Darstellung)

Im nächsten Schritt wurde die Spanplatte, die mit Klammern durch die PE-Folie auf dem Holzständerwerk befestigt war, abgetrennt. Die Separierung erfolgte mit Hilfe eines Brecheisens. Dabei zerbrach die Spanplatte in Stücke und erlitt eine mittlere Schädigung (s. Abbildung 103). Das Holzständerwerk erfuhr an den Befestigungsstellen geringe Schädigungen. Insgesamt wurde der Aufwand zur Trennung als mittel eingestuft. An beiden Schichten verblieben geringe Fremdstoffanteile. Folglich wurde die Trennbarkeit der Schichten in Stufe 3 eingeordnet.

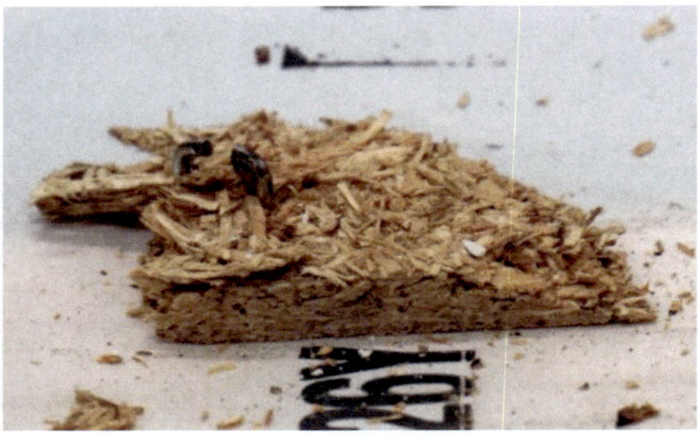

Abbildung 103: Trennung der Spanplatte vom Holzständerwerk (eigene Darstellung)

Danach wurde die geklammerte Dampfbremse durch manuelles Abziehen vom Holzständerwerk abgetrennt (s. Abbildung 104). Der Aufwand zur Trennung wurde als gering eingeordnet. Die Dampfbremse erlitt dabei eine geringe bis mittlere und das Holständerwerk eine geringe Schädigung. An beiden Schichten war der Fremdstoffanteil nach der Trennung gering. Insgesamt wurde die Trennbarkeit des Fügeteilpaares mit Stufe 2 bewertet.

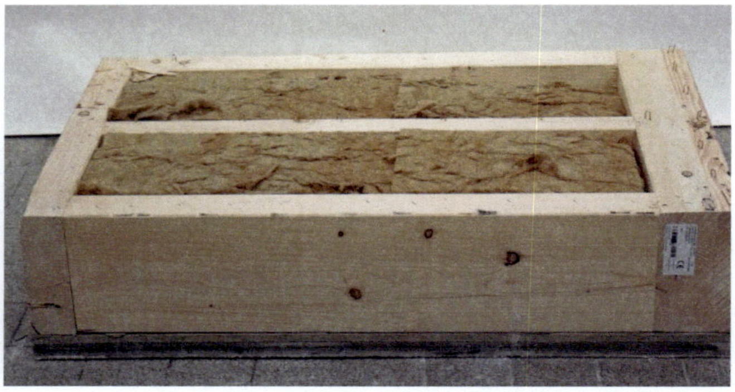

Abbildung 104: Trennung der PE-Folie vom Holzständerwerk (eigene Darstellung)

Im Folgenden wurde die lose eingelegte Mineralfaserdämmung manuell aus dem Holzgefach entfernt. Der Aufwand dafür wurde als gering erachtet. Weder am Holzständerwerk noch an der Dämmung ergaben sich Schädigungen oder ein Fremdstoffanteil. Die Trennbarkeit wurde in Stufe 1 eingeordnet.

Anschließend wurde die Zerlegung von außen fortgesetzt und der Putz mit Armierung durch manuelles Abziehen von der EPS-Dämmung getrennt (s. Abbildung 105). Der Aufwand der Trennung wurde als gering bewertet. Sowohl der Putz mit Armierung als auch die EPS-Dämmung erlitten eine mittlere Schädigung. An der Putzarmierung befand sich nach der Trennung ein hoher und an der EPS-Dämmung ein geringer Fremdstoffanteil. Insgesamt wurde die Trennbarkeit mit Stufe 5 bewertet. Anschließend wurde versucht, die Schichten Putz und Armierung durch Abziehen voneinander zu trennen. Da eine Separierung mit den im Labor verfügbaren Methoden nicht möglich war, wurde die Trennbarkeit mit Stufe 5 bewertet.

Abbildung 105:Trennung des Putzes mit Armierung von der EPS-Dämmplatte (eigene Darstellung)

Im folgenden Schritt wurde die EPS-Dämmung von der darunterliegenden zementgebundenen Spanplatte separiert. Die Dämmplatte war sowohl mit Kleber als auch mit Klammern auf der Platte befestigt. Beim Versuch der Trennung mit dem Brecheisen fand ein Kohäsionsbruch innerhalb der Dämmplatte statt, eine Krafteinleitung war kaum möglich. Als Folge zerbrach die Dämmplatte in viele kleine Stücke und es blieben Anhaftungen auf der zementgebundenen Spanplatte zurück (s. Abbildung 106). Der Aufwand zu Trennung wurde als hoch eingestuft. Die zementgebundene Spanplatte erfuhr dabei eine mittlere und die Polystyrol-Dämmung eine starke Schädigung. An beiden Schichten verblieb ein mittlerer Fremdstoffanteil. Insgesamt wurde die Trennbarkeit mit Stufe 5 bewertet.

Abbildung 106: Trennung der EPS-Dämmplatte von der zementgebundenen Spanplatte (eigene Darstellung)

Als Randeinfassung enthielt das Außenwandbauteil einen Aluminium-Kantenschutz, der als Hauptverbindung mit der zementgebundenen Spanplatte verbunden war. Zusätzlich war das Blech mit der EPS-Dämmplatte verklebt und in den Außenputz eingebunden. Der Aufwand zur Trennung des Metallblechs von der zementgebundenen Spanplatte wurde als mittel eingestuft. Bei der Trennung erlitt die zementgebundene Spanplatte eine geringe und das Metallblech eine starke Schädigung. An der zementgebundenen Spanplatte verblieb kein und am Metallblech ein geringer Fremdstoffanteil. Insgesamt wurde die Trennbarkeit der Fügeteile zementgebundene Spanplatte/Aluminium-Kantenschutz damit mit Stufe 4 beurteilt.

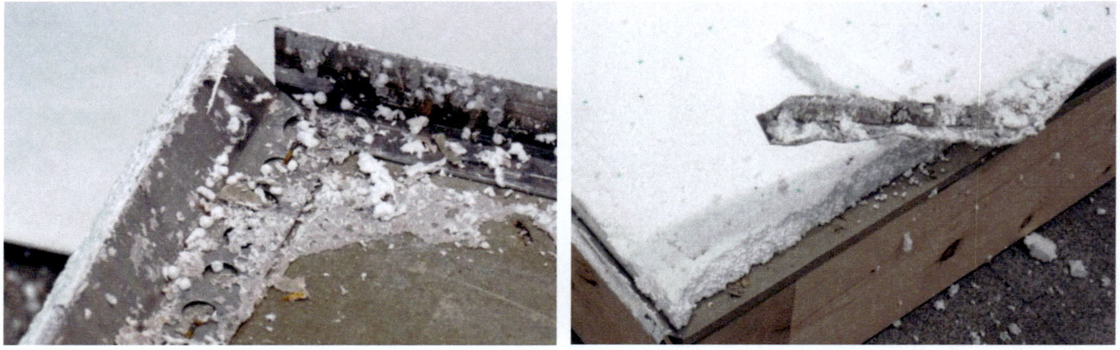

Abbildung 107: Trennung des Aluminium-Kantenschutzes von der zementgebundenen Spanplatte (eigene Darstellung)

Die zementgebundene Spanplatte war über Klammern durch die Unterspannbahn am Holzständerwerk befestigt und wurde mit Hilfe eines Brecheisens entfernt (s. Abbildung 108). Der Versuch, die Klammern wie bei der Gipskartonplatte mit einem Multifunktionswerkzeug mit Sägeaufsatz zu durchtrennen und die Platte abzunehmen, war bei dieser Fügeteilkombination nicht erfolgreich. Der Aufwand zur Trennung wurde als mittel erachtet. Dabei erlitt die zementgebundene Spanplatte eine starke und das Holzständerwerk eine geringe Schädigung. An beiden Schichten verblieben geringe Fremdstoffanteile. Damit erfolgte eine Einordnung der Trennbarkeit in Stufe 4.

Abbildung 108: Trennung der zementgebundenen Spanplatte vom Holzständerwerk (eigene Darstellung)

Danach wurde die Unterspannbahn manuell vom Holzständerwerk abgezogen (s. Abbildung 109). Der Aufwand zur Trennung wurde als gering erachtet. Dabei erfuhr die Unterspannbahn eine mittlere und der Holzständer eine geringe Schädigung. Beide Fügeteile zeigten nach der Trennung einen geringen Fremdstoffanteil. Insgesamt wurde die Trennbarkeit mit Stufe 3 beurteilt.

Abbildung 109: Trennung der Unterspannbahn vom Holzständerwerk (eigene Darstellung)

Die Einordnung der Trennbarkeit der genannten Fügeteilpaare, die bei der Zerlegung voneinander getrennt wurden, ist in Tabelle 28 wiederzufinden. Um die Trennbarkeit des gesamten Bauteils zu errechnen, wurden die Massenanteile der einzelnen Fügeteile am gesamten Bauteil berechnet. Für die Fügeteilpaare wurden die jeweiligen Massenanteile addiert. Die Bewertung erfolgte mit Hilfe von durchschnittlichen Baustoffdichten. Im letzten Schritt wurde daraus das massengewichtete Mittel für das Gesamtbauteil nach der Formel in Kapitel 4.4.2 errechnet. Dabei erreichte das Bauteil eine Trennbarkeit von 3,03 (s. Abbildung 110).

Fügeteilpaare Fügeteil A/B	Verbindung	Schädigung Fügeteil A	Schädigung Fügeteil B	Aufwand Trennung	Fremdstoff-anteil Fügeteil A	Fremdstoff-anteil Fügeteil B	**Trenn-barkeit**	Massen-anteil [M.-%]
1a Putz/1b Armierung	Verputzt	Keine Trennung					**5**	4,19
1 Putz mit Armierung/2 EPS-Dämmung	Verputzt	mittel	mittel	gering	hoch	gering	**5**	5,52
2 EPS-Dämmung/3 Zementgeb. Spanplatte	Klammer + Kleber	stark	mittel	hoch	mittel	mittel	**5**	26,97
3 Zementgeb. Spanplatte/M5a Holzständer	Klammer	stark	gering	mittel	gering	gering	**4**	68,27
4 Unterspannbahn/ 5a Holzständer	Klammer	mittel	gering	gering	gering	gering	**3**	42,77
5b Mineralwolle/5a Holzständer	Keine	keine	keine	gering	keiner	keiner	**1**	46,45
6 PE-Folie/5a Holzständer	Klammer	gering-mittel	gering	gering	gering	gering	**2**	42,86
7 Spanplatte/5a Holzständer	Klammer	mittel	gering	mittel	gering	gering	**3**	54,64
8 Gipskartonplatte/7 Spanplatte	Klammer	gering	gering	mittel	gering	gering	**2**	21,02
9 Alu-Kantenschutz/3 Zementgeb. Spanplatte	Klammer	stark	gering	mittel	gering	keiner	**4**	26,63

Tabelle 28: Berechnung der Trennbarkeit der SchwörerHaus Außenwand (eigene Darstellung)

Abbildung 110: Beurteilung der Trennbarkeit des Gesamtbauteils Außenwand SchwörerHaus (eigene Darstellung)

Eine vergleichbare Außenwand des Herstellers SchwörerHaus mit einer Holzverschalung auf der Fassade schneidet bei der Trennbarkeit mit Stufe 2,78 ab. Die Tragkonstruktion sowie der innere Abschluss sind bei diesem Wandtyp identisch zur erläuterten Außenwand mit Wärmedämmverbundsystem. Außen sind bei dieser Variante anstatt der EPS-Platte mit Putz und Armierung eine Holzlattung mit Holzschalung auf der zementgebundenen Spanplatte angebracht. Die Holzschalung ist auf die Lattung geschraubt und einfach zu lösen. Die Trennbarkeit wurde mit Stufe 2 bewertet. Die Lattung ist mit Hilfe von Klammern auf der zementgebundenen Spanplatte befestigt. Die Trennbarkeit wurde mit Stufe 3 bewertet. Bei Ersatz der Klammern durch Schrauben würde sich eine noch bessere Trennbarkeit ergeben.

4.5.3 Verwertbarkeit des Außenwandbauteils

Nach der Beurteilung der Trennbarkeit in Kapitel 4.5.2 wird im Folgenden die Verwertbarkeit der einzelnen Schichten des SchwörerHaus Wandbauteils bewertet. Dabei werden einerseits der derzeit typische Verwertungsweg in der Baupraxis und andererseits der derzeit bestmögliche Verwertungsweg aufgenommen und anhand der Matrix aus Tabelle 27 eingeteilt. Der Zustand der Schichten nach der Zerlegung und eventuelle Verunreinigungen und Schädigungen werden in die Bewertung einbezogen. Die Schichten und ihre möglichen Verwertungswege werden von außen nach innen dargestellt und sind in Tabelle 29 zusammengefasst.

Außenputz

Beim untersuchten Bauteil wurde der Kunstharzputz zusammen mit dem Armierungsgewebe von der darunterliegenden EPS-Dämmung abgezogen. Dabei verblieben EPS-Reste an der Putzschicht. Alte Kunstharzputze werden derzeit standardmäßig der Deponierung zugeführt (BMI & Bayerische Architektenkammer, 2021a; Kolb, 2021a). Bei höheren Kunststoffanteilen muss zuvor eine thermische Vorbehandlung erfolgen (Kolb, 2021a). Für eine stoffliche Verwertung fehlt derzeit die praktische Erfahrung (BMI & Bayerische Architektenkammer, 2021a). Aus diesem Grund wurde sowohl für die derzeit typische als auch für die bestmögliche Verwertung Stufe 5 – Deponierung - angesetzt.

EPS-Dämmung

Gebrauchte Dämmstoffe aus EPS, die der Gruppe der kunststoffbasierten Dämmungen zuzuordnen sind, werden derzeit meist thermisch verwertet (Hillebrandt et al., 2018, S. 86). Bis zum Jahr 2016 war in vielen Polystyrol-Dämmstoffen Hexabromcyclodecan (HBCD) als Brandschutzmittel enthalten, das heute als persistent organischer Schadstoff eingestuft wird. Produkte mit einem Gehalt von mehr als 100mg/kg HBCD dürfen seitdem nicht mehr in der EU hergestellt werden (Verordnung (EU) 2016/293 der Kommission vom 1. März 2016 zur Änderung der Verordnung (EG) Nr. 850/2004 des Europäischen Parlaments und des Rates über persistente organische Schadstoffe hinsichtlich des Anhangs I, ABl. (EU) 2016 L 55/4). Abfälle, die HBCD-haltig sind, müssen separat gesammelt und die Entsorgungswege dokumentiert werden. In den letzten Jahren wurden Verfahren entwickelt, um Polystyrol-Dämmungen künftig stofflich zu verwerten unter der Voraussetzung, dass die Dämmplatten sortenrein aus dem Bauteil gelöst werden können. Die CreaCycle GmbH entwickelte gemeinsam mit dem Fraunhofer Institut IVV den sogenannten CreaSolv® -Prozess für das Polystyrol-Recycling (CreaCycle GmbH, o.J.; Krauß & Werner, 2014, S.

42). Das Verfahren basiert auf einer selektiven Extraktion des zu recycelnden Polystyrols aus einer Lösung. Das wiedergewonnene Material kann wieder aufgeschäumt und für neue Produkte eingesetzt werden. Auch unerwünschte Substanzen beispielsweise HBCD können auf diese Weise abgetrennt werden. In den Niederlanden wurde bereits eine Pilotanlage errichtet, die aus Polystyrol-Abfällen das Ausgangsprodukt Styrol-Acrylat in hoher Qualität rückgewinnt und für die Rückführung in den Produktionszyklus vorbereitet (Hahn, 2017 zitiert nach Hillebrandt & Seggewies, 2018, S. 86-87). Versuche haben bereits verdeutlicht, dass ein Ersatz des Primärrohstoffes durch bis zu 30 Prozent Rezyklat ohne Qualitätseinbußen möglich ist. Sowohl für den derzeit typischen als auch für den bestmöglichen Verwertungsweg wird Stufe 4 – thermische Verwertung – angesetzt. Da die EPS-Dämmung beim untersuchten Bauteil nur unter starker Schädigung und mit mittlerem Fremdstoffanteil von der darunterliegenden zementgebundenen Spanplatte gelöst werden konnte, ist eine stoffliche Verwertung selbst bei Verfügbarkeit eines geeigneten Verfahrens derzeit nicht möglich.

Zementgebundene Spanplatte

Zementgebundene Spanplatten werden am Ende der Nutzungszeit typischerweise deponiert (Kolb, 2021b). Aufgrund der Einbindung des Holzes in das anorganische Bindemittel Zement sind für die thermische Verwertung hohe Temperaturen nötig und dieser Verwertungsweg somit nicht sinnvoll (Schneider et al., 2011, S. 110). Für den derzeit typischen Verwertungsweg wurde somit Stufe 5 – Deponierung - angenommen. Auch die Möglichkeiten für eine stoffliche Verwertung sind aufgrund der Kombination von organischem und anorganischem Material beschränkt. Die Rückführung von sortenreinen Abbruchmaterialien ohne Fremdstoffanteil in den Produktionsprozess wäre bei einem Maximalanteil von 10 Prozent im neuen Produkt theoretisch möglich (Schneider et al., 2011, S. 110). Ein Hersteller gibt in der Umweltproduktdeklaration zudem an, dass unbeschichtete Holzzementprodukte bei sortenreiner Trennung als Füll- und Schüttmaterial im Tiefbau oder Straßenbau sowie zur stofflichen und energetischen Verwertung im Zementwerk verwendet werden können (Institut Bauen und Umwelt e.V., 2014, S. 4). Da bei der Zerlegung des untersuchten Bauteils nur geringe Fremdstoffanteile an der zementgebundenen Spanplatte verblieben, wurde als bestmöglicher Verwertungsweg Stufe 4 angesetzt.

Aluminium-Kantenschutz

Als unterer Abschluss der untersuchten Holzständerwand war ein Aluminium-Kantenschutz angebracht. Nach der Trennung von den angrenzenden Fügteilen verblieb am Blech ein mittlerer Fremdstoffanteil. Grundsätzlich kann sortenrein rückgewonnenes Aluminium eingeschmolzen und ohne nennenswerte Qualitätsverluste wiederverwertet werden (Hillebrandt et al., 2018, S. 59). Ein Problem beim Recycling stellt jedoch die große Anzahl an Aluminiumlegierungen und -qualitäten dar, die im Bauwesen eingesetzt werden. Um über mehrere Recyclingzyklen eine annähernd gleichbleibende Qualität zu erreichen, ist vorab eine sortenreine Trennung nötig, da Störstoffe aus der Schmelze nur unter hohem, derzeit nicht vertretbaren Aufwand, entfernt werden können (Hillebrandt et al., 2018, S. 74). Vorteile des Aluminium-Recyclings gegenüber des Einsatzes von Primär-Aluminium stellen der um 95 Prozent reduzierte Energieaufwand (Umweltbundesamt, 2013) sowie die Vermeidung von Rotschlamm, der als gefährlicher Abfall im Herstellungsprozess von Primäraluminium anfällt (Hillebrandt et al., 2018, S. 74), dar. Sowohl für den derzeit typischen als auch für den bestmöglichen Verwertungsweg wurde Stufe 2 – Recycling durch Wiederverwertung – angesetzt.

Unterspannbahn

Als Unterspannbahn wurde beim untersuchten Wandbauteil eine dreilagige PP-Spinnvlies-Folien-Kombination verwendet. Sowohl die mittlere Folie als auch die äußeren Spinnvliese bestehen aus PP. Gemäß den Angaben des Herstellers ist die thermische Verwertung für ausgebaute Unterspannbahnen dieses Typs derzeit der typische Weg (N. Klingelhage, Persönliche Mitteilung, 16. April 2021) und es erfolgte eine Einordnung in Stufe 4. Nach den Angaben des Herstellers werden Reste aus dem Fertigungsprozess der Unterspannbahn bereits jetzt der Herstellung anderer Produkte zugeführt. Bei sortenreiner Trennung ohne Verschmutzung sollte dies auch für ausgebaute Bahnen möglich sein und es wurde für den bestmöglichen Verwertungsweg Stufe 3 angesetzt.

Mineralwolle-Dämmung

Gebrauchte Mineralfaserdämmungen wie Glaswolle oder Steinwolle werden am Ende der Nutzungsphase größtenteils deponiert (BBSR, 2011, S. 15). Dabei gilt es zwischen alter und neuer Mineralwolle zu unterscheiden. Alte Mineralwolle besteht aus biopersistenten, künstlichen Mineralfasern, deren freigesetzte Faserstäube gemäß der technischen Regel für Gefahrstoffe (TRGS) 905 Verzeichnis krebserzeugender, keimzellmutagener oder reproduktionstoxischer Stoffe als krebserzeugend einzustufen sind (TRGS 905). Ihre Herstellung und Verwendung wurde in Juni 2000 untersagt. Neue Mineralwolle hingegen gilt nicht als krebserzeugend. Während für alte Mineralwolle derzeit nur die Deponierung in Frage kommt, existieren für neue Mineralwolle Verwertungsverfahren, die in der Praxis aber nur selten beschritten werden. Sortenreine Mineralwolle-Abfälle wie Verschnitte und Produktionsreste werden von den Herstellern angenommen und erneut dem Herstellungsprozess zugeführt (BMI & Bayerische Architektenkammer, 2021b). Für sortenreine Mineralwolle-Baustellenabfälle aus Flachdachsanierungen besteht derzeit seitens eines deutschen Herstellers bei Neukauf ein Rücknahmesystem (zitiert nach Dechantsreiter et al., 2015, S. 158). Zudem wurde von einer anderen Firma ein Verfahren entwickelt, um Mineralwolle-Abfälle zu einem Porosierungsmittel für die Ziegelherstellung aufzubereiten (BMI & Bayerische Architektenkammer, 2021b). Bei der Glaswolle aus dem untersuchten Bauteil handelt es sich um neue Mineralwolle. Der derzeit typische Verwertungsweg wurde mit Stufe 5 – Deponierung - angenommen. Da die Glaswolle im untersuchten Bauteil nur lose eingelegt war und sortenrein entfernt werden konnte, könnte sie im besten Fall in einem Holzgefach in einem anderen Gebäude wiederverwendet werden. Folglich wurde für den bestmöglichen Verwertungsweg Stufe 1 – Wiederverwendung – angenommen.

Holzständerwerk und Spanplatte

Altholz wird derzeit meist der stofflichen oder der thermischen Verwertung zugeführt. Im Jahr 2016 fielen in Deutschland rund 10 Millionen Tonnen Altholz an. Davon wurden circa 7,73 Tonnen (77 Prozent) energetisch verwertet, circa 1,69 Millionen Tonnen (17 Prozent) stofflich verwertet und circa 0,58 Tonnen (6 Prozent) beseitigt (BMU, 2020). Dabei hängt der Verwertungsweg stark von der Beschaffenheit des Altholzes ab. Nach der Verordnung über Anforderungen an die Verwertung und Beseitigung von Altholz (Altholzverordnung – AltholzV) wird Altholz in die Kategorien AI, AII, AIII und AIV eingeteilt (§2 (4) AltholzV). Kategorie I umfasst unbehandeltes oder lediglich mechanisch bearbeitetes Holz. In Kategorie II fällt Altholz, das gestrichen, lackiert, verleimt oder beschichtet ist, wobei die Beschichtung keine halogenorganischen Verbindungen und Holzschutzmittel enthalten darf. In Kategorie III werden alle Hölzer zusammengefasst, deren

Beschichtung halogenorganische Verbindungen, jedoch keine Holzschutzmittel enthält. Kategorie IV umfasst Altholz, das mit Holzschutzmitteln behandelt wurde. Derzeit werden in Deutschland fast ausschließlich unbehandelte oder mechanisch behandelte Holzer stofflich verwertet (Krauß & Werner, 2014, S. 27). Die Spanplatte aus dem untersuchten Wandaufbau fällt in die Altholzkategorie II. Aus diesem Grund wird für die Spanplatten für den derzeit typischen Verwertungsweg Stufe 4 – thermische Verwertung – angesetzt. Die weitere Recherche zeigte jedoch, dass die Spanplatte aus dem untersuchten Wandaufbau nach dem C2C Certified ™ Standard zertifiziert ist (Cradle to Cradle Products Innovation Institute, 2021a). Die Platte erreicht in der Kategorie Kreislauffähigkeit die Stufe Silber. Gemäß den Angaben des Herstellers ist können ausgebaute Platten in die Produktion von neuen Platten rückgeführt werden (C. Seemann, Persönliche Mitteilung, 21. April 2021). Daher wird für den bestmöglichen Verwertungsweg Stufe 2 angenommen. Die Holzbalken aus dem Ständerwerk sind PEFC-zertifiziert und Altholzklasse I zuzuordnen. Für den derzeit typischen Verwertungsweg wird Stufe 3 – Recycling durch Weiterverwertung - angenommen. Für den bestmöglichen Verwertungsweg wird Stufe 1 angesetzt, da die Holzständer nach der Zerlegung bei geringer Schädigung und geringem Fremdstoffanteil für den gleichen Zweck wiederverwendet werden könnten.

PE-Folie

Die Dampfbremse des untersuchten Wandbauteils bestand aus einer PE-Folie und zählt damit zu den Kunststoff-Dampfbremsen, die am Ende der Nutzungsphase in der Regel der energetischen Verwertung zugeführt werden (BMI & Bayerische Architektenkammer, 2021c). Der derzeit typische Verwertungsweg wurde daher mit Stufe 4 – thermische Verwertung - angenommen. Eine stoffliche Verwertung von Kunststoff-Dampfbremsen ist im Moment wirtschaftlich nicht rentabel, bei sortenreiner Trennung jedoch grundsätzlich technisch möglich (BMI & Bayerische Architektenkammer, 2021c). Nach sortenreiner Trennung und Zerkleinerung der Kunststoffe kann durch Einschmelzen und Zugabe von Additiven Regranulat hergestellt werden, das wiederum für die Herstellung neuer Produkte aus PE eingesetzt werden kann (Martens & Goldmann, 2016, S. 291-292). Da die Dampfbremse aus dem zerlegten Bauteil weitgehend sortenrein aus dem Verbund gelöst werden konnte, wurde für den bestmöglichen Verwertungsweg Stufe 2 – Recycling durch Wiederverwertung – angenommen.

Gipskartonplatte

Da die Deponierung momentan den häufigsten Entsorgungsweg für Gipsabfälle darstellt (UBA, 2019), wurde für den typischen Verwertungsweg für die Gipskartonplatte Stufe 5 angenommen. Zwar existieren bereits Aufbereitungslager, in denen sortenreine und trockene Gipskartonplatten in die Bestandteile Gips und Karton aufgetrennt und zerkleinert werden können (A. Müller, 2018, S. 279-280), in der Praxis wird dieser Verwertungsweg jedoch bisher nur selten beschritten. Im Jahr 2015 betrug das jährliche Abfallaufkommen von Gipskartonplatten ca. 280.000 Tonnen (Buchert et al., 2017, S. 13). Davon gelten 210.000 Tonnen als recyclingfähig. Die produzierte Menge an Recyclinggips betrug aber lediglich 20.000 Tonnen. Gemäß Buchert et al. (2017, S. 13) ist selbst beim konservativsten Szenario bis 2030 mit einem Anstieg des jährlichen Abfallaufkommens von Gipskartonplatten auf 670.000 Tonnen und des recyclingfähigen Anteils auf 550.000 Tonnen zu rechnen. Der gewonnene Sekundärgips kann bei ausreichender Sortenreinheit, Einhaltung der erforderlichen technischen und baustofftechnischen Eigenschaften wie freie Feuchte oder pH-Wert sowie der Gesundheits- und Umweltparameter, die beispielsweise den Schwermetallgehalt begrenzen, zur Produktion neuer Gipskartonplatten verwendet werden (Buchert et al., 2017, S. 51-55). Da die Gipskartonplatte bei der Bauteilzerlegung sortenrein ausgebaut werden konnte, wurde für den bestmöglichen Verwertungsweg Stufe 2 – Recycling durch Wiederverwertung – angesetzt.

Zur Bewertung des kompletten Bauteils wurde das gewichtete Mittel gemäß der Formel in Kapitel 4.4.2 aus den Verwertbarkeiten der einzelnen Schichten und Massenanteile errechnet. Bei Annahme des derzeit typischen Verwertungsweges ergibt sich eine Bewertung von 3,98 und bei Annahme des bestmöglichen Verwertungsweges eine Bewertung von 2,20 (s. Abbildung 111).

Fügeteile	Verwertung typisch	Verwertung bestmöglich	Massenanteil [M.-%]
M1: Kunstharzputz mit Kunststoffarmierung und Farbe	5	5	4,19
M2: EPS-Dämmstoff	4	4	1,33
M3: Zementgeb. Spanplatte	5	4	25,65
M4: PP-Unterspannbahn	4	3	0,14
M5a: Holzständerwerk (KVH)	3	1	42,63
M5b: Mineralwolle-Dämmung	5	1	3,82
M6: PE-Folie	4	2	0,23
M7: Spanplatte	4	2	12,01
M8: Gipskartonplatte	5	2	9,01
M9: Aluminium-Kantenschutz	2	2	0,99

Tabelle 29: Verwertungsweg der einzelnen Fügeteile, Außenwand SchwörerHaus (eigene Darstellung)

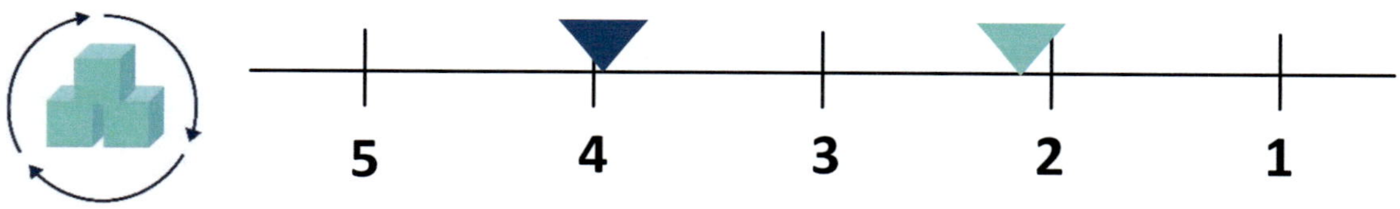

Abbildung 111: Verwertbarkeit des Gesamtbauteils, Außenwand SchwörerHaus (eigene Darstellung)

Auch bei der Verwertbarkeit schneidet eine vergleichbare Außenwand des Herstellers SchwörerHaus mit Holzverschalung als Fassadenverkleidung besser ab als die beschriebene Wand mit Wärmedämmverbundsystem. Bei der derzeit typischen Verwertung erreicht die Außenwand Stufe 3,91. Bei Annahme des bestmöglichen Verwertungsweges ergibt sich Stufe 1,91.

Insgesamt ergab die Untersuchung, dass bei den Materialien Gipskartonplatte, Spanplatte, Holzbalken, Aluminium-Kantenschutz und PE-Folie eine Kreislaufführung theoretisch möglich ist. Das Potenzial wird in der Praxis aber bisher nicht umfassend genutzt. Das Aluminiumblech, die Gipskartonplatte und die PE-Folie sind der Technosphäre zuzuordnen. Die Holzbalken aus dem Ständerwerk sind biologisch abbaubar und werden der Biosphäre nach C2C zugeordnet (s. Kapitel 4.2.1). Bei vorhandener FSC-Zertifizierung werden Hölzer und Holzprodukte gemäß C2C Produktzertifizierung auch bei Erntezyklen von mehr als 10 Jahren als schnellnachwachsende Rohstoffe gewertet (Cradle to Cradle Products Innovation Institute, 2016, S. 50). Demnach erfüllen FSC-zertifiziertes Holz und Holzprodukte beim Kreislauffähigkeitsindex den C2C Platinum Standard (s. Kapitel 3.3.3.3). Für das Konstruktionsholz aus Fichte in den Holztafelelementen liegen in der Regel PEFC-Zertifikaten vor und die Anerkennung in der Produktzertifizierung ist zu prüfen. Die Spanplatte aus dem untersuchten Bauteil ist bereits nach dem C2C Certified ™ Standard zertifiziert und erreicht bei der Kreislauffähigkeit die Stufe Silber (Cradle to Cradle Products Innovation Institute, 2021a). Demnach liegt der Kreislauffähigkeitsindex, der sowohl den Anteil an Recyclingmaterial oder schnell nachwachsenden Rohstoffen im Produkt als auch den Anteil des Produkts, der recycelbar oder biologisch abbaubar/kompostierbar ist, einbezieht, bei mindestens 50 (Cradle to Cradle Products Innovation Institute, 2016, S. 48-54) (s. Kapitel 3.3.3.1). Bei der Kreislaufführung der genannten Materialien ist zudem darauf zu achten, dass die Produkte in ihrem jeweiligen Anwendungszeck für Mensch und Umwelt gesund und nützlich sind (Mulhall & Braungart, 2010, S. 8-9).

Die Unterspannbahn aus PP-Spinnvlies-Folien-Kombination, die Mineralwolle und die EPS-Dämmung aus dem untersuchten Bauteil sind ebenfalls Bestandteil der Technosphäre. Beim Kunstharzputz mit anhaftender Armierung liegt eine Mischung zwei verschiedener Stoffe aus der Technosphäre vor. Momentan ist bei diesen Produkten keine Kreislaufführung auf gleichbleibendem Qualitätsniveau möglich. Die zementgebundene Spanplatte stellt ein Gemisch aus Stoffen des biologischen (Holz) und des technischen Kreislaufs (Zement) dar. Da für eine Wiederverwertung auf gleichbleibendem Qualitätsniveau nach C2C sind derzeit keine entsprechenden Verfahren verfügbar.

4.6 Kurzzusammenfassung

In den Kapiteln 4.1 bis 4.5 wurde der derzeitige Stand der Umsetzung der C2C Vertiefungskriterien anhand von Beispielen C2C inspirierter Gebäude und Ein- und Zweifamilienhäusern in Holzfertigbauweise untersucht. Anhand der Analyse soll die Frage beantwortet werden, ob durch Anwendung des C2C Prinzips negative ökologische Auswirkungen, die momentan mit dem Bau von Ein- und Zweifamilienhäusern einhergehen, als Potenzial für einen positiven Fußabdruck genutzt werden können (Ableitung These 1). Zudem werden die Ergebnisse der Fallstudien zu den Vertiefungskriterien 1.1 Verwendung kreislauffähiger Materialien und 1.13 Einsatz erneuerbarer Energie herangezogen, um die Frage zu beantworten, ob gesetzliche Anreize zur Änderung des Bewusstseins aller Baubeteiligten – weg von der Minimierung negativer Auswirkungen hin zu einem positiven Fußabdruck – führen können (Ableitung These 3). Die Ergebnisse für die verschiedenen Vertiefungskriterien werden im Folgenden dargestellt.

1.1 Verwendung kreislauffähiger Materialien

Die Auswertung der Unterlagen der neun nachhaltigen Gebäude aus der BNK-Pilotphase ergab, dass das Thema Rückbau- und Demontagefreundlichkeit bisher nur selten in den Planungsprozess von kleinen Wohngebäuden einbezogen wird (s. Kapitel 4.2.1). Die anschließende Analyse der Gebäudekonstruktionen führte für die Bauteile Außenwand, Innenwand, Bodenplatte, Decke, Kellerdecke und Dach zur Einteilung in verschiedene Typen. Aus der Untersuchung ging zudem hervor, dass bei drei Projekten bereits ein Dämmstoff verwendet wird, der nach dem nach C2C Certified ™ Standard zertifiziert ist. Zudem kann die Holzkonstruktion in den Holztafelelementen der Gebrauchsklasse GK0 zugeordnet werden (DIN 68800-1: 2019-06) und ist damit standardmäßig nicht chemisch behandelt und biologisch abbaubar. Darüber hinaus gibt die Satzung der Qualitätsgemeinschaft Deutscher Fertigbau vor, dass alle verwendeten Holzbauteile und Holzwerkstoffe aus nachhaltiger Waldbewirtschaftung stammen müssen (BDF, 2015). Für die Holzkonstruktion aus den Holztafelelementen liegt meist ein PEFC-Zertifikat vor. Während die C2C Produktzertifizierung FSC-zertifizierte Hölzer und Holzprodukte als schnell nachwachsend wertet und damit beim Kreislauffähigkeitsindex die Stufe Platinum möglich ist, wird über PEFC-Zertifikate keine Aussage getroffen und es bedarf einer vertieften Betrachtung. Eine abschließende Aussage zum Einsatz kreislauffähiger Produkte war mangels Dokumentationslage nicht möglich. Der Abgleich mit der C2C Certified™ Products Registry zeigte, dass für viele Anwendungsfälle im Holzfertigbau bereits kreislauffähige Produkte existieren.

Die Begleitung des Rückbaus eines Einfamilienhauses in Holzfertigbauweise zeigte, dass ein selektiver Rückbau erfolgte und die einzelnen Materialien bis auf circa ein Masseprozent sortenrein getrennt wurden (s. Kapitel 4.3). Knappe fünf Tonnen Material wurden als gemischte Abfälle entsorgt. Von den sortenrein getrennten Materialien wurden nur Metalle wiederverwertet und somit in die Technosphäre nach C2C rückgeführt. Alle übrigen Materialien wurden der Weiterverwertung, der sonstigen Verwertung oder der thermischen Verwertung zugeführt oder deponiert. Folglich wurden diese Materialien nicht auf gleichem Qualitätsniveau in die Bio- oder Technosphäre nach C2C rückgeführt.

Darüber hinaus ergab die Begleitung der Versetzung des SchwörerHauses, dass die Versetzung der Bauteile in Holzfertigbauweise weitgehend möglich war (s. Kapitel 4.4). Bei den Stahlbetonbauteilen hingegen war eine Wiederverwendung nach dem Abbau nicht möglich. Während der Wiederverwendungsindex für die Bauteile in Holzfertigbauweise bei 0,87 bzw. 0,77 lag, lag er bei allen Stahlbetonbauteilen bei 0 (s. Kapitel 4.4.3). Bei den Bauteilen in Holzfertigbauweise stellten sich Deckschichten in Nassbauweise beispielsweise Estriche als problematisch heraus. Diese konnten nur unter Zerstörung entfernt werden, um die Verschraubungen zwischen den Bauteilen zu lösen.

Die Zerlegung des SchwörerHaus Außenwandbauteils ergab, dass bereits eine Spanplatte verbaut war, die den C2C Certified™ Silber Standard erfüllt (s. Kapitel 4.5) Das Holzständerwerk ist PEFC zertifiziert, standardmäßig nicht chemisch behandelt und daher biologisch abbaubar. Während FSC-zertifizierte Hölzer und Holzprodukte bei der Berechnung des Kreislauffähigkeitsindex der C2C Produktzertifizierung als schnell nachwachsend gewertet werden und Platinum Standard erzielen, enthält der Zertifizierungsstandard zu PEFC-Zertifikaten keine Aussage. Darüber hinaus enthielt das Bauteil weitere Schichten, die theoretisch kreislauffähig sind, deren Potenzial in der Praxis bisher nur teilweise genutzt wird. Beispiele dafür stellen die Gipskartonplatte, die PE-Folie sowie das Aluminiumblech dar. Die Mineralwolle-Dämmung, die Unterspannbahn, die zementgebundene Spanplatte, die EPS-Dämmung sowie der Außenputz mit dem anhaftenden Armierungsgewebe hingegen können momentan in der Praxis nicht auf gleichem Qualitätsniveau recycelt werden. Insgesamt lag bei keinem der untersuchten Gebäude oder Bauteile ein gänzlich positiver Fußabdruck beim Thema Kreislauffähigkeit von Materialien vor. Es besteht jedoch, nicht zuletzt aufgrund der regenerativen Eigenschaften des Baustoffes Holz, großes Potenzial.

1.3 Rückbau- und Recyclingpotenziale

Die Versetzung des SchwörerHauses ergab, dass die Bauteile in Holzfertigbauwese durch Lösen der Schrauben einfach voneinander getrennt werden konnten (s. Kapitel 4.4). Es war jedoch die Zugänglichkeit der Verschraubungen erschwert. Sowohl bei den Wänden als auch bei den Böden konnten die Deckschichten teilweise nur unter Zerstörung entfernt werden. Bei den Kellerbauteilen in Stahlbetonbauweise hingegen war untereinander keine Trennung und folglich auch keine Wiederverwendung möglich. Bei den einzelnen Schichten innerhalb der Bauteile gab es deutliche Unterschiede. Während eingelegte Schichten wie die Mineralwolle im Holzgefach leicht zu trennen waren und mit Stufe 1 bewertet wurden, wurden insbesondere bei vergossenen und geklammerten Schichten schlechtere Stufen vergeben. Ein ähnliches Ergebnis lieferte die Bauteilzerlegung (s. Kapitel 4.5). Zusätzlich stellten sich hier geklebte Verbindungen als problematisch für die Trennung heraus. Zudem zeigte sich, dass die Trennbarkeit von geklammerten Verbindungen je nach Anwendungsfall zwischen Stufe 2 und 4 variieren kann (s. Kapitel 4.5.2). Zusammenfassend ist festzuhalten, dass das C2C Kriterium 1.3 Rückbau- und Recyclingpotenziale in den untersuchten Gebäuden und Konstruktionen teilweise umgesetzt wurde.

1.7 Verbesserung der Innenraumluftqualität

Die Auswertung der Innenraumluftmessungen der zwölf nachhaltigen Gebäude mit BNK-Zertifikat ergab, dass bei allen Gebäuden die TVOC-Werte in einem hygienisch unbedenklichen Bereich gemäß UBA (2020b) (≤ 300 µg/m³ bzw. 300-1000 µg/m³) lagen. Während aufgrund der Dokumentationslage für die Projekte aus der Pilotphase keine Auswertung der Einzelsubstanzen möglich war, hielten alle Projekte aus der Hauptphase die Richtwerte I und II für Einzelsubstanzen und Stoffgruppen ein (s. Kapitel 4.2.2). Auch die Ergebnisse der Innenraumluftmessung des SchwörerHauses vor und nach der Versetzung lagen in einem sehr guten Bereich unter 300 µg/m³ (s. Kapitel 4.4.5). Bezüglich Formaldehyd unterschritten neun der 12 untersuchten Gebäude mit BNK Zertifikat den Grenzwert von 30 µg/m³, der zur Einordnung in die beste Bewertungsstufe gemäß BNK führt (BMI, 2015a) (s. Kapitel 4.2.2). Drei weitere Gebäude erreichten die mittlere Bewertungsstufe gemäß BNK. Das SchwörerHaus in Poing lag bei den Messungen vor der Versetzung und einer Messung nach der Versetzung ebenfalls unter dem Grenzwert von 30 µg/m³. Ein Messwert lag nach der Versetzung geringfügig darüber (s. Kapitel 4.4.5). Die Auswertung zeigt, dass in allen untersuchten Gebäuden eine gute bis sehr gute Innenraumluftqualität vorlag. Teils unterschritten die untersuchten Gebäude den TVOC-Wert von 300 µg/m³ und den Formaldehyd-Wert von 30 µg/m³ weit.

Aus den BNK Zertifizierungsunterlagen konnte nicht abgeleitet werden, ob in den Gebäuden aktive Maßnahmen wie das Aufstellen von Zimmerpflanzen oder der Einsatz von luftreinigenden Materialien ergriffen wurden (s. Kapitel 4.2.2). Dies galt beim Einsatz von luftreinigenden Materialien auch für das SchwörerHaus (s. Kapitel 4.4.5). Darüber hinaus waren im SchwörerHaus vor der Versetzung keine Pflanzen vorhanden. Nach der Versetzung wurden durch den Nutzer im Gebäude Zimmerpflanzen aufgestellt, bei denen aufgrund ihrer geringen Menge und Größe jedoch nicht von einer nennenswerten Auswirkung auf die Innenraumluftqualität auszugehen ist. Ob bei den untersuchten Gebäuden ein positiver Fußabdruck beim Thema Luft vorliegt, konnte mangels Vergleichsmessungen zwischen Innen- und Außenraum nicht abschließend beurteilt werden.

1.9 Wassereinsatz und Wasserkreisläufe

Die Analyse der BNK-zertifizierten Gebäude zum Thema Wasser zeigte, dass bei vielen Gebäuden wassersparende Armaturen und WCs mit geringen Spülmengen verbaut waren (s. Kapitel 4.2.3). Nur bei einem Gebäude wurde Regenwasser in einer Zisterne gespeichert und zur anschließenden Gartenbewässerung recycelt. Keines der untersuchten Gebäude verfügte zum Zeitpunkt der Zertifizierung über eine Anlage zur Wasseraufbereitung. Bei sieben der 18 untersuchten Gebäude lag zudem eine Schadstoffmessung bezüglich der Parameter Nickel, Blei und Kupfer vor. Für weitere zwei Gebäude wurde eine Analyse bezüglich des Parameters Kupfer durchgeführt. Alle Gebäude lagen bei allen drei Parametern unter den Grenzwerten aus der TrinkwV, größtenteils sogar weit darunter. Zudem waren in allen 18 Gebäude Maßnahmen zur Verhinderung eines Legionellenwachstums umgesetzt. Bei keinem der untersuchten Gebäude lag ein positiver Fußabdruck beim Thema Wasser vor. Zwar wurden keine Vergleichsmessungen der Wasserqualität vor dem Eintritt und nach dem Eintritt ins Gebäude durchgeführt. Jedoch waren in keinem Gebäude Analgen zur Aufbereitung verbaut.

1.13 Einsatz erneuerbarer Energie

Die Gegenüberstellung der Primärenergie nicht erneuerbar aus der Ökobilanz und des regenerativ erzeugten Stromüberschusses für 15 nachhaltige Ein- und Zweifamilienhäuser ergab, dass bei sechs Gebäuden eine positive Energiebilanz vorliegt. Die Gutschrift für den durchschnittlich jährlich erzeugten Stromüberschuss übersteigt dabei den durchschnittlichen jährlichen Primärenergiebedarf nicht erneuerbar (s. Kapitel 4.2.4). Limitationen für die Betrachtung ergeben daraus, dass in die Ökobilanz gemäß BNK nur die Wärmeerzeugungsanlage, nicht jedoch Rohrleitungen und Einrichtungen zur Wärmeübergabe einbezogen werden. Zudem war in den Datensätzen der Ökobau.dat 2011 nur die Ausweisung der Module A1-A3 obligatorisch. Der Vergleich einer PV-Anlage und einer Solarthermieanlage bezüglich der Parameter Energie und Exergie ergab, dass die Solarthermieanlage zwar beim Thema Energie besser abschneidet, die PV-Anlage jedoch beim Thema Exergie weit vorne liegt. Eine abschließende Aussage über die Umsetzung eines positiven energetischen Fußabdrucks bei den untersuchten Gebäuden ist aufgrund der genannten Limitation in der Ökobilanzierung nach BNK nicht möglich. Einige der Gebäude befinden sich auf einem sehr guten Weg oder erfüllen die Anforderungen unter Umständen auch bereits.

1.20 Förderung von Biodiversität

Die Untersuchung der 18 Ein- und Zweifamilienhäuser ergab, dass die Flächenausnutzung bei den Gebäuden mit vollflächigem Kellergeschoss, Erdgeschoss und Obergeschoss am größten war (s. Kapitel 4.2.5). Bei einem Gebäude war die Garagendachfläche und bei einem weiteren der Büroanbau begrünt. Gründächer können einen wertvollen Beitrag zur Erhaltung und Steigerung der Biodiversität leisten (s. Kapitel 2.5.2). Darüber hinaus war bei zwei Gebäuden im Garten ein Teich angelegt (s. Kapitel 4.2.5). Gartenteiche können wertvolle aquatische Habitate bilden (s. Kapitel 2.5.3). Bei keinem der Gebäude war die Durchführung einer Artenzählung am Grundstück bekannt. Mit der Bionorica Firmenzentrale wurde ein Gebäude vorgestellt, bei dem eine Artenzählung vor dem Bau des Gebäudes durchgeführt wurde, um der heimischen Flora und Fauna nach dem Bau angemessen Lebensraum zur Verfügung zu stellen. Mangels der Durchführung von Artenzählungen konnte bei keinem Gebäude eine abschließende Aussage getroffen werden, ob die Artenvielfalt nach dem Bau des Gebäudes höher war als vorher.

5 Umsetzbarkeit des Cradle to Cradle Prinzips bei Ein- und Zweifamilienhäusern in Holzfertigbauweise

Die Thematik der Umsetzbarkeit des C2C Prinzips bei Ein- und Zweifamilienhäusern in Holzfertigbauweise stellt den Schwerpunkt der vorliegenden Arbeit dar. Der Fokus lag im bisherigen Verlauf der Arbeit auf den Themen Kreislauffähigkeit von Materialien, Rückbau- und Recyclingpotenziale, Innenraumlufthygiene, Wasserkreisläufe, Einsatz erneuerbarer Energie und Förderung von Biodiversität. Im Folgenden werden die Thesen abgeleitet, die in Kapitel 1.3 aufgestellt wurden. Die Ableitung der Thesen stützt sich auf die Beschreibung der Rahmenbedingungen (Kapitel 2 „Status Quo: Cradle to Cradle Ein- und Zweifamilienhäuser in Holzfertigbauweise") und auf den Untersuchungsrahmen (Kapitel 3 „Instrumente zur Umsetzung von Cradle to Cradle Ein- und Zweifamilienhäusern und Nachhaltigkeitsbewertungssysteme" und Kapitel 4: „Fallstudien: Cradle to Cradle inspirierte und nachhaltige Ein- und Zweifamilienhäuser").

5.1 Positiver Fußabdruck statt negativer ökologischer Auswirkungen (Ableitung These 1)

> *These 1:*
>
> ***Durch die Anwendung des C2C Prinzips können negative ökologische Auswirkungen, die momentan mit dem Bau von Ein- und Zweifamilienhäusern einhergehen, als Potenzial für einen positiven Fußabdruck genutzt werden.***

Keines der untersuchten Ein- und Zweifamilienhäuser in Holzfertigbauweise aus den Fallstudien erfüllte alle sechs C2C Vertiefungskriterien vollständig (s. Kapitel 4.2 bis 4.5). Folglich weisen die Gebäude momentan keinen gesamtheitlich positiven Fußabdruck auf. Selbst bei Erfüllung der sechs analysierten Kriterien wäre eine weitere Untersuchung der übrigen C2C Kriterien aus Kapitel 3.1.8 erforderlich, um die Frage nach dem positiven Fußabdruck abschließend beurteilen zu können. Die Fallstudien zeigten aber, dass einige Gebäude bei ausgewählten Kriterien bereits sehr gut abschneiden und hohes Potenzial für einen positiven Fußabdruck besteht:

1.1 Verwendung kreislauffähiger Materialien

Ein- und Zweifamilienhäuser haben aufgrund ihres hohen A/V Verhältnisses im Vergleich zu anderen Typologien einen hohen Materialverbrauch, insbesondere für die Gebäudehülle (s. Kapitel 2.5.1). Folglich trägt auch der Rückbau von Ein- und Zweifamilienhäusern in überdurchschnittlichem Maße zum Abfallaufkommen im Bauwesen bei. Für Mulhall und Braungart (2010, S. 8-9) hingegen besteht im Bereich der Materialien Potenzial für einen positiven Fußabdruck, wenn im Gebäude Baumaterialien verwendet werden, die der Bio- oder der Technosphäre angehören und am Ende der Nutzungszeit in den jeweiligen Kreislauf rückgeführt werden können (s. Kapitel 3.3.3.1).

Die Auswertung der Fallstudien in Kapitel 4.2 zeigte, dass die Holzbauteile in den Tafeln der GK0 zugeordnet werden können und damit standardmäßig nicht chemisch behandelt und biologisch abbaubar sind. Zudem ist bei allen untersuchten Gebäuden in den Tafelelementen Holz aus nachhaltiger Bewirtschaftung verbaut. Für das Konstruktionsholz aus Fichte liegen meist PEFC-Zertifikate vor. Während die C2C Produktzertifizierung FSC-zertifizierte Hölzer und Holzprodukte als schnell nachwachsend wertet und damit beim Kreislauffähigkeitsindex die Stufe Platinum möglich ist, wird über PEFC-Zertifikate keine Aussage getroffen und es bedarf eines Abgleichs mit den Zertifizierungsvorschriften. Zudem waren in drei nachhaltigen Gebäuden aus Kapitel 4.2.1 und im SchwörerHaus Außenwandbauteil aus Kapitel 4.5 jeweils ein C2C zertifiziertes Produkt verbaut. Darüber hinaus zeigte die Bauteilzerlegung, dass bei einigen Schichten der untersuchten Wandkonstruktion (Gipskartonplatte, Aluminiumblech, PE-Folie) bereits weitere kreislauffähige Materialien verbaut sind, deren Potenzial in der Praxis aber nicht immer genutzt wird (s. Kapitel 4.5.3). Für andere Materialien aus dem Außenwandbauteil wie die zementgebundene Spanplatte oder die Unterspannbahn bestehen derzeit keine Verfahren zur Wiederverwertung und zur Kreislaufführung nach C2C. Am Spezialfall der Versetzung wurde ersichtlich, dass Elemente aus dem Holzfertigbau nach der Versetzung weitestgehend wiederverwendet werden können und hier ein wesentlicher Vorteil gegenüber Massivbauweisen besteht (s. Kapitel 4.4). Insgesamt zeigten die Fallstudien, dass die untersuchten Gebäude zwar momentan noch keinen vollständig positiven Fußabdruck beim Thema Materialien besitzen, aber bereits auf einem guten Weg sind. Aufgrund ihrer Eigenschaften als nachwachsender Rohstoff haben Holzkonstruktionen hierbei einen Vorteil gegenüber nicht-erneuerbaren Bauweisen.

1.3 Rückbau- und Recyclingpotenziale

Einen entscheidenden Faktor für die Kreislaufführung von Bauprodukten stellt neben der Verwertbarkeit auch die Trennbarkeit der Schichten dar. Salfner et al. (2017, S. 83) fordern, nur einfach zu lösende Verbindungsmittel zu wählen sowie die Zugänglichkeit von Verbindungen zu berücksichtigen (s. Kapitel 3.3.4.1). Insgesamt zeigte die Auswertung, dass keines der untersuchten Bauteile aus den Kapiteln 4.4.3 und 4.5.2 vollständig auf eine einfache Trennbarkeit ausgelegt war. Während einzelne Schichten wie eingelegte Mineralwolle einfach herausgenommen werden konnten, ergab sich bei anderen Schichten durch geklebte und vergossene Verbindungen eine schlechtere Trennbarkeit. Zwischen den einzelnen Holzbauteilen war bei der Versetzung durch Lösen der Verschraubungen eine Trennung einfach möglich (s. Kapitel 4.4.3). Jedoch war die Zugänglichkeit zu den Verschraubungen durch Deckschichten, die nur unter Zerstörung entfernt werden konnten, erschwert. Die einzelnen Stahlbetonbauteile konnten bei der Versetzung nicht voneinander getrennt werden und es war folglich keine Wiederverwendung möglich. Als Resümee ist festzuhalten, dass das C2C Kriterium 1.3 Rückbau- und Recyclingpotenziale teilweise umgesetzt wurde. Bei Optimierung der Verbindungen, insbesondere für die Deckschichten, besteht Potenzial für einen positiven Fußabdruck. Momentan ergeben sich aus den statischen Anforderungen, die beispielsweise die Art und Anzahl der Klammern zur Befestigung von Gipskartonplatten auf Holzwerkstoffplatten vorgeben, Konflikte mit einer einfachen Rückbaubarkeit.

1.13 Einsatz erneuerbarer Energie

Ein-und Zweifamilienhäuser weisen im Vergleich zu anderen Typologien ein überdurchschnittlich hohes A/V-Verhältnis auf, das mit einem hohen Energiebedarf für die Konditionierung und einem hohen Bedarf an Baumaterial und grauer Energie einhergeht (s. Kapitel 2.5.1). Gemäß P. G. Luscuere et al. (2016) stellt der hohe Hüllflächenanteil eine Chance dar, wenn es gelingt, Gebäude zu errichten, die über ihre Hüllfläche mehr regenerative Energie erzeugen als sie unter Einbezug der Betriebsenergie und der grauen Energie verbrauchen (s. Kapitel 1.3). Diese Auffassung stimmt mit der Definition des positiven energetischen Fußandrucks von Salfner et al. (2017) überein (s. Kapitel 3.3.7.1). Die Auswertung der Fallstudien ergab, dass bei sechs der 15 untersuchten nachhaltigen Gebäude gemäß den derzeitigen BNK-Bilanzierungsgrundlagen eine positive Energiebilanz vorliegt (s. Kapitel 4.2.4). Sechs der Gebäude befinden sich demnach bereits auf einem guten Weg zu einem positiven energetischen Fußabdruck oder haben diesen bereits erreicht. Um eine abschließende Aussage über die Umsetzung eines positiven energetischen Fußabdrucks treffen zu können, sollten in die Berechnung auch die bisher vernachlässigten Haustechnikkomponenten sowie Lebenszyklusphasen einbezogen werden.

1.7 Verbesserung der Innenraumluftqualität

Momentan herrscht im Baubereich ein Zielkonflikt zwischen Innenraumluftqualität und Energieeffizienz von Gebäuden. Aufgrund der dichten Bauweise können sich im Innenraum Schadstoffe anreichern (Schwörer & Bachmann, 2018, S. 40-41) (s. Kapitel 2.5.1). Für Mulhall und Braungart (2010, S. 9) hingegen haben Gebäude Potenzial für einen positiven Fußabdruck beim Thema Innenraumluft. Ein positiver Fußabdruck liegt vor, wenn die Luftqualität im Gebäude aktiv so verbessert wird, dass die Luft das Gebäude sauberer verlässt als sie ins Gebäude kommt (s. Kapitel 3.3.5.1). Als Maßnahmen schlagen Mulhall und Braungart (2010) den Einsatz von positiv definierten Materialien und luftreinigenden Materialien bei oberflächennahen Produkten und Haustechnik sowie die Bepflanzung des Innenraumes vor. Die Auswertung der Innenraumluftmessungen der Gebäude mit BNK-Zertifikat zeigte, dass bei vielen Gebäuden bereits eine sehr gute Innenraumluftqualität bezüglich TVOC und Formaldehyd vorlag (s. Kapitel 4.2.2). Auch die Messungen im Rahmen der Versetzung des SchwörerHauses ergaben eine gute Innenraumluftqualität (s. Kapitel 4.4.5). Ob die Innenraumluft bei einzelnen Gebäuden durch aktive Maßnahmen so aufbereitet wird, dass sie in den Gebäuden sauberer ist als bevor sie in die Gebäude kommt, kann mangels Vergleichsmessungen nicht abschließend beurteilt werden. Die Messergebnisse der besten Gebäude deuten aber darauf hin, dass Potenzial für einen positiven Fußabdruck besteht. Künftig sollte für einen positiven Fußabdruck verstärkt der Einsatz von luftreinigenden Materialien und Pflanzen berücksichtigt werden, dem in der Praxis bisher kaum Bedeutung zukommt. Bei der Auswahl der Pflanzen sollte sowohl auf die Emissionen aus Bauprodukten und Möbeln, die in den Messungen ermittelt wurden, eingegangen werden. Für eine umfassendere Betrachtung des Aspekts Innenraumluftqualität sollten weitere Luftschadstoffe betrachtet werden.

1.9 Wassereinsatz und Wasserkreisläufe

Gemäß UBA (2020b) ist davon auszugehen, dass künftig mehr Nutzer um die knapper werdende Ressource Wasser konkurrieren werden (s. Kapitel 3.1.8). Im Gebäudebereich stellen das Recycling und die Aufbereitung von Wasser Möglichkeiten dar, um Wasser zu sparen. Nach Mulhall und Braungart (2010, S. 9) haben Gebäude Potenzial für einen positiven Fußabdruck, wenn das

Wasser durch geeignete Maßnahmen im Gebäude so aufbereitet wird, dass es bei Austritt sauberer ist als vor dem Eintritt ins Gebäude (s. Kapitel 3.3.6.1). Mögliche Maßnahmen stellen Wasserrecyclingsysteme mit Nährstoffrecycling, Regenwassernutzung, Zimmerpflanzen und grüne Wände dar. Die C2C Produktzertifizierung fordert im Platinum Standard, dass alle Wasserströme, die das Gebäude verlassen, Trinkwasserqualität aufweisen (Cradle to Cradle Products Innovation Institute, 2016, S. 67-78). Die Auswertung der Gebäude mit BNK-Zertifikat zum Thema Wasser zeigte, dass alle Gebäude, für die eine Wasseranalyse hinsichtlich der Parameter Nickel, Blei und Kupfer durchgeführt wurde, gut abschnitten (s. Kapitel 4.2.3). Ein Vergleich der Wasserqualität vor dem Eintritt in das Gebäude und im Gebäude war mangels Vergleichsmessungen nicht möglich. Jedoch zeigte die Untersuchung, dass bei keinem der 18 untersuchten Gebäude eine Anlage zur Wasseraufbereitung installiert wurde. Daraus wird abgeleitet, dass in keinem Projekt das Wassers so aufbereitet wird, dass die Qualität besser ist als bevor es ins Gebäude kommt. Demnach liegt momentan kein positiver Fußabdruck vor. In vielen Gebäuden waren aber wassersparende Armaturen und Toilettenspülungen verbaut, die eine wichtige Voraussetzung für eine anschließende effektive Wasseraufbereitung und -recycling darstellen.

1.20 Förderung von Biodiversität

Der Bau von Ein- und Zweifamilienhäusern trägt wesentlich zum Anstieg der Siedlungs- und Verkehrsfläche bei, der mit der Zerschneidung und dem Verlust von Arten in Verbindung gebracht wird (Bannas et al., 2017, S. 9) (s. Kapitel 2.5.1). Mulhall und Braungart (2010, S. 9) hingegen argumentieren, dass Gebäude Potenzial für einen positiven Fußabdruck haben, wenn der Artenreichtum am Gebäude aktiv so gefördert wird, dass nach dem Bau des Gebäudes mehr Spezies vorhanden sind als davor (s. Kapitel 3.3.8.1). Bei keinem der nachhaltigen Ein- und Zweifamilienhäuser aus Kapitel 4.2.5 war eine Zählung der Arten am Grundstück bekannt. Folglich ist keine Aussage darüber möglich, ob nach dem Bau der Gebäude mehr Spezies am Grundstück präsent sind als davor. Aus den Untersuchungen konnte abgeleitet werden, dass bei einigen Gebäuden Maßnahmen umgesetzt wurden, die zur Steigerung der Biodiversität beitragen können (s. Kapitel 4.2.5). Bei zwei der 18 untersuchten Gebäude waren Teile des Dachs begrünt. Bei weiteren zwei Gebäuden war ein Teich im Garten angelegt. Die Auswertung zeigt, dass bei manchen Gebäuden bereits erste aktive Maßnahmen ergriffen wurden, die zur Steigerung der Biodiversität beitragen können. Künftig sollten in die Betrachtung auch der Versiegelungsgrad sowie die Beschaffenheit der Freiflächen am Grundstück untersucht werden.

5.2 Perspektivenwechsel statt Anhebung der Ziele (Ableitung These 2)

These 2:

Nachhaltige Ein- und Zweifamilienhäuser stellen eine Vorstufe von C2C Ein- und Zweifamilienhäusern dar. Durch die Anhebung der Ziele des nachhaltigen Bauens können C2C Gebäude geschaffen werden.

Die Untersuchung aus den Kapiteln 3.3.3 bis 3.3.8 ergab, dass bei den Themen Verwendung kreislauffähiger Materialien, Innenraumlufthygiene und Wasserkreisläufe die Anhebung der Ziele des nachhaltigen Bauens nicht ausreicht, um zu einem C2C Gebäude zu gelangen. Anstatt dessen ist eine Änderung der Perspektive, weg vom Bestreben „weniger schlecht" im Sinne der Ökoeffizienz zu handeln hin zum Bestreben „gut" im Sinne der Ökoeffektivität zu handeln, nötig. Neben der Positivdefinition von Bauprodukten bedeutet dies im Bereich Innenraumluft, luftreinigende Materialien und Pflanzen einzusetzen. Im Bereich Wasser sollte anstatt eines geringeren Wasserverbrauchs die Aufbereitung des Abwassers im Gebäude angestrebt werden, so dass das Wasser das Gebäude sauberer verlässt als es hineinkommt. Zudem sollten Materialien der Bio- oder Technosphäre zugeordnet und vollständig rückgeführt werden. Die Weiterverwertung von Materialien reicht nicht aus. Darüber hinaus muss die gesundheitliche Eignung von Rezyklaten sichergestellt werden. Beim Aspekt der Förderung der Biodiversität existiert mit Home Quality Mark bereits ein Nachhaltigkeitsbewertungssystem mit ähnlichen Zielen wie die C2C Leitfäden und es ist keine Anhebung der Ziele nötig (s. Kapitel 3.3.8.3). Auch beim Thema Rückbau- und Recyclingpotenziale liegen die Ziele aus der untersuchten C2C Literatur und den Nachhaltigkeitsbewertungssystemen bereits ähnlich hoch. Beim Aspekt der Nutzung regenerativer Energie liegen die Ziele in der Nachhaltigkeitsbewertung bereits hoch. Um zu einem positiven energetischen Fußabdruck nach C2C zu gelangen, sollten die Themen graue Energie und regenerativ erzeugter Stromüberschusses in Wechselwirkung betrachtet werden, bevor eine quantitative Anhebung der Ziele erfolgt. Die Ableitung der These zu den einzelnen Themen wird im Folgenden detailliert dargestellt:

1.1 Verwendung kreislauffähiger Materialien

Sowohl die C2C Literatur als auch die Nachhaltigkeitsbewertungssysteme behandeln die Aspekte Verwendung von Materialien aus Recyclingmaterial oder nachwachsenden Rohstoffen und Verwendung von künftig recycelbaren oder biologisch abbaubaren/kompostierbaren Materialien (s. Kapitel 3.3.3.3). Die Ziele des C2C Kriteriums liegen jedoch höher. In den untersuchten Nachhaltigkeitsbewertungssystemen werden in der Technosphäre der Ausschluss von Produkten mit ungünstigen Recyclingeigenschaften, die Einbettung in ein System für erweiterte Herstellerverantwortung sowie ein Recyclinganteil im Produkt positiv bewertet (s. Kapitel 3.3.3.2). In der Biosphäre werden Punkte vergeben, wenn FSC-zertifizierte Hölzer verwendet werden oder Produkte einen biologisch abbaubaren/kompostierbaren Anteil enthalten. Eine Anhebung der Ziele nach der gegenwärtigen Systematik würde mehr Produkte mit ungünstigen Recyclingeigenschaften ausschließen, den geforderten Recyclinganteil oder den biobasierten Anteil von Produkten höher setzen oder den Anteil FSC-zertifizierter Hölzer erhöhen. Im Falle der FSC-zertifizierten Hölzer führt eine Anhebung in die Richtung der C2C Anforderung, da unbehandelte FSC-zertifizierte Hölzer beim Kreislauffähigkeitsindex den C2C Platinum Standard erfüllen (s. Kapitel 3.3.3.3). Im Falle der Erhöhung des Recyclinganteils müsste zunächst sichergestellt werden, dass das Rezyklat, wie im C2C Kriterium gefordert, dafür ausgelegt und gesundheitlich unbedenklich ist (Mulhall & Braungart, 2010, S. 8-9) (s. Kapitel 3.3.3.1). Zudem müsste wie im C2C Kriterium eine Wiederverwertung auf gleichbleibendem oder höheren Qualitätsniveau über mehrere Nutzungszyklen gewährleistet sein und es darf keine Weiterverwertung stattfinden, bei der das Qualitätsniveau im Vergleich zum ursprünglichen Zweck immer weiter abnimmt. Beide Punkte werden in den untersuchten Nachhaltigkeitsbewertungsmethoden nicht explizit gefordert (s. Kapitel 3.3.3.2). Zudem widerspricht der Ausschluss von einzelnen Materialien dem C2C Gedanken, der eine Positivdefinition anstatt des Ausschlusses von Materialien fordert (s. Kapitel 2.3.3). Folglich reicht eine alleinige quantitative Anhebung der Ziele nicht aus, um zu C2C Gebäuden zu gelangen. Stattdessen ist ein Perspektivenwechsel, weg von einer „weniger schlecht" Mentalität hin zu einer „gut" Mentalität im Sinne des C2C Prinzips nötig.

Kriterium 1.3: Rückbau- und Recyclingpotenziale

Während unter den C2C Dokumenten eine Anforderung zu Rückbau- und Recyclingpotenzialen präsent ist (s. Kapitel 3.3.4.1), sind es in den Nachhaltigkeitsbewertungssystemen zwei (s. Kapitel 3.3.4.2). Im DGNB Steckbrief erfolgt eine Einteilung des Aufwands zur Demontage der Bauteile sowie die Beurteilung des Aufwands zur Trennung der Bauteilschichten in verschiedene Kategorien (DGNB e.V., 2013) (s. Kapitel 3.3.4.2). Daraus wird eine Gesamtpunktzahl errechnet. Damit wird indirekt die Art der Verbindungsmittel bewertet. Im Minergie-Eco System werden bei der Gebäudehülle, der Sekundär-, der Tertiärstruktur und der Gebäudetechnik rein mechanische, lösbare Befestigungsmittel gefordert (Minergie Schweiz & Verein ecobau, 2020c, S. 58-59) (s. Kapitel 3.3.4.2). Damit liegen die Ziele der beiden Systeme ähnlich hoch wie bei Salfner et al. (2017, S. 83), die ebenfalls auf mechanische Befestigungsmittel anstatt chemischer Verbindungen abzielen. Die Gebäudetransformation innerhalb der Nutzungsphase, die von Salfner et al. (2017, S. 83) zusätzlich behandelt wird (s. Kapitel 3.3.4.1), sollte in die Nachhaltigkeitsbewertungssystemen ebenfalls aufgenommen werden, um den Aufwand für die Instandhaltung gering zu halten.

Kriterium 1.7: Verbesserung der Innenraumluftqualität

In den Steckbriefen zur Innenraumhygiene aus den Nachhaltigkeitsbewertungssystemen werden spezifische Luftschadstoffe und Grenzwerte abgefragt (s. Kapitel 3.3.5.2). Zudem wird die Umsetzung lüftungstechnischer und konstruktiver Maßnahmen zum Ausschluss schädlicher Emissionen positiv bewertet. Eine Anhebung der Ziele aus den Nachhaltigkeitsbewertungsmethoden auf Basis der gegenwärtigen Systematik würde zur Einführung strengerer Grenzwerte für Schadstoffe in Raumluftmessungen oder Prüfkammeruntersuchungen führen. Im Bereich der Lüftung und der Konstruktion würden ebenfalls strengere Maßnahmen auferlegt. Diese Maßnahmen führen nicht automatisch zu C2C Gebäuden, bei denen die Luft im Gebäude so aufbereitet werden soll, dass sie das Gebäude sauberer verlässt als sie ins Gebäude kommt (Mulhall & Braungart, 2010, S. 9) (s. Kapitel 3.3.5.1). Anstatt nur Produkte mit geringeren Emissionen einzusetzen, spielt dabei die Positivdefinition von Materialien eine wichtige Rolle (s. Kapitel 2.3.3). Zudem sollten auch luftreinigende Eigenschaften von Materialien und Pflanzen ins Konzept einbezogen werden, um einen positiven Fußabdruck zu erreichen (s. Kapitel 3.3.5.1). Beide Punkte spielen in den Nachhaltigkeitsbewertungssystemen bisher keine Rolle. Wie bei Kriterium 1.1 ist auch bei der Innenraumlufthygiene eine Änderung der Haltung nötig und eine alleinige quantitative Anhebung der Ziele reicht nicht aus, um zu C2C Gebäuden zu gelangen.

Kriterium 1.9: Wassereinsatz und Wasserkreisläufe

Beim Thema Wassereinsatz und Wasserkreisläufe sind die Schwerpunkte in der C2C Literatur und in den untersuchten Nachhaltigkeitsbewertungssystemen unterschiedlich gesetzt (s. Kapitel 3.3.6.3). In allen untersuchten Nachhaltigkeitsbewertungssystemen wird direkt oder indirekt der Wasserverbrauch der Armaturen und der Toilettenspülung beurteilt. Zudem wird der Einsatz von Systemen zum Regenwasser- und Grauwassernutzung positiv bewertet (s. Kapitel 3.3.6.2). Eine Anhebung der Ziele auf Grundlage der bestehenden Systematik würde zur Forderung eines niedrigeren Wasserbedarfs und der Ausweitung der Regenwasser- und Grauwassernutzung führen. Für einen positiven Wasserfußabdruck nach C2C (Mulhall & Braungart, 2010, S. 9) (s. Kapitel 3.3.6.1) müssten darüber hinaus aber auch Maßnahmen ergriffen werden, um das genutzte Wasser so aufzubereiten, dass die Wasserqualität besser ist als vor dem Eintritt ins Gebäude. Auch dafür ist ein Perspektivenwechsel, weg vom Ziel, weniger Wasser zu verbrauchen, hin zum Ziel, das gesamte Wasser im Gebäude aufzubereiten, nötig. Wie bereits bei den Kriterien 1.1 und 1.7 reicht eine rein quantitative Anhebung der Ziele aus den Nachhaltigkeitsbewertungssystemen nicht aus, um zu C2C Gebäuden zu gelangen.

Kriterium 1.13: Einsatz erneuerbarer Energie

Während in den meisten der analysierten C2C Dokumente die Erzeugung regenerativer Energie in Wechselwirkung mit der grauen Energie des Gebäudes betrachtet wird (s. Kapitel 3.3.7.1), werden die Aspekte in den Nachhaltigkeitsbewertungssystemen teils getrennt betrachtet (s. Kapitel 3.3.7.2). Im DGNB Zertifikat beispielsweise wird der regenerativ am Gebäude erzeugte Stromüberschuss in die Ökobilanz einbezogen (DGNB e.V., 2013). Der Zielwert für die Primärenergie nicht erneuerbar liegt jedoch über Null und somit unter dem Ziel eines positiven energetischen Fußabdrucks nach C2C (s. Kapitel 3.3.7.1). Eine quantitative Erhöhung der Zielwerte würde zu C2C Gebäuden führen. Beim BNK beispielsweise ist ein direkter Vergleich nicht möglich, da die Aspekte Primärenergie nicht erneuerbar und erzeugter Stromüberschuss getrennt voneinander betrachtet werden (BMI, 2015d, 2015e). Der regenerativ erzeugte Stromüberschuss wird nicht in die Ökobilanz einbezogen (s. Kapitel 3.3.7.2). Die Auswertung der BNK-zertifizierten Einfamilienhäuser in Holzfertigbauweise ergab, dass bei sechs der 15 untersuchten Gebäude der durchschnittlich jährlich erzeugte Stromüberschuss den durchschnittlichen jährlichen Primärenergiebedarf nicht erneuerbar nach den Rechenvorschriften im BNK übersteigt und bereits sehr fortschrittliche Gebäude existieren (s. Kapitel 4.2.4). Anstatt die bisherigen Ziele des nachhaltigen Bauens zu erhöhen, erscheint es daher sinnvoll, die Themen graue Energie und regenerativ erzeugte Energie in allen Nachhaltigkeitsbewertungsmethoden miteinander zu verknüpfen, bevor eine Anpassung der Zielwerte vorgenommen wird.

Kriterium 1.20: Förderung von Biodiversität

Sowohl in zwei der untersuchten C2C Leitfäden und als auch in zwei Nachhaltigkeitsbewertungssystemen existiert jeweils eine Anforderung zur Förderung der Biodiversität (s. Kapitel 3.3.8.1 und 3.3.8.2). Im HQM System liegen die Ziele innerhalb der Nachhaltigkeitsbewertungssysteme am höchsten und die maximale Punktzahl kann erreicht werden, wenn der ökologische Wert des Grundstücks nach dem Bau des Gebäudes stark zugenommen hat (BRE, 2018c, S. 37-41) (s. Kapitel 3.3.8.2). In die Beurteilung werden die Größe und Länge der Habitate, deren Zustand und Besonderheit einbezogen. Damit liegt das Ziel vergleichbar hoch wie im C2C Leitfaden von Mulhall und Braungart (2010, S. 9), der fordert, dass die Artenvielfalt am Gebäude aktiv so gefördert wird, dass nach dem Bau des Gebäude mehr Arten präsent sind als davor (s. Kapitel 3.3.8.1). Die Darstellung zeigt, dass keine Anhebung der Ziele mehr nötig ist. Im Minergie-Eco System, das die naturnahe Gestaltung eines Teils der Umgebungsfläche fordert (Minergie Schweiz & Verein ecobau, 2020c, S. 54) (s. Kapitel 3.3.8.2), könnte eine quantitative Anhebung des Anteils zu C2C Gebäuden führen. Um zu prüfen, ob die C2C Ziele damit erreicht werden, wäre zudem eine Artenzählung oder eine Bewertung des ökologischen Werts des Grundstücks nötig. Insgesamt ist das Thema der Biodiversität in Nachhaltigkeitsbewertungssystemen bisher unterrepräsentiert und eine Aufnahme der Thematik in die anderen Systeme wünschenswert.

5.3 Gesetzliche Anreize für einen positiven Fußabdruck (Ableitung These 3)

These 3:

Um von nachhaltigen Ein- und Zweifamilienhäusern in Holzfertigbauweise zu C2C Gebäuden zu gelangen, ist eine Änderung des Bewusstseins aller Baubeteiligten nötig. Anstatt der Minimierung negativer Auswirkungen müssen positive Ziele angestrebt werden. Dafür müssen gesetzliche Anreize gesetzt werden.

Die Ableitung von These 2 ergab, dass bei den Themen Verwendung kreislauffähiger Materialien, Verbesserung der Innenraumluftqualität sowie Wassereinsatz und Wasserkreisläufe eine quantitative Anhebung der Ziele des nachhaltigen Bauens nicht genügt, um zu C2C Gebäuden zu gelangen (s. Kapitel 5.2). Zusätzlich ist ein Perspektivenwechsel nötig. Dabei genügt es nicht, nur die Ziele der Nachhaltigkeitsbewertungssysteme anzupassen, vielmehr müssen alle Baubeteiligten in den Prozess einbezogen werden. Die Untersuchung der Nachhaltigkeitsbewertungsmethoden zeigte, dass eine alleinige Festsetzung von Zielen nicht ausreicht, um die Themen im Bauwesen zu verankern. Die Anzahl der Zertifizierungen mit dem BNK und DGNB, Neubau Kleine Wohngebäude liegen jeweils nur im zweistelligen Bereich (s. Kapitel 3.2.1 und 3.2.2). Für eine breite Anwendung von C2C Themen ist es nötig, initiale, gesetzliche Anreize zu schaffen, da die Umsetzung von Innovationen zu Beginn meist mit einem erhöhten Planungsaufwand verbunden (Salfner et al., 2017, S. 191) (s. Kapitel 3.1.6). Durch gesetzliche Anreize kann ein Startpunkt geschaffen werden, um die Vorteile des C2C Prinzips auf lange Sicht aufzuzeigen. Im Folgenden wird diese Forderung anhand eines Vergleichs der Themen regenerativer Energie und Kreislaufführung von Materialen erläutert.

Die Untersuchungen der Kapitel 3 und 4 zeigen, dass im Bereich Energie bereits ein großer Fortschritt hin zum positiven Fußabdruck erfolgt ist. Bei sechs der 15 untersuchten Ein- und Zweifamilienhäuser in Holzfertigbauweise überstieg der durchschnittlich jährlich erzeugte Stromüberschuss den durchschnittlichen jährlichen Primärenergiebedarf nicht erneuerbar nach den derzeitigen Bilanzierungsregeln im BNK (s. Kapitel 4.2.4). Obwohl der Fokus derzeit noch auf Niedrigstenergiegebäuden gemäß GEG liegt (s. Kapitel 2.1.3), hat ein Paradigmenwechsel bereits teilweise stattgefunden. Beispielsweise wird im BNK für die höchste Bewertungsstufe der Effizienzhaus Plus-Standard angestrebt (s. Kapitel 3.3.7.2). Dieser Standard wird erfüllt, wenn ein Gebäude regenerativ mehr Energie bereitstellt als es inklusive des Nutzerstroms verbraucht (BMI, 2015e). Insgesamt wurden in Deutschland im Jahr 2020 bereits 46 Prozent des verbrauchten Stroms durch erneuerbare Energien gedeckt (BMWi, 2021) (s. Kapitel 2.1.3). Ein weiterer, größtenteils noch ausstehender Schritt ist die Betrachtung der Wechselwirkung zwischen grauer Energie und regenerativ erzeugtem Stromüberschuss (s. Kapitel 5.2). Der bisherige Fortschritt ist darauf zurückzuführen, dass die Thematik in Deutschland bereits früh gesetzlich geregelt und

Anreize geschaffen wurden (s. Kapitel 2.1.3). Bereits 1990 wurde mit dem StromEinspG das weltweit erste Ökostrom-Einspeisegesetz erlassen (Lüdeke-Freund & Opel, 2014, S. 439), das Elektrizitätsversorgungsunternehmen verpflichtete, regenerativ erzeugten Strom von Dritten abzunehmen und zu vergüten. Im Jahr 2002 wurde das Gesetz vom EEG abgelöst. In Folge der Gesetzgebung nahm der Bau von Photovoltaikanlagen stark zu (Statista, 2020). Die Höhe der Einspeisevergütung ist zwar bis heute stark gesunken (Fraunhofer ISE, 2021), es werden aber weiterhin viele PV-Anlagen installiert, da bei sinkenden Preisen für die Anlagen und gleichzeitigem Anstieg des Strompreises der Eigenverbrauch attraktiv geworden ist. Dieses Beispiel zeigt, dass sich die Dimensionen Ökologie und Ökonomie nicht entgegenstehen müssen, sondern gemäß dem triple-top-line Ansatz (Mc Donough & Braungart, 2002) (s. Kapitel 2.1.2) in einem bereichernden Wechselspiel stehen können. Im Bereich der regenerativen Energieerzeugung hat bereits teilweise eine Bewusstseinsänderung stattgefunden und es werden positive Ziele angestrebt.

Bezüglich der Kreislaufführung von Materialien bestehen bisher nur wenig strikte gesetzliche Regelungen und kaum Anreize. Das KrWG gibt auf Basis der europäischen Abfallrahmenrichtlinie eine fünfstufige Hierarchie für den Umgang mit Abfällen vor: Vermeidung, Wiederverwendung, Recycling, sonstige Verwertung und Beseitigung (Art. 4 (1) Abfallrahmenrichtlinie) (s. Kapitel 2.2.2). Zudem wird für nicht gefährliche Bau- und Abbruchabfälle die Umsetzung von Maßnahmen für eine Verwertungsquote von 70 Masseprozent gesetzlich festgelegt. An die Verwertung werden jedoch werden keine weiteren Qualitätsanforderungen gestellt. Hillebrandt et al. (2018, S. 17) folgern, dass die Produkthersteller ihre Produktverantwortung nur auf niedrigem Niveau erfüllen werden, solange die Ziele nicht stärker formuliert sind. Die Demontage der Bauteile in Holzfertigbauweise (s. Kapitel 4.3 bis 4.5) zeigte, dass bereits einige Baumaterialien verbaut sind, die sich für eine Kreislaufführung eignen, wie zum Beispiel Gipskarton. In der Praxis findet bisher jedoch nur selten eine Kreislaufführung statt, obwohl die entsprechende Recyclingtechnik bereits existiert (s. Kapitel 4.5). Zudem existiert für viele Anwendungsfälle im Baubereich bereits eine kreislauffähige Alternative (s. Kapitel 4.2.1).

Wie beim Thema Energie beschrieben (s. Kapitel 2.1.3), sollten auch im Materialbereich gesetzliche Anreize geschaffen werden, die als Impuls für eine Kreislaufführung wirken können. Dies könnte beispielsweise durch die Erhebung verursachergerechter Abfallgebühren erreicht werden, die sich beispielsweise an den verursachten Umweltbelastungen orientieren (Wilts et al., 2014, S. 59-60). Weitere mögliche Maßnahmen stellen die Besteuerung von Primärmaterialien oder die Einführung von Pfandsystemen dar. Hillebrandt (2012, S. 244-245) schlägt vor, Gebäude nur unter Vorlage eines Rückbaukonzeptes und Hinterlegen einer Kaution zu genehmigen. Die Kaution wird verzinst angelegt und der Eigentümer erhält sie nach Nachweis des Rückbaus zurück. Die Höhe der Kaution wird anhand der Demontierbarkeit der Konstruktion und der Recyclingfreundlichkeit bemessen. Bei zunehmender Kreislaufführung durch gesetzliche Anreize ist zu erwarten, dass die Kosten für die entsprechende Recyclingtechnik sinken. Bei gleichzeitiger Ressourcenverknappung und steigenden Kosten für Primärrohstoffe würde eine Kreislaufführung von Materialien damit zunehmend rentabel. In diesem Zuge würden die Vorteile der Kreislaufführung sichtbar. Erst dann kann eine vollflächige Bewusstseinsänderung weg von der Reduzierung des Ressourcenverbrauchs hin zur Kreislaufführung von Materialien in der Bio- und Technosphäre stattfinden. Die Vorteile der Kreislaufführung sind vielfältig. Wichtigste Aspekte stellen die Beendigung der Verknappung natürlicher Ressourcen, Kostenvorteile in der Produktion und für den Endverbraucher und die Möglichkeit der Verwendung der bestgeeigneten und gesündesten Materialien dar (s. Kapitel 2.3.3). Dass kreislauffähige Konstruktionen auf lange Sicht wirtschaftlich sein können, zeigen Riegler-Floors und Hillebrandt (2018, S. 126-127) anhand der Gegenüberstellung von jeweils drei konventionellen und recyclinggereichten Konstruktionen. Während die kreislauffähigen Gebäude in der Errichtung zunächst teurer waren, schnitten sie bei den Renovierungs- und Entsorgungskosten und auch insgesamt besser ab als konventionelle Konstruktionen. Als initialer Impuls zur Nutzung der Potenziale sind gesetzliche Anreize nötig.

5.4 Wege zu Cradle to Cradle Ein- und Zweifamilienhäusern in Holzfertigbauweise (Beantwortung Forschungsfragen)

Neben den drei Thesen wurden in Kapitel 1.3 zusätzlich sieben Forschungsfragen aufgestellt. Vier der Forschungsfragen wurden bereits innerhalb der Ableitung der Thesen beantwortet. Die Beantwortung der Forschungsfragen 1, 2 und 3 findet sich innerhalb der Ableitung von These 1 wieder (s. Kapitel 5.1). Forschungsfrage 4 wurde im Rahmen der Ableitung von These 2 bearbeitet (s. Kapitel 5.2). Wie bereits bei der Ableitung der Thesen werden im Folgenden die Beschreibung der Rahmenbedingungen (Kapitel 2 „Status Quo: Cradle to Cradle Ein- und Zweifamilienhäuser in Holzfertigbauweise") und der Untersuchungsrahmen (Kapitel 3 „Instrumente zur Umsetzung von Cradle to Cradle Ein- und Zweifamilienhäusern und Nachhaltigkeitsbewertungssysteme" und Kapitel 4: „Fallstudien: Cradle to Cradle inspirierte und nachhaltige Ein- und Zweifamilienhäuser") herangezogen, um die Forschungsfragen 5, 6 und 7 zu beantworten.

5.4.1 Anpassung der Verbindungsmittel und Materialien (Beantwortung Forschungsfrage 5)

Forschungsfrage 5: Wie können bestehende Bauweisen und Baustoffe im Holzfertigbau so weiterentwickelt werden, dass nach der Nutzungszeit eine sortenreine Demontage und Trennung der Bauteilschichten sowie eine vollständige Rückführung der Materialien möglich ist?

Für den Aspekt der sortenreinen Demontage und Trennung existieren verschiedene Ansatzpunkte. Die Fallstudien 2 bis 5 zeigten, dass die Bauteile im klassischen Holzfertigbau aus vielen verschiedenen Schichten bestehen, deren Verbindungen beim Rückbau gelöst werden müssen (s. Kapitel 4.2 - 4.5). Dabei übernehmen die einzelnen Schichten in den meisten Fällen jeweils nur eine oder zwei Funktionen. In Sinne der Suffizienz verringert die Vereinigung mehrerer Funktionen in einer Schicht die Anzahl der zu lösenden Verbindungen. Einen möglichen Ansatzpunkt stellt ein diffusionsoffener Aufbau für Wände dar, der ohne Dampfbremse und Winddichtung funktioniert. Dabei gilt es zu beachten, dass diffusionsoffene Konstruktionen fehleranfälliger sind und beispielsweise bei Sanierungsmaßnahmen am Außenputz auf die Wahl des passenden Materials geachtet werden muss.

Im Sinne der Konsistenz sollte für eine sortenreine Trennung der Schwerpunkt künftig auf reversibel lösbare Verbindungsmittel gelegt werden. Die Fallstudien 4 und 5 zeigten, dass die folgenden Verbindungsmittel bei der Zerlegung der Bauteile einen aufsteigenden Aufwand zur Trennung mit sich bringen (s. Kapitel 4.4 und 4.5): einlegen/auflegen/einhängen, schrauben, nageln, klammern, verputzen, kleben. Darüber hinaus kommen im Holzfertigbau seit einigen Jahren Holzverbindungen wie Schwalbenschwanzverbindungen oder Vollgewindeschrauben anstatt von genagelten Balkenschuhen zum Einsatz (M. Sauter, Persönliche Mitteilung, 13. Mai 2021). Beide Verbindungsmittel sind sehr montagefreundlich und wieder lösbar. Bei Schwalbenschwanzverbindungen ist aufgrund der Monomaterialität zudem eine Rückführung in die Biosphäre möglich. Die Verwendung von Holzverbindungen wie Schwalbenschwanzverbindungen ist aufgrund des computergestützten Fräsens heute wieder wirtschaftlich. Zudem werden seit einigen Jahren Nagelschrauben in Holzfertigbau verwendet, um Fassadenschalungen aus Holz auf der darunterliegenden Lattung zu befestigen (M. Sauter, Persönliche Mitteilung, 13. Mai 2021). Nagelschrauben verbinden die Vorteile einer Schraube mit denen eines Nagels. Einerseits können Nagelschrauben zeitsparend mit Hilfe eines Druckluftnaglers eingebracht werden, andererseits kann die Verbindung durch Herausdrehen gelöst werden. Die Übertragung der genannten Verbindungsmittel, die bisher nur für einzelne Fälle eingesetzt werden, auf weitere Anwendungen, auch innerhalb der Holztafelelemente, sollte geprüft werden. Eine weitere Alternative zur Verbindung von Bauteilen aus Weichholz stellt die Technik des Holzschweißens dar. Dabei werden Holznägel mit Hilfe einer Luftnagelpistole in die Holzmatrix geschossen (Korte et al., 2018, S. 979). Durch die Reibung zwischen der Nageloberfläche und der Holzmatrix erwärmt sich die Grenzfläche und das Zellwandlignin erweicht. Die Rückkondensation des erweichten Lignins verschweißt den Holznagel mit der Holzmatrix. Aufgrund der Monomaterialität der Verbindung ist eine Rückführung in die Biosphäre problemlos möglich. Die Anwendung für den klassischen Holztafelbau sollte geprüft werden. Darüber hinaus besteht weiterer Forschungsbedarf zum Einsatz alternativer Befestigungsmittel beispielsweise Klettverbindungen im Holzfertigbau.

Die Unterschiede zwischen den Verbindungsmitteln wurden anhand des Vergleichs des SchwörerHaus Außenwandbauteils mit geklebtem und geklammertem Wärmedämmverbundsystem und des Außenwandbauteils mit hinterlüfteter, Holzverschalung besonders deutlich (s. Kapitel 4.5.2). Sowohl bei der Trennbarkeit als auch bei der Verwertbarkeit schnitt das Bauteil mit Holzverschalung besser ab. Folglich sollte zugunsten der Trennbarkeit und der Kreislauffähigkeit künftig auf Holzschalungen als Wandabschluss anstatt von verputzten Wärmedämmverbundsystemen gesetzt werden. Eine Steigerung der Dauerhaftigkeit der Holzschalung kann beispielsweise durch Acetylierung erreicht werden (s. Kapitel 4.2.1).

Auch für die Rückführung der Materialien in die Bio- und Technosphäre bestehen verschiedene Ansatzpunkte. Vor der Wiederverwertung stellt die Wiederverwendung die bevorzugte Option dar (s. Kapitel 4.4.2). Die Fallstudie zur Versetzung zeigte, dass nur für Bauteile und Schichten in Trockenbauweise eine Wiederverwendung möglich war (s. Kapitel 4.4.3 und 4.4.4). Bauteile und Schichten in Nassbauweise, beispielsweise Betonplatten oder Zementestrich, konnten nur unter Zerstörung in kleinere Einzelteile zerlegt werden und sind nicht für eine Wiederverwendung geeignet. Zudem erschwerten Deckschichten in Nassbauweise die Zugänglichkeit zu den Verbindungen zwischen den Bauteilen. Aus den genannten Gründen sollten Trockenbauweisen wie Holzbauweisen gegenüber Nassbauweisen bevorzugt werden. Obwohl Gipskartonverkleidungen gemeinhin unter die Bezeichnung Trockenbau fallen, erwies sich ihre Wiederverwendung aufgrund des Spachtelns der Stöße (Nassbauweise) problematisch (s. Kapitel 4.4.3). Als Folge waren die Befestigungsmittel nicht mehr auffindbar und die Platten konnten nur unter Zerstörung entfernt werden. Nach der Wiederverwendung ist eine Rückführung der Materialien in die Bio- bzw. Technosphäre essentiell. Bei der Auswahl sollte auf hybride Materialien verzichtet werden. Die Untersuchung der Verwertbarkeit des untersuchten SchwörerHaus Außenwandelements ergab, dass im Bauteil bereits einige kreislauffähige Materialien enthalten waren (s. Kapitel 4.5.3). Zudem haben Holzbauweisen aufgrund ihrer regenerativen Eigenschaften einen Vorteil beim Thema Kreislauffähigkeit gegenüber Massivbauweisen (s. Kapitel 5.1). Darüber hinaus zeigte die Auswertung der nachhaltigen Gebäude mit BNK-Zertifikat, dass für viele der eingesetzten Materialien kreislauffähige Alternativen existieren (s. Kapitel 4.2.1) und eine Substitution zumindest in Teilen möglich ist. Für den Holztafelbau sollte künftig die Umsetzbarkeit einer

Wand untersucht werden, die ausschließlich aus Materialien und Verbindungsmitteln der Biosphäre besteht. So könnte beim Rückbau die Zerlegung in einzelne Schichten entfallen, da eine gesamtheitliche Verwertung möglich ist.

5.4.2 Ganzheitliche Betrachtung des positiven energetischen Fußabdrucks (Beantwortung Forschungsfrage 6)

Forschungsfrage 6: Wie können Energiekonzepte für Ein-und Zweifamilienhäuser in Holzfertigbauweise realisiert werden, die in Kombination mit innovativen Technologien regenerativ mehr Energie erzeugen als die Gebäude verbrauchen einschließlich grauer Energie?

Die Literaturrecherche zeigte, dass in Deutschland bereits hohe Standards für die Energieeffizienz von Gebäuden in der Nutzungsphase gelten (s. Kapitel 2.1.3). Seit November 2020 sind alle Neubauten im Niedrigstenergiestandard zu errichten (§10 GEG). Darüber hinaus nahm die Installation von PV-Anlagen trotz sinkender Subventionen in den letzten Jahren wieder zu (Statista, 2020) (s. Kapitel 2.1.3). Der Fokus der Betrachtung liegt bisher jedoch vorwiegend auf der Nutzungsphase. Der Energieaufwand für die Herstellung, die Instandhaltung und den Rückbau ist bisher nicht gesetzlich geregelt und wird meist nicht betrachtet. Nichtsdestotrotz zeigte die Analyse der nachhaltigen Ein- und Zweifamilienhäuser in Holzfertigbauweise, dass die Gutschrift für den durchschnittlich jährlich regenerativ erzeugten Stromüberschuss den durchschnittlichen jährlichen Primärenergiebedarf nicht erneuerbar aus der BNK-Ökobilanz bei sechs der 15 untersuchten Gebäude übersteigt (s. Kapitel 4.2.4). Ob bei den Gebäuden bereits ein positiver energetischer Fußabdruck gemäß C2C (s. Kapitel 3.3.7.1) vorliegt, konnte aufgrund von Limitationen in den BNK-Bilanzierungsregeln nicht beurteilt werden (s. Kapitel 4.2.4 und 5.1).

Zur abschließenden Beurteilung ist eine vertiefte Betrachtung nötig, die neben den bisher ausgeklammerten Lebenszyklusphasen auch die gesamte Gebäudetechnik einbezieht. Dabei sollte die Umsetzung eines positiven, energetischen Fußabdrucks in Wechselwirkung mit der Thematik der Kreislaufführung betrachtet werden. Bei der Bereitstellung regenerativer Energie nehmen kritische Rohstoffe, deren Verfügbarkeit stark begrenzt ist, beispielsweise Indium oder Gallium in PV-Anlagen (Woodhouse et al., 2013, S. 833), eine zentrale Rolle ein und eine Kreislaufführung ist essentiell. Darüber hinaus sollten die gesetzlich vorgeschriebene energetische Bilanzierung angepasst und neben dem Primärenergiebedarf in der Nutzungsphase auch die Phasen Herstellung, Instandsetzung und Rückbau aufgenommen werden, um einen positiven energetischen Fußabdruck zu fördern.

Für einen positiven energetischen Fußabdruck eines Gebäudes existieren zwei Stellschrauben. Einerseits kann über die Wahl der Baustoffe der Primärenergiebedarf nicht erneuerbar gesenkt werden. Dabei sollte auch der Parameter Treibhauspotenzial in die Betrachtung einbezogen werden, solange Treibhausgase in der Praxis nicht in bedeutendem Umfang nutzbringend eingesetzt werden können (s. Kapitel 4.2.4). Auf lange Sicht ist es jedoch oberstes Ziel, CO_2 als Ressource für chemische und biochemische Prozesse zu nutzen. Andererseits kann über die Wahl der Haustechnik der Betrag der regenerativ am Gebäude erzeugten Energie gesteuert werden. Dabei sollte neben dem Parameter Energie auch die Exergie eine Rolle spielen (s. Kapitel 4.2.4). Die Exergie gibt Auskunft über die ideale Umwandlung einer Energieform in eine andere und damit über die thermodynamische Qualität der Energie (P. G. Luscuere et al., 2016, S. 28-29). Anhand der Exergie eines Systems lässt sich die Effektivität nach C2C beurteilen. Die von Jansen (2013) verwendete Methodik, die in Kapitel 4.2.4 angewendet wurde, kann dabei als Beurteilungshilfe dienen.

5.4.3 Gesellschaftlicher Wandel für mehr Biodiversität (Beantwortung Forschungsfrage 7)

Forschungsfrage 7: Mit welchen Maßnahmen kann die Artenvielfalt am Gebäude und am Grundstück von Ein-und Zweifamilienhäusern in Holzfertigbauweise erhöht werden, sodass die Biodiversität nach dem Bau höher als vor dem Bau des Gebäudes?

Die Literaturrecherche ergab, dass sowohl große als auch kleine Hausgärten einen wertvollen Beitrag zum Erhalt und zur Steigerung der Biodiversität leisten können (s. Kapitel 2.5.3). Verschiedene Untersuchungen zeigen, dass urbane und suburbane Gärten einen hohen Anteil an Populationen sowie eine hohe Dichte und Produktivität von Spezies, deren Bestand im ländlichen Raum als Konsequenz landwirtschaftlicher Intensivierung stark abgenommen hat, aufweisen können (Doncaster, 1994; Goulson et al., 2002; Gregory & Baillie, 1998; Mason, 2000). Darüber hinaus können durchdacht geplante und angelegte Gründächer die Biodiversität erhöhen (Schmauck, 2019, S. 33). Insgesamt hängt der Beitrag zum Erhalt und zur Steigerung der Biodiversität stark vom Engagement der Gartenbesitzer und Nutzer ab (s. Kapitel 2.5.3). Dabei spielt die Art der Bepflanzung und Gestaltung eine wichtige Rolle (Schmid & Steidle, 2020, S. 254) und Flächenversiegelung sollte soweit wie möglich vermieden werden. Gaston, Smith et al. (2005) zeigten, dass die Besitzer der Gärten durch verschiedene Wildlife Gardening Maßnahmen wie das Aufstellen von Nisthilfen für Solitärbienen oder Wespen und das Anlegen von Teichen zur Erhaltung und Steigerung der Biodiversität beitragen können. N. Müller und Werner (2010, S. 26) sehen das Erleben urbaner Biodiversität sogar als Schlüssel, um den Verlust globaler Biodiversität zu stoppen. Demnach setzen sich Menschen am wahrscheinlichsten für Biodiversität ein, wenn sie direkten Kontakt zur Natur haben.

Die Umsetzung der genannten Maßnahmen liegt größtenteils außerhalb des Einflussbereiches der Fertighaushersteller. Zwar bieten die meisten Fertighaushersteller eine begrünte Dachvariante an, diese wird jedoch nur selten von den Bauherren nachgefragt. Von den 18 untersuchten Ein- und Zweifamilienhäusern mit BNK Zertifikat wiesen lediglich zwei ein begrüntes Dach auf (s. Kapitel 4.2.5). In die übrige Gartengestaltung sind die Fertighaushersteller nur selten involviert. Zur Sensibilisierung der Bauherren für die Thematik Artenvielfalt wäre beispielsweise der Bau von Ausstellungshäusern mit entsprechender Gebäude- und Gartengestaltung denkbar. Darüber hinaus bietet die kostenlose Mitlieferung von biodiversitätsfördernden Produkten einen möglichen Ansatzpunkt, der beispielsweise bereits vom Unternehmen SchwörerHaus umgesetzt wurde. Das Unternehmen bot während der Aussaatzeit im Rahmen der Aktion „blühende Gärten“ für Bauherren kostenloses Saatgut für Blumenwiesen an, um die Biodiversität in Gärten zu fördern (SchwörerHaus, 2021).

Insgesamt bleibt der Rückgang der Artenvielfalt jedoch ein Problem, das es gesamtgesellschaftlich zu lösen gilt. In diesem Zusammenhang schlagen Beumer und Martens (2015, S. 97) beispielsweise einen Framework vor, um den gesellschaftlichen Diskurs über Biodiversität, Ökosystemdienstleistungen und ein nachhaltiges Wohnumfeld zu erweitern. In verschiedenen Bundesländern wurden in den vergangenen Jahren bereits Gesetze erlassen, um dem Rückgang der Artenvielfalt entgegenzuwirken. Beispielsweise wurde in Baden-Württemberg im Gesetz des Landes Baden-Württemberg zum Schutz der Natur und zur Pflege der Landschaft (Naturschutzgesetz – NatSchG) das Anlegen von Steingärten verboten (§21a NatSchG). In Bayern wurde im Gesetz über den Schutz der Natur, die Pflege und die Erholung in der freien Natur (Bayerisches Naturschutzgesetz – BayNatSchG) das Volksbegehren „Artenvielfalt und Naturschönheit in Bayern - Rettet die Bienen“ umgesetzt (BayNatschG). Das Volksbegehren wurde von 1,7 Millionen Wahlberechtigten unterzeichnet (Bayerisches Staatsministerium für Umwelt und Verbraucherschutz, o.J.) und zeigt, dass eine Sensibilisierung der Bevölkerung für das Thema bereits eingesetzt hat.

6 Ausblick und weiterführender Forschungsbedarf

Innerhalb der Dissertationsschrift wurde die Umsetzbarkeit des C2C Prinzips beim Bau von Ein- und Zweifamilienhäusern in Holzfertigbauweise anhand von sechs Vertiefungskriterien untersucht. Keines der analysierten Gebäude aus den Fallstudien erfüllte alle sechs C2C Vertiefungskriterien vollständig (s. Kapitel 4.2 bis 4.5). Beim Thema Einsatz erneuerbarer Energie war aufgrund der derzeitigen Bilanzierungsvorschriften im BNK, beim Thema Verbesserung der Innenraumluftqualität mangels Vergleichsmessungen und beim Thema Förderung von Biodiversität mangels Artenzählungen am Grundstück keine abschließende Beurteilung möglich. Insbesondere hinsichtlich des Einsatzes erneuerbarer Energien und der Innenraumluftqualität schnitten einige Gebäude aber bereits sehr gut ab und es besteht Potenzial für einen positiven Fußabdruck. Bei den Themen Verwendung kreislauffähiger Materialien, Rückbau- und Recyclingpotenziale sowie Wassereinsatz und Wasserkreisläufe erreichte keines der untersuchten Gebäude bzw. Bauteile aus den Fallstudien einen vollständig positiven Fußabdruck (s. Kapitel 4.2 bis 4.5). Die Analyse zeigte, dass in Holztafelkonstruktionen bereits kreislauffähige Materialien wie Gipskarton verbaut sind, deren Potenzial in der Praxis aber bisher nur selten genutzt wird. Zudem bestehen für viele Anwendungen im Holztafelbau kreislauffähige Produktoptionen, die andere Produkte substituieren können. Insgesamt weisen Holzkonstruktionen aufgrund ihrer regenerativen Eigenschaften gegenüber Massivbauweisen wesentliche Vorteile hinsichtlich der Kreislauffähigkeit auf. Hinsichtlich der Rückbau- und Recyclingpotenziale schneiden Holzkonstruktionen aufgrund der Trockenbauweise besser als Nassbauweisen ab. Beim Thema Wassereinsatz und Wasserkreisläufe standen bei den untersuchten Gebäuden in Holzfertigbauweise Sparmaßnahmen anstatt der Aufbereitung des Wassers im Vordergrund. Die Aussage von Mulhall und Braungart (2010, S. 7), dass noch keine hundertprozentigen C2C Gebäude existieren, zeigt, dass sich die Diskussion um einen gänzlich positiven Fußabdruck nach C2C auf einem hohem Niveau bewegt. Im Folgenden wird zunächst der allgemeine Forschungsbedarf erläutert, bevor ein Ausblick für die einzelnen Vertiefungskriterien erfolgt.

Dass die Umsetzung von drei Kriterien aufgrund der derzeitigen Bilanzierungsvorschriften, mangels Vergleichsmessungen zur Innenraumluftqualität und Artenzählungen am Grundstück nicht abschließend beurteilt werden konnte, zeigt weiteren Forschungs- und Dokumentationsbedarf auf. Um die Thematik des positiven Fußabdrucks im Holzfertigbau weiter voranzubringen, sind gut dokumentierte Best-Practice Beispiele nötig. Dabei reicht es nicht, wie beim Großteil der C2C inspirierten Gebäude üblich, die umgesetzten Maßnahmen zu beschreiben. Vielmehr sollte die Umsetzbarkeit eines positiven Fußabdrucks durch Messungen, Zählungen oder Berechnungen wissenschaftlich bewertet und belegt werden. Auch bei den drei untersuchten C2C inspirierten Einfamilienhäusern in Kapitel 4.1 gingen aus der Literatur keine Durchführung von Artenzählungen oder vergleichenden Innenraumluftmessungen hervor. Salfner et al. (2017, S. 79) führten für das nexushaus eine Ökobilanzierung und durch kamen zu dem Ergebnis, dass der Anteil nicht erneuerbarer Primärenergie für den Produktlebenszyklus der Gebäudekonstruktion durch den regenerativ erzeugten Stromüberschuss kompensiert werden kann (s. Kapitel 4.1.2). Wie bereits bei den untersuchten Gebäuden mit BNK-Zertifikat (s. Kapitel 4.2.4) lässt aber auch diese Berechnung keine abschließende Aussage über die Umsetzung eines positiven energetischen Fußabdrucks zu, da die Baukostengruppe 400 nicht vollumfänglich in die Berechnung einbezogen wurde.

Darüber hinaus sollte die Umsetzung der verschiedenen C2C Kriterien in Wechselwirkung zueinander betrachtet werden. Ein Beispiel dafür stellen die Themen Verwendung kreislauffähiger Materialien und Einsatz erneuerbarer Energie dar. Insbesondere bei der Bereitstellung regenerativer Energie spielen kritische Rohstoffe, deren Verfügbarkeit stark begrenzt ist, beispielsweise Indium oder Gallium in PV-Anlagen (Woodhouse et al., 2013, S. 833), eine Schlüsselrolle. Mögliche Lösungswege stellen die Kreislaufführung oder die Substitution der Rohstoffe dar. Vor diesem Hintergrund sollte ein positiver energetischer Fußabdruck in Rückkopplung mit der Kreislaufführung der Rohstoffe der verwendeten Energieerzeugungsanlagen beurteilt werden.

In Kapitel 4.2 wurde die Umsetzung eines positiven Fußabdrucks anhand von 18 Ein- und Zweifamilienhäuser in Holzfertigbauweise mit BNK-Zertifikat untersucht. Bei 15 der 18 untersuchten Gebäude handelt es sich um Ausstellungshäuser, in denen meist die neuesten technischen Innovationen sowie Komfortausstattung gezeigt werden. Darüber hinaus sind Ausstellungshäuser nicht bewohnt. Folglich spiegeln Ausstellungshäuser nicht das durchschnittliche Einfamilienhaus wider. Beim Thema Material ist bei Betrachtung von Kundenhäusern kein wesentlicher Unterschied zu erwarten, da in allen Gebäuden in der Regel Standardkonstruktionen verbaut werden. Hinsichtlich der Haustechnik werden in Ausstellungshäusern meist innovative Systeme verbaut. Darüber hinaus hängen andere Aspekte wie die Begrünung des Innenraums, die Einfluss auf die Luftqualität im Innenraum haben kann, stark von den Bewohnern ab. Bezüglich der Steigerung der Biodiversität kann die Gartengestaltung durch die Bewohner wesentliche Beiträge leisten. Folglich sollte die Untersuchung auf Kundenhäuser ausgeweitet werden.

1.1 Verwendung kreislauffähiger Materialien und 1.3 Rückbau- und Recyclingpotenziale

Im Rahmen der Versetzung und der Bauteilzerlegung wurden in der vorliegenden Arbeit lediglich die Konstruktionen des Fertighausherstellers SchwörerHaus tiefer untersucht (s. Kapitel 4.4 und 4.5). Zwar lieferte Kapitel 4.2.1 die Erkenntnis, dass in den meisten Gebäuden in Holzfertigbauweise sehr ähnliche Konstruktionen verbaut waren. Nichtsdestotrotz sollte die Methodik aus Kapitel 4.4.2 zur Untersuchung der Trennbarkeit und Verwertbarkeit auch auf Gebäude anderer Hersteller angewendet werden, um Unterschiede im Detail zu analysieren.

Die Tragstruktur von Ein- und Zweifamilienhäusern in Holzfertigbauweise besteht aus Holz (s. Kapitel 4.2.1). Darüber hinaus kommen in den Konstruktionen des Holztafelbaus verschiedene Schichten aus der Bio- und der Technosphäre zum Einsatz. Im Hinblick auf eine Rückführung in die Biosphäre, sollte die Möglichkeit von Holztafelelementen, die gänzlich der Biosphäre zuzuordnen sind (inklusive Verbindungsmittel), untersucht werden. Materialien der Biosphäre sind regenerativ und erlauben eine vollständige Rückführung. Da bisher nur für wenige Materialien der Technosphäre eine annähernd verlustfreie Rückführung möglich ist, gilt es auch zu untersuchen, ob Materialien der Biosphäre besser geeignet sind, um die Ressourcenerschöpfung aufzuhalten. Dabei stellt sich auch die Frage nach der Flächennutzung. Bei gänzlich kreislauffähigen Produkten, die mit Hilfe regenerativer Energie erzeugt werden, stellt die begrenzte Verfügbarkeit von Fläche den limitierenden Faktor dar. Fläche wird beispielsweise benötigt, um Fabriken zu bauen, Energie zu erzeugen oder als Anbaufläche für Produkte der Biosphäre.

Die Holzfertigbauweise definiert sich durch Wand-, Decken- und Dachtafeln, die in ihrer Tragkonstruktion aus dem Baustoff Holz bestehen und werkseitig mindestens einseitig geschlossen vorgefertigt werden, bevor die auf die Baustelle transportiert werden (s. Kapitel 1.1). Aus der witterungsunabhängigen Fertigung im Werk ergeben sich weitreichende Vorteile für die Qualität der Elemente. In diesem Hinblick sollte untersucht werden, wie die Vorteile für eine spätere, optimale Rückbaubarkeit und eine anschließende Kreislaufführung genutzt werden können.

Zudem zeigten die Versetzung des SchwörerHauses sowie die Demontage des Außenwandbauteils, dass für den selektiven Rückbau von Ein- und Zweifamilienhäusern in Holzfertigbauweise kaum spezialisierte Werkzeuge zur Verfügung stehen (s. Kapitel 4.4 und 4.5). Die Aufnahme der Konstruktionen der nachhaltigen Ein- und Zweifamilienhäuser in Kapitel 4.2.1 ergab, dass in den untersuchten Gebäude sehr ähnliche Konstruktionen verbaut waren, die sich auf wenige Typen beschränken. Vor diesem Hintergrund erscheint es sinnvoll, branchenweite Lösungen für einen optimierten Rückbau zu entwickeln. Bisher fallen zwar kaum Ein- und Zweifamilienhäuser in Holzfertigbauweise zum Rückbau an. Die meisten Gebäude, auch aus den Anfängen des Holzfertigbaus in den 60er Jahren, sind noch in Nutzung. Das Thema spielt jedoch auch für das Thema Bauen im Bestand eine wichtige Rolle, da Umbauten oft mit einem Teilrückbau einhergehen.

Darüber hinaus besteht für alle Mitgliedsunternehmen des BDF seit 1996 mit der Rahmenvereinbarung zur überregionalen Baustellenentsorgung für Neubau und Bestand eine branchenweite Lösung (W. Meyer, Persönliche Mitteilung, 10. Mai 2021). Über einen bundes- und europaweit agierenden Entsorgungsdienstleister übernehmen regionale Unternehmen die Entsorgung von Baustellenabfällen für die BDF Mitgliedsunternehmen, die circa zwei Drittel der in Deutschland gebauten Ein- und Zweifamilienhäuser in Holzfertigbauweise realisieren (s. Kapitel 2.6.4). Aktuell wird die Rahmenvereinbarung an die Gesetzeslage angepasst und an der Digitalisierung der Prozesse gearbeitet (W. Meyer, Persönliche Mitteilung, 10. Mai 2021). Die Vereinbarung stellt eine wichtige Voraussetzung dar, um branchenweit eine Kreislaufführung von Materialien zu fordern, die derzeit noch als Baustellenabfälle deklariert werden. Dabei nimmt die Digitalisierung eine zunehmend wichtige Rolle ein. Im Sinne eines rechtskonformen und nachhaltigen Abfallmanagements werden sowohl die anfallenden Abfallmassen als auch baustellenbezogene Dokumente zur Entsorgung digital erfasst und weiterverarbeitet. Auf dieser Basis sollen in der weiteren Zukunft Modelle für die Hinterlegung weiterer Informationen wie Materialzusammensetzung sowie eine erweiterte Herstellerverantwortung für die Holzfertigbaubranche diskutiert werden.

1.7 Verbesserung der Innenraumluftqualität

In der Baupraxis herrschen bisher „frei von“ Definitionen vor, die lediglich bestimmte Inhaltsstoffe in Produkten ausschließen (s. Kapitel 2.3.2). Für eine gute Innenraumluftqualität ist aber die Positivdefinition von Materialien essentiell und es besteht Entwicklungsbedarf für positiv definierte Produkte.

Momentan werden circa 89 Prozent aller Ein- und Zweifamilienhäuser in Holzfertigbauweise schlüsselfertig erstellt (s. Kapitel 2.6.4). Damit haben Fertighaushersteller in ihrer vertragsrechtlichen Rolle als Generalunternehmer gegenüber einzelnen Handwerksunternehmen einen entscheidenden Vorteil bei der Gewährleistung einer guten Innenraumluftqualität. Da in der Regel fast alle Gewerke durch den Fertighaushersteller ausgeführt werden, sind die verbauten Materialien bekannt und es kann durch gezielte Produktwahl Einfluss auf die Innenraumluft genommen werden. Dies betrifft auch den Einsatz nützlicher Materialien, die beispielsweise die Luft reinigen. In der C2C Certified™ Products Registry sind bereits einige Materialien mit luftreinigenden Eigenschaften wie Gipskartonplatten hinterlegt (s. Anhang 3). Der direkte Einfluss auf die Innenraumluft im Gebäudebetrieb wurde bisher aber kaum untersucht und es besteht Forschungsbedarf. Gleiches gilt für den Einsatz von Pflanzen zur Verbesserung der Innenraumluftqualität. Zwar wurde bereits in verschiedenen Studien nachgewiesen, dass bestimmte Pflanzen Potenzial zur Filterung von Luftschadstoffen besitzen. Die Effekte unter Nutzerbedingungen sind bisher aber kaum erforscht (s. Kapitel 3.3.5.1).

Neben Baustoffen stellt auch die Nutzerausstattung eine potenzielle Quelle für Innenraumluftschadstoffe dar. Darüber hinaus können beispielsweise Reinigungsmittel oder Pflegeprodukte Luftschadstoffe freisetzen. Während für Planer bereits Leitfäden zur Produktauswahl für eine gute Innenraumluftqualität bestehen, existiert bisher keine umfassende Handlungsempfehlung für Bewohner und es besteht Forschungs- und Dokumentationsbedarf.

1.9 Wassereinsatz und Wasserkreisläufe

Es existieren bereits verschiedene Systeme, um die unterschiedlichen Abwasserströme aus Gebäuden aufzubereiten und zu recyceln (s. Kapitel 3.3.6.1). Die Untersuchung der Ein- und Zweifamilienhäuser mit BNK-Zertifikat zeigte jedoch, dass diese Systeme bisher nur wenig eingesetzt werden und der Schwerpunkt auf der Wassereinsparung und dem Regenwasserrecycling liegt (s. Kapitel 4.2.3). Der Status Quo ist sowohl auf die hohen Kosten für Wasseraufbereitungsanlagen als auch auf die bisher gute Wasserverfügbarkeit von Wasser in Deutschland zurückzuführen. Wasserengpässe treten in Deutschland bisher nur lokal und regional auf (s. Kapitel 3.1.8). Vor dem Hintergrund der Prognose, dass auch in Deutschland künftig mehr Nutzer um die knapper werdende Ressource Wasser konkurrieren werden, sollten die Möglichkeiten der Wasseraufbereitung im Einfamilienhausbereich vertieft untersucht werden. Aufgrund der geringen Wassermengen in Ein- und Zweifamilienhäusern besteht Forschungsbedarf zu Quartierslösungen, um mögliche Synergieeffekte zu nutzen. Dabei sollte auch das Thema Nährstoffrecycling beispielsweise die Rückgewinnung von Phosphat aus Gelbwasser eingezogen werden.

1.13 Einsatz erneuerbarer Energie

Die Analyse der Gebäude mit BNK-Zertifikat zeigte, dass beim Thema Energie bereits große Fortschritte erzielt wurden (s. Kapitel 4.2.4). Die Gegenüberstellung der Primärenergie nicht erneuerbar aus der Ökobilanz und des regenerativ erzeugten Stromüberschusses für 15 nachhaltige Ein- und Zweifamilienhäuser ergab, dass bei sechs Gebäuden eine positive Energiebilanz vorliegt. Die Umsetzung eines positiven energetischen Fußabdrucks konnte aufgrund von Limitationen in der Berechnung jedoch nicht abschließend beurteilt werden. Hierzu besteht weiterer Forschungsbedarf im Rahmen einer vertieften Betrachtung, die die bisher ausgeklammerten Lebenszyklusphasen und die gesamte Gebäudetechnik einbezieht. Zudem gilt es zu untersuchen, wie aufstrebende Technologien wie Brennstoffzellenheizungen standardmäßig in den Einfamilienhausbereich integriert werden können. Wie bereits beim Thema Wasser sollten auch im Hinblick auf die Konditionierung und Energiebereitstellung Synergieeffekte von Quartierlösungen untersucht werden. Gemäß Baugesetzbuch (BauGB) können aus städtebaulichen Gründen in Bebauungsplänen Gebiete, in denen Gebäude bestimmte technische Maßnahmen für die Erzeugung, Nutzung oder Speicherung von Strom einhalten müssen, festgesetzt werden (§9 (1) Nr. 23b BauGB).

1.20 Förderung von Biodiversität

Beim Thema Förderung von Biodiversität stellt die Sensibilisierung der Bevölkerung die größte Herausforderung dar (s. Kapitel 5.4.3). Das erfolgreiche Volksbegehren „Artenvielfalt und Naturschönheit in Bayern - Rettet die Bienen" zeigt, dass ein Umdenken in der Bevölkerung bereits teilweise stattgefunden hat. Es sind jedoch noch weitere Schritte nötig. Fertighaushersteller können über Angebote von biodiversitätsfördernden Maßnahmen am Gebäude wie Saatgut für Blumenwiesen sensibilisieren und einen Beitrag leisten (s. Kapitel 5.4.3). Darüber hinaus besteht Forschungsbedarf zum Zusammenhang von Maßnahmen wie Art der Bepflanzung und der Entwicklung der Artenvielfalt am Grundstück. Erkenntnisse aus der Forschung können über Bebauungspläne in der Praxis implementiert werden. Beispielsweise kann damit der Anteil der versiegelten Fläche begrenzt oder über die Grünordnung Einfluss auf die Art der Bepflanzung genommen werden.

7 Literaturverzeichnis

Absatzförderungsfonds der deutschen Forst- und Holzwirtschaft (Hrsg.). (2008). *Holzbau Handbuch: Reihe 0. Teil 5. Folge 1. Holzhäuser-Werthaltigkeit und Lebensdauer*. https://informationsdienst-holz.de/fileadmin/Publikationen/2_Holzbau_Handbuch/R00_T05_F01_Holzhaeuser_Werthaltigkeit_und_Lebensdauer_2008.pdf

Arbeitsgruppe Erneuerbare Energien - Statistik. (2020). *Zeitreihen zur Entwicklung der erneuerbaren Energien in Deutschland unter Verwendung von Daten der Arbeitsgruppe Erneuerbare Energien-Statistik (AGEE-Stat) (Stand: Februar 2020)*. https://www.erneuerbare-energien.de/EE/Redaktion/DE/Downloads/zeitreihen-zur-entwicklung-der-erneuerbaren-energien-in-deutschland-1990-2021.pdf;jsessionid=51FCDFE62E326FA5D5A65CC05545BCDE?__blob=publicationFile&v=35

Armijos Moya, T., van den Dobbelsteen, A., Ottelé, M. & Bluyssen, P. M. (2019). A review of green systems within the indoor environment. *Indoor and Built Environment, 28*(3), 298–309.

Ayres, R. U. & Ayres, L. W. (1996). *Industrial Ecology. Towards Closing the Materials Cycle*. Edward Elgar Publishing Company.

BAMB. Buildings as Material Banks. (2018). *Circular Building Assessment Prototype.* https://www.bamb2020.eu/post/cba-prototype/

Bannas, L., Löffler, J. & Riecken, U. (2017). *Die Umsetzung des länderübergreifenden Biotopverbunds: Rechtliche, strategische, planerische und programmatische Aspekte. BfN-Skripten 475*. https://www.bfn.de/fileadmin/BfN/service/Dokumente/skripten/Skript475.pdf

Bau-Institut Ressourceneffizientes und Nachhaltiges Bauen GmbH. (2021a). *BNK-Kriterien-steckbriefe*. https://www.bau-irn.com/bnk-system/was-ist-das-bnk-system/bnk-kriterien-steckbriefe

Bau-Institut Ressourceneffizientes und Nachhaltiges Bauen GmbH. (2021b). *Was ist das BNK-System?* https://www.bau-irn.com/bnk-system/was-ist-das-bnk-system

Bayerisches Staatsministerium für Umwelt und Verbraucherschutz. (o.J.). *Volksbegehren 'Artenvielfalt und Naturschönheit in Bayern'*. https://www.stmuv.bayern.de/themen/naturschutz/bayerns_naturvielfalt/volksbegehren_artenvielfalt/index.htm

Becker, N. (2014). *VDI ZRE Kurzanalyse Nr. 2: Ressourceneffizienz der Tragwerke (2. Auflage)*. https://www.ressource-deutschland.de/fileadmin/user_upload/downloads/studien/Bau-5_08012013-Web.pdf

Beisheim, M., Lode, B. & Simon, N. (2012). Rio+20-Realpolitik und die Folgen für »Die Zukunft, die wir wollen«. *SWP-Aktuell, 39*. https://www.swp-berlin.org/fileadmin/contents/products/aktuell/2012A39_bsh_lod_sin.pdf

Benyus, J. M. (1997). *Biomimicry. Innovation inspired by Nature* (1. Auflage). William Morrow and Company.

Beumer, C. & Martens, P. (2015). Biodiversity in my (back)yard: Towards a framework for citizen engagement in exploring biodiversity and ecosystem services in residential gardens. *Sustainability Science, 10*(1), 87–100. https://doi.org/10.1007/s11625-014-0270-8

Brand, S. (1994). *How Buildings Learn: What Happens After They're Built*. Penguin Books.

Braungart, M. (2011). "Das Richtige tun" - Öko-Effektivität und intelligente Verschwendung: Cradle to Cradle. In M. Braungart & W. McDonough (Hrsg.), *Die nächste industrielle Revolution. Die Cradle to Cradle-Community* (3. Aufl.). CEP Europäische Verlagsanstalt.

Braungart, M. (2018). Cradle to Cradle und Circular Economy. Digitalisierung – Das Ende der Abfallwirtschaft. In S. Thiel, E. Thomé-Kozmiensky, P. Quicker & A. Gosten (Hrsg.), *Energie aus Abfall* (Bd. 15, S. 53–58). Thomé-Kozmiensky Verlag GmbH.

Braungart, M. & Mc Donough, W. (2013a). *Cradle to Cradle. Einfach intelligent produzieren.* Piper Verlag GmbH.

Braungart, M. & Mc Donough, W. (2013b). *Intelligente Verschwendung. The upcycle: Auf dem Weg in eine neue Überflussgesellschaft* (Deutsche Erstausgabe). oekom verlag.

Braungart, M., McDonough, W. & Bollinger, A. (2007). Cradle-to-cradle design: Creating Healthy Emissions - A Strategy for Eco-Effective Product and System Design. *Journal of Cleaner Production, 15*(13-14), 1337–1348.

BRE. (2018a). *GN36 BREEAM, CEEQUAL and HQM Ecology Calculation Methodology – Route 2.* https://www.bregroup.com/brebreeam/wp-content/uploads/sites/3/2018/06/GN36-v0.0-BREEAM-CEEQUAL-HQM-Ecology-Calculation-Methodology-Route-2.pdf

BRE (2018b). Guidance Note 34: BREEAM, CEEQUAL and HQM Ecology Risk Evaluation Checklist. https://www.breeam.com/wp-content/uploads/sites/3/2018/06/GN34_BREEAM_CEEQUAL_HQM_Ecology_Risk_Evaluation_Checklist_v0.0.pdf

BRE. (2018c). *Home Quality Mark ONE. Technical Manual. England, Scotland & Wales. SD239. Issue 0.0.* https://www.homequalitymark.com/wp-content/uploads/2018/09/HQM-ONE-Technical-Manual-SD239-.pdf

BRE. (2020). *A brief guide to the Home Quality Mark. V0.0 January 2020.* https://www.homequalitymark.com/wp-content/uploads/2020/01/HQM-Guide-document_BRE_115302_0120-v2.3.pdf

Brenner, V. (2010). *Recyclinggerechtes Konstruieren: Konzepte für eine abfallfreie Konstruktionsweise* [Diplomarbeit]. Universität Stuttgart, Stuttgart.

Buchert, M., Sutter, J., Alwast, H., Schütz, N. & Weimann, K. (2017). *Ökobilanzielle Betrachtung des Recyclings von Gipskartonplatten. Endbericht. Texte 33/2017*. Umweltbundesamt.

Bundesamt für Bauwesen und Raumordnung (Hrsg.). (2001). *Leitfaden Nachhaltiges Bauen* (2. Nachdruck). https://www.nachhaltigesbauen.de/fileadmin/pdf/PDF_Leitfaden_Nachhaltiges_Bauen/Leitfaden.pdf

Bundesamt für Naturschutz. (2019). *Naturschutzgebiete*. https://www.bfn.de/themen/gebietsschutz-grossschutzgebiete/naturschutzgebiete.html

Bundesarchitektenkammer. (2019). *Kleine Bauvorlageberechtigung. Übersicht über die Regelungen in den Landesbauordnungen der 16 Bundesländer sowie der Musterbauordnung 2016.*

Bundesinstitut für Bau-, Stadt- und Raumforschung. (2011). *BBSR-Berichte Kompakt. Künstliche Mineralfaserdämmstoffe*. https://www.bbsr.bund.de/BBSR/DE/veroeffentlichungen/berichte-kompakt/2011/DL_1_2011.pdf?__blob=publicationFile&v=2

Bundesinstitut für Bau-, Stadt- und Raumforschung. (2013a). *EnEV 2002*. https://www.bbsr-energieeinsparung.de/EnEVPortal/DE/Archiv/EnEV/EnEV2002/2002_node.html

Bundesinstitut für Bau-, Stadt- und Raumforschung. (2013b). *Richtlinie 2002/91/EG über die Gesamtenergieeffizienz von Gebäuden*. https://www.bbsr-energieeinsparung.de/EnEVPortal/DE/Archiv/EURichtlinie/eurl.html

Bundesinstitut für Bau-, Stadt- und Raumforschung. (2015). *Wohnflächennachfrage in Deutschland bis 2030*. https://www.bbsr.bund.de/BBSR/DE/forschung/fachbeitraege/wohnen-immobilien/wohnungsmarktprognose/Prognose2030/Prognose2030.html

Bundesintitut für Risikobewertung. (2006). *Inhalative Exposition des Verbrauchers gegenüber Formaldehyd - Aktualisiertes Diskussionspapier des BfR vom 24. Juli 2006*. https://www.bfr.bund.de/cm/343/inhalative_exposition_des_verbrauchers_gegenueber_formaldehyd.pdf

Bundesministerium des Innern, für Bau und Heimat. (2015a). *Neubau Ein- bis Fünffamilienhäuser. BNK_V1.0 - Kriterium 1.1.1 Wohngesundheit: Innenraumlufthygiene*. https://www.nachhaltigesbauen.de/fileadmin/pdf/Steckbriefe_Kleinhausbau/1.1.1_Innenraumhygiene_V1.0.pdf

Bundesministerium des Innern, für Bau und Heimat. (2015b). *Neubau Ein- bis Fünffamilienhäuser. BNK_V1.0 - Kriterium 1.1.2 Wohngesundheit: Trinkwasserhygiene*. https://www.nachhaltigesbauen.de/fileadmin/pdf/Steckbriefe_Kleinhausbau/1.1.2_Trinkwasserhygiene_V1.0.pdf

Bundesministerium des Innern, für Bau und Heimat. (2015c). *Neubau Ein- bis Fünffamilienhäuser. BNK_V1.0 - Kriterium 3.1.1 Ökobilanz: Treibhauspotenzial und andere Umweltwirkungen*. https://www.nachhaltigesbauen.de/fileadmin/pdf/Steckbriefe_Kleinhausbau/3.1.1_Treibhauspotenzial_andere.pdf

Bundesministerium des Innern, für Bau und Heimat. (2015d). *Neubau Ein- bis Fünffamilienhäuser. BNK_V1.0 - Kriterium 3.1.2 Ökobilanz: Primärenergie*. https://www.nachhaltigesbauen.de/fileadmin/pdf/Steckbriefe_Kleinhausbau/3.1.2_Prim%c3%a4renergiebedarf_V1.0.pdf

Bundesministerium des Innern, für Bau und Heimat. (2015e). *Neubau Ein- bis Fünffamilienhäuser. BNK_V1.0 - Kriterium 3.2.1 Dezentrale Erzeugung regenerativer Energie*. https://www.nachhaltigesbauen.de/fileadmin/pdf/Steckbriefe_Kleinhausbau/3.2.1_Dezentrale_Erzeugung_V1.0.pdf

Bundesministerium des Innern, für Bau und Heimat. (2015f). *Neubau Ein- bis Fünffamilienhäuser. BNK_V1.0 - Kriterium 3.4.1 Einsatz von Wassersparararmaturen*. https://www.nachhaltigesbauen.de/fileadmin/pdf/Steckbriefe_Kleinhausbau/3.4.1_Einsatz_Wassersparararmaturen_V1.0.pdf

Bundesministerium des Innern, für Bau und Heimat. (2015g). *Neubau Ein- bis Fünffamilienhäuser. BNK_V1.0 - Kriterium 3.5.1 Flächenausnutzung*. https://www.nachhaltigesbauen.de/fileadmin/pdf/Steckbriefe_Kleinhausbau/3.5.1_Fl%c3%a4chenausnutzung.pdf

Bundesministerium des Innern, für Bau und Heimat. (2015h). *Neubau Ein- bis Fünffamilienhäuser. BNK_V1.0. - Allgemeinde Grundlagen zur Bewertungsmethoden*. https://www.nachhaltigesbauen.de/fileadmin/pdf/Steckbriefe_Kleinhausbau/000_Allgemeine_Grundlagen_V1.0.pdf

Bundesministerium des Innern, für Bau und Heimat (Hrsg.). (2019). *Leitfaden Nachhaltiges Bauen. Zukunftsfähiges Planen, Bauen und Betreiben von Gebäuden* (3. aktualisierte Auflage). https://www.nachhaltigesbauen.de/fileadmin/pdf/Leitfaden_2019/BBSR_LFNB_D_190125.pdf

Bundesministerium des Innern, für Bau und Heimat. (2020a). *Bewertungssystem Nachhaltiges Bauen (BNB)*. https://www.bnb-nachhaltigesbauen.de/bewertungssystem/

Bundesministerium des Innern, für Bau und Heimat. (2020b). *Das neue Gebäudeenergiegesetz*. https://www.bmi.bund.de/DE/themen/bauen-wohnen/bauen/energieeffizientes-bauen-sanieren/energieausweise/gebaeudeenergiegesetz-node.html

Bundesministerium des Innern, für Bau und Heimat & Bayerische Architektenkammer. (2021a). *WECOBIS. Ökologisches Baustoffinformationssystem. Kunstharzputz*. https://www.wecobis.de/bauproduktgruppen/moertel-estriche/putzmoertel/kunstharzputz.html

Bundesministerium des Innern, für Bau und Heimat & Bayerische Architektenkammer. (2021b). *WECOBIS. Ökologisches Baustoffinformationssystem. Mineralwolle-Dämmstoffe. Nachnutzung*. https://www.wecobis.de/bauproduktgruppen/daemmstoffe/aus-mineralischen-rohstoffen/mineralwolle-daemmstoffe.html#2-5

Bundesministerium des Innern, für Bau und Heimat & Bayerische Architektenkammer. (2021c). *Wecobis. Ökologisches Baustoffinformationszentrum. Kunststoff-Dampfsperren*. https://www.wecobis.de/bauproduktgruppen/dichtungen-abdichtungen/dampfsperren/kunststoff-dampfsperren.html

Bundesministerium für Umwelt, Naturschutz und nukleare Sicherheit. (2019). *Ergebnisse der UN-Klimakonferenzen*. https://www.bmu.de/themen/klima-energie/klimaschutz/internationale-klimapolitik/un-klimakonferenzen/ergebnisse-der-un-klimakonferenzen/

Bundesministerium für Umwelt, Naturschutz und nukleare Sicherheit. (2020). *Altholz*. https://www.bmu.de/themen/wasser-abfall-boden/abfallwirtschaft/abfallarten-abfallstroeme/altholz/#:~:text=Im%20Jahr%202016%20fielen%20in,)%2C%20in%20Hausm%%20C3%BCll%20und%20Sperrm%C3%BCll%20.

Bundesministerium für Umwelt, Naturschutz, Bau und Reaktorsicherheit. (2014a). *Bewertungskriterien Neubau Ein- bis Zweifamilienhäuser. BNK_V0.5 - Kriterium 1.1.1 Innenraumhygiene*. Unveröffentlichtes Dokument

Bundesministerium für Umwelt, Naturschutz, Bau und Reaktorsicherheit. (2014b). *Bewertungskriterien Neubau Ein- bis Zweifamilienhäuser. BNK_V0.5 - Kriterium 1.1.2 Trinkwasserhygiene*. Unveröffentlichtes Dokument

Bundesministerium für Umwelt, Naturschutz, Bau und Reaktorsicherheit. (2014c). *Bewertungskriterien Neubau Ein- bis Zweifamilienhäuser. BNK_V0.5 - Kriterium 3.2.1 Ökobilanz - Primärenergiebedarf nicht erneuerbar*. Unveröffentlichtes Dokument

Bundesministerium für Umwelt, Naturschutz, Bau und Reaktorsicherheit. (2014d). *Bewertungskriterien Neubau Ein- bis Zweifamilienhäuser. BNK_V0.5 - Kriterium 3.2.2 Ökobilanz - Gesamtprimärenergiebedarf und Anteil erneuerbarer Energie*. Unveröffentlichtes Dokument

Bundesministerium für Umwelt, Naturschutz, Bau und Reaktorsicherheit. (2014e). *Bewertungskriterien Neubau Ein- bis Zweifamilienhäuser. BNK_V0.5 - Kriterium 3.2.3 Dezentrale Energiegewinnung*. Unveröffentlichtes Dokument

Bundesministerium für Umwelt, Naturschutz, Bau und Reaktorsicherheit. (2014f). *Bewertungskriterien Neubau Ein- bis Zweifamilienhäuser. BNK_V0.5 - Kriterium 3.3.1 Rückbau-/Demontagefreundlichkeit des Gebäudes*. Unveröffentlichtes Dokument

Bundesministerium für Umwelt, Naturschutz, Bau und Reaktorsicherheit. (2014g). *Bewertungskriterien Neubau Ein- bis Zweifamilienhäuser. BNK_V0.5 - Kriterium 3.5.1 Einsatz von Wassersparamaturen*. Unveröffentlichtes Dokument

Bundesministerium für Umwelt, Naturschutz, Bau und Reaktorsicherheit. (2014h). *Bewertungskriterien Neubau Ein- bis Zweifamilienhäuser. BNK_V0.5 - Kriterium 3.6.1 Flächenausnutzung*. Unveröffentlichtes Dokument

Bundesministerium für Umwelt, Naturschutz, Bau und Reaktorsicherheit. (2015). *Bewertungssystem Nachhaltiges Bauen (BNB) Neubau Büro- und Verwaltungsgebäude. Bilanzierungsregeln für die Erstellung von Ökobilanzen*. https://www.bnb-nachhaltigesbauen.de/fileadmin/steckbriefe/verwaltungsgebaeude/neubau/v_2015/LCA-Bilanzierungsregeln_BNB_BN_2015.pdf

Bundesministerium für Umwelt, Naturschutz, Bau und Reaktorsicherheit (Hrsg.). (2016). *Deutsches Ressourceneffizienzprogramm II. Programm zur nachhaltigen Nutzung und zum Schutz der natürlichen Ressourcen (Stand November 2016)*. https://www.bmu.de/fileadmin/Daten_BMU/Pools/Broschueren/progress_ii_broschuere_bf.pdf

Bundesministerium für Verkehr, Bau und Stadtentwicklung (Hrsg.). (2011). *Leitfaden Nachhaltiges Bauen*. https://www.nachhaltigesbauen.de/fileadmin/pdf/Leitfaden_2011/LFNB2011.pdf

Bundesministerium für Wirtschaft und Energie (Hrsg.). (2020a). *Energieeffizienz in Zahlen.* Entwicklungen *und Trends in Deutschland 2020*. https://www.bmwi.de/Redaktion/DE/Publikationen/Energie/energieeffizienz-in-zahlen-2020.html

Bundesministerium für Wirtschaft und Energie. (2020b). *Technische Mindestanforderungen zum Programm Bundesförderung für effiziente Gebäude - Einzelmaßnahmen*. https://www.bmwi.de/Redaktion/DE/Downloads/S-T/tma-beg-em.pdf

Bundesministerium für Wirtschaft und Energie. (2021). *Erneuerbare Energien*. https://www.bmwi.de/Redaktion/DE/Dossier/erneuerbare-energien.html

Bundesministerium für wirtschaftliche Zusammenarbeit und Entwicklung. (2021). *Im Detail: Der Rio-Prozess seit 1992. Rio+20: Die UN-Konferenz für Nachhaltige Entwicklung 2012*. https://www.bmz.de/de/themen/2030_agenda/historie/rio_plus20/rio2012/index.html

Bundesstiftung Baukultur (Hrsg.). (2016). *Baukultur Bericht. Stadt und Land. 2016/17*. https://www.bundesstiftung-baukultur.de/sites/default/files/medien/78/downloads/bbk_bkb-2016_17_low_1.pdf

Bundesverband Deutscher Fertigbau e.V. (2007). *80 Jahre moderner Fertigbau*. https://www.fertigbau.de/bauweise/geschichte-des-fertigbaus/index.html

Bundesverband Deutscher Fertigbau e.V. (Hrsg.). (2011). *Moderne Fertighäuser. Das grosse Bauherren-Handbuch* (1. Auflage). Fertigbau Informationsdienst GmbH.

Bundesverband Deutscher Fertigbau e.V. (2015). *QDF Satzung der Qualitätsgemeinschaft deutscher Fertigbau (QDF)*. https://www.fertigbau.de/bdf/wer-wir-sind/qualitaetsgemeinschaft/

Bundesverband Deutscher Fertigbau e.V. (2017). *News. Urkundenübergabe auf der BAU in München. Fertighäuser erhalten Nachhaltigkeitszertifikate*. https://www.fertigbau.de/news/807/fertighaeuser-erhalten-nachhaltigkeitszertifikate.html

Bundesverband Deutscher Fertigbau e.V. (2020). *Wirtschaftliche Lage der deutschen Fertigbauindustrie 2019*. https://www.fertigbau.de/bdf/unsere-branche/index.html#&panel1-1&panel2-1

Bundesverband Deutscher Fertigbau e.V. (2021a). *BDF History*. https://www.fertigbau.de/historie/

Bundesverband Deutscher Fertigbau e.V. (2021b). *Über den BDF*. https://www.fertigbau.de/bdf/wer-wir-sind/ueber-den-bdf/index.html

Bundesverband Solarwirtschaft e.V. (2021). *Solarboom auf privaten Dächern*. https://www.solarwirtschaft.de/2021/02/02/solarboom-auf-privaten-daechern/

Capelle, T., Farnetani, M., Lowres, F. & Balson, K. (2019). *Buildings as Material Banks. Testing BAMB Results through Prototyping and Pilot Projects. D14-4 Pilots built + Feedback Report*. https://www.bamb2020.eu/wp-content/uploads/2019/03/20190228-BAMB-D14.pdf

Conradi, P. & Zöpel, C. (1994). *Wohnen in Deutschland. Not im Luxus* (1. Auflage). Hoffmann und Campe Verlag.

Cradle to Cradle NGO. (2021a). *Die Cradle to Cradle Denkschule*. https://c2c-ev.de/c2c-konzept/denkschule/

Cradle to Cradle NGO. (2021b). *Das Cradle to Cradle Designkonzept*. https://c2c.ngo/c2c-konzept/designkonzept/

Cradle to Cradle NGO. (2021c). *Kreisläufe*. https://c2c.ngo/c2c-konzept/kreislaeufe/

Cradle to Cradle Products Innovation Institute. (2016). *Cradle to Cradle Certified™. Product Standard Version 3.1*. https://cdn.c2ccertified.org/resources/certification/standard/STD_C2CCertified_ProductStandard_V3.1_030220.pdf

Cradle to Cradle Products Innovation Institute. (2018). *Product Scorecard. Straw Panels. Ecococon*. https://www.c2ccertified.org/products/scorecard/straw-panels

Cradle to Cradle Products Innovation Institute. (2020). *Product Scorecard. Thoma Holz 100*. https://www.c2ccertified.org/products/scorecard/thoma_holz100

Cradle to Cradle Products Innovation Institute. (2021a). *Product Scorecard - Living Board*. https://www.c2ccertified.org/products/scorecard/livingboard-pfleiderer-deutschland-gmbh

Cradle to Cradle Products Innovation Institute. (2021b). *Product Scorecard. Accoya® Wood*. https://www.c2ccertified.org/products/scorecard/accoya_wood_radiata_pine_alder

Cradle to Cradle Products Innovation Institute. (2021c). *Product Scorecard. ADLER Eco-Cycle coatings*. https://www.c2ccertified.org/products/scorecard/adler-eco-cycle-coatings-adler-werk-lackfabrik-johann-berghofer-gmbh-co-kg

Cradle to Cradle Products Innovation Institute. (2021d). *Product Scorecard. Cross Laminated Timber (CLT)*. https://www.c2ccertified.org/products/scorecard/cross-laminated-timber-clt-egoin-sa

Cradle to Cradle Products Innovation Institute. (2021e). *Product Scorecard. HOIZ - Hobelspandämmung/Wood Shavings Insulation*. https://www.c2ccertified.org/products/scorecard/insulation-material-baufritz-gmbh-co-kg-seit-1896

Cradle to Cradle Products Innovation Institute. (2021f). *Product Scorecard. Woodfiber AIR*. https://www.c2ccertified.org/products/scorecard/woodfibre-trfiberisolering

Cradle to Cradle Products Innovation Institute. (2021g). *Products Registry*. https://www.c2ccertified.org/products/registry

Cradle to Cradle Products Innovation Institute. (2021h). *What is Cradle to Cradle Certified™?* http://www.c2ccertified.org/get-certified/product-certification

CreaCycle GmbH. (o.J.). *CreaCycle - Der CreaSolv® Prozess*. https://www.creacycle.de/de/der-prozess.html

Davies, Z. G., Fuller, R. A., Loram, A., Irvine, K. N., Sims, V. & Gaston, K. J. (2009). A National Scale Inventory of Resource Provision for Biodiversity within Domestic Gardens. *Biological Conservation*, *142*(4), 761–771. https://doi.org/10.1016/j.biocon.2008.12.016

de Vries, S., Verheij, R. A., Groenewegen, P. P. & Spreeuwenberg, P. (2003). Natural Environments—Healthy Environments? An Exploratory Analysis of the Relationship between Greenspace and Health. *Environment and Planning A: Economy and Space*, *35*(10), 1717–1731. https://doi.org/10.1068/a35111

Dechantsreiter, U., Mettke, A., Asmus, S., Schmidt, S., Knappe, F., Reinhardt, J., Theis, S. & Lau, J. J. (2015). *Instrumente zur Wiederverwendung von Bauteilen und hochwertigen Verwertung von Baustoffen. Texte 93/2015*. http://www.umweltbundesamt.de/publikationen/instrumente-zur-wiederverwendung-von-bauteilen

Dekra Real Estate Expertise GmbH. (2008). *Dekra Bericht. Auswertung immobilienwirtschaftlicher Daten zu Einfamilienhäusern*. Saarbrücken. http://www.dekra.de/c/document_library/get_file?uuid=4d077be4-cc4c-4b2d-a93e-97e52f653fe9&groupId=10100

Deutsche Gesellschaft für die Vereinten Nationen e.V. (2016). *UN Basis-Informationen 54. Das UN-Klimaabkommen von Paris*. https://nachhaltig-entwickeln.dgvn.de/fileadmin/publications/PDFs/Basis_Informationen/BI54_Klimaabkommen_20161221-web.pdf

Deutsche Gesellschaft für Nachhaltiges Bauen. (2013). *Neubau kleine Wohngebäude, Kriterienkatalog Version 2013.2.*

Deutsche Gesellschaft für Nachhaltiges Bauen (Hrsg.). (2018). *DGNB-System. Kriterienkatalog Gebaeude Neubau. Version 2018, 7. Auflage.*

Deutsche Gesellschaft für Nachhaltiges Bauen. (2020). *Das DGNB System für Gebäude*. https://www.dgnb-system.de/de/gebaeude/?#neubaute

Deutsche Gesellschaft für Nachhaltiges Bauen. (2021a). *Alle zertifizierten Projekte*. https://www.dgnb-system.de/de/projekte/?we_lv_start_2=0&filter_Freitextsuche=&filter_Land=&filter_Bundesland=&filter_Standort=&filter_Jahr=&filter_Zertifizierungsart=&filter_Nutzungsprofil=26&filter_Zertifiziert_von_1=&filter_Verliehenes_Guetesiegel=&filter_Architekt=

Deutsche Gesellschaft für Nachhaltiges Bauen. (2021b). *Kleine Wohngebäude*. https://www.dgnb-system.de/de/gebaeude/kleine-wohngebaeude/index.php

Deutsche Gesellschaft für Nachhaltiges Bauen. (2021c). *Die Nutzungsprofile des DGNB Systems.* https://www.dgnb-system.de/de/nutzungsprofile/alle-nutzungsprofile/?#neubauten

Deutscher Bundestag (Hrsg.). (2020). *Presse. Kritik an Änderungen im Abfallrecht.* https://www.bundestag.de/presse/hib/703850-703850

DIN 1946-6: 2009-05. *Raumlufttechnik - Teil 6 - Lüftung von Wohnungen - Allgemeinde Anforderungen, Anforderungen zur Bemessung, Ausführung und Kennzeichnung, Übergabe/Übernahme (Abnahme) und Instandhaltung.*

DIN 277-1: 2005-02. *Grundflächen und Rauminhalte von Bauwerken im Hochbau – Teil 1: Begriffe, Ermittlungsgrundlagen*).

DIN 4108: 1952-07. *Wärmeschutz im Hochbau.*

DIN 68800-1: 2019-06. *Holzschutz-Teil 1: Allgemeines.*

DIN EN 15643-1: 2010-12. *Nachhaltigkeit von Bauwerken – Bewertung der Nachhaltigkeit von Gebäuden – Teil 1: Allgemeine Rahmenbedingungen.*

DIN EN 15643-2: 2011-05. *Nachhaltigkeit von Bauwerken – Bewertung der Nachhaltigkeit von Gebäuden – Teil 2: Rahmenbedingungen für die Bewertung der umweltbezogenen Qualität.*

DIN 15643-3: 2012-04. *Nachhaltigkeit von Bauwerken – Bewertung der Nachhaltigkeit von Gebäuden – Teil 3: Rahmenbedingungen für die Bewertung der sozialen Qualität.*

DIN 15643-4: *2012*-04. *Nachhaltigkeit von Bauwerken – Bewertung der Nachhaltigkeit von Gebäuden – Teil 3: Rahmenbedingungen für die Bewertung der ökonomischen Qualität.*

DIN EN 15804: 2020-03. *Nachhaltigkeit von Bauwerken – Umweltproduktdeklarationen – Grundregeln für die Produktkategorie Bauprodukte; Deutsche Fassung EN 15804:2012+A2:2019.*

DIN EN ISO 16000-2: 2006-06. *Innenraumluftverunreinigungen – Teil 2: Probenahmestrategie für Formaldehyd.*

DIN EN ISO 16000-5: 2007-05. *Innenraumluftverunreinigungen – Teil 5: Probenahmestrategie für flüchtige* organische *Verbindungen (VOC).*

DIN ISO 16000-6: 2012-11. *Innenraumluftverunreinigungen – Teil 6: Bestimmung von VOC in der Innenraumluft und in Prüfkammern, Probenahme auf Tenax TA®, thermische Desorption und Gaschromatographie mit MS oder MS-FID.*

DIN V 18599: 2018-09. *Energetische Bewertung von Gebäuden - Berechnung des Nutz-, End- und Primärenergiebedarfs für Heizung, Kühlung, Lüftung, Trinkwarmwasser und Beleuchtung - Teil 10: Nutzungsrandbedingungen, Klimadaten.*

Doncaster, P. (1994). Factors Regulating Local Variations in Abundance: Field Tests on Hedgehogs, Erinaceus europaeus. *Oikos, 69*(2), 182–192.

Duden. (2020a). *Einfamilienhaus, das.* https://www.duden.de/rechtschreibung/Einfamilienhaus

Duden. (2020b). Zweifamilienhaus, *das.* https://www.duden.de/rechtschreibung/Zweifamilienhaus

Durmisevic, E. (2019). *Circular Economy in Construction. Design Strategies for Reversible* Buidlings. https://www.bamb2020.eu/wp-content/uploads/2019/05/Reversible-Building-Design-Strateges.pdf

Ebert, T., Eßig, N. & Hauser, G. (2010). *Zertifizierungssysteme für Gebäude: Nachhaltigkeit bewerten. Internationaler Systemvergleich. Zertifizierung und Ökonomie. DETAIL Green Books* (1. Auflage). Detail.

Elkington, J. (1997). *Cannibals with Forks. The Triple Bottom Line of 21st Century Business. Capstone* Publishing Limited.

Ellen MacArthur Foundation. (2017). *Circular Economy Schools of Thought*. https://www.*ellenmacarthurfoundation*.org/circular-economy/concept/schools-of-thought

Elton, C. S. (1966). *The Pattern of Animal Communities*. Methuen and Co Limited.

EnergieAgentur.NRW GmbH. (o.J.). *Nichtwohngebäude – Daten und Fakten*. https://www.energieagentur.nrw/gebaeude/energieeffiziente-nichtwohngebaeude/nichtwohngebaeude_in_deutschland__daten_und_fakten

Epea. (2006). *Natur am Bau - Menschen fördern Natur.*

Epea. (2020). *A Building like a Tree*. http://www.beneficialfootprint.net/

Epea & Kienbaum. (o.J.). The *Circular Economy. Powered by Cradle to Cradle*. http://assets.kienbaum.com/downloads/The-Circular-Economy-Kienbaum-2014.pdf?mtime=20160817150814

EPEA GmbH - Part of Drees & Sommer. (2021). *Cradle to Cradle - Produkte neu denken*. https://www.epea.com/ueber-uns/cradle-to-cradle

Erwin Thoma Holz GmbH. (2019). *Thoma Holz100 Bauteilkatalog. Version 01/2019*. https://www.thoma.at/cms/wp-content/uploads/2019/02/planungshandbuch_v1_2019_web_rgb.pdf

Eser, S. (2020). *Ein Haus wie ein Baum - Ein Selbstversuch von der Theorie in die Praxis* [Vortrag im Rahmen der veranstaltung RAW #1 Wie grün ist grün? Kreislauffähiges bauen - Wo stehen wir heute?]. https://interiorpark.com/raw-1-wie-gruen-ist-gruen

Eßig, N., *Mittermeier*, P. & Dietlein, R. (2019). *Weiterentwicklung der Kriterien* Innenraumlufthygiene, Schadstoffemissionen, Rückbau- und Demontagefreundlichkeit und Wider*standsfähigkeit des Bewertungssystems Nachhaltiger Kleinwohnhausbau (BNK)*. Fraunhofer IRB Verlag.

Fraunhofer ISE. (2021). *Aktuelle Fakten zur Photovoltaik in Deutschland. Fassung vom 2.2.2021*. www.pv-fakten.de

Frosch, R. A. & Gallopoulos, N. E. (1989). Strategies for Manufacturing. Waste from one industrial process can serve as the raw materials for another, thereby reducing the impact of industry on the environment. *Scientific American*, *261*(3), 144–152.

Gaston, K. J., Fuller, R. A., Loram, A., MacDonald, C., Power, S. & Dempsey, N. (2007). Urban Domestic Gardens (XI). Variation in Urban Wildlife Gardening in the United Kingdom. *Biodiversity and Conservation*, *16*(11), 3227–3238.

Gaston, K. J., Smith, R. M., Thompson, K. & Warren, P. H. (2005). Urban domestic gardens (II): experimental tests of methods for increasing biodiversity. *Biodiversity and Conservattion*, *14*(2), 395–413.

Gaston, K. J., Warren, P. H., Thompson, K. & Smith, R. M. (2005). Urban Domestic Gardens (IV): the Extent of the Resource and its Associated Features. *Biodiversity and Conservation*, *14*(14), 3327–3349.

Gertis, K. & Holm, A. (2017). 40 Jahre Wärmeschutzverordnung. *Bauphysik, 39*(6), 368–380.

Ghisellini, P., Cialani, C. & Ulgiati, S. (2016). A review on circular economy. the expected transition to a balanced interplay of environmental and economic systems. Journal of *Cleaner Production, 114*(7), 11–32. https://doi.org/10.1016/j.jclepro.2015.09.007

Glücklich, D. (Hrsg.). (2005). *Ökologisches Bauen - Von Grundlagen zu Gesamtkonzepten*. Deutsche Verlags-Anstalt GmbH.

Goulson, D., Hughes, W. O. H., Derwent, L. C. & Stout, J. C. (2002). Colony growth of the bumblebee, Bombus terrestris, in improved and conventional agricultural and suburban habitats. *Oecologia, 130*(2), 267–273. https://doi.org/10.1007/s004420100803

Gregory, R. D. & Baillie, S. R. (1998). Large-scale habitat use of some declining British birds. *Journal* of *Applied Ecology, 35*(5), 785–799. https://doi.org/10.1046/j.1365-2664.1998.355349.x

Griefahn, M. & Rydzy, E. (2013). *Der Grundwiderspruch der deutschen Nachhaltigkeitsstrategie. Cradle to Cradle als möglicher Lösungsweg. Ansatzpunkte und strategische Potentiale von Kulturpolitik [*Dissertation]. Freie Universität Berlin.

Grimm, K. (2016). *Umweltsünde Einfamilienhaus. Zu viel Platz im Grünen.* https://www.stern.de/wirtschaft/immobilien/einfamilienhaus-bauen-flaeche-boden-gruen-6844186.html

Gropius, W. & Wachsmann, K. (1949). The Packaged House. In Verlagsanstalt Alexander Koch G.M.B.H. (Hrsg.), *Wohnen heute und morgen* (S. 8–13).

Hamburger Umweltinstitut e.V. (2015a). *Beautiful, healthy house - Eser family home.* http://c2c-buildings.net/projects/house-nature-familiy-home-eser-inspired-cradle-cradle/

Hamburger Umweltinstitut e.V. (2015b). *The Library*. https://c2c-buildings.net/

Harlander, T. (1995). *Zwischen Heimstätte und Wohnmaschine: Wohnungsbau und* Wohnungspolitik *in der Zeit des Nationalsozialismus*. Birkhäuser - Verlag für Architektur.

Hauptverband der Deutschen Bauindustrie e.V. (2021). *Kostenstruktur*. https://www.bauindustrie.de/zahlen-fakten/statistik-anschaulich/struktur/kostenstruktur/

Hauser, G. (2014). *Künftige Entwicklung der Gebäude in energetischer Hinsicht.* https://www.waermeschutztag.de/media/pdf/wtag2014/Kuenftige_Entwicklung_der_Gebaeude_in_energetischer_Hinsicht.pdf

Hauser, G., Eßig, N., Lindner, S., Mittermeier, P. & Siegmund, L. (2015). *Durchführung einer* Pilotphase *für die Bewertungsmethode „Kleinwohnhausbauten (Ein- und Zweifamilienhäuser)". Erstanwendung und Validierung der Bewertungsmethode zur abschließenden Systementwicklung. Endbericht*. Fraunhofer IRB Verlag.

Hauser, G., Eßig, N., Mittermeier, P., Heinrich, M. & Eberl, S. (2013). *Entwicklung eines* Nachhaltigkeitsbewertungssystems *für den Neubau von kleinen Wohngebäuden. Endbericht.* Fraunhofer IRB Verlag.

Hawken, P., Lovins, A. & Lovins, H. (2000). *Öko-Kapitalismus: Die industrielle Revolution des 21. Jahrhunderts. Wohlstand im Einklang mit der Natur* (1. Auflage). Riemann Verlag.

Herbert, G. (1984). *The Dream of the Factory-Made House: Walter Gropius und Konrad Wachsmann*. The MIT Press.

Herfort, S., Tschuikowa, S. & Ibañez, A. (2012). *CO2-Bindungsvermögen der für die Bauwerksbegrünung* typischen *Pflanzen. Bericht*. Berlin. https://www.gebaeudegruen.info/fileadmin/website/downloads/bugg-untersuchungen/F002_co2_bindung.pdf

Hillebrandt, A. (2012). Verbindung(s)lösung: Leben in der Mehrwegpfandflasche. In H. Drexler & A. Seidel (Hrsg.), *Building the Future: Maßstände des nachhaltigen Bauens* (S. 239–249). Jovis.

Hillebrandt, A., Riegler-Floors, P., Rosen, A. & Seggewies, J.-K. (Hrsg.). (2018). *Atlas Recycling. Gebäude als Materialressource* (1. Auflage). Detail Business Information GmbH.

Hillebrandt, A. & Seggewies, J.-K. (2018). Recyclingpotenziale von Baustoffen. In A. Hillebrandt, P. Riegler-Floors, A. Rosen & J.-K. Seggewies (Hrsg.), *Atlas Recycling. Gebäude als Materialressource* (1. Aufl., S. 58–101). Detail Business Information GmbH.

Holzmann, G., Wangelin, M. & Bruns, R. (2012). *Natürliche und pflanzliche Baustoffe: Rohstoff - Bauphysik - Konstruktion* (2. Auflage). Vieweg+Teubner Verlag. https://doi.org/10.1007/978-3-8348-8302-5

Institut Bauen und Umwelt e.V. (2014). *Umwelt-Produktdeklaration nach ISO 14025 und EN 15804* - Holzelementplatte *Duripanel A2 - Eternit AG*. https://www.siniat.de/de-DE/download/file/de/52746158fea5405b9d31a93c00d38b4a/epd_duripanel-a2pdf?rev=1542c557-9521-4eb1-adb6-8cd8649e51ea

Institut für Angewandte Umweltforschung e.V. (o.J.). *IfAU-Studie: Formaldehyd im Fertighaus - Erste Ergebnisse*. https://www.ifau.org/fertighaus/formaldehydstudienergebnisse.htm

International Society for Industrial Ecology. (2021a). *History*. https://is4ie.org/about/history

International Society for Industrial Ecology. (2021b). *Journal of Industrial Ecology*. https://is4ie.org/about/journal-of-industrial-ecology

ISO 15392: 2019-12. *Sustainability in buildings and civil engineering works — General* principles.

Jansen, S. C. (2013). *Exergy in the built environment. The added value of exergy in the* assessemnt *and development of energy systems for the built environment* [Dissertationsschrift]. Technical University of Delft, Delft.

Jansen, S. C. (2014). *Exergy Guidebook for Building Professionals. How to use exergy to analyse* and develop energy systems for the built environment. Delft University of Technology, Delft. https://klimapedia.nl/wp-content/uploads/2014/10/Exergy-Guidebook-for-Building-Professionals_version-2.1_Nov2014.pdf

Junghans, K. (1994). *Das Haus für Alle: Zur Geschichte der Vorfertigung in Deutschland*. Ernst & Sohn.

Kaiser, O. S. (2019). *VDI ZRE Kurzanalyse Nr. 26: Rückbau im Hochbau – Aktuelle Praxis und* Potenziale *der Ressourcenschonung*. https://www.ressource-deutschland.de/fileadmin/user_upload/downloads/kurzanalysen/VDI-ZRE_KA26_Rueckbau_im_Hochbau_Web_bf.pdf

Kirchherr, J., Reike, D. & Hekkert, M. (2017). Conceptualizing the circular economy: An analysis of 114 *definitions. Resources, Conservation and Recycling, 127*, 221–232.

Kistenmacher, G. (1950). *Fertighäuser: Montagebauweisen, industriemäßiges Bauen*. Ernst Wasmuth Verlag.

Klinge, A., Roswag-Klinge, E., Paganoni, S., Radeljic, L. & Lehmann, M. (2019). Design Concept for Prefabricated Elements *from* CDW Timber for a Circular Building. *IOP Conference Series: Earth and Environmental Science, 323 012022.* https://doi.org/10.1088/1755-1315/323/1/012022

Klinge, A., Roswag-*Klinge*, E., Radeljic, L. & Lehmann, M. (2019). Strategies for circular, prefab buildings from waste wood. *IOP Conference Series: Earth and Environmental Science, 225 012052.* https://doi.org/10.1088/1755-1315/225/1/012052

Köhler, M. & *Ottelé*, M. (2012). Fassadenbegrünung. In M. Köhler (Hrsg.), *Handbuch* Bauwerksbegrünung. Rudolf Müller GmbH & Co. KG.

Kolb, B. (2021a). *Kunststoffputze - Ökobilanz*. https://nachhaltiges-bauen.de/baustoffe/Kunststoffputze

Kolb, B. (2021b). Spanplatten - *zementgebunden - Ökobilanz*. https://nachhaltiges-bauen.de/baustoffe/Spanplatten+-+zementgebunden

Kopatz, M. (2006). *Nachhaltigkeit* und *Verwaltungsmodernisierung: Eine theoretische und* empirische *Analyse am Beispiel nordrhein-westfälischer Kommunalverwaltungen* [Dissertation]. Carl von Ossietzky Universität Oldenburg, Oldenburg. http://oops.uni-oldenburg.de/80/1/kopnac06.pdf

Korte, H., Koch, G., Krause, K. C., Koddenberg, T. & Siemers, S. (2018). Wood nails to fix softwoods: characterization of structural deformation and lignin modification. *European Journal of Wood and Wood Products, 76*(3), 979–988. https://doi.org/10.1007/s00107-018-1288-x

Krause, J. (2010). Nach Kopenhagen: Welchen Multilateralismus benötigt erfolgreiche Klimapolitik? *Internationale Politik, April/März 2010*. https://internationalepolitik.de/system/files/article_pdfs/IP_Krause.pdf

Krauß, O. & Werner, T. (2014). *VDI ZRE Publikationen: Kurzanalyse Nr. 8: Potenziale eines* hochwertigen *Recyclings im Baubereich*. http://www.ressource-deutschland.de/fileadmin/user_upload/downloads/kurzanalysen/2014-Kurzanalyse-08-Recycling-im-Baubereich.pdf

Kreditanstalt für Wiederaufbau. (2020). *Energieeffizient Bauen - Kredit (153).* https://www.kfw.de/inlandsfoerderung/Privatpersonen/Neubau/Finanzierungsangebote/Energieeffizient-Bauen-(153)/

Kropp, A. (2019). *Grundlagen der Nachhaltigen Entwicklung: Handlungsmöglichkeiten und Strategien zur Umsetzung. Springer Essentials*. Springer Fachmedien Wiesbaden GmbH. https://doi.org/10.1007/978-3-658-23072-2

Landesanstalt für Umweltschutz Baden-Württemberg (Hrsg.). (2001). *Abbruch von Wohn- und Verwaltungsgebäuden. Handlungshilfe. Kreislaufwirtschaft Band 17* (1. Auflage). https://pudi.lubw.de/detailseite/-/publication/22118

Lang, A. (2003). *Ist Nachhaltigkeit messbar? Eine Gegenüberstellung von Indikatoren und Kriterien zur Bewertung nachhaltiger Entwicklung unter Berücksichtigung der Rahmenbedingungen in Deutschland und Frankreich. Überlegungen auf Basis der Ergebnisse eines Forschungsvorhabens* [Dissertationsschrift]. Universität Hannover, Hannover.

Leather, P., Pyrgas, M., Beale, D. & Lawrence, C. (1998). Windows in the Workplace. Sunlight, *View, and Occupational Stress. Environment and Behaviour, 30(6), 739–762.*

Lettner, G. & Auer, H. (2013). *Realistic roadmap to PV grid parity for all target countries*. https://citeseerx.ist.psu.edu/viewdoc/download?doi=10.1.1.660.1837&rep=rep1&type=pdf

Lewitzki, W. (2001). 5 Architektonische Gebäudeplanung. In Bundesverband Deutscher Fertigbau e.V. (Hrsg.), *Moderner Holzhausbau in Fertigbauweise* (1. Aufl., S. 129–181). WEKA Media.

Lindner, S., Braungart, M. & Essig, N. (2019a). *C2C SchwörerHaus: Potentialanalyse und* Konzeptstudie *zur Anwendung des Cradle to Cradle Prinzips auf Gebäude des Fertighausherstellers SchwörerHaus (unveröffentlichtes Dokument).*

Lindner, S., Braungart, M. & Essig, N. (2019b). Comparison of eco-effectiveness and eco-efficiency based criteria for the construction of single-family homes. *IOP Conference Series: Earth and Environmental Science, 225*, 12041. https://doi.org/10.1088/1755-1315/225/1/012041

Liu, Y.-J., Mu, Y.-J., Zhu, Y.-G., Ding, H. & Arens, N. C. (2007). Which ornamental plant species effectively remove benzene from indoor air? *Atmospheric Environment*, *41*(3), 650–654. https://doi.org/10.1016/j.atmosenv.2006.08.001

Lovins, A. B., Lovins, L. H. & Hawken, P. (1999). A Roadmap for Natural Capitalism. *Harvard* Business *Review*, *77*(3), 145–158.

Lüdeke-Freund, F. & Opel, O. (2014). Die Energiewende als transdisziplinäre Herausforderung. In H. Heinrichs & G. Michelsen (Hrsg.), *Nachhaltigkeitswissenschaften* (S. 429–453). Springer-Verlag.

Ludwig, M. (1998). *Mobile Architektur: Geschichte und Entwicklung transportierbarer und* modularer Bauten. Deutsche Verlags-Anstalt.

Luscuere, L., Zanatta, R., Mulhall, D., Boström, J. & Elfström, L. (2019). *BAMB. Buildings as* Material *Banks. Deliverable 7. Operational Materials Passports*. https://www.bamb2020.eu/wp-content/uploads/2019/02/D7-Operational-materials-passports.pdf

Luscuere, P. G., Geldermans, B., Tenpierik, M. J. & Jansen, S. C. (o.J.). *Beyond Sustainability v2. Unveröffentlichtes Dokument.*

Luscuere, P. G., Geldermans, R. J., Tenpierik, M. J. & Jansen, S. C. (2016). Beyond Sustainability in the Built Environment. *Rumoer: Periodical for the Building Technologist, 62 Sustainability*, 26–45.

Lyle, J. T. (1994). Regenerative *Design for Sustainable Development*. John Wiley & Sons, Inc.

Lyle Center for Regenerative Studies. (2019). *About Regeneration*. https://env.cpp.edu/rs/about-regeneration

Maas, J., Verheij, R. A., Groenewegen, P. P., Vries, S. de & Spreeuwenberg, P. (2006). Green Space, Urbanity, and Health: How strong is the Relation? *Journal of epidemiology and community health*, *60*(7), 587–592. https://doi.org/10.1136/jech.2005.043125

Martens, H. & Goldmann, D. (2016). *Recyclingtechnik* (2. Auflage). Springer Vieweg.

Mason, C. (2000). Thrushes now largely restricted to the built environment in eastern England. *Diversity and Distributions*, *6*(4), 189–194.

Mc Donough, W. & Braungart, M. (2002). Design for the Triple Top Line: New Tools for *Sustainable* Commerce. *Corporate Environmental Strategy*, *9*(3), S. 251–258.

Mc Donough, W., Braungart, M., Anastas, P. & Zimmerman, J. (2003). Applying the principles of Green Engineering to Cradle-to-Cradle Design. *Environental Science and Technology, 37*(23), S. 434A–441A.

McDonough, W. & Braungart, M. (2003a). *The Hannover Principles. Design for Sustainability. 10th Anniversary Edition.*

McDonough, W. & Braungart, M. (2003b). Intelligent Materials Pooling. Evolving a profitable technical Metabolism through a supportive Business Community. *green@work, 20:50-4.* http://www.greenatworkmag.com/gwsubaccess/03marapr/perspect.html

Meadows, D. H., Meadows, D. L., Randers, J. & Behrens, W. W., III. (1972). *The Limits to* Growth. *A Report for the Club of Rome's Project on the Predicament of Mankind.* Universe Books.

Meyer, W. (2001). 1 Holzhaus und Fertigbau – Definition und Vorteile. In Bundesverband *Deutscher* Fertigbau e.V. (Hrsg.), *Moderner Holzhausbau in Fertigbauweise* (1. Aufl., S. 19–20). WEKA Media.

Minergie Schweiz (2020a). Anwendungshilfe zu den Gebäudestandards MINERGIE®/MINERGIE-P®/MINERGIE-A®. Version 2020.1. https://www.minergie.ch/media/200109_anwendungshilfe_minergie_p_a_v2020.1_de.pdf

Minergie Schweiz. (2020b). *Minergie*. https://www.minergie.ch/de/zertifizieren/minergie/

Minergie Schweiz. (2020c). *Minergie-A*. https://www.minergie.ch/de/zertifizieren/minergie-a/

Minergie Schweiz. (2020d). Minergie-*P*. https://www.minergie.ch/de/zertifizieren/minergie-p/

Minergie Schweiz. (2020e). *Produktreglement zu den Gebäudestandards MINERGIE®/*MINERGIE-*P®/MINERGIE-A®. Version 2020.1. 10. Februar 2020*. https://www.minergie.ch/media/200210_produktreglement_minergie_p_a_v2020.1_de.pdf

Minergie Schweiz. (2021a). Geschichte. https://www.minergie.ch/de/geschichte/

Minergie Schweiz. (2021b). *Wissenswert*. https://www.minergie.ch/de/ueber-minergie/wissenswert/

Minergie Schweiz & Verein ecobau. (2020a). *Berechnung der Grauen Energie und der* Treibhausgasemissionen *bei Minergie-ECO, Minergie-P-ECO und Minergie-A-ECO Bauten. Version 1.1 vom 21.09.2020.*

Minergie Schweiz & Verein ecobau. (2020b). *Produktreglement Minergie-Eco®. Version 2020.1. 17. Januar 2020*. https://www.minergie.ch/media/200117_produktreglement_minergie-eco_v2020.1_de.pdf

Minergie Schweiz & Verein ecobau. (2020c). Vorgabenkatalog *Minergie-Eco. Neubau EFH/MFH <500m2 EBF. Nachweisversion 1.5 ME-ECO Online 2020. Stand 6. April 2020.*

Modular Building Institute. (o.J.). *The Flow House: Adaptive Modularity*. http://www.*modular*.org/htmlPage.aspx?name=Flow_House

Mulhall, D. & Braungart, M. (2010). *Cradle to cradle® criteria for the built environment* (1. *Auflage*). Duurzaam Gebouwd/CEO Media BV.

Mulhall, D., Braungart, M. & Hansen, K. (2013a). *Guide for Cradle to Cradle® in Buildings: Tool for Creating Added Value & Quality with a Beneficial Footprint*. Technische Universität München.

Mulhall, D., Braungart, M. & Hansen, K. (2013b). *The Registry of Cradle to Cradle® Inspired Elements for Building Developments. Draft Consultative Beta Version 3.22*. Rotterdam. Rotterdam School Of Management At Erasmus University. http://c2c-center.com/sites/default/files/Registry%20for%20C2C%20Inspired%20Elements.pdf

Mulhall, D., Braungart, M. & Hansen, K. (2019). *Creating Buildings with Positive Impacts. Technische* Universität München, in association with BAMB.

Mulhall, D., Hansen, K., Luscuere, L., Zanatta, R., Willems, R., Boström, J. & Elfström, L. (2017). *BAMB. Buildings as Material Banks. Framework for Material Passports*. https://www.bamb2020.eu/wp-content/uploads/2018/01/Framework-for-Materials-Passports-for-the-webb.pdf

Müller, A. (2018). *Baustoffrecycling: Entstehung - Aufbereitung - Verwertung*. Springer Vieweg. https://doi.org/10.1007/978-3-658-22988-7

Müller, N. & Werner, P. (2010). Urban Biodiversity and the Case for Implementing the Convention on Biological Diversity in Towns and Cities. In N. Müller, P. Werner & J. G. Kelcey (Hrsg.), *Conservation Science and Practice Series. Urban Biodiversity and Design.* Wiley-Blackwell.

Murray, A., Skene, K. & Haynes, K. (2017). The Circular Economy: An Interdisciplinary Exploration of the Concept and Application in a Global Context. *Journal of Business Ethics*, *140*(3), 369–380. https://doi.org/10.1007/s10551-015-2693-2

NL Agency. Ministry of Infrastructurre and the Environment. (2011). *Usability of Life Cycle* Assessment *for Cradle to Cradle purposes. Position Paper*. https://www.rvo.nl/sites/default/files/bijlagen/Position_paper_Usability_of_LCA_for_C2C_purposes-.pdf

Parsons, R., Tassinary, L. G., Ulrich, R. S., Hebl, M. R. & Grossman-Alexander, M. (1998). The View from the Road: Implications for Stress Recovery and Immunization. *Journal of Environmental Psychology*, *18*(2), 113–139.

Pauli. (2016). *The Blue Economy Principles*. https://www.theblueeconomy.org/principles.html

Pauli, G. (2010). *The Blue Economy. 10 Jahre. 100 Innovationen. 100 Million Jobs*. Konvergenta Publishing UG.

Pauli, G. (2017). *The Blue Economy. Version 2.0: 200 Projects Implemented; US$ 4 Billion* Invested*; 3 Million Jobs Created.*

Perez, R. & Perez, M. (2015). A Fundamental Look At Supply Side Energy Reserves For The Planet. *solar update*, *62*, S. 4-6. http://www.iea-shc.org/data/sites/1/publications/2015-11-Solar-Update-Newsletter.pdf

Preston, C., Telfer, M., Arnold, H. & Rothery, P. (2002). The changing flora of Britain, 1930–99. In C. Preston, D. Pearman & T. Dines (Hrsg.), *New Atlas of the British and Irish Flora* (S. 35–45). Oxford University Press.

Qingyang, J., Jichun, Y., Yanying, Z. & Huide, F. (2020). Energy and exergy analyses of PV, solar thermal and photovoltaic/thermal systems: a comparison study. *International Journal of Low-Carbon Technologies*, *16*(2), 605–611. https://doi.org/10.1093/ijlct/ctaa092

RE4. (2016). *Reuse and Recycling of CWD Materials and Structures in Energy Efficient* Prefabricated *Elements for Building Refurbishment and Construction*. http://www.re4.eu/

Recycling Magazin. (2020). *Kreislaufwirtschaftsgesetz: Erste Kritik*. https://www.recyclingmagazin.de/2020/02/12/kreislaufwirtschaftsgesetz-erste-kritik/

Reed, B. (2007). Shifting from 'Sustainability' to Regeneration. *Building Research &* Information, *35*(6), 674–680. https://doi.org/10.1080/09613210701475753

Riegler-Floors, P. & Hillebrandt, A. (2018). Kostenvergleich konventioneller und recyclinggerechter Konstruktionen. In A. Hillebrandt, P. Riegler-Floors, A. Rosen & J.-K. Seggewies (Hrsg.), *Atlas Recycling. Gebäude als Materialressource* (1. Aufl., S. 120–133). Detail Business Information GmbH.

Risse, M. & Richter, K. (2018). *CaReWood - Cascading Recovered Wood. Teilvorhaben:* Ökologische *und ökonomische* Bewertung *der kaskadischen Holznutzung. Abschlussbericht*. München. https://www.fnr-server.de/ftp/pdf/berichte/22005114.pdf

Rosen, A. (2018). Sind Kreislaufpotenziale messbar? Eine Analyse am Beispiel von Fassaden- und Dachbekleidungen. In A. Hillebrandt, P. Riegler-Floors, A. Rosen & J.-K. Seggewies (Hrsg.), *Atlas Recycling. Gebäude als Materialressource* (1. Aufl., S. 108–113). Detail Business Information GmbH.

Rudd, H., Vala, J. & Schaefer, V. (2002). Importance of Backyard Habitat in a Comprehensive Biodiversity *Conservation* Strategy: A Connectivity Analysis of Urban Green Spaces. *Restoration Ecology, 10*(2), 368–375.

Ruske, W. (*1980*). *Holzskelettbau: Entwicklung, Systeme und Beispiele*. Deutsche Verlags-Anstalt.

Sachs, W., Acselrad, H., Akhter, F., Amon, A., Gebre Egziabher, T. B., French, H., Haavisto, P., Hawken, P., Henderson, H., Khosla, A., Larrain, S., Loske, R., Roddick, A., Taylor, V., von Weizsäcker, C. & Zabelin, S. (2002). *Das Jo'burg-Memo.: Ökologie - Die neue Farbe der Gerechtigkeit. Memorandum zum Weltgipfel für nachhaltige Entwicklung. Sonderausgabe der Reihe World Summit Papers. https:*//www.boell.de/sites/default/files/das-joburg-memo.pdf

Salfner, S., Lang, W., Dotzler, C. & Scharf, P. (2017). *Entwicklung und Bewertung eines Cradle to Cradle® inspirierten Plusenergiehauses am Beispiel des Wettbewerbsbeitrages Solar Decathlon 2015*. Fraunhofer IRB Verlag.

Schittich, C. (2005). Einfamilienhäuser: Mythos und Realität. In C. Schittich (Hrsg.), *Einfamilienhäuser* (2. Aufl., S. 9–11). Birkhäuser - Verlag für Architektur.

Schmauck, S. (2019). *Dach- und Fassadenbegrünung – neue Lebensräume im Siedlungsbereich. Fakten,* Argumente *und Empfehlungen. BfN-Skripten 538*. https://www.bfn.de/fileadmin/BfN/service/Dokumente/skripten/Skript538.pdf

Schmid, U. & Steidle, J. (2020). Insektensterben. *Schwäbische Heimat* (3), 245–254.

Schneider, U., Böck, M. & Mötzl, H. (2011). *recyclingfähig konstruieren. Subprojekt 3 zum Leitprojekt "gugler!* build *& print triple zero": Berichte aus Energie- und Umweltforschung 21/2011.*

Schwede, D. & Störl, E. (2017). Methode zur Analyse der Rezyklierbarkeit von *Baukonstruktionen. Bautechnik, 94(1), 1–9. https://doi.org/10.1002/bate.201600025*

Schweizerischer Verband für energieeffiziente Sanitärprodukte. (2017). *Reglement Energieetikette für Sanitärprodukte 01.2017 V2*. https://www.energieetikette-sanitaer.ch/files/8/Reglement_Energieetikette_fur_Sanitaerprodukte_01_2017_d%20V02.pdf

Schwörer, J. & Bachmann, P. (Hrsg.). (2018). *Ratgeber für Baufamilien und Renovierer. Gesünder bauen und Wohnen* (1. Auflage). Fachschriften-Verlag GmbH & Co.KG.

SchwörerHaus (2021). Kostenlose Blühmischungen für Ihre Gärten - Lassen Sie uns gemeinsam etwas gegen das Insektensterben unternehmen.

Simon, K. (2005). *Fertighausarchitektur in Deutschland seit 1945* (1. Auflage). Athena-Verlag.

Smith, R. M., Thompson, K., Hodgson, J. G., Warren, P. H. & Gaston, K. J. (2006). Urban Domestic Gardens (IX): Composition and richness of the vascular plant flora, and implications for native biodiversity. *Biological Conservation*, *129*(3), 312–322. https://doi.org/10.1016/j.biocon.2005.10.045

Soreanu, G., Dixon, M. & Darlington, A. (2013). Botanical biofiltration of indoor gaseous pollutants – A mini-review. *Chemical Engineering Journal*, *229*, 585–594. https://doi.org/10.1016/j.cej.2013.06.074

Stahel, W. R. (2006). *The Performance Economy*. Palgrave Macmillan.

Stahel, W. R. (2013). *Das Institut für Produktdauer-Forschung*. http://www.product-life.org/de

Stahel, W. R. & Reday-Mulvey, G. (1981). *Jobs for tomorrow. The Potential for Substituting Manpower for* Energy (1. Edition). Vantage Press, Inc.

Statista. (2020). *Installierte Leistung aller Photovoltaikanlagen in Deutschland bis 2019*. https://de.statista.com/statistik/daten/studie/13547/umfrage/leistung-durch-solarstrom-in-deutschland-seit-1990/

Statista. (2021). *LEED-registered projects in U.S. by type 2020*. https://www.statista.com/statistics/323359/leed-registered-projects-in-the-united-states-by-type/

Statistische Ämter des Bundes und der Länder (Hrsg.). (2015). *Zensus 2011. Gebäude- und Wohnungsbestand in Deutschland. Endgültige Ergebnisse*. http://www.statistikportal.de/statistik-portal/Zensus_2011_GWZ.pdf

Statistisches Bundesamt. (2020a). *Abfallwirtschaft. Grafiken. Abfallaufkommen 2018*. https://www.destatis.de/DE/Themen/Gesellschaft-Umwelt/Umwelt/Abfallwirtschaft/_inhalt.html;jsessionid=F6E1BFF88214F6F6FA8212150AD034E0.internet732#sprg229182

Statistisches Bundesamt. (2020b). *Bauen und Wohnen. Baugenehmigungen/*Baufertigstellungen *nach der Bauweise. 2019*. https://www.destatis.de/DE/Themen/Branchen-Unternehmen/Bauen/Publikationen/Downloads-Bautaetigkeit/baugenehmigungen-bauweise-pdf-5311104.pdf?__blob=publicationFile

Statistisches Bundesamt. (2020c). *Bautätigkeit und Wohnungen Bestand an Wohnungen. 31. Dezember 2019.* Fachserie *5 Reihe 3*. https://www.destatis.de/DE/Themen/Gesellschaft-Umwelt/Wohnen/Publikationen/Downloads-Wohnen/bestand-wohnungen-2050300197004.pdf;jsessionid=BC530AA59E6030C0D3EB0B9F956BBCA0.internet8731?__blob=publicationFile

Taghizagedan, R. (2010). Cradle-to-cradle - die nächste Sau, die man durch das globale Dorf treibt? *wirks. Wirtschaftsmagazin für Zukunftskompetenz, Sommerbeginn 2010*, 21–26. http://www.wirks.at/wp-content/uploads/2010/09/wirks_sommer_gesamt.pdf

Takano, T., Nakamura, K. & Watanabe, M. (2002). Urban Residential Environments and Senior Citizens' Longevity in Megacity Areas: The Importance of Walkable Green Spaces. *Journal of epidemiology and community health*, *56*(12), 913–918. https://doi.org/10.1136/jech.56.12.913

U.S. Green Building Council. (2017). *LEED credits, prerequisites and points: How are they* different*?* https://www.usgbc.org/articles/whats-difference-between-leed-credit-leed-prerequisite-and-leed-point

U.S. Green Building Council. (2020). *LEED v4.1. Residential Single Family Homes.* https://build.usgbc.org/*singlefamilyclean41*

U.S. Green Building Council. (2021). *LEED v4.1.* https://www.usgbc.org/leed/v41#residential

Ulrich, R. S. (1984). View Through a Window May Influence Recovery from Surgery. *Science*, *224*(4647), 420–421. https://doi.org/10.1126/science.6143402

Umweltbundesamt. (2013). *Nichteisenmetallindustrie*. https://www.*umweltbundesamt*.de/themen/wirtschaft-konsum/industriebranchen/herstellung-verarbeitung-von-metallen/nichteisenmetallindustrie#energie-und-materialeffizienz-

Umweltbundesamt (2014). Ermittlung und Beurteilung chemischer Verunreinigungen der Luft von Innenraumarbeitsplätzen (ohne Tätigkeit mit Gefahrstoffen). Gemeinsame Mitteilung der Arbeitsgruppe Luftanalysen der Ständigen Senatskommission zur Prüfung gesundheitsschädlicher Arbeitsstoffe der Deutschen Forschungsgemeinschaft und der Ad-hoc-Arbeitsgruppe Innenraumrichtwerte der Kommission Innenraumlufthygiene und der Obersten Landesgesundheitsbehörden. *Bundesgesundheitsblatt, Gesundheitsforschung, Gesundheitsschutz*, *57*(8), 1002–1018. https://doi.org/10.1007/s00103-014-2004-6

Umweltbundesamt. (2015). *Formaldehyd*. https://www.umweltbundesamt.de/themen/gesundheit/umwelteinfluesse-auf-den-menschen/chemische-stoffe/formaldehyd#was-bedeutet-krebserzeugend

Umweltbundesamt. (2016). Flüchtige *organische Verbindungen*. https://www.umweltbundesamt.de/themen/gesundheit/umwelteinfluesse-auf-den-menschen/chemische-stoffe/fluechtige-organische-verbindungen#was-sind-die-quellen-fur-voc

Umweltbundesamt. (2017a). *Flächeninanspruchnahme für Siedlungen und Verkehr reduzieren*. https://www.umweltbundesamt.de/themen/boden-landwirtschaft/flaechensparen-boeden-landschaften-erhalten/flaecheninanspruchnahme-fuer-siedlungen-verkehr#aktuelle-trends

Umweltbundesamt (Hrsg.). (2017b). *Urban Mining. Ressourcenschonung im Antropozän*. https://www.umweltbundesamt.de/sites/default/files/medien/1968/publikationen/uba_broschuere_urbanmining_rz_screen_0.pdf

Umweltbundesamt. (2018). *Empfehlung des Umweltbundesamtes. Beurteilung der* Trinkwasserqualität hinsichtlich *der Parameter Blei, Kupfer und Nickel („Probennahmeempfehlung")*. https://www.umweltbundesamt.de/sites/default/files/medien/374/dokumente/probennahmeempfehlung_rev01.pdf

Umweltbundesamt. (2019). *Bauabfälle*. https://www.umweltbundesamt.de/daten/ressourcen-abfall/verwertung-entsorgung-ausgewaehlter-abfallarten/bauabfaelle#verwertung-von-bau-und-abbruchabfallen

Umweltbundesamt (2020a). Anstieg der Siedlungs- und Verkehrsfläche. https://www.umweltbundesamt.de/sites/default/files/medien/384/bilder/dateien/de_indikator_terr-03_suv_2020-07-13.pdf

Umweltbundesamt. (2020b). *Leitwerte für TVOC in der Innenraumluft (2007).* https://www.umweltbundesamt.de/bild/leitwerte-fuer-tvoc-in-der-innenraumluft

Umweltbundesamt. (2020c). *Die* Richtwerte *I und II für Stoffe in der Innenraumluft.* https://www.umweltbundesamt.de/galerie/die-richtwerte-i-ii-fuer-stoffe-in-der

Umweltbundesamt. (2020d). *Siedlungs- und Verkehrsfläche.* https://www.umweltbundesamt.de/daten/flaeche-boden-land-oekosysteme/flaeche/siedlungs-verkehrsflaeche#textpart-2

Umweltbundesamt. (2020e). *Struktur der Flächennutzung.* https://www.umweltbundesamt.de/daten/flaeche-boden-land-oekosysteme/flaeche/struktur-der-flaechennutzung#die-wichtigsten-flachennutzungen

Umweltbundesamt. (2020f). *Trockenheit in Deutschland – Fragen und Antworten.* https://www.umweltbundesamt.de/themen/trockenheit-in-deutschland-fragen-antworten

Umweltbundesamt. (2021). *Ausschuss für Innenraumrichtwerte (vormals Ad-hoc-*Arbeitsgruppe*).* https://www.umweltbundesamt.de/themen/gesundheit/kommissionen-arbeitsgruppen/ausschuss-fuer-innenraumrichtwerte-vormals-ad-hoc#richtwerte-fur-die-innenraumluft

Umweltinstitut München e.V. (o.J.). *Haus- und Kleingärten.* http://www.umweltinstitut.org/themen/landwirtschaft/pestizide/glyphosat/haus-und-kleingarten.html

Unfried, P. (2009). *Ökologisch-*industrielle *Revolution: Der Umweltretter Michael Braungart.* https://taz.de/Oekologisch-industrielle-Revolution/!5166699/

van Dijk, S., Tenpierik, M. & van den Dobbelsteen, A. (2014). Continuing the building's cycles: A literature review and analysis of current systems theories in comparison with the theory of Cradle to Cradle. *Resources, Conservation and Recycling, 82*, 21–34. https://doi.org/10.1016/j.resconrec.2013.10.007

Vangerow-Kuehn, A. & Vangerow-Kuehn, M. (1984). *Die Fertighaus-Bauindustrie in der* Bundesrepublik *als Modell fuer Rationalisierung durch Industrialisierung im Bauen. Abschlußbericht (Stand 31.8.84).* Fraunhofer IRB Verlag. https://www.irbnet.de/daten/rswb/84099940254.pdf

VDI 4300-1: 1995-12. *Messen von Innenraumluftverunreinigungen - Allgemeine Aspekte der Meßstrategie.*

VDI 2100-2: 2010-11. *Messen gasförmiger Verbindungen in der Außenluft - Messen von Innenraumluftverunreinigungen - Gaschromatografische Bestimmung organischer Verbindungen - Aktive Probenahme durch Anreicherung auf Aktivkohle Lösemittelextraktion.*

VDMA Services GmbH. (2017). *Schema WELL - Water Efficiency Labeling. Klassifizierungsschema 16.10.2017.* https://www.well-online.eu/cms/upload/2019_WaterEfficiencyLabelling_Schema_DE.pdf

Verein zur Förderung der Nachhaltigkeit im Wohnungsbau e.V. (2019). *Nachhaltigkeit im Wohnungsbau.* http://www.nawoh.de/nachhaltiger-wohnungsbau

Walker, A. (2012). Life-cycle thinking, analysis and design. In S. Lehmann & R. Crocker (Hrsg.), *Designing for Zero Waste. Consumption, Technologies and the Built Environment* (S. 145–167). Earthscan.

Watter, H. (2019). *Regenerative Energiesysteme*. Springer Fachmedien Wiesbaden. https://doi.org/10.1007/978-3-658-23488-1

Weimer, W. (1998). *Deutsche Wirtschaftsgeschichte. Von der Währungsreform bis zum Euro* (1. Auflage). Hoffmann und Campe Verlag.

Weißenberger, M. (2016). Lebenszyklusbasierte *Analyse der ökologischen Eigenschaften von Niedrigstenergiewohngebäuden unter besonderer Berücksichtigung der Gebäudetechnik* [Dissertationsschrift]. Technische Universität München, München.

Wieltsch, C. (2015). Belebte Denkmale - Zu Umgang und Vermittlung der ehemaligen Werksiedlung Niesky. In Niesky Museum. Konrad-Wachsmann-Haus (Hrsg.), *Holzbauten der Moderne. Die Entwicklung des industriellen Holzhausbaus.* Sandstein Verlag.

Wilts, H., Lucas, R., von Gries, N. & Zirngiebl, M. (2014). *Recycling in Deutschland - Status quo, Potenziale, Hemmnisse und* Loesungsansaetze*: Studie im Auftrag der KfW Bankengruppe*. https://epub.wupperinst.org/frontdoor/deliver/index/docId/5746/file/5746_Recycling.pdf

Woodhouse, M., Goodrich, A., Margolis, R., James, T. L., Lokanc, M. & Eggert, R. (2013). Supply-Chain Dynamics of Tellurium, Indium, and Gallium Within the Context of PV Manufacturing Costs. *IEEE Journal of Photovoltaics*, *3*(2), 833–837. https://doi.org/10.1109/JPHOTOV.2013.2242960

World Business Council for Sustainable Development. (1992). *Changing course: a global* business *perspective on development and the environment.*

World Business Council for Sustainable Development (2006). Eco-efficiency. Learning Module. http://docs.wbcsd.org/2006/08/EfficiencyLearningModule.pdf

Yang, D. S., Pennisi, S. V., Son, K. C. & Kays, S. J. (2009). Screening indoor plants for volatile organic pollutant removal efficiency. *HortScience*, *44*(5), 1377–1381.

Yoneda, Y. (2009). *William McDonough + Partners' Flow House in New Orleans*. https://inhabitat.com/william-mcdonough-partners-flow-house-in-new-orleans/

Zero Emissions Research and Initiatives. (2015). *Welcome*. http://www.zeri.org/welcome.html

Zwiener, G. (2015). *Formaldehyd - Eigenschaften, Verwendung, Regelungen, Sanierung*. https://www.wecobis.de/service/sonderthemen-info/formaldehyd-info/gesamt-formaldehyd-info.html#Holzwerkstoffe

Anhang

Kategorie	Nummer/Name des Kriteriums	Anforderungen					Entsprechung Nachhaltigkeitskriterien Anhang 2
		The Hannover Principles (McDonough & Braungart, 2003a)	**Cradle to Cradle® Criteria for the built environment** (Mulhall & Braungart, 2010)	**Creating Buildings With Positive Impacts** (Mulhall et al., 2019)	**Entwicklung und Bewertung eines Cradle to Cradle® inspirierten Plusenergiehauses am Beispiel des Wettbewerbsbeitrages Solar Decathlon 2015** (Salfner et al., 2017)	**Cradle to Cradle Certified™. Product standard version 3.1** (Cradle to Cradle Products Innovation Institute, 2016)	
Nährstoff bleibt Nährstoff	**1.1 Verwendung kreislauffähiger Materialien**	Recycling of materials is essential. Solid waste must be dealt with in a non-toxic manner.	2.1.2 A Use Materials whose quality and contents are measurably defined in technical or biological pathways		Stoffströme (Materialliste, Nährstoffzuordnung)	2 Material Reutilization	2.34
	1.2 Verwendung definierter, gesunder Materialien	Products used should not be tested on animals. Materials should be chosen that minimize hazardous chemicals.	2.1.2 B Use materials whose impacts are measurably beneficial for human health and the environment		Inhaltsstoffe und Gesundheit (Grundanforderungen, Grenzwerte, Stoffverbote)	1 Material Health	2.2
	1.3 Rückbau- und Recyclingpotenziale				Rückbau- und Recyclingpotenziale (Gebäudetransformation, Aufbau- und Rückbauszenarien, Wieder- und Weiterverwertung)		2.33
	1.4 Berücksichtigung von Umweltwirkungen	Materials should be considered in light of their sustainability Life-cycle analysis of all materials and processes is important.			Umweltwirkungen (Indikatorenauswertung, Offsetmaßnahmen, Materialherkunft, nachhaltige Bewirtschaftung)		2.1 2.5 2.6

Nährstoff bleibt Nährstoff	**1.5 Einbezug biologischer Nährstoffe**		2.1.3 Integrate Biological Nutrients				---[16]
	1.6 Aktives CO_2 Management im Gebäude		Use CO_2 as a resource for biological and biochemical processes				---
	1.7 Verbesserung der Innenraumluftqualität	Building design must accommodate ventilation systems that meet specific air-quality needs.	2.1.4 A Measurably improve indoor air quality for biological metabolisms			1 Material Health	2.21
		The health effects from indoor air quality problems must be considered.					
	1.8 Verbesserung des Außenklimas	Air pollution implications of all design systems should be considered.	2.1.4 B Contribute to enhancing outdoor climate				2.4
	1.9 Wassereinsatz und Wasserkreisläufe	Water use must be carefully accounted for.			Wasserfußabdruck (Wassereinsatz bei der Produktherstellung)	4 Water Stewardship	2.8 2.22
		Water from aquifers, rainwater, surface runoff water, gray water, and other water use should all be considered within a cyclical concept.			Wasserkreisläufe (Trinkwasser, Regenwasser, Grauwasser)		
		Design shall consider rainwater and surface runoff water as a possible resources.					
		Water used in any process-related activity shall be put back into circulation.					

[16] Kriterien mit dem Verweis „---" in der Spalte „Entsprechung Nachhaltigkeitskriterien Anhang 2" weisen keine Überlappungen mit Nachhaltigkeitskriterien auf.

Nährstoff bleibt Nährstoff		Wastewater must be returned to the earth in a beneficial manner.	2.1.5 Enhance Water Quality		Wasserqualität (Abwasserbehandlung)		
		Gray water can be treated.					
		Water, if used for sewage treatment or transportation, shall be restored to drinking-water standards.					
		No ground water contamination.					
		Potable water should only be used for life-sustaining functions.					
		Water sources must be protected from contamination.					
	1.10 Ausgleich der Bodenversiegelung	Design should minimize impermeable ground cover.					2.11
	1.11 Einbezug ökologischer und ökonomischer Kosten	The design should qualify the environmental and economic costs.					2.16
	1.12 Einsatz von Innovationen				Innovation (Abwärmenutzung, Aquaponik-System)		2.15
	1.13 Einsatz erneuerbarer Energie	Designs should interact with renewable natural energy flows.	2.1.6 Integrate Renewable Energy		Regenerative Energiequellen (Solarenergie, Windenergie, Speichermassen)	3 Renewable Energy and Carbon Management	2.6 2.7
		Water heating shall be from renewable resources and be efficiently incorporated.					
		Possibilities for on-site energy production must be considered.					

Nutzung erneuerbarer Energien		The relationship between the design and the power grid should be considered.					
		Buildings should, wherever possible, be net exporters of energy.					
		The energy "embodied" in the building materials can have a significant impact.					
			Generate and use energy in definably effective ways				
	1.14 Planungsgrundlagen und Gebäudetechnik				Planungsgrundlagen und Gebäudetechnik (Regelwerke und Gesetze, Gebäudehülle, Stellschrauben)		---
	1.15 Nutzerszenarien und Variantenvergleiche				Nutzerszenarien (Variantenvergleich)		---
	1.16 Einsatz von Energiespeichern				Energiespeicher (Elektrische und thermische Energiespeicher)		---
	1.17 Passive und aktive Planungsmaßnahmen	Wind patterns in all seasons should be evaluated.			Passive und aktive Planungsmaßnahmen (Wärme bzw. Kälte erhalten, Wärme gewinnen, Überhitzung vermeiden, Tageslichtnutzung, Energieeffizienz)		2.31 2.32
		Natural ventilation patterns should be considered.					
			2.2.7 Integrate Natural Light with Innovative Artificial Light				
	1.18 Verwendung definierter, kreislauffähiger Materialien für Energiesysteme		For generating, converting and using energy, use materials that obtain defined biological or technical nutrients				---

	1.19 Erneuerbar betriebene Verkehrsmittel	Transportation requirements will be considered in terms of their impact on overall energy consumption.	2.2.8 Integrate Renewably Powered, Healthy Mobility				2.53
Unterstützung von Diversität	**1.20 Förderung von Biodiversität**		2.1.7 Actively Support Biodiversity		Biodiversität (Lebensraumerweiterung, Dach- und Fassadenbegrünung)		2.13
	1.21 Förderung konzeptioneller Diversität	Buildings should be designed to be flexible enough to accommodate many human purposes.	2.1.8 Celebrate Conceptual Diversity with Innovation		Konzeptionelle Diversität (Grundrissanpassung, Gestaltungsvielfalt, Außenräume, Blickbezüge, Flexibilität)		2.17 2.18 2.25 2.28
	1.22 Förderung kultureller Diversität				Kulturelle Diversität (Barrierefreiheit, Ortsbezug, soziale Durchmischung)		2.27
	1.23 Förderung technologischer Diversität				Technologische Diversität (Nachrüstbarkeit, Zugänglichkeit, Energiebereitstellung)		2.36
	1.24 Berücksichtigung der Behaglichkeit	Noise pollution should be accounted for and minimized.	2.2.9 Protect Occupants from Environmental Hazards		Behaglichkeitsanforderungen (Lärmschutz, Luftqualität, Thermischer Komfort, Naturbezug)		2.20 2.21 2.23 2.30 2.32
	1.25 Nutzersensibilisierung				Nutzersensibilisierung (Einfluss von Handlungen, Verbräuche, Erträge)		2.24
	1.26 Soziale Verpflichtung der Unternehmen					5 Social Fairness	---

<table>
<tr><td rowspan="2">Mehrwert</td><td>1.27 Schaffung eines Mehrwerts für Stakeholder</td><td></td><td>2.1.9 Add value and Enhance Quality for Stakeholders</td><td></td><td></td><td></td><td>---</td></tr>
<tr><td>1.28 Förderung des Wohlbefindens der Stakeholder</td><td></td><td>2.1.10 Enhance Stakeholder Well-Being and Enjoyment</td><td></td><td></td><td></td><td>---</td></tr>
<tr><td rowspan="11">Anwendung</td><td>1.29 Erlernen der C2C Basics</td><td></td><td></td><td>2.1 Learn Cradle to Cradle Basics</td><td></td><td></td><td>---</td></tr>
<tr><td>1.30 Festlegung des Startpunkts</td><td></td><td></td><td>2.2 Select Project Stage to start</td><td></td><td></td><td>---</td></tr>
<tr><td rowspan="4">1.31 Durchführung einer Bestandsaufnahme</td><td rowspan="4"></td><td rowspan="4">2.2.1 Do an Inventory</td><td rowspan="4">3.1 Inventory what you have and need</td><td>Nutzeranforderung (Anzahl Bewohner, Raumprogramm, Energie- und Wasserbedarf)</td><td rowspan="4"></td><td rowspan="4">2.40</td></tr>
<tr><td>Standort-/Klimaanalyse (Regenerative Energiequellen, Umwelteinwirkungen)</td></tr>
<tr><td>Flora und Fauna (Bestandsaufnahme, Dach- und Fassadenbegrünungen)</td></tr>
<tr><td>Wohnumfeld (Versorgungsinfrastruktur, Anbindung an das ÖPNV, soziale Durchmischung)</td></tr>
<tr><td rowspan="2">1.32 Darlegung der Intentionen</td><td rowspan="2"></td><td rowspan="2">2.1.1 State Your Intentions</td><td>3.2 Set Intentions and Goals</td><td rowspan="2"></td><td rowspan="2"></td><td rowspan="2">2.40</td></tr>
<tr><td>3.3 Do a Reality Check</td></tr>
<tr><td rowspan="2">1.33 Festlegung der Ziele, Meilensteine und Roadmap</td><td rowspan="2"></td><td rowspan="2">3.2 Set Goals, Milestones & Roadmaps</td><td>3.4 Stakeholders agree Goals</td><td rowspan="2">Planungsziele und Meilensteine (Feuer, Wasser, Luft, Erde, Spirit)</td><td rowspan="2"></td><td rowspan="2">2.40</td></tr>
<tr><td>4.1 Set a Roadmap for Implementation</td></tr>
</table>

Anwendung	**1.34 Einbindung innovativer Finanzmodelle**		2.2.2 Integrate Innovative Finance	3.2.5.2 Use Financial Tools to support Systems Integration			---
	1.35 Einbezug von Innovationspartnerschaften und Unternehmen mit C2C Erfahrung		2.2.3 Integrate Innovation Partnership 2.2.4 Integrate Diverse C2C-Experienced Contractors				2.42
	1.36 Systemintegration und Anwendungswerkzeuge		2.2.5 Integrate Systems and Application Tools	3.2.5.1 Integrate Systems to achieve Circularity			---
	1.37 Abstimmung vielseitiger Nutzungen auf C2C Features		2.2.6 Integrate Diverse Use with Features that Apply C2C Criteria				---
	1.38 Einbezug der Stakeholder bezüglich Ästhetik		2.2.10 Consider Aesthetic Opinions of Stakeholders				2.41
	1.39 Hervorhebung der Erfolge durch Marketing			4.2 Celebrate Achievements with Marketing			---
	1.40 Kontinuierliche Verbesserung			4.3 Continuous Improvement and Enjoyment			---

Einordnung der Anforderungen an C2C Gebäude aus der Literatur in Anhang 1

The Hannover Principles (McDonough & Braungart, 2003a) (s. Anhang 1, Spalte 3)

Die Anforderungen in den Hannover Principles sind nach den Elementen Erde, Luft, Feuer, Wasser und Geist sortiert. Die spätere Einordnung in die Cradle to Cradle Grundsätze „Nährstoff bleibt Nährstoff", „Nutzung erneuerbarer Energien" und „Unterstützung von Diversität", die beispielsweise von Mulhall und Braungart (2010) verwendet wird, ist in diesem frühen Dokument noch nicht präsent. Unter dem Element Erde sind insgesamt acht Anforderungen an die verwendeten Materialien und an die Flexibilität des Gebäudes verortet. Sieben der acht Anforderungen wurden in Anhang 1 in die Kategorie „Nährstoff bleibt Nährstoff" übernommen: „Recycling of materials is essential", „Solid waste must be dealt with in a non-toxic manner", „Products used should not be tested on animals", „Materials should be chosen that minimize hazardous chemicals", „Materials should be considered in light of their sustainability", „Life-cycle analysis of all materials and processes is important" und „The design should quality the environmental and economic costs" (McDonough & Braungart, 2003a, S. 21-23). Die verbleibende Anforderung wurde in Anhang 1 der Kategorie „Unterstützung von Diversität" zugeordnet: „Buildings should be designed to be flexible enough to accommodate many human purposes" (McDonough & Braungart, 2003a, S. 21-22).

Unter dem Element Luft sind in den Hannover Principles sechs Anforderungen aufgelistet, die sich auf die Themen Luftqualität im Innen- und Außenraum, Windverhältnisse am Standort sowie Lärmschutz beziehen. Davon wurden drei Anforderungen in Anhang 1 in die Kategorie „Nährstoff bleibt Nährstoff" eingeordnet: „Building design must accommodate ventilation systems that meet specific air-quality needs", „The health effects from indoor air-quality problems must be considered" und „Air-pollution implications of all design systems should be considered" (McDonough & Braungart, 2003a, S. 23-24). Zwei weitere Anforderungen wurden in Anhang 1 in der Kategorie „Nutzung erneuerbarer Energien" verortet: „Wind patterns in all seasons should be evaluated" und „Natural ventilation patterns should be considered" (McDonough & Braungart, 2003a, S. 24). Die Anforderung „Noise pollution should be accounted for and minimized" (McDonough & Braungart, 2003a, S. 24) ist in Anhang 1 in Kategorie „Unterstützung von Diversität" zu finden.

Im Bereich Feuer sind in den Hannover Principles insgesamt sieben Anforderungen aufgeführt, die sich auf die Energieversorgung von Gebäuden und deren graue Energie beziehen. Alle sieben Anforderungen wurden in Anhang 1 der Kategorie „Nutzung erneuerbarer Energien" zugeordnet: „Designs should interact with renewable natural energy flows", „Water heating shall be from renewable resources and be efficiently incorporated", „Possibilities for on-site energy production must be considered", „The relationship between the design and the power grid should be considered", „Buildings should, wherever possible, be net exporters of energy", „The energy 'embodied' in the building materials can have a significant impact" und „Transportation requirements should be considered in terms of their impact on overall energy consumption" (McDonough & Braungart, 2003a, S. 24-26).

Der Bereich Wasser enthält insgesamt elf Anforderungen, die sich auf den Umgang mit Wasser in und am Gebäude beziehen und in Anhang 1 in der Kategorie „Nährstoff bleibt Nährstoff" verortet wurden: „Water use must be carefully accounted for", „Water from aquifers, rainwater, surface runoff water, gray water and other water use should all be considered within a cyclical concept", „Design shall consider rainwater and surface runoff water as a possible resources", „Water used in any process-related activity shall be put back into circulation", „Wastewater must be returned to the earth in a beneficial manner", „Gray water can be treated", „Water, if used for sewage treatment or transportation, shall be restored to drinking-water standards", „No ground water contamination", „Potable water should only be used for life-sustaining functions", „Water sources must be protected from contamination" und „Design should minimize impermeable ground cover" (McDonough & Braungart, 2003a, S. 26-27).

Unter dem Element Geist beschreiben McDonough und Braungart (2003a, S. 27-28) die Planungsphilosophie für die Expo 2000. Da der Bereich keine direkten Anforderungen enthält, wurde er nicht in Anhang 1 berücksichtigt.

Insgesamt wurden aus dem Hannover Principles 32 Kriterien extrahiert, wovon in Anhang 1 21 Kriterien der Kategorie „Nährstoff bleibt Nährstoff", neun Kriterien der Kategorie „Nutzung erneuerbarer Energien" und zwei Kriterien der Kategorie „Unterstützung von Diversität" zugeordnet werden.

Cradle to Cradle® Criteria for the built environment (Mulhall & Braungart, 2010) (s. Anhang 1, Spalte 4)

Im Leitfaden Cradle to Cradle® Criteria for the built environment wurden in der Kategorie „Everything is a Nutrient for Something Else" vier explizite Anforderungen identifiziert: „2.1.2 Define Materials and Their Intended Use Pathways", „2.1.3 Integrate Biological Nutrients", „2.1.4 Enhance Air and Climate Quality" und „2.1.5 Enhance Water Quality" (Mulhall & Braungart, 2010, S. 8-9). Die Kriterien 2.1.2 und 2.1.4 werden im Leitfaden jeweils in die Teile A und B untergliedert. Diese Unterteilung wurde in Anhang 1 übernommen. Darüber hinaus wurde Use CO_2 as a resource for biological and biochemical processes (Mulhall & Braungart, 2010, S. 19) als implizites Kriterium in Anhang 1 aufgenommen. Das Kriterium ist zwar nicht direkt in die Nummerierung der Anforderungen einbezogen, geht aber aus dem textlichen Teil des Kapitels Energy and CO_2 hervor. Folglich sind in Anhang 1 in der Kategorie „Nährstoff bleibt Nährstoff" sieben Anforderungen aus Cradle to Cradle® Criteria for the built environment zu finden.

In der Kategorie „Use Current Solar Income" wurde im Leitfaden ein explizites Kriterium gefunden, das in Anhang 1 übernommen wurde: „2.1.6 Integrate Renewable Energy" (Mulhall & Braungart, 2010, S. 9). Zudem wurden zwei implizite Kriterien „Generate and use energy in definably effective ways" und „For generating, converting and using energy, use materials that obtain defined biological or technical nutrients" aufgenommen, die aus dem Kapitel Energy and CO_2 des Leitfadens hervorgehen (Mulhall & Braungart, 2010, S. 19). Darüber hinaus wurden die Kriterien „2.2.8 Integrate Renewably Powered, Healthy Mobility" und „2.2.7 Integrate Natural Light with Innovative Artificial Light", die im Leitfaden den Implementation Criteria zugeordnet sind (Mulhall & Braungart, 2010, S. 12), in Anhang 1 in die Kategorie „Nutzung erneuerbarer Energien" verschoben, da sie energetische Aspekte behandeln. Somit sind in der Kategorie

„Nutzung erneuerbarer Energien" in Anhang 1 fünf Anforderungen aus Cradle to Cradle® Criteria for the built environment zu finden.

Dem Leitfaden konnten in der Kategorie „Unterstützung von Diversität" zwei explizite Kriterien entnommen werden: „2.1.7 Actively Support Biodiversity" und „2.1.8 Celebrate Conceptual Diversity with Innovation" (Mulhall & Braungart, 2010, S. 9-10). Zudem wurde das Kriterium „2.2.9 Protect Occupants from Environmental Hazards", das im Leitfaden der Kategorie Implementation Criteria zugeordnet ist (Mulhall & Braungart, 2010, S. 12), in die Kategorie „Unterstützung von Diversität" verschoben, da es inhaltliche Anforderungen beschreibt. Insgesamt sind im Anhang 1 in der Kategorie „Unterstützung von Diversität" damit drei Anforderungen aus Cradle to Cradle® Criteria for the built environment zu finden.

In der Kategorie „Mehrwert" wurden im Leitfaden zwei explizite Anforderungen identifiziert: „2.1.9 Add Value and Enhance Quality for Stakeholders" und „2.1.10 Enhance Stakeholder Well-Being and Enjoyment" (Mulhall & Braungart, 2010, S. 10), welche unverändert in Anhang 1 übernommen wurden.

In der Kategorie „Anwendung" weist der Leifaden 10 explizite Anforderungen auf: „2.2.1 Do an Inventory", „2.2.2 Integrate Innovative Finance", „2.2.3 Integrate Innovation Partnerships", „2.2.4 Integrate Diverse C2C-Experiences Contractors", „2.2.5 Integrate Systems and Application Tools", „2.2.6 Integrate Diverse Use with features that Apply C2C Criteria", „2.2.7 Integrate Natural Light with Innovative Artificial Light", „2.2.8 Integrate Renewably Powered, Healthy Mobility", „2.2.9 Protect Occupants from Environmental Hazards" und „2.2.10 Consider Aesthetic Opinions of Stakeholders" (Mulhall & Braungart, 2010, S. 11-12). Wie bereits beschrieben wurden die Anforderungen 2.2.7 und 2.2.8 in Anhang 1 in die Kategorie „Nutzung erneuerbarer Energien" und das Kriterium 2.2.9 in die Kategorie „Unterstützung von Diversität" verschoben. Das explizite Kriterium „2.1.1 State Your Intentions", das im Leitfaden an erster Stelle vor den inhaltlichen Anforderungen steht (Mulhall & Braungart, 2010, S. 8), wurde in die Kategorie „Anwendung" aufgenommen. Zudem wurde die implizite Anforderung 3.2 Set Goals, Milestones & Roadmaps" in die Kategorie aufgenommen. Insgesamt enthält die Kategorie „Anwendung" in Anhang 1 neun Anforderungen aus Cradle to Cradle® Criteria for the built environment. Insgesamt wurden dem Leitfaden Cradle to Cradle Criteria for the built environment 26 Anforderungen entnommen.

Creating Buildings With Positive Impacts (Mulhall et al., 2019) (s. Anhang 1, Spalte 5)

Der Leitfaden Creating Buildings with Positive Impacts behandelt die Anwendung der inhaltlichen Cradle to Cradle Anforderungen aus den Kategorien „Nährstoff bleibt Nährstoff", „Nutzung erneuerbarer Energien" und „Unterstützung von Diversität". Folglich wurden in Anhang 1 sämtliche Anforderungen aus dem Leitfaden der Kategorie „Anwendung" zugeordnet. Insgesamt wurden neun Anforderungen identifiziert, die den Planungsschritten für ein Cradle to Cradle inspiriertes Gebäude entsprechen und mit der zweiten Ebene der Gliederung des Leitfadens übereinstimmen: 2.1 Learn Cradle to Cradle Basics, 2.2 Select Project Stage to start, 3.1 Inventory what you have and need, 3.2 Set Intentions and Goals, 3.3 Do a Reality Check, 3.4 Stakeholders agree Goals, 4.1 Set a Roadmap for Implementation, 4.2 Celebrate Achievements with Marketing, 4.3 Continuous Improvement and Enjoyment (Mulhall et al., 2019). Darüber hinaus wurden zwei Kriterien aufgegriffen, die der vierten Ebene der Gliederung des Leitfadens entsprechen, da sie essentielle Punkte bei der Umsetzung Cradle to Cradle inspirierter Gebäude darstellen: 3.2.5.2 Use Financial Tools to support Systems Integration und 3.2.5.1 Integrate Systems to achieve Circularity (Mulhall et al., 2019, S. 53-58). Insgesamt wurden aus dem Leitfaden Creating Buildings With Positive Impacts 11 Anforderungen nach Anhang 1 übernommen.

Entwicklung und Bewertung eines Cradle to Cradle® inspirierten Plusenergiehauses am Beispiel des Wettbewerbsbeitrages Solar Decathlon 2015 (Cradle to Cradle Leitfaden für den Wohnungsbau) (Salfner et al., 2017) (s. Anhang 1, Spalte 6)

Wie Mulhall und Braungart (2010) ordnen auch Salfner et al. (2017) die inhaltlichen Anforderungen im Cradle to Cradle Leitfaden für den Wohnungsbau nach den drei Cradle to Cradle Grundsätzen und komplettieren diese mit Anforderungen zur Bedarfs- und Standortanalyse. In der Kategorie „Waste equals Food“ wurden im Leitfaden acht explizite Anforderungen identifiziert, die unverändert in Anhang 1 in die Kategorie „Nährstoff bleibt Nährstoff“ aufgenommen wurden: „Inhaltsstoffe und Gesundheit“, „Stoffströme“, „Umwelteinwirkungen“, „Rückbau- und Recyclingpotentiale“, „Wasserfußabdruck“, „Wasserkreisläufe“, „Wasserqualität“ und „Innovation“ (Salfner et al., 2017, S. 184-186).

Zudem wurden im Leitfaden in der Kategorie „Use Current Solar Income“ fünf explizite Anforderungen vorgefunden, die unverändert in die Kategorie „Nutzung erneuerbarer Energien“ in Anhang 1 übertragen wurden: „Regenerative Energiequellen“, „Planungsgrundlagen und Gebäudetechnik“, „Nutzerszenarien“, „Energiespeicher“, „Passive und aktive Planungsmaßnahmen“ (Salfner et al., 2017, S. 186-187).

In der Kategorie „Celebrate Diversity“ konnten dem Leitfaden sechs Anforderungen entnommen werden: „Konzeptionelle Diversität“, „Kulturelle Diversität“, „Technologische Diversität“, „Biodiversität“, „Behaglichkeitsanforderungen“ und „Nutzersensibilisierung“ (Salfner et al., 2017, S. 188-189). Wie bereits bei den vorhergehenden Kategorien, wurden die Anforderungen unverändert in die Kategorie „Unterstützung von Diversität“ in Anhang 1 übernommen.

Darüber hinaus enthält der Leitfaden fünf Anforderungen, die in der Kategorie Bedarfs- und Standortanalyse verortet sind: „Nutzeranforderung“, „Planungsziele und Meilensteine“, „Standort-/Klimaanalyse“, „Flora und Fauna“ und „Wohnumfeld“ (Salfner et al., 2017, S. 180-184). Diese Anforderungen wurden in Anhang 1 der Kategorie „Anwendung“ zugeordnet. Insgesamt konnten dem Cradle to Cradle Leitfaden für den Wohnungsbau damit 24 Kriterien entnommen werden.

Cradle to Cradle Certified™. Product standard version 3.1 (Cradle to Cradle Products Innovation Institute, 2016) (s. Anhang 1, Spalte 7)

Die Anforderungen der Cradle to Cradle Produktzertifizierung folgen ebenfalls den drei Cradle to Cradle Grundprinzipien und wurden dementsprechend in Anhang 1 eingeordnet. Insgesamt enthält der Cradle to Cradle Certified™ Product Standard (Version 3.1) fünf Anforderungen, wovon drei auf die Kategorie „Eliminate the Concept of Waste” entfallen: „1 Material Health“, „2

Material Reutilization“ und „4 Water Stewardship“. Die Anforderung „3 Renewable Energy and Carbon Management“ enthält sowohl Teilanforderungen aus der Kategorie „Eliminate the Concept of Waste“ auch als aus der Kategorie Use renewable energy“. Die Anforderung „5 Social Fairness“ ist der Kategorie „Celebrate Diversity“ zugeordnet (Cradle to Cradle Products Innovation Institute, 2016, S. 12-15). Die Anforderungen wurden unverändert in die entsprechenden Kategorien „Nährstoff bleibt Nährstoff“, „Nutzung erneuerbarer Energien“ und „Unterstützung von Diversität“ in Anhang 1 übernommen. Die Anforderung „3 Renewable Energy and Carbon Management“ wurde in die Kategorie „Nutzung erneuerbarer Energien“ eingegliedert.

Kategorie	Nummer/Name des Kriteriums	Anforderungen					Entsprechung C2C Kriterien Anhang 1
		DGNB Zertifikat, Neubau Kleine Wohngebäude V2013.2 (DGNB e.V., 2013)	**Bewertungssystem Nachhaltiger Kleinwohnhausbau (BNK) V1.0** (BiRN, 2021a)	**Home Quality Mark One, SD 239** (BRE, 2018c)	**LEED v4.1 Residential Single Family Homes** (USGBC, 2020)	**Minergie V2020.1** (Minergie Schweiz, 2020b, 2020c, 2020d) **Minergie-Eco Neubau EFH/MFH <500m² EBF, V1.5 ME-ECO Online 2020** (Minergie Schweiz & Verein ecobau, 2020c)	
Ökologische Qualität	**2.1 Ökobilanz - emissionsbedingte Umweltwirkungen**	ENV 1.1 Ökobilanz – Emissionsbedingte Umweltwirkungen	3.1.1 Ökobilanz: Treibhauspotenzial und andere Umweltwirkungen	6.2 Environmental Impact of Materials		WNG 8.020 Treibhausgasemissionen (CO_2) Erstellung	1.4
	2.2 Schadstoffe für die lokale Umwelt	ENV 1.2 Risiken für die lokale Umwelt			EA Credit: Refrigerant Management		1.2
						WNA1.030 Biozide und Holzschutzmittel in Innenräumen	
						WNA1.050 Lösemittelemissionen aus Bau- und Hilfsstoffen	
						WNA2.010 Montage- und Abdichtungsarbeiten	
						WNA2.020 Schwermetallhaltige bewitterte Bauteile (Bedachungs-, Fassaden- und Abschlussmaterialien)	
						WNI5.040 Bauproduktelabel (Farben und Lacke)	
						WNI5.050 Bauproduktelabel (Verlegewerkstoffe und Fugendichtungsmassen)	

Ökologische Qualität						WNM4.020 Dämmstoffe mit ungünstigen ökologischen Eigenschaften (Dächer, Decken und Fundamentplatten)	
						WNM4.021 Dämmstoffe mit ungünstigen ökologischen Eigenschaften (Wände)	
						WNM4.040 Biozidfreie Fassaden	
						WNM4.080 PVC-Bauprodukte mit umweltrelevanten Bestandteilen	
						WNM4.030 Chemischer Wurzelschutz für die Abdichtung	
						WNM4.050 Halogenfreie Installationsmaterialien	
	2.3 Schadstoffe bei Umbau-/Rückbaumaßnahmen					WNA1.010 Schadstoffe in Gebäuden	---[17]
	2.4 Auswirkungen auf die lokale Luftqualität			5.3 Impact on Local Air Quality			1.8
	2.5 Umweltverträgliche Materialgewinnung	ENV 1.3 Umweltverträgliche Materialgewinnung	3.3.1 Einsatz von Holz aus nachhaltiger Waldbewirtschaftung	6.1 Responsible Sourcing	MR Prerequisite: Certified Tropical Wood	WNA 2.040 Holzauswahl	1.4
						WNM2.010 Label für Holz und Holzwerkstoffe	
	2.6 Ökobilanz - Primärenergie	ENV 2.1 Ökobilanz - Primärenergie	3.1.2 Ökobilanz: Primärenergie			G Graue Energie Baustoffe	1.4 1.13

[17] Kriterien mit dem Verweis „---" in der Spalte „Entsprechung C2C Kriterien Anhang 1" weisen keine Überlappungen mit C2C Kriterien auf.

Ökologische Qualität	**2.7 Dezentrale Erzeugung regenerativer Energie**		3.2.1 Dezentrale Erzeugung regenerativer Energie	5.2 Decentralised Energy		Eigenstromproduktion	1.13
	2.8 Trinkwasserbedarf und Wasserrecycling	ENV 2.2 Trinkwasserbedarf und Abwasseraufkommen	3.4 1 Einsatz von Wasserspa-rarmaturen	8.1 Water Efficiency	WE Prerequisite: Water Use		1.9
					WE Credit: Total Water Use	WNG5.020 Umgang mit Re-genwasser	
					WE Credit: Indoor Water Use	WNG5.010 Wassersparkon-zept (Apparate und Armatu-ren)	
					WE Credit: Outdoor Water Use		
	2.9 Flächeninanspruch-nahme	ENV 2.3 Flächeninanspruch-nahme			LT Credit: Site Selection		---
	2.10 Flächenausnutzung		3.5.1 Flächenausnutzung		LT Credit: Compact Develop-ment		---
	2.11 Regenwasser-Manage-ment			3.2 Managing Rainfall Im-pacts	SS Credit: Rainwater Man-agement		1.10
	2.12 Reduzierung des Heat-Island-Effekts				SS Credit: Heat Island Re-duction		---
	2.13 Ökologische Verände-rung und Verbesserung			2.3 Ecological Change and Enhancement		WNG1.030 Umge-bungsgestaltung	1.20
	2.14 Regionale Prioritäten				RP Credit: Regional Priority		---
	2.15 Innovation				IN Credit: Innovation		1.12
Ökon. Qualität	**2.16 Lebenszykluskosten**	ECO 1.1 Gebäudebezogene Kosten im Lebenszyklus	2.1.1 Ausgewählte Kosten im Lebenszyklus	6.3 Life Cycle Costing			1.11
	2.17 Flexibilität und Umnut-zungsfähigkeit	ECO 2.1 Flexibilität und Um-nutzungsfähigkeit				WNG2.020 Nutzungsflexibi-lität der Gebäudestruktur	1.21

	2.18 Erweiterungsmöglichkeiten					WNG8.010 Erweiterungsmöglichkeiten, Reserve	1.21
	2.19 Marktfähigkeit	ECO 2.2 Marktfähigkeit					---
Soziokulturelle u. funktionale Qualität	**2.20 Thermischer Komfort**	SOC 1.1 Thermischer Komfort	1.2.1 Sommerlicher Wärmeschutz	4.5 Temperature		Sommerlicher Wärmeschutz	1.24
	2.21 Innenraumlufthygiene und Lüftung	SOC 1.2 Innenraumluftqualität	1.1.1 Wohngesundheit: Innenraumlufthygiene	4.1 Indoor Pollutants		WNA9.010 Raumluftmessungen (Formaldehyd)	1.7 1.24
						WNA 9.020 Raumluftmessungen (TVOC)	
				4.6 Ventilation	EQ Prerequisite: Ventilation	Kontrollierte Lufterneuerung	
					EQ Credit: Enhanced ventilation		
					EQ Credit: Low-Emitting Products	WNA1.040 Formaldehydemissionen aus Baumaterialien	
					EQ Prerequisite: Combustion venting		
					EQ Prerequisite: Garage Pollutant Protection		
					EQ Prerequisite: Air Filtering		
					EQ Prerequisite: Compartmentalization		
					EQ Credit: Contaminant control		
					EQ Prerequisite: Radon-resistant construction	WNI3.010 Maßnahmen zur Reduktion der Radonbelastung	

Soziokulturelle u. funktionale Qualität						WNI9.020 Raumluftmessungen (Radon)	
						WNI4.010 Nicht ionisierende Strahlung (NIS-Zonenplan, Niederfrequenz 50 Hz)	
						WNI4.030 Nicht ionisierende Strahlung (Verlegung von Leitungen)	
						WNI5.030 Lungengängige Mineralfasern	
	2.22 Trinkwasserhygiene		1.1.2 Wohngesundheit: Trinkwasserhygiene				1.9
	2.23 Visueller Komfort	SOC 1.4 Visueller Komfort	1.3.1 Tageslichtverfügbarkeit	4.2 Daylight		T Tageslicht	1.24
	2.24 Einflussnahme des Nutzers und Smart Home	SOC 1.5 Einflussnahme des Nutzers	1.5.1 Haustechnik: Bedienfreundlichkeit und Informationsgehalt der Steuerung	11.3 Smart Homes			1.25
	2.25 Außenraumqualitäten	SOC 1.6 Außenraumqualitäten		2.5 Recreational Space			1.21
	2.26 Sicherheit	SOC 1.7 Sicherheitsempfinden und Schutz vor Übergriffen	1.6.1 Sicherheit: Präventive Schutzmaßnahmen gegen Einbruch	3.3 Security			---
	2.27 Barrierefreiheit	SOC 2.1 Barrierefreiheit	1.7.1 Barrierefreiheit	7.2 Access and Space			1.22
	2.28 Grundrissqualitäten	SOC 3.3 Grundrissqualitäten		7.1 Drying Space 7.3 Recyclable Waste			1.21
	2.29 Brandschutz	TEC 1.1 Brandschutz	1.6.2 Sicherheit: Brandmeldung und Brandbekämpfung				---

Technische Qualität	**2.30 Schallschutz**	TEC 1.2 Schallschutz	1.4.1 Schallschutz	4.4 Sound Insulation		WNS1.010 Schallschutz der Gebäudehülle und zwischen mehreren Nutzungseinheiten: Mindestanforderungen	1.24
						WNS1.030 Schallschutz zwischen mehreren Nutzungseinheiten (Luft- und Trittschall): erhöhte Anforderungen	
				4.3 Noise Sources		WNS1.020 Schallschutz der Gebäudehülle: Erhöhte Anforderungen	
						WNS1.040 Schallschutz zwischen mehreren Nutzungseinheiten (Geräusche haustechn. Anlagen): erhöhte Anforderungen	
						WNS3.010 Bauliche Maßnahmen: Dach- und Abwasserohre	
						WNS 3.020 Bauliche Maßnahmen: Sanitärapparate	
						WNS5.010 Lärmimmission im Außenraum	
	2.31 Energieeffizienz			5.1 Energy and Cost	EA Prerequisite: Minimum Energy Performance	Minergie-Kennzahl	1.17
					EA Credit: Annual energy use	Endenergiebedarf	
					EA Credit: Efficient Hot Water Distribution System	Heizwärmebedarf	
						Alle Gebäude ohne fossile Brennstoffe	

Technische Qualität	**2.32 Wärme-, Feuchteschutz und Luftdichtheit der Gebäudehülle**	TEC 1.3 Wärme- und feuchteschutztechnische Qualität der Gebäudehülle				Luftdichtheitskonzept	1.17 1.24
	2.33 Rückbau- und Demontagefähigkeit	TEC 1.6 Rückbau- und Demontagefreundlichkeit				WNG4.010 Rückbaufähigkeit von Gebäudehülle und Sekundärstruktur WNG4.020 Rückbaufähigkeit von Gebäudetechnik und Tertiärstruktur	1.3
	2.34 Einsatz von recycelten / recycelbaren Materialien				MR Credit: Environmentally preferable products	WNM4.060 Organisch-mineralische Verbundmaterialien WNA2.050 Recycling (RC) – Beton	1.1
	2.35 Grundstücksvorbereitung					WNG1.010 Grundstücksvorbereitung (Rückbau bestehender Gebäude)	---
	2.36 Zugänglichkeit der Installationen					WNG3.010 Zugänglichkeit vertikaler HT-Installationen WNG3.020 Zugänglichkeit horizontaler HT-Installationen	1.23
	2.37 Materialeffizienz				MR Credit: Material-efficient framing		---
	2.38 Dauerhaftigkeit			6.4 Durability	MR Prerequisite: Durability Management MR Credit: Durability Management Verfication	WNG7.010 Witterungsbeständigkeit der Fassade WNG7.020 Witterungsbeständigkeit der Fenster	---
	2.39 Schädlingsbekämpfung durch konstruktive Maßnahmen				SS Credit: Nontoxic pest control		---

Prozessqualität							
	2.40 Projektvorbereitung		4.1.1 Beratungsgespräch und Zielvereinbarung	9.1 Project Preparation	IN Prerequisite: Preliminary Rating		1.31 1.32 1.33
	2.41 Integrale Planung	PRO 1.2 Integrale Planung			Credit: Integrative Process		1.38
	2.42 Einbezug eines LEED accredited professional				IN Credit: LEED Accredited Professional		1.35
	2.43 Ökologie Management			2.1 Identifying Ecological Risks and Opportunities 2.2 Managing Impacts on Ecology 2.4 Long Term Ecological management and Maintenance			1.20 1.31
	2.44 Gebäudeakte und Nutzereinweisung	PRO 1.5 Schaffung von Voraussetzungen für eine optimale Nutzung und Bewirtschaftung	4.2.1 Gebäudeakte inkl. Nutzerhandbuch	11.2 Home Information	EA Prerequisite: Education of Homeowner, Tenant or Building Manager		---
	2.45 Verantwortungsvolle Baustelle			10.1 Responsible Construction Practices	SS Prerequisite: Construction Activity Pollution Prevention		---
				10.4 Site Waste Management	MR Credit: Construction Waste Management		
				10.2 Construction Energy Use			
				10.3 Construction Water Use			
	2.46 Qualitätssicherung	PRO 2.2 Qualitätssicherung der Bauausführung	4.3.1 Qualitätssicherung	9.3 Inspections and Completion	EA Credit: HVAC Start-Up Credentialing		---
	2.47 Geordnete Inbetriebnahme	PRO 2.3 Geordnete Inbetriebnahme		9.2 Commissioning and Testing			---

				11.1 Aftercare			
	2.48 Post-Occupancy Evaluierung			11.4 Post Occupancy Evaluation			---
	2.49 Energie- und Wasser-Monitoring				EA Prerequisite: Energy Metering	Energie-Monitoring	---
					WE Prerequisite: Water Metering		
Standortqualität	**2.50 Mikrostandort**	SITE 1.1 Mikrostandort		3.1 Flood Risk	LT Prerequisite: Floodplain Avoidance		---
	2.51 LEED for Neighbourhood Development				LT Credit: LEED for Neighbourhood Development		---
	2.52 Verkehrsanbindung	SITE 1.3 Verkehrsanbindung		1.1 Public Transport Availability	LT Credit: Access to transit		---
	2.53 Nachhaltige Verkehrsmittel			1.2 Sustainable Transport Options		Einfache bauliche Maßnahmen für e-Mobilitäts-Tauglichkeit von Minergie-Gebäuden	1.19
	2. 54 Nähe zu nutzungsrelevanten Einrichtungen	SITE 1.4 Nähe zu nutzungsrelevanten Objekten und Einrichtungen		1.3 Local Amenities	LT Credit Community Resources		---

Begründung der Einordnung der Kriterien in Anhang 2

DGNB Zertifikat, Neubau Kleine Wohngebäude, Version 2013.2 (DGNB e.V., 2013) (s. Anhang 2, Spalte 3)

In der DGNB Systemvariante Kleine Wohngebäude wurden in der Kategorie „Ökologische Qualität" sechs Anforderungen vorgefunden: „ENV 1.1 Ökobilanz – Emissionsbedingte Umweltwirkungen", „ENV 1.2 Risiken für die lokale Umwelt", „ENV 1.3 Umweltverträgliche Materialgewinnung", „ENV 2.1 Ökobilanz – Primärenergie", „ENV 2.2 Trinkwasserbedarf und Abwasseraufkommen" und „ENV 2.3 Flächeninanspruchnahme" (DGNB e.V., 2013). In der Kategorie „Ökonomische Qualität" sind drei Anforderungen präsent: „ECO 1.1 Gebäudebezogene Kosten im Lebenszyklus", „ECO 2.1 Flexibilität und Umnutzungsfähigkeit" und „ECO 2.2 Marktfähigkeit" (DGNB e.V., 2013). Die Kategorie „Soziokulturelle und funktionale Qualität" umfasst acht Anforderungen: „SOC 1.1 Thermischer Komfort", „SOC 1.2 Innenraumluftqualität", „SOC 1.4 Visueller Komfort", „SOC 1.5 Einflussnahme des Nutzers", „SOC 1.6 Außenraumqualitäten", „SOC 1.7 Sicherheitsempfinden und Schutz vor Übergriffen", „SOC 2.1 Barrierefreiheit", und „SOC 3.3 Grundrissqualitäten" (DGNB e.V., 2013). Im Bereich „Technische Qualität" fließen vier Anforderungen in die Bewertung ein: „TEC 1.1 Brandschutz", „TEC 1.2 Schallschutz", „TEC 1.3 Wärme- und feuchteschutztechnische Qualität der Gebäudehülle" und „TEC 1.6 Rückbau- und Demontagefreundlichkeit" (DGNB e.V., 2013). Der Bereich „Prozessqualität" bewertet vier Anforderungen: „PRO 1.2 Integrale Planung", „PRO 1.5 Schaffung von Voraussetzungen für eine optimale Nutzung und Bewirtschaftung", „PRO 2.2 Qualitätssicherung der Bauausführung" und „PRO 2.3 Geordnete Inbetriebnahme" (DGNB e.V., 2013). Die Kategorie „Standortqualität", deren Anforderungen zwar nicht in das Bewertungsergebnis einfließen, aber im Rahmen der Zertifizierung ausgewiesen werden müssen, schließt drei Anforderungen ein: „SITE 1.1 Mikrostandort", „SITE 1.3 Verkehrsanbindung" und „SITE 1.4 Nähe zu nutzungsrelevanten Objekten und Einrichtungen" (DGNB e.V., 2013). Die beschriebenen 28 Anforderungen wurden gemäß ihrer Zugehörigkeit zu den einzelnen Kategorien in die dritte Spalte von Anhang 2 übernommen.

Bewertungssystem Nachhaltiger Kleinwohnhausbau (BNK), Version 1.0 (BiRN, 2021) (s. Anhang 2, Spalte 4)

Das BNK basiert auf dem BNB, das zusammen mit der DGNB Zertifizierung entwickelt wurde. Folglich decken sich die vier Kategorien des BNK „Ökologische Qualität", „Ökonomische Qualität", „Soziokulturelle und funktionale Qualität" und „Prozessqualität" mit den Kategorien der DGNB Version Neubau Kleine Wohngebäude. Die Kategorien „Technische Qualität" und „Standortqualität" existieren im BNK nicht. Um das BNK auf die technischen und finanziellen Bedürfnisse von Ein- und Zweifamilienhäusern anzupassen, wurden in das System nur vier Kategorien aufgenommen, die 19 Anforderungen beinhalten. Die Kategorie „Ökologische Qualität" umfasst im BNK sechs Anforderungen, die in Anhang 2 in die gleichnamige Kategorie übernommen wurden: „3.1.1 Ökobilanz: Treibhauspotenzial und andere Umweltwirkungen", „3.3.1 Einsatz von Holz aus nachhaltiger Waldbewirtschaftung", „3.1.2 Ökobilanz: Primärenergie", „3.2.1 Dezentrale Erzeugung regenerativer Energie", „3.4 1 Einsatz von Wasserspararmaturen" und „3.5.1 Flächenausnutzung" (BiRN, 2021). In der Kategorie „Ökonomische Qualität" wird im

BNK System lediglich eine Anforderung bewertet, die in Anhang 2 ebenfalls in die gleichnamige Kategorie eingeordnet wurde: „2.1.1 Ausgewählte Kosten im Lebenszyklus“ (BiRN, 2021). Die Kategorie „Soziokulturelle und funktionelle Qualität“ enthält im BNK neun Anforderungen. Sieben dieser Kriterien wurden in Anhang 2 in die gleichnamige Kategorie aufgenommen: „1.2.1 Sommerlicher Wärmeschutz“, „1.1.1 Wohngesundheit: Innenraumlufthygiene“, „1.1.2 Wohngesundheit: Trinkwasserhygiene“, „1.3.1 Tageslichtverfügbarkeit“, „1.5.1 Haustechnik: Bedienfreundlichkeit und Informationsgehalt der Steuerung“, „1.6.1 Sicherheit: Präventive Schutzmaßnahmen gegen Einbruch“ und „1.7.1 Barrierefreiheit“ (BiRN, 2021). Zwei weitere Kriterien wurden in die Kategorie „Technische Qualität“ verschoben, da sie Aspekte thematisieren, die im DGNB System der „Technischen Qualität“ zugeordnet sind: „1.6.2 Sicherheit: Brandmeldung und Brandbekämpfung“ und „1.4.1 Schallschutz“ (BiRN, 2021). Die drei Anforderungen im Bereich „Prozessqualität“ aus dem BNK wurden unverändert in die gleichnamige Kategorie im Anhang 2 übernommen: „4.1.1 Beratungsgespräch und Zielvereinbarung“, „4.2.1 Gebäudeakte inkl. Nutzerhandbuch“ und „4.3.1 Qualitätssicherung“ (BiRN, 2021).

Home Quality Mark One, SD 239 (HQM) (BRE, 2018c) (s. Anhang 2, Spalte 5)

Das Bewertungssystem HQM unterteilt die insgesamt 39 Kriterien in die Bereiche „Our Surroundings“, „My Home“ und „Delivery“. Der Bereich „Our Surroundings“ umfasst die Kategorien „1 Transport and Movement“, „2 Outdoors“ und „3 Safety and Resilience“. Im Bereich „My Home“ werden die Kategorien „4 Comfort“, „5 Energy“, „6 Materials“, „7 Space“ und „8 Water“ bewertet. Der Bereich „Delivery“ gliedert sich in die Kategorien „9 Quality assurance“, „10 Construction impacts“ und „11 Customer Experience“ (BRE, 2018c, S. 8). Bereits aus der Bezeichnung der Bereiche und Kategorien wird ersichtlich, dass sich die Unterteilung der Anforderungen nicht mit dem DGNB Zertifikat und dem BNK deckt. Besonders deutlich wird dies am Beispiel der Kategorie „6 Materials“, der vier Anforderungen umfasst. So können die Anforderungen „6.1 Responsible Sourcing“ und „6.2 Environmental Impact of Materials“ der ökologischen Qualität, die Anforderung „6.3 Life Cycle Costing“ der ökonomischen Qualität und die Anforderung „6.4 Durability“ der technischen Qualität zugeteilt werden. Insgesamt wurden der Kategorie ökologische Qualität in Anhang 2 sieben Anforderungen zugeordnet: „6.2 Environmental Impact of Materials“, „5.3 Impact on Local Air Quality“, „6.1 Responsible Sourcing“, „5.2 Decentralised Energy“, „8.1 Water Efficiency“, „3.2 Managing Rainfall Impacts“ und „2.3 Ecological Change and Enhancement“ (BRE, 2018c, S. 8). Dem Bereich soziokulturelle und funktionale Qualität wurden insgesamt zehn Anforderungen zugeteilt: „4.5 Temperature“, „4.1 Indoor Pollutants“, „4.6 Ventilation“, „4.2 Daylight“, „11.3 Smart Homes“, „2.5 Recreational Space“, „3.3 Security“, „7.2 Access and Space“, „7.1 Drying Space“ und „7.3 Recyclable Waste“ (BRE, 2018c, S. 8). Der Bereich technische Qualität umfasst im Anhang 2 vier Anforderungen aus HQM One: „4.3 Noise Sources“, „4.4 Sound Insulation“, „5.1 Energy and Cost“ und „6.4 Durability“ (BRE, 2018c, S. 8). In der Kategorie Prozessqualität sind in Anhang 2 13 Anforderungen aus HQM One präsent: „9.1 Project Preparation“, „2.1 Identifying Ecological Risks and Opportunities“, „2.2 Managing Impacts on Ecology“, „2.4 Long Term Ecological Management and Maintenance“, „11.2 Home Information“, „10.1 Responsible Construction Practices“, „10.4 Site Waste Management“, „10.2 Construction Energy Use“, „10.3 Construction Water Use“, „9.3 Inspections and Completion“, „9.2 Commissioning and Testing“, „11.1 Aftercare“ und „11.4 Post Occupancy

Evaluation" (BRE, 2018c, S. 8). Der Kategorie Standortqualität wurden vier Anforderungen zugeteilt: „3.1 Flood Risk", „1.1 Public Transport Availability", „1.2 Sustainable Transport Options" und „1.3 Local Amenities" (BRE, 2018c, S. 8). In allen sechs Kategorien wird anhand der Nummerierung ersichtlich, dass die Kriterien ursprünglich aus verschieden Teilbereichen stammen.

LEED v4.1 Residential Single Family Homes (USGBC, 2020) (s. Anhang 2, Spalte 6)

Das Bewertungssystem LEED v4.1 Residential Single Family Homes gliedert die Anforderungen in die Kategorien „Location and Transportation (LT)", „Sustainable Sites (SS)", „Water Efficiency (WE)", „Energy and Atmosphere (EA)", „Materials and Resources (MR)", „Indoor Environmental Quality (EQ)", „Innovation (IN)" und „Regional Priority (RP)" (USGBC, 2020). Die Kategorie „Location and Transportation" überschneidet sich in weiten Teilen mit der Kategorie „Standortqualität" aus dem DGNB Zertifikat und vier der sechs Anforderungen aus dem Bereich „Location and Transportation" konnten der Standortqualität zugeordnet werden. Bei den übrigen Kategorien besteht keine direkte Entsprechung. In Anhang 2 wurden der ökologischen Qualität insgesamt 12 Anforderungen aus dem LEED System zugeordnet: „EA Credit: Refrigerant Management", „MR Prerequisite: Certified Tropical Wood", „MR Credit: Environmentally Preferable Products", „MR Credit: Material-Efficient Framing", „WE Prerequisite: Water Use", „WE Credit: Total Water Use", „WE Credit: Indoor Water Use", „WE Credit: Outdoor Water Use", „LT Credit: Site Selection", „LT Credit: Compact Development", „SS Credit: Rainwater Management" und „SS Credit: Heat Island Reduction" (USGBC, 2020). Im Bereich ökonomische Qualität konnten keine entsprechenden Anforderungen identifiziert werden. Auf den Bereich soziokulturelle und funktionale Qualität entfallen in Anhang 2 neun Anforderungen aus dem LEED System: „EQ Prerequisite: Combustion Venting", „EQ Prerequisite: Ventilation", „EQ Prerequisite: Garage Pollutant Protection", „EQ Prerequisite: Radon-Resistant Construction", „EQ Prerequisite: Air Filtering", „EQ Prerequisite: Compartmentalization", „EQ Credit: Enhanced Ventilation", „EQ Credit: Contaminant Control" und „EQ Credit: Low-Emitting Products" (USGBC, 2020). In der Kategorie Technische Qualität sind in Anhang 2 sechs Anforderungen aus dem LEED System präsent: „EA Prerequisite: Minimum Energy Performance", „EA Credit: Annual Energy Use", „EA Credit: Efficient Hot Water Distribution System", „SS Credit: Nontoxic pest control", „MR Prerequisite: Durability Management" und „MR Credit: Durability Management Verfication" (USGBC, 2020). Der Kategorie Prozessqualität wurden neun Anforderungen zugeteilt: „IN Prerequisite: Preliminary Rating", „Credit: Integrative Process", „IN Credit: LEED Accredited Professional", „EA Prerequisite: Education of Homeowner, Tenant or Building Manager", „SS Prerequisite: Construction Activity Pollution Prevention", „MR Credit: Construction Waste Management", „EA Credit: HVAC Start-Up Credentialing", „EA Prerequisite: Energy Metering" und „WE Prerequisite: Water Metering" (USGBC, 2020). Für die Kategorie Standortqualität konnten vier entsprechende Anforderungen im LEED System gefunden werden: „LT Prerequisite: Floodplain Avoidance", „LT Credit: LEED for Neighborhood Development", „LT Credit: Access to transit" und „LT Credit: Community Resources" (USGBC, 2020).

Minergie V2020.1 (Minergie Schweiz, 2020b, 2020c, 2020d) und Minergie-Eco Neubau EFH/MFH <500m² EBF, V1.5 ME-ECO Online 2020 (Minergie Schweiz & Verein ecobau, 2020c) (s. Anhang 2, Spalte 5)

Während im Bewertungssystem Minergie keine Unterteilung der neun bzw. zehn Anforderungen in Kategorien erfolgt (Minergie Schweiz, 2020b, 2020c, 2020d), werden die 47 Anforderungen beim Zusatz Minergie-Eco in die Themenblöcke „Ausschlusskriterien (A)“, „Tageslicht (T)“, „Schallschutz (S)“, „Innenraumklima (I)“, „Gebäudekonzept (G)“, „Materialien und Bauprozesse (M)“ und „Graue Energie Baustoffe (G)“ eingeordnet (Minergie Schweiz & Verein ecobau, 2020c, S. 5-6). Aus der Bezeichnung der Themenblöcke wird ersichtlich, dass sich die Unterteilung der Kriterien nicht mit dem DGNB Zertifikat und BNK deckt. Drei Kategorien sind im Minergie-Eco System nicht weiter untergliedert und stellen damit gleichzeitig einzelne Anforderungen dar, die jeweils eine Entsprechung im DGNB System finden: „Tageslicht (T)“, „Schallschutz (S)“ und „Graue Energie Baustoffe (G)“ (Minergie Schweiz & Verein ecobau, 2020c, S. 5-6). Bei der Zuordnung zu den DGNB Kategorien entfielen in Anhang 2 22 Kriterien auf die ökologische Qualität: „WNG 8.020 Treibhausgasemissionen (CO2) Erstellung“, „WNA1.030 Biozide und Holzschutzmittel in Innenräumen“, „WNA1.050 Lösemittelemissionen aus Bau- und Hilfsstoffen“, „WNA2.010 Montage- und Abdichtungsarbeiten“, „WNA2.020 Schwermetallhaltige bewitterte Bauteile (Bedachungs-, Fassaden- und Abschlussmaterialien)“, „WNI5.040 Bauproduktelabel (Farben und Lacke)“, „WNI5.050 Bauproduktelabel (Verlegewerkstoffe und Fugendichtungsmassen)“, „WNM4.020 Dämmstoffe mit ungünstigen ökologischen Eigenschaften (Dächer, Decken und Fundamentplatten)“, „WNM4.021 Dämmstoffe mit ungünstigen ökologischen Eigenschaften (Wände)“, „WNM4.030 Chemischer Wurzelschutz für die Abdichtung“, „WNM4.040 Biozidfreie Fassaden“, „WNM4.080 PVC-Bauprodukte mit umweltrelevanten Bestandteilen“, „WNM4.050 Halogenfreie Installationsmaterialien“, „WNA1.010 Schadstoffe in Gebäuden“, „WNA 2.040 Holzauswahl“, „WNM2.010 Label für Holz und Holzwerkstoffe“, „WNA2.050 Recycling (RC) – Beton“, „G Graue Energie Baustoffe“, „WNG5.010 Wassersparkonzept (Apparate und Armaturen)“, „WNG5.020 Umgang mit Regenwasser“, „WNG1.030 Umgebungsgestaltung“ (Minergie Schweiz & Verein ecobau, 2020c, S. 5-6) und „Eigenstromproduktion“ (Minergie Schweiz, 2020b, 2020c, 2020d). Im Bereich der ökologischen Qualität ist die hohe Zahl der Anforderungen auffällig, die darauf zurückzuführen ist, dass die verschiedenen Schadstoffe in einzelnen Steckbriefen abgefragt werden, während im DGNB Zertifikat eine umfassende Anforderung für alle Schadstoffe besteht (ENV2.2 Risiken für die lokale Umwelt) (DGNB e.V., 2013). Im Bereich der ökonomischen Qualität konnten zwei entsprechende Anforderungen aus dem System Minergie-Eco identifiziert werden: „WNG2.020 Nutzungsflexibilität der Gebäudestruktur“ und „WNG8.010 Erweiterungsmöglichkeiten, Reserve“ (Minergie Schweiz & Verein ecobau, 2020c). Der Kategorie soziokulturelle und funktionale Qualität wurden in Anhang 2 insgesamt zehn Anforderungen zugeordnet: „Kontrollierte Lufterneuerung und Sommerlicher Wärmeschutz“ (Minergie Schweiz, 2020b, 2020c, 2020d), „WNA1.040 Formaldehydemissionen aus Baumaterialien“, „WNA9.010 Raumluftmessungen (Formaldehyd)“, „WNA 9.020 Raumluftmessungen (TVOC)“, „WNI3.010 Maßnahmen zur Reduktion der Radonbelastung“, „WNI9.020 Raumluftmessungen (Radon)“, „WNI4.010 Nicht ionisierende Strahlung (NIS-Zonenplan, Niederfrequenz 50 Hz)“, „WNI4.030 Nicht ionisierende Strahlung (Verlegung von Leitungen)“, „WNI5.030 Lungengängige Mineralfasern“ und „T Tageslicht“ (Minergie Schweiz & Verein ecobau, 2020c, S. 5-6). Auf den Bereich technische Qualität entfallen in Anhang 2 21 Anforderungen aus den Systemen Minergie und

Minergie-Eco: „WNS1.010 Schallschutz der Gebäudehülle und zwischen mehreren Nutzungseinheiten: Mindestanforderungen", „WNS1.020 Schallschutz der Gebäudehülle: Erhöhte Anforderungen", „WNS1.030 Schallschutz zwischen mehreren Nutzungseinheiten (Luft- und Trittschall): erhöhte Anforderungen", „WNS1.040 Schallschutz zwischen mehreren Nutzungseinheiten (Geräusche haustechn. Anlagen): erhöhte Anforderungen", „WNS3.010 Bauliche Maßnahmen: Dach- und Abwasserrohre", „WNS 3.020 Bauliche Maßnahmen: Sanitärapparate", „WNS5.010 Lärmimmission im Aussenraum", „WNG4.010 Rückbaufähigkeit von Gebäudehülle und Sekundärstruktur", „WNG4.020 Rückbaufähigkeit von Gebäudetechnik und Tertiärstruktur", „WNM4.060 Organisch-mineralische Verbundmaterialien", „WNG1.010 Grundstücksvorbereitung (Rückbau bestehender Gebäude)", „WNG3.010 Zugänglichkeit vertikaler HT-Installationen", „WNG3.020 Zugänglichkeit horizontaler HT-Installationen", „WNG7.010 Witterungsbeständigkeit der Fassade", „WNG7.020 Witterungsbeständigkeit der Fenster" (Minergie Schweiz & Verein ecobau, 2020c, S. 5-6), „Minergie-Kennzahl", „Heizwärmebedarf", „Endenergiebedarf", „Alle Gebäude ohne fossile Brennstoffe", „Kontrollierte Lufterneuerung und Sommerlicher Wärmeschutz", „Luftdichtheitskonzept" (Minergie Schweiz, 2020b, 2020c, 2020d). Die Anforderung „Kontrollierte Lufterneuerung und Sommerlicher Wärmeschutz" wurde unterteilt. Die Anforderung „Kontrollierte Lufterneuerung" wurde der technischen Qualität und die Anforderung „Sommerlicher Wärmeschutz" der soziokulturellen und funktionalen Qualität zugeordnet. Für die Kategorien Prozessqualität und Standortqualität konnten zwei: „WNG1.030 Umgebungsgestaltung" (Minergie Schweiz & Verein ecobau, 2020c, S. 6) und „Energie-Monitoring" (Minergie Schweiz, 2020b, 2020c, 2020d) bzw. ein entsprechendes Kriterium gefunden werden: „Einfache bauliche Maßnahmen für e-Mobilitäts-Tauglichkeit von Minergie-Gebäuden" (Minergie Schweiz, 2020b, 2020c, 2020d).

Anhang 3: Cradle to Cradle zertifizierte Produkte für Einfamilienhäuser in Holzfertigbauweise (Cradle to Cradle Products Innovation Institute, 2021g)

Einsatzgebiet	Derzeit verwendete Materialien[18]	Alternative C2C zertifizierte Materialien/Produkte	Beschreibung
Äußerer Wandabschluss Holz	Holzschalung (unbehandelt biologisch abbaubar, s. Kapitel 4.2.1)	Accoya® Wood, Firma Accsys Technologies	Acetyliertes Weichholz für die Anwendung im Außenbereich
		German Compact Composite, Firma NOVO-TECH GmbH & Co. KG	Widerstandsfähiger Holzwerkstoff für den Außenbereich mit Naturfaseranteil von bis zu 75 %
		Non Ignis, Ignis and WWS, Firma VAN SWAAIJ TRADE INTERNATIONAL B.V.	Konserviertes Holz für Verkleidungen im Außenbereich, optional mit brandhemmender und witterungsbeständiger Behandlung
Äußerer Wandabschluss mineralisch	Armierungsputzmörtel (mineralisch), Kunstharzputz, Silikatputz, Normalputz, Vormauerziegel	Graphenstone® Lime Mortars, Firma INDUSTRIA ESPAÑOLA PARA EL DESARROLLO E INVESTIGACIÓN SA (IEDISA)	Kalkmörtel mit Graphen-Technologie
		KALK Rodvig Jurassic Mortar, Firma KALK A/S	Kalkmörtel
		KALK Rodvig Slaked Lime, Firma KALK A/S	Löschkalk, Kalkmörtel
Ausgleichsschicht	Perlite	---	---
Bodenbelag	Laminat, Linoleum, Mehrschichtparkett, Stabparkett, PVC, Steinzeugfliesen glasiert/unglasiert	Cleverpark Silente, Multipark Silente, Firma Bauwerk Parkett AG	Schallabsorbierendes Parkett
		Engineered HDF-Core Hardwood Flooring, Firma Shaw Industries Group, Inc.	Hartholzparkett mit HDF Kern
		Engineered Ply-Core Hardwood Flooring, Firma Shaw Industries Group, Inc.	Hartholzparkett mit Kern aus mehrschichtigem Furnier
		FB+ Engineered Flooring, Firma FB Hout	Zweischichtparkett
		Hollandsche Vloeren®, Firma PLINTEN & PROFIELEN CENTRALE	Eichenparkett

[18] Die derzeit verwendeten Materialien wurden den Ökobilanzierungen auf Grundlage der Ökobau.dat entnommen. Aufgrund der begrenzten Verfügbarkeit an Materialdatensätzen in der Datenbank ist die Auflistung als nicht abschließend anzusehen.

		Parquet, Firma Tarkett	Mehrschichtparkett
		Wiking Flooring – Engineered Parquet Flooring, Firma Wiking Gulve A/S	Parkett aus nachhaltiger Waldbewirtschaftung
		PA Solid Wood Flooring, PA Savværk A/S	Massivholzboden
		Silverline Edition Villapark, Studiopark, Trendpark, Megapark, Cleverpark, Firma BAUWERK PARKETT	Zweischichtparkett
		Solid Hardwood Flooring, SHAW INDUSTRIES GROUP, INC.	Hartholzboden
		Venture Plank, Henley & Hand Grade, Firma HAVWOODS INTERNATIONAL	Mehrschichtparkett
		Wixom Collection, Firma NORTHERN WIDE PLANK FLOORING INC.	Dielen aus Birkensperrholz
		Circolo Glazed Porcelain Floor & Wall Tile, Firma Vecor Technologies Pty Limited	Glasierte, porzellanartige Fliesen aus Faserverbundwerkstoff
		Circolo Polished Porcelain Floor & Wall Tile, Vecor Technologies Pty Limited	Polierte, porzellanartige Fliesen aus Faserverbundwerkstoff
		Floor Tiles, Firma Royal Mosa	Unglasierte Porzellanfliesen
		Tarkett Linoleum Flooring, Firma Tarkett SPA	Linoleum aus recyceltem Material mit Korkunterlage
		Residential Nylon-6,6 Carpet, Shaw Industries Group, Inc.	Teppich aus Nylon-6,6 für Wohnräume
		Residential Polyester Broadloom Carpet, Firma Shaw Industries Group, INC.	Teppich aus Polyester für Wohnräume
		Residential Polyester with Lifeguard Backing, Firma Shaw Industries Group, Inc.	Teppich aus Polyester für Wohnräume
		Shaw Residential Tile – Nylon & Polyester, Firma Shaw Industries Group, Inc.	Teppichfliesen aus Nylon und Polyester für Wohnräume
		iQ One, Firma Tarkett	Thermoplastischer Bodenbelag

		iD Revolution, Firma Tarkett	Elastischer Bodenbelag aus 83% recycelten und recycelbaren Rohstoffen (einschließlich Mineralien, biobasierten und recycelten Kunststoffen)
		MIPOLAM EVO, Firma Gerflor	Bodenbelag aus thermoplastischen Polymeren
		JOKA Designböden 734 Sinero, Joka Design Bodenbeläge 734 Sinero, Firma W. & L. JORDAN GMBH	Boden aus PET mit versiegelnder PU-Schicht
		Tarkett Rubber Tile Collection, Firma TARKETT	Gummifliesen und -dielen
		noraplan® 913, Firma Nora Systems GmbH	Kautschukbelag
		norament® 926 Tiles and Stairtreads, Firma NORA SYSTEMS GMBH	Kautschukfliesen
		Arturo PU2030 Self-smoothing Floor (2 components PU), Firma UZIN UTZ NEDERLAND BV	2-Komponenten PU-Bodenbeschichtung
		Cerezo, Firma Remmers BV	PU-Bodenbeschichtung
		PU Flooring System, Firma WINDMÖLLER GMBH	Polyurethan-Bodenbelag
		TEKNOFLOR™ Bio-Polyurethane Flooring, Firma Teknoflor	Bio-Polyurethan-Bodenbelag
		Senso Floor Covering, Firma DUTCH DESIGN GROUP B.V.	Harzboden
		Walking Sound, Impact Sound & Decoupling Systems, Firma WINDMÖLLER GMBH	Akustiksysteme für Laminat, Parkett und sonstige Hartbodenbeläge
Bodendämmung	EPS-Dämmung, XPS-Dämmung, Mineralwolle-Dämmung, PU-Dämmung	Everuse Insulation Materials and Solutions, Firma Everuse BV	Dämmplatte aus Zelluloseabfall
		Styrofoam™ XPS, Firma DUPONT DE NEMOURS INC.	Dämmplatte aus extrudiertem Polystyrolschaum
Bodenplatte, Kellerwände, Kellerdecke	Stahlbeton, aufgeständerte Holzkonstruktion	Betonfertigteile, Firma PREFABRICATS M. PLANAS, SAU	Fertigteile aus Stahl- und Spannbeton
		Hycrete Admixtures, Firma Hycrete Technologies	Zusatzmittel für wasserabweisenden Beton
		Precast concrete building elements, Firma ETS. E. RONVEAUX SA	Fertigteile aus Stahl- und Spannbeton

		Ready-Mixed Concrete CCB Brüssel, Firma COMPAGNIE DES CIMENTS BELGES SA	Transportbeton
		Ready-mix Lichtner-Dyckerhoff Concrete, Firma Lichtner-Dyckerhoff Beton GmbH & CO. KG	Transportbeton
Dachabdichtung	Bitumenbahn, Dachbahn EPDM, Dachbahn Polyisobutylen, PVC-Bahn	Derbipure®, Firma Imperbel SA	Kompostierbare Dachbabdichtung auf Basis vom Pflanzenöl und Kiefernharz
		Pandser & Premiumfol EPDM, Firma BERDAL RUBBER & PLASTICS BV	EPDM-Dachabdichtung
		Sarnafil® AT & SikaRoof® AT, Firma Sika Services AG	Dachabdichtung auf Polyolefin-Basis
Dacheindeckung	Betondachsteine, Dachziegel	Clay Tiles, Firma Boral Roofing LLC	Dachziegel aus recyceltem Material
		Clay Red Tile, Firma Ludowici Roof Tilt Inc.	Dachziegel aus lokalen Materialien
		Komproment Tiles for Roofing, Firma Komproment APS	Dachziegel
Dampfbremse	Dampfbremse PE, Dampfbremspapier, Bitumenbahn, Dampfbremse PET gitterverstärkt	-	-
Estrich	Calciumsulfatestrich, Zementestrich, Trockenestrich	-	-
Fassadenbahn, Unterspannbahn	PP-Unterspannbahn, PE-Unterspannbahn gewebeverstärkt, Unterspannbahn PUR auf PET-Vlies	-	-
Fassadendämmstoff, Flachdachdämmstoff	EPS-Dämmung, XPS-Dämmung, Mineralwolle-Dämmung, Holzfaser-Dämmung	CALOSTAT® Dämmplatten, Firma EVONIK OPERATIONS GMBH	Dämmplatten, hauptsächlich aus nicht kristallinem Siliziumdioxid
		Everuse Insulation Materials and Solutions, Firma Everuse BV	Dämmung aus Zelluloseabfall
		Styrofoam™ XPS, Firma DUPONT DE NEMOURS INC.	Dämmplatte aus extrudiertem Polystyrolschaum
Fassadenfarbe	Silikonharzfarbe, Dispersionsfarbe, Silikatdispersionsfarbe etc.	Airlite Sunlight Exterior, Firma AM TECHNOLOGY LTD.	Mineralische Farbe für Außen
		Ecolith Outdoor, Firma AURO PFLANZENCHEMIE AG	Kalkbasierte Farbe für Außen

		Graphenstone colour paints, Firma INDUSTRIA ESPAÑOLA PARA EL DESARROLLO E INVESTIGACIÓN SA (IEDISA)	Farbe für Außen mit Graphen-Technologie
		Graphenstone ® GrafClean, Firma INDUSTRIA ESPAÑOLA PARA EL DESARROLLO UND INVESTIGACIÓN SA (IEDISA)	Farbe für Außen mit Graphen-Technologie
		Graphenstone outdoor paint, Firma INDUSTRIA ESPAÑOLA PARA EL DESARROLLO UND INVESTIGACIÓN SA (IEDISA)	Kalkbasierte Farbe für Außen
		Paints, Firma BITO AG	Farbe auf Silikatbasis für Außen
		ROMABIO Mineral Paints, Firma ROMABIO PAINTS, LLC	Mineralische Farbe für Außen
		REN Lime paint, Firma KALK A / S.	Kalkbasierte Farbe für Außen
		Titan Natural, Firma INDUSTRIAS TITAN S.A.U.	Nicht-mineralische Farbe für Außen
Fenster und Türen	2-fach bzw. 3-fach verglaste Fensterscheiben mit Kunststoffrahmen, Holzrahmen oder Aluminiumrahmen und Türen	Aliplast Aluminium Windows, Doors	Aluminiumfenster und -türen
		Aluminium Windows WICONA Bronze, Firma HYDRO BUILDING SYSTEMS GERMANY GMBH	Aluminiumfenster
		Aluminum Doors WICONA Silber, Firma HYDRO BUILDING SYSTEMS GERMANY GMBH	Aluminiumtüren
		Aluminum Windows WICONA Silver, Firma Hydro Buildings Systems Germany GmbH	Aluminiumfenster
		Architectural Glasses (uncoated and coated), VITRO ARCHITEKTURGLAS	Beschichtete und unbeschichtete Fenstergläser
		Float Glass, Firma AGC GLASS EUROPE	Floatglas
		Float Glass, Firma GUARDIAN EUROPE S.Á.R.L	Floatglas
		Guardian LamiGlass®, Firma GUARDIAN EUROPE S.Á.RL	Verbundglas
		HUECK Aluminium Fenster- und Türsysteme, Firma HUECK SYSTEM GMBH & CO. KG	Aluminiumfenster und -türen

		Insulating Profiles (PA 66 GF 25), Technoform Bautec Kunststoffprodukte GmbH	Fenster- und Türprofile aus Polyamid 66
		Linea Supreme, Firma Triplex Acemar S.A.S.	Innentüren
		Reynaers Aluminium window and door systems , Firma REYNAERS ALUMINIUM	Aluminiumfenster und -türen
		Schüco Aluminium Window-, Door- Systems, Firma Schüco International KG	Aluminiumfenster und -türen
		Soleal FY Windows, Firma HYDRO BUILDING SYSTEMS FRANCE	Aluminiumfenster
		Soleal PY and Ambial PW Doors HYDRO BUILDING SYSTEMS FRANCE	Aluminiumtüren
		Sputter Coated Float Glass, Firma GUARDIAN EUROPE S.Á.R.L	Beschichtetes Floatglas
		Stratobel and Stratophone, Firma AGC Glass Europe	Fenster mit Verbundglas
Gefachdämmstoff	Mineralwolle-Dämmung, Hanfvlies-Dämmung, PU-Dämmung, Holzfaser-Dämmung, Holzspan-Einblasdämmung (bereits C2C Gold-Zertifizierung)	Eelgrass Thermal Insulation, Firma Søuld ApS	Dämmstoff aus getrockneten Seegräsern
		Everuse Insulation Materials and Solutions, Firma Everuse BV	Gefachdämmung aus Zelluloseabfall
		HOIZ- Wood Shavings Insulation, Firma BAUFRITZ GMBH & CO KG	Einblasdämmstoff aus Holzspänen, zur Sicherstellung der brandhemmenden und fungiziden Eigenschaften mit Molke und Soda behandelt
		Isolgreen® CO & Isolgreen® CO-FR, Firma LOGROTEX S.A.	Dämmung aus recycelten Naturfasern
		Woodfiber AIR, Firma WOODFIBER APS	Einblasdämmung aus Holzwolle aus schwedischer Fichte
Holzanstrich	Lacksystem Holzfassade	Adler Eco-Cycle coatings, Firma ADLER-WERK LACKFABRIK JOHANN BERGHOFER GMBH & CO KG	Öle und Lacke für Holz sowie Holzschutzprodukte
Tragkonstruktion für Wand, Decke und Dach	Holzständerkonstruktion: Konstruktionsvollholz	EcoCocon Wall Panels, Firma ECOCOCON	Holzbausystem aus vorgefertigten Holzrahmenelementen, die mit Stroh ausgefacht sind

	(unbehandelt biologisch abbaubar, s. Kapitel 4.2.1), Brettschichtholz, Balkenschichtholz	Thoma Holz 100	System aus Vollholz-Elementen, in denen mehrere Schichten Holz mit Hilfe von Holzdübeln unter Einschluss von Luftschichten miteinander befestigt sind
Innenfarbe	Dispersionsfarbe etc.	Airlite Purelight Interior, Firma AM TECHNOLOGY LTD.	Mineralische Farbe für Innen
		AVIVA Terra-Naturweiß, Firma ADLER-WERK LACKFABRIK JOHANN BERGHOFER GMBH & CO KG	Farbe für Innen
		Ecolith Indoor, Firma AURO PFLANZENCHEMIE AG	Kalkbasierte Farbe für Innen
		Ekotex Biobased (Interior Paint), Firma D+F Coatings B.V.	Biobasierte Farbe für Innen
		Graphenstone colour paints, Firma INDUSTRIA ESPAÑOLA PARA EL DESARROLLO E INVESTIGACIÓN SA (IEDISA)	Farbe für Innen mit Graphen-Technologie
		Graphenstone ® GrafClean, Firma INDUSTRIA ESPAÑOLA PARA EL DESARROLLO UND INVESTIGACIÓN SA (IEDISA)	Farbe für Innen mit Graphen-Technologie
		Graphenstone indoor paint, Firma INDUSTRIA ESPAÑOLA PARA EL DESARROLLO UND INVESTIGACIÓN SA (IEDISA)	Innenfarbe auf Kalkbasis
		Paints, Firma BITO AG	Farbe für Innen
		REN Lime paint, Firma KALK A / S.	Kalkbasierte Farbe für Innen
		ROMABIO Mineral Paints, Firma ROMABIO PAINTS, LLC	Mineralische Farbe für Innen
		Sigma Coatings Interior Wall Paints, Firma PPG Coating Netherland BV	Wasserbasierte Innenfarbe
		Titan Natural, Firma INDUSTRIAS TITAN S.A.U.	Nicht-mineralische Farbe für Innen
		Verdello, Firma PEINTURES ROBIN SA	Zu 100% biosbasierte Farbe für Innen
Innerer Wandabschluss, Deckenbekleidung, innere Dachbekleidung	Gipskartonplatte, Gipsfaserplatte	Gyproc®-Platte / Plaques Gyproc® - 9,5, 12,5, 15, 18 mm, Firma SAINT-GOBAIN BAUPRODUKTE BELGIEN NV / SA	Gipskartonplatte mit luftreinigenden Eigenschaften

		KNAUF platen, plaques Knauf, plaques Isolava, Firma B&N KNAUF CIE ISOLAVA GCV	Gipskartonplatte
		SINIAT Plaques Prégy ®, 6, 10, 13, 15, 18, 25 mm, Firma ETEX FRANCE BUILDING PERFORMANCE SA	Gipskartonplatte mit luftreinigenden Eigenschaften
		Wall Tiles, Firma ROYAL MOSA	Glasierte Keramikfliesen
Kellerabdichtung	PE-Noppenfolie	---	---
Lattung, Konterlattung	Konstruktionsvollholz (unbehandelt biologisch abbaubar, s. Kapitel 4.2.1)	---	---
Perimeterdämmung	EPS-, XPS-Dämmstoff	Styrofoam™ XPS, Firma DUPONT DE NEMOURS INC.	Dämmplatte aus extrudiertem Polystyrolschaum
Wandaussteifung, Deckenbelag	OSB-Platte, Spanplatte, zementgebundene Spanplatte, Holzfaserplatte	Cross Laminated Timber (CLT), Firma Egoin	Massivholzplatten aus lokalen Wäldern
		Honext Board, Firma HONEXT MATERIAL SL	Werkstoffplatte aus Zellulose-Abfällen
		LivingBoard, Firma PFLEIDERER DEUTSCHLAND GMBH	Holzspanplatte
		WOOD-BASED PANELS, Firma FINANCIERA MADERERA S.A.-FINSA	MDF-Platte mit niedrigen Formaldehydemissionen

Anhang 4: Massenbilanz SchwörerHaus Poing

Nummer	Material	Verbaute Menge (kg)	Wiederver-wendung (kg)	Entsorgung (kg)	Wiederver-wendung in anderem Gebäude (kg)	Verbaute Menge (m³)	Wiederver-wendung (m³)	Entsorgung (m³)	Wiederver-wendung in anderem Gebäude (m³)
	Gesamt	**366.364**	**51.349**	**302.438**	**12.577**	**305,778**	**144,800**	**141,729**	**19,249**
1	Transportbeton C20/25	209.818	0	209.818	0	88,906	0,000	88,906	0,000
2	Betonfertigteil Wand	37.676	0	37.676	0	15,520	0,000	15,520	0,000
3	Konstruktionsvollholz	14.137	11.907	2.230	0	30,080	25,334	4,746	0,000
4	Gussasphalt	13.415	0	13.415	0	5,590	0,000	5,590	0,000
5	Dachziegel	12.246	11.021	1.225	0	5,618	5,056	0,562	0,000
6	Betonfertigteil Decke	11.930	0	11.930	0	4,734	0,000	4,734	0,000
7	Kies 2/32	11.336	0	0	11.336	6,128	0,000	0,000	6,128
8	Zementestrich	10.781	0	10.781	0	7,187	0,000	7,187	0,000
9	Zementgebundene Spanplatte	8.387	8.103	284	0	6,988	6,752	0,236	0,000
10	Gipskartonplatte	6.804	0	6.804	0	8,505	0,000	8,505	0,000
11	Spanplatte	5.746	5.746	0	0	8,432	8,432	0,000	0,000
12	Balkenschichtholz Nadelholz	3.990	3.990	0	0	8,490	8,490	0,00	0,000
13	Bewehrungsstahl	4.043	0	4.043	0	0,515	0,000	0,515	0,000
14	Steinzeugfliesen	2.600	0	2.600	0	1,300	0,000	1,300	0,000
15	Kunstharzputz	2.443	2.443	0	0	1,437	1,437	0,000	0,000
16	Steinwolle-Dämmung	1.467	1.467	0	0	37,612	37,612	0,000	0,000
17	Brettschichtholz Nadelholz	1.292	1.292	0	0	2,749	2,749	0,000	0,000
18	Mineralwolle (Schrägdach-Dämmung)	1.166	1.154	12	0	38,877	38,469	0,408	0,000
19	Schornstein (Einzügig)	1.010	1.010	0	0	2,005	2,005	0,000	0,000
20	Isolierglas 2-Scheiben	706	692	14	0	0,847	0,830	0,017	0,000
21	Mineralwolle (Boden-Dämmung)	684	0	0	684	8,047	0,000	0,000	8,047
22	Drei-Schichtholzplatte	679	402	277	0	1,439	0,852	0,587	0,000
23	Stahlprofil	512	512	0	0	0,065	0,065	0,000	0,000
24	Innenfarbe Dispersionsfarbe	347	0	347	0	0,222	0,000	0,222	0,000

25	Porenbeton	338	0	338	0	0,717	0,000	0,717	0,000
26	Holzfaserdämmplatten	311	0	0	311	1,796	0,000	0,000	1,796
27	Holz-Blendrahmen	305	297	8	0	0,577	0,561	0,016	0,000
28	Holz-Flügelrahmen	299	291	8	0	0,565	0,548	0,017	0,000
29	Natursteinplatte	260	260	0	0	0,100	0,100	0,000	0,000
30	Perlite-Schüttung	246	0	0	246	3,278	0,000	0,000	3,278
31	Rollladen Kunststoff	208	208	0	0	0,151	0,151	0,000	0,000
32	Röhrenspanplatte	204	27	177	0	0,750	0,100	0,650	0,000
33	Stahl Feinblech	200	200	0	0	0,026	0,026	0,000	0,000
34	Teppich	197	0	197	0	0,987	0,000	0,987	0,000
35	Dampfbremse PE	114	70	44	0	0,114	0,069	0,045	0,000
36	EPS-Hartschaum	92	92	0	0	5,109	5,109	0,000	0,000
37	Tapete	89	0	89	0	0,111	0,000	0,111	0,000
28	Kupferdachrinne	89	89	0	0	0,010	0,010	0,000	0,00
39	Dachbahnen	62	0	62	0	0,047	0,000	0,047	0,000
40	Fassadenfarbe Silikonharzfarbe	55	55	0	0	0,035	0,035	0,000	0,000
41	Unterspannbahn PP	55	0	55	0	0,055	0,000	0,055	0,000
42	Fensterglas einfach	18	18	0	0	0,007	0,007	0,000	0,000
43	PU-Dämmplatte	3	0	3	0	0,048	0,000	0,048	0,000
44	Aluminium Profil	3	3	0	0	0,001	0,001	0,000	0,000
45	Sonnenschutztuch	1	0	1	0	0,001	0,000	0,001	0,000